U0960597

黑龙江农业工程职业学院
国家示范性高职院校建设项目成果教材

农业机械应用技术专业用

作业机械使用与维护

肖兴宇　主编

中国农业大学出版社

编 写 人 员

主　编　肖兴宇　黑龙江农业工程职业学院

副主编　杜长征　黑龙江农业工程职业学院
　　　　辛连学　黑龙江农业工程职业学院

参　编　汪振凤　东北林业大学

主　审　许春林　哈尔滨市农业机械化研究所

国家示范性高职院校建设项目成果教材

编写指导委员会

主　任　范利仁

副主任　王明海　孙百鸣　杜长征　马　力

委　员　李海金　周立元　李庆军　肖兴宇　徐　云　王希英

武立伟　李宪义　孙仕明　闫春华　李恒荣　高　枫

内 容 摘 要

本书根据高职院校教学实际，并结合我院教学配置，体现教、学、做合一的教学思路编写，确定本学习领域（课程）各相关学习情境的具体内容。

在学习领域（课程）内容的构建过程中，注重情境性、科学性和人本性这 3 个结构性原则的平衡与互补，考虑知识点的合理分配以及知识结构和学习能力的循序渐进，以 4 个学习情境（耕整地机械的使用与维护、播种和栽培机械的使用与维护、田间管理机械的使用与维护、谷物收割机的使用与维护）生产任务为载体设计，重点是常用作业机具的性能、特点、结构、工作原理、安装调整、使用和故障排除等基本技术。具体情境划分如下：

前　　言

为了适应我院国家级示范院校教学改革的需要，突出职业能力训练的特点，以完成农业机械应用技术职业任务的需要为目的，特编写此教材。

本教材符合国家对技能型紧缺人才培养工作的要求，注重以工作任务为导向，以能力为本位，面向市场，面向社会，遵守为经济结构调整和科技进步服务的原则，体现职业能力教育的特色，满足农机技术领域专业使用人才培养的需要。

本教材在组织编写过程中，认真总结我院多年来的专业教学经验，注重吸收德国、新加坡先进的执教理念和方法，形成了以下特色：

1. 农业机械应用技术培养目标的基本指导思想是以农机行业关键操作岗位和技术管理岗位的岗位能力要求为核心，确定本课程知识和能力，为毕业生在其职业生涯中能顺利进入农业机械应用行业奠定良好的发展基础。

2. 在内容的选择上，注重农机职业岗位对人才的知识、能力要求与相应职业鉴定标准衔接，并极大地反映了新知识、新技术、新方法的内容。

3. 按照教学规律和学生的认知规律，本教材力求降低学习难度，按照农业生产季节，设置 4 个学习情境，提高学生学习兴趣，切实落实了“管用、够用、适用”的教学指导思想。

本书学习情境 1 由黑龙江农业工程职业学院辛连学编写；学习情境 2 由东北林业大学汪振凤编写；学习情境 3 由黑龙江农业工程职业学院杜长征编写；学习情境 4 由黑龙江农业工程职业学院肖兴宇编写。全书由肖兴宇统稿，由哈尔滨市农业机械化研究所许春林研究员审定。

限于编者经历和水平，教材难免存在不足和疏漏，欢迎使用本教材的读者提出宝贵意见，以便再版修订。

目　录

学习情境1　耕整地机械的使用与维护

一、学习目标

终极目标：能使用各种常见耕整地机械，并能排除故障。

促成目标：

①了解各种耕整地机械的结构及工作原理。

②会正确使用各种耕整地机械。

③能正确安装各种耕整地机械并能进行技术状态检查。

④对耕整地机械使用中出现的故障能及时排除。

二、工作任务

能正确使用与维护常见的耕整地机械。

学习情境1-1　悬挂犁的使用与维护

一、学习目标

终极目标：能正确使用悬挂犁，并能排除故障。

促成目标：

①了解悬挂犁的结构及工作原理。

②会正确使用悬挂犁。

③能正确安装主犁体、悬挂犁的总体安装，并能进行技术状态检查。

④使用悬挂犁时出现的故障能及时排除。

二、能力目标

有关能力目标如表1-1所示。

表1-1　悬挂犁的使用与维护中的能力目标

专业能力	方法能力	社会能力
①能按服务规定接待修理客户 ②能接收悬挂犁简单修理项目 ③能对悬挂犁使用中出现的故障进行排除 ④能对悬挂犁零部件常见的损坏状况进行感官检验和尺寸测量，做出可否继续使用、送修和报废的结论 ⑤能用钳工工具和设备修配简单零件 ⑥能用气焊、电焊等设备进行简单的焊接作业 ⑦能进行悬挂犁的拆卸与清洗 ⑧能进行承修项目简易的质量检验	①团队工作能力 ②沟通能力 ③小组成员的协作能力 ④责任意识	①对信息的收集能力 ②使用信息资源制订工作计划 ③能独立使用媒介完成学习任务 ④工作结果的评价与反思

三、工作任务

能正确使用与维护悬挂犁。

四、相关理论资讯

悬挂犁主要由工作部件和辅助部件组成。工作部件由主犁体、小前犁、圆犁刀等组成，辅助部件由犁架、悬挂装置和限深轮组成。

(一)主要工作部件

1. 主犁体

犁体是铧式犁的主要工作部件，在工作中起翻土和碎土的作用。

主犁体由犁铧、犁壁、犁侧板、犁柱和犁托等组成，如图 1-1 所示。有的犁体上装有延长板，以增强翻土效果。南方水田犁上装有滑草板，防止杂草、绿肥等缠在犁柱上，如图 1-2 所示。

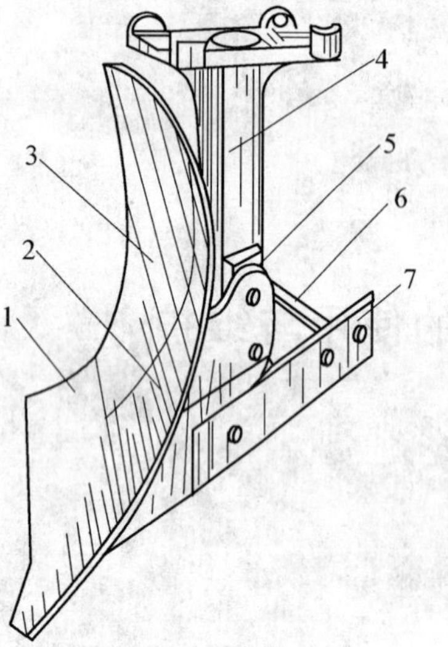

图 1-1　北方铧式犁系列犁体之一

1—犁铧；2—前犁壁；3—后犁壁；4—犁柱；5—犁托；6—撑杆；7—犁侧板

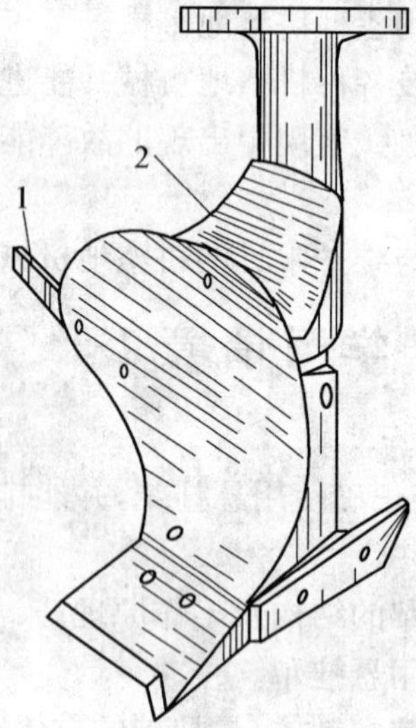

图 1-2　南方铧式犁系列犁体之一

1—延长板；2—滑草板

(1)犁铧　犁铧和犁壁构成犁体曲面，是犁体中最重要的零件之一。它的主要作用是入土、切土和抬土。它承受的阻力约占犁体总阻力的 1/2，是犁体上磨损最快的零件。

犁铧的形状有梯形、凿形和三角形 3 种形式，如图 1-3 所示。机力犁常用凿形。梯形铧结构简单，可用型钢制造，但铧尖容易磨钝，入土性能差；凿形铧的铧尖呈凿形，可向沟底伸入 10～15 mm，并向未耕地(沟壁)伸入约 5 mm，因而有较强的入土能力和较好的工作稳定性；三角犁铧一般呈等腰三角形，铧尖有尖头和圆头两种。

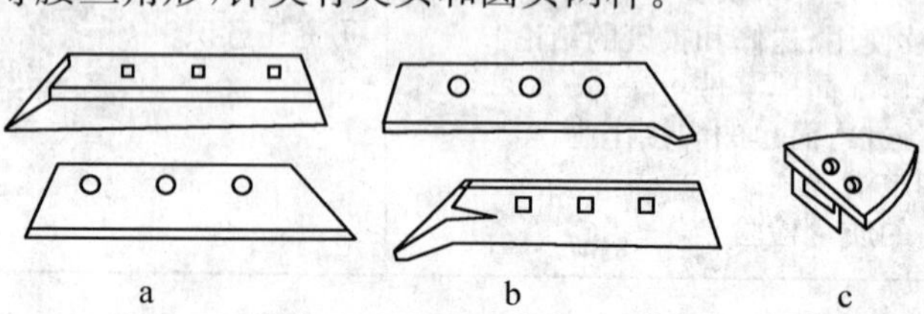

图 1-3　犁铧的形式

a—梯形铧；b—凿形铧；c—三角形铧

犁铧一般采用65号锰钢可稀土硅锰钢制造，刃口磨锐并淬硬。磨刃的方法有上磨刃和下磨刃两种，一般采用上磨刃，刃角为25°～30°，刃口厚度为0.5～1 mm。由于犁铧工作阻力大，磨损严重，使用中应及时磨锐。

(2)犁壁　犁壁是犁体工作面的主要部分，是一个复杂的犁体曲面，其前部为犁胸，起碎土作用；后部为犁翼，主要起翻土的作用。犁壁曲面的主要作用就是把犁铧扛起的土垡加以破碎和翻转。

犁壁主要有整体式、组合式和栅条式3种，如图1-4所示。

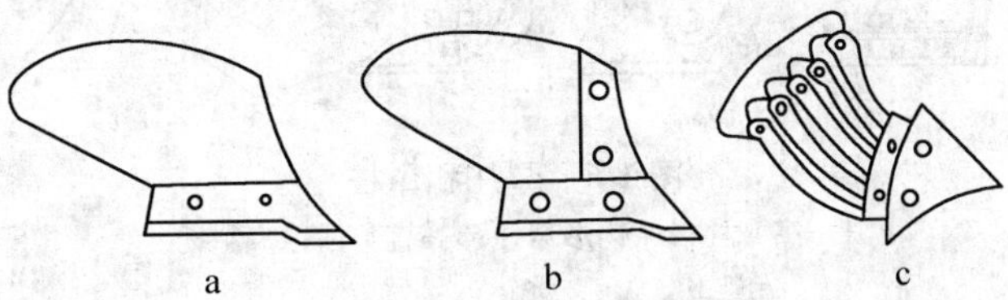

图1-4　犁壁的形式

a—整体式；b—组合式；c—栅条式

犁壁的材料应坚韧耐磨，能抗冲击，因此常用3层复合钢板制成，中间软层为低碳钢，表面和背面为45号钢或低合金钢。犁壁也有用4～6 mm的低碳钢板掺碳处理而成。

(3)犁侧板和犁踵　犁侧板是犁体的侧向支撑面，用来平衡犁体工作时产生的侧压力，保证犁体工作中的横向稳定性，支撑犁体稳定地工作。

常用的犁侧板为平板式，断面为矩形，也有倒"T"形和"L"形等形式。

犁侧板多用扁钢制成。犁踵用白口铁或灰铁冷铸，以提高耐磨性能，下端磨损可向下作补偿调节，磨损严重可单独更换犁踵。

犁侧板和犁踵，如图1-5所示。

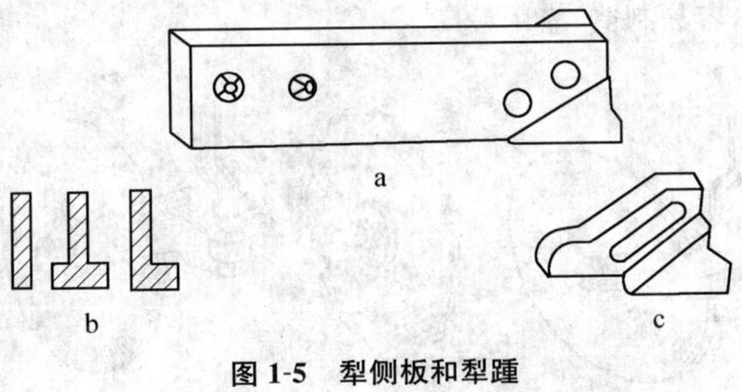

图1-5　犁侧板和犁踵

a—犁侧板；b—侧板断面形式；c—犁踵

(4)犁托和犁柱　犁托是犁铧、犁壁和犁侧板的连接支撑件。其曲面部分与犁铧和犁壁的背面贴合，使它们构成一个完整的、具有足够强度和刚度的工作部件。犁托又通过犁柱固定在犁架上。犁托和犁柱又可制成一体，成为一个零件，称为组合犁柱或高犁柱。犁托常用钢板冲压，有的也用铸钢或球铁铸成。

犁柱上端用螺栓和犁架相连，下端固定犁托，是重要的连接件和传力件。犁柱有钩形犁柱和直犁柱两种，如图 1-6 所示。钩形犁柱一般采用扁钢或型钢锻压而成；直犁柱多用稀土球铁或铸钢制成，多为空心管状，断面有三角形、圆形或椭圆形等形式。

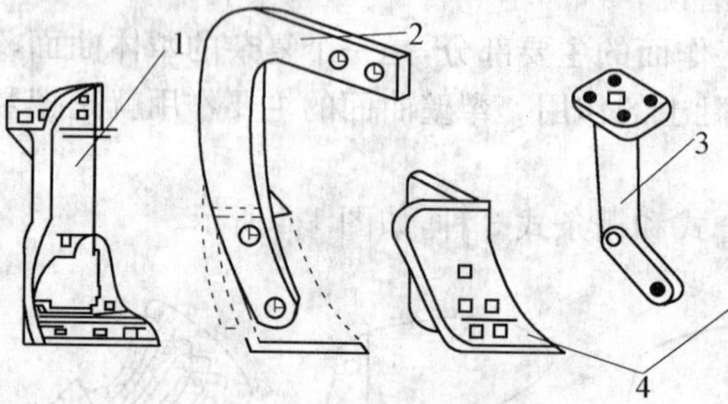

图 1-6 犁托和犁柱

1—高犁柱；2—钩形犁柱；3—直犁柱；4—犁托

2. 小前犁

为了提高犁体的覆盖质量，在主犁体前方安装小前犁，其作用是先将表层土垡翻到沟底，然后用主犁体耕起的土垡覆盖其上，改善覆盖性能。

一般为铧式小前犁，结构与主犁体相似，由犁铧、犁壁和犁柱组成。小前犁安装在主犁体前，耕宽为主犁体耕宽的 2/3，耕深一般为 8～10 cm，但由于铧式小前犁耕宽和耕深较小，故无犁侧板。切角式小前犁和圆盘式小前犁机构复杂，应用较广。

3. 犁刀

犁刀安装在主犁体前方，作用是垂直切开土垡，保持沟壁整齐，减少主犁体阻力，减轻胫刃和磨损。此外，它还有切断杂草残根，改善覆盖质量的作用。

犁刀有圆犁刀和直犁刀两种。目前铧式犁犁刀为圆犁刀。圆犁刀滚动切土，阻力较小，工作质量好，不易挂草和堵塞，在机力犁上得到普遍的应用。圆犁刀主要由刀盘、刀轴、刀毂、刀柄等组成。圆犁刀的刀盘有普通刀盘、波纹刀盘和缺口刀盘等形式，如图 1-7 所示。普通刀盘为平面圆盘，容易制造，应用最广。

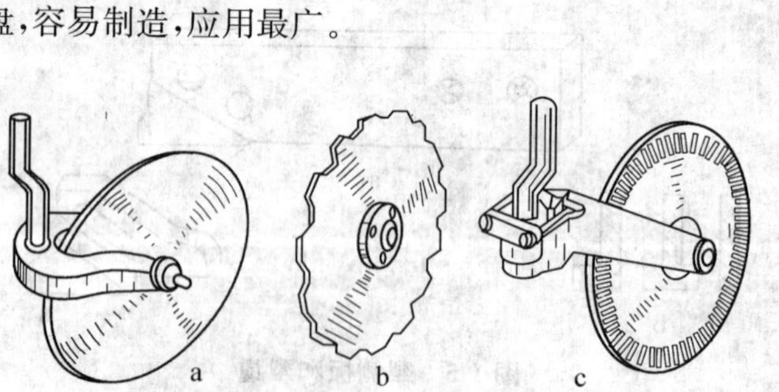

图 1-7 圆犁刀刀盘

a—普通刀盘；b—波纹刀盘；c—缺口刀盘

(二)辅助部件

1. 犁架

犁架是犁的骨架，用来安装工作部件和其他辅助部件，并传递动力，因此犁架应有足够的强度和刚度。

犁架的结构形式有平面组合犁架、三角形犁架、整体犁架3种。平面组合犁架多用在牵引犁上；三角整体犁架用在北方系列悬挂犁上。北方系列悬挂犁犁架结构如图1-8所示。它由主梁(斜梁)、纵梁和横梁组成稳定的封闭式三角架。犁体安装在斜梁上，犁架前上方安装悬挂架，通过支杆和梁架后端相连，形成固定人字架。犁架多用矩形管钢焊接而成，重量轻，抗弯性能好。

2. 悬挂装置

悬挂犁通过悬挂装置与拖拉机液压悬挂机构相连，实现犁和拖拉机的挂结，并传递动力，还能起到调整犁的工作状态的作用。

悬挂装置主要由悬挂轴组成，如图1-9所示。悬挂架的人字架安装在犁架前上方，并通过支杆与犁架后部相连；人字架上端有2个或3个悬挂孔，与拖拉机悬挂机构上的上调节杆相连；悬挂轴左右端的销轴则与拖拉机悬挂机构中间的下拉杆相接，从而构成了悬挂犁的三点悬挂状态。

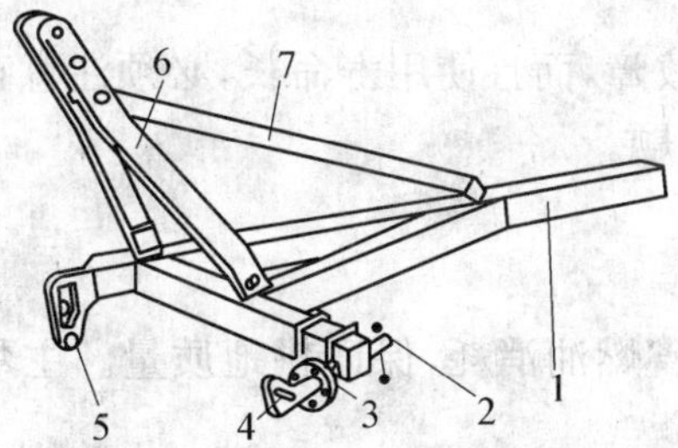

图1-8　北方系列悬挂犁犁架

1—犁架；2—调节手柄；3—耕宽调节器；4—左下悬挂销；5—右下悬挂销；6—人字架；7—支杆

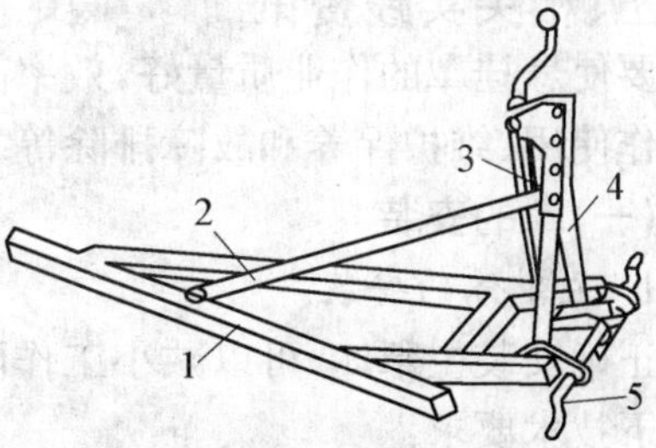

图1-9　南方系列悬挂犁悬挂装置

1—犁架；2—支杆；3—悬挂轴调节丝杠；4—人字架；5—悬挂轴

悬挂轴的结构形式有整轴式和销轴式两种。

整轴式一般为曲拐轴式。曲拐式悬挂轴如图1-9中的5，轴的两端具有方向相反的曲拐，是犁的两个悬挂点。悬挂轴在犁架上安装的高低位置和横向左右位置可根据需要进行调整，从而调整犁的耕宽。

销轴式悬挂轴分为左、右悬挂销，分别安装在犁架前部左右两端，结构简单，调整方便，如图1-8中的5。右悬挂销用螺母安装在犁架右端销座上，有两个安装孔位可供选用。左悬挂销通过耕宽调节器安装在犁架左端。耕宽调节器在犁架上有上、下两个安装位置，左、右位置可根据需要进行调整。耕宽调节器在犁架上的安装如图1-10所示。

3. 限深轮

限深轮安装在犁架左侧纵梁上，主要由犁轮、犁轴、支架、支臂和调节丝杆等组成，如图1-11所示。工作时可调节犁轮与机架的相对高度，以适应不同耕深的要求。顺时针拧动丝杆，限深轮上移，犁的深度增大。限深轮套装在轮轴上，其轴向间隙可通过轴头的花形挡圈进行调整。限深轮有开式和闭式两种形式。一般采用幅板式钢轮。

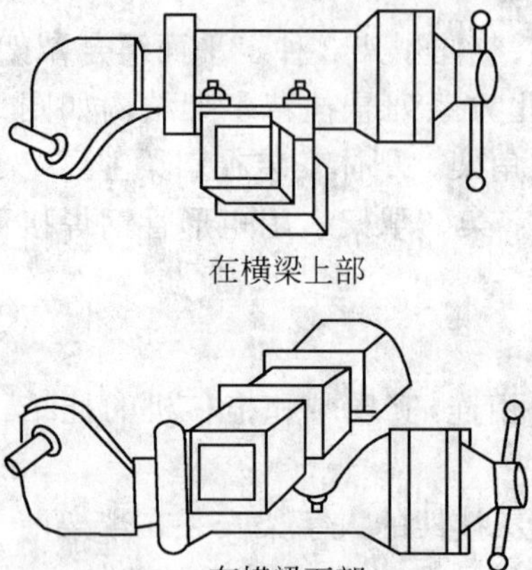

图 1-10　耕宽调节器的安装

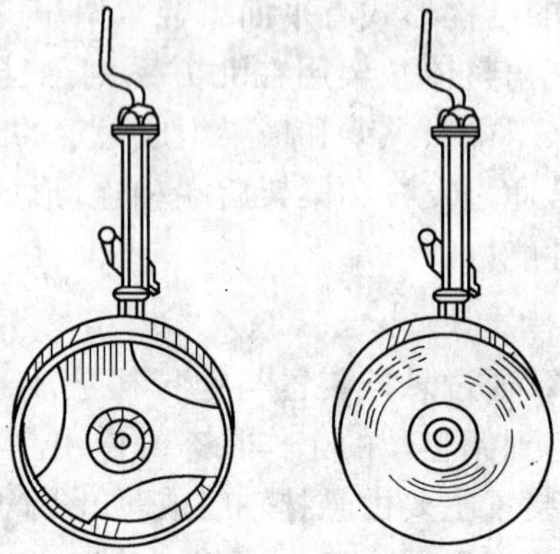

图 1-11　限深轮

a—开式；b—闭式

五、相关实践资讯

要使悬挂犁的作业质量好，效率高，不出故障，而且使用寿命长，必须注意正确安装调整及操作使用、维护保养和故障排除等方面的问题。

(一)犁的安装

1. 主犁体的安装

正确安装主犁体，可以减小工作阻力，节省燃油消耗，保证耕地质量。主犁体安装应符合以下技术要求：

①犁铧与犁壁的连接处应紧密平齐，缝隙不得大于 1 mm。犁壁不得高出犁铧，犁铧高出犁壁不得超过 2 mm。

②所有埋头螺钉应与表面平齐，不得凸出，下凹量也不得大于 1 mm。

③犁铧和犁壁的胫刃应位于同平面内。若有偏斜，只准犁铧凸出犁壁之外，但不得超过 5 mm。

④犁铧、犁壁、犁侧板在犁托上的安装应当紧贴。螺栓连接处不得有间隙，局部处有间隙也不能大于 3 mm。

⑤犁侧板不得凸出胫刃线之外。

⑥犁体装好后的垂直间隙和水平间隙应符合要求，如图 1-12 所示。犁的垂直间隙是指犁侧板前端下边缘至沟底的垂直距离，如图 1-12a 所示，其作用是保证犁体容易入土和保持耕深稳定性。犁体的水平间隙指犁侧板前端至沟墙的水平距离，如图 1-12b 所示，其作用是使犁体在工作时保持耕宽的稳定性。通常梯形犁铧的垂直间隙为 10～12 mm，水平间隙为 5～10 mm；凿形犁铧的垂直间隙为 16～19 mm，水平间隙为8～15 mm。当铧尖和侧板磨损后，间隙会变小，当垂直间隙小于 3 mm，水平间隙小于 1.5 mm 时，应换

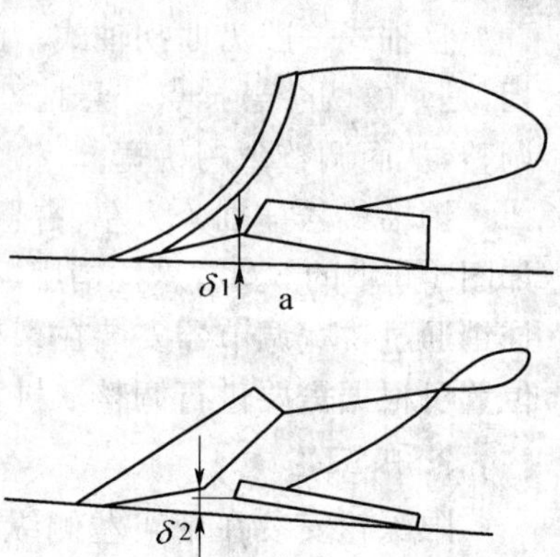

图 1-12　犁体的垂直间隙和水平间隙

a—垂直间隙；b—水平间隙

修犁铧和犁侧板。

2. 总体安装

犁的总体安装是确定各犁体在犁架上的安装位置，保证不漏耕、不重耕和耕深一致，并使限深轮等部件与犁体有正确的相对位置。以1LD-435型悬挂犁为例，其总体安装可按下列步骤进行。

①选择一块平坦的地面，在地面上画出横向间距的单犁体耕幅（不含重耕量）的纵向平行直线，以铧尖纵向间距依次在各纵向直线上截取各点，使各犁体分别放在纵向平行线上，使犁铧尖与各截点重合。

②使犁架纵主梁放在已经定位的犁体上。按表1-2中的尺寸安装限深轮，转动耕深调节丝杆，使犁架垫平。

③前后移动犁架，使第一铧犁柱中心线到犁前梁的尺寸符合表1-2中的要求。

表1-2　1LD-435型悬挂犁的安装尺寸　mm

第一铧犁柱中心线到犁架前梁里侧的距离	150
犁体耕幅	350
犁间的纵向间距	800
限深轮中心线到犁架外侧的距离	420左右

3. 总安装后应符合的技术要求

总安装后应符合以下技术要求：

①当犁放在平坦的地面上，犁架与地面平行时，各犁铧的铧刃（梯形铧）和后铧的犁侧板尾端与地面接触，处于同一平面内。其他的犁侧板末端可离开地面5 mm左右。各铧刃高低差不大于10 mm，铧刃的前端不得高于后端，但允许后端高于前端不超过5 mm。凿形犁铧尖低于地面10 mm。

②相邻两犁铧尖的纵向和横向间距应符合表1-2规定的尺寸要求。

③各犁柱的顶端配合平面应与犁架下平面靠紧。各固定螺栓应紧固可靠。

④犁轮和各调整应灵活有效。

(二)悬挂犁的挂结与调整

1. 悬挂犁的挂结特点

悬挂犁一般以三点悬挂的方式与拖拉机相连，其牵引点为虚牵引点。

悬挂犁在拖拉机上挂结的机构简图如图1-13所示，在纵垂直面内，犁可看作悬挂在$abcd$四杆机构上，工作中bc杆的运动就代表犁的运动，在某一瞬间，犁可以ab与cd延长线的交点π_1为中心作摆动，π_1点称为犁在纵垂直面内的瞬间回转中心；在某一瞬间，犁可绕c_1d_1与c_2d_2杆延长线的交点π_2

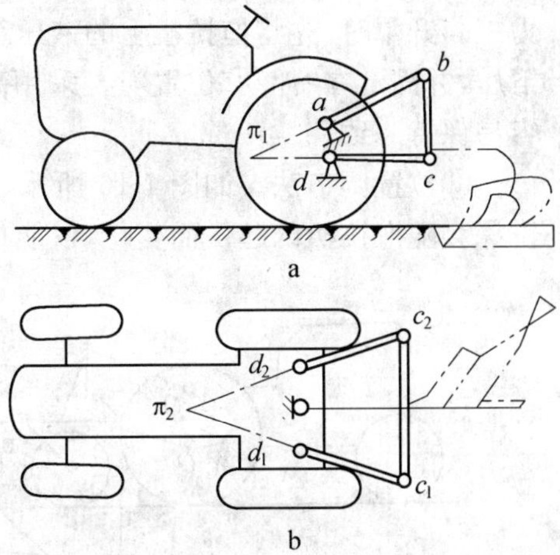

图1-13　悬挂犁的瞬时中心

a—纵向平面；b—水平平面

摆动，π_2 就是犁在水平面内的瞬时回转中心，也就是犁在该平面内的牵引点。

2. 悬挂犁的调整

悬挂犁的调整要在与拖拉机悬挂机构连接后，结合耕作进行。悬挂犁与拖拉机悬挂机构的连接顺序是先下后上，先左后右。连接前，先检查拖拉机的悬挂机构各杆件及限位链是否齐全，上下连杆的球接头及调节丝杆是否灵活，通过转动深浅调节丝杆调整限位轮高度，将犁架调平。然后，拖拉机缓慢倒车与犁靠近。通过液压操纵手柄调整下拉杆的高度，先将左侧下拉杆与犁左销轴连接，再前后移动拖拉机和调整右侧提升杆长度，使右侧下拉杆与犁右销轴连接。最后通过液压操作手柄或调整上拉杆长度，使上拉杆与犁的上悬挂点挂接。

犁的调整包括耕深调整、前后水平调整、左右水平调整、纵向正位调整和上下悬挂点位置的调整。

(1)悬挂犁的耕深调节　悬挂犁的耕深调节，因拖拉机液压系统不同，有以下几种方法：

①力调节法。如图 1-14 所示，调节耕深时，改变拖拉机力调节手柄的位置，若向深的方向扳动角度越大，则耕深越大。耕地时，其耕深由液压系统自动控制，耕地阻力增加时，上调节杆受到的压力增加，耕深会自动变浅，使阻力降低；反之，则自动下降变深些，使犁耕阻力不变，减轻驾驶员劳动强度，又使拖拉机功率充分发挥。

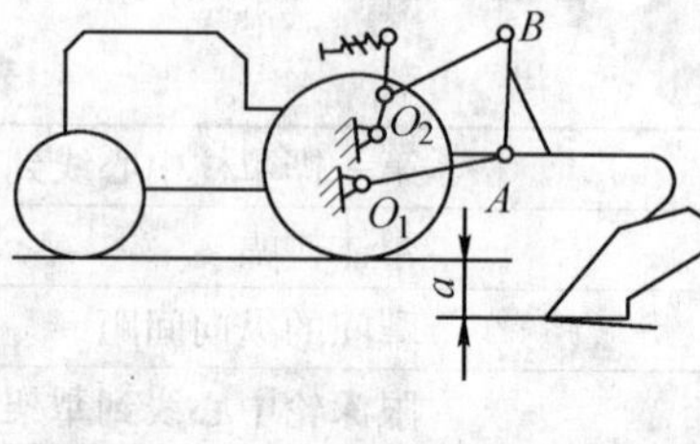

图 1-14　力调节法

②高度调节法。如图 1-15 所示，调节时，通过丝杆改变限深轮与机架间的相对位置。提高限深轮的高度，则耕深增加；反之耕深减少。犁在预定的耕深时，限深轮对土壤压力应适应。压力过大，滚动阻力增加；过小则遇到坚硬土层，限深轮可能离开地面，使犁的耕深不稳。根据试验，先使犁达预定耕深后，将限深轮升离地面继续工作，测定最后一个犁体耕深比预定耕深大 3～4 mm，则限深轮受到支反力为合适。超过 4 mm 说明限深轮对土壤压力过大；不足 3 mm 说明限深轮压力过小，应适当调节上、下悬挂点的位置，以获得适当的入土力矩。升犁时，先将拖拉机上的液压手柄向上扳，然后在“中立”位置固定；降犁时，把手柄向下压，并固定在“浮动”位置上。采用高度调节法耕地，工作部件对地表的仿行性较好，比较容易保持一致。

③位置调节法。如图 1-16 所示，耕地时，犁和拖拉机的相对位置不变，当地表不平时，耕深会随拖拉机的起伏而变化，仅能在平坦的地块上工作，故犁耕时较少采用。

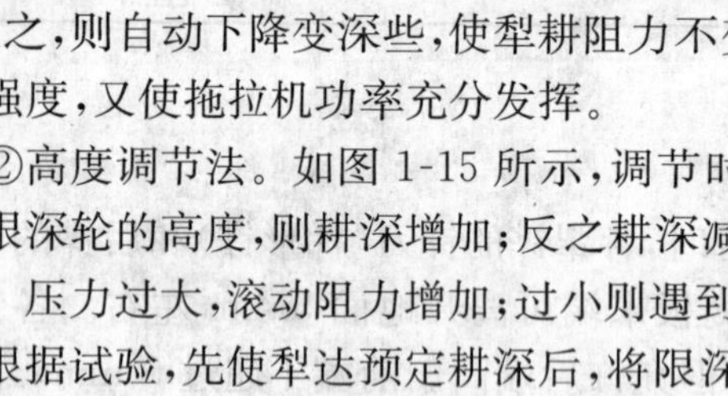

图 1-15　高度调节法

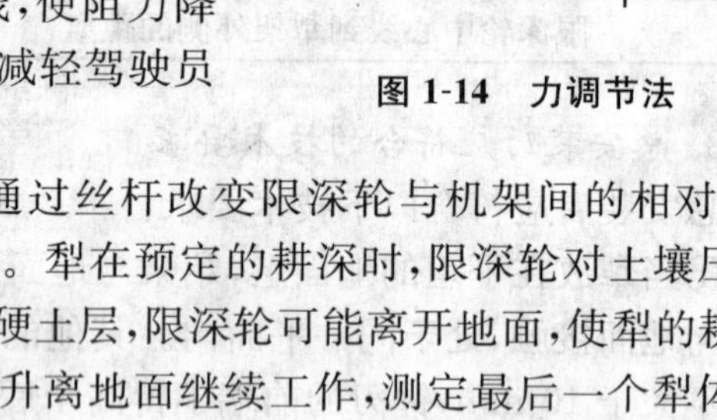

图 1-16　位置调节法

(2)水平调整　为了使多犁体的前后犁体耕深一致,保证犁耕质量,要求犁架纵向和横向都与地面平行,因此水平调整有两个。

①纵向水平调整。耕地时,犁架的前后应与地面平行,以保证前后犁体耕深一致,如图1-17所示。犁在开始入土时,需要一入土角,一般是5°~15°,达到要求的耕深后犁架前后与地面平行,入土角消失。调整的部位是拖拉机悬挂机构上拉杆,缩短上拉杆,入土角就变大。若上拉杆调整过短,会造成耕地时犁架不平,前低后高,前犁深,后犁浅;上拉杆调整偏长,则犁入土困难,入土行程大,地头留得长,犁架前高后低,前犁浅,后犁深。上拉杆调整过长,如图1-17b所示,犁将不能入土。

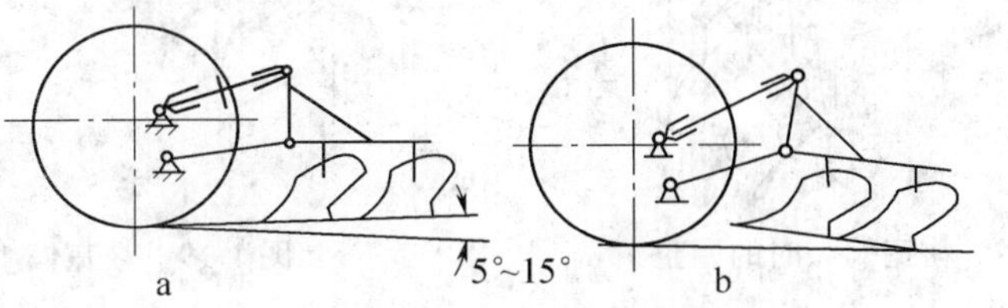

图1-17　纵向水平调整

a—正确;b—错误

②横向水平调整。耕地时,犁架的左右也应与地面平行,以保证左右犁体耕深一致。犁架的左右水平是通过伸长或缩短拖拉机悬挂机构和右提升杆进行调整的。当犁架出现右侧低左侧高时,应缩短右提升杆;反之,应伸长右提升杆。拖拉机悬挂机构的左提升杆长度也是可以调整的,但为了保证犁的最大耕深和最小运输间隙,应先将左提升杆调整到一定长度,然后用上拉杆和右提升杆高度调整犁架的水平位置。

(3)正位调整　耕地时,要求犁的第一铧右侧及后面各铧之间不产生漏耕或重耕,使犁的实际总耕幅符合设计要求。为此,除各犁体在犁架上有正确的安装位置外,还要进行犁的纵向正位调整,也就是调整犁对拖拉机的左右相对位置,使犁架纵梁与拖拉机的前进方向平行。

犁的正位调整应根据造成犁体偏斜的原因来进行。如果牵引线过于偏斜,应在不造成明显偏牵引的情况下,通过转动悬挂轴和改变悬挂销前后伸出量等方法,适当调整牵引线,使犁架纵梁与前进方向保持平行;如果因为土壤过于松软,犁侧板压入沟壁过深而造成偏斜,就应从改善犁体本身平衡着手,如加长犁侧板来增加与沟壁的接触面积,或在犁侧板与犁托间放置垫片,增大犁侧板与前进方向偏角,使犁体走正。

(4)耕宽调整　多铧犁耕宽调整,就是改变第一铧的实际耕宽,使之符合规定要求。悬挂犁的耕宽调整是通过改变下悬挂点与犁架的相对位置,使犁侧板与机组前进方向成一倾角来实现的。

当第一铧实际耕宽偏大,与前一趟犁沟出现漏耕时,可通过转动曲拐式悬挂轴或缩短耕宽调节器伸出长度的办法,使犁架及犁侧板相对于拖拉机顺时针摆转一个角度α,如图1-18所示。这样,当犁入土耕作时,犁侧板在沟墙反力作用下,将犁向右摆正,消除了漏耕。如果耕作中发生第一铧耕宽偏窄有重耕现象时,应作相反方向的调整,如图1-19所示。

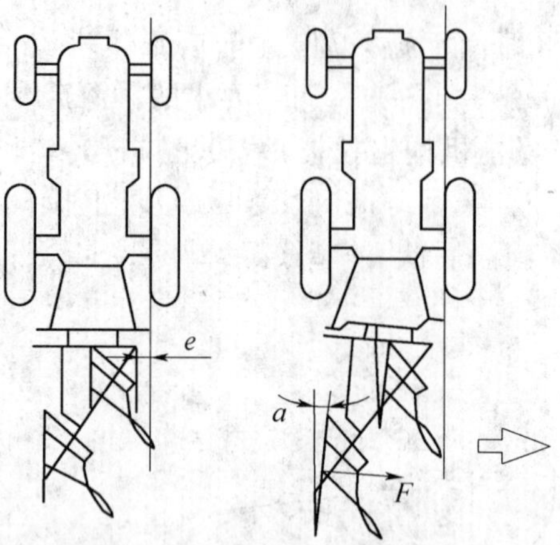

图 1-18 耕宽偏大时的调整

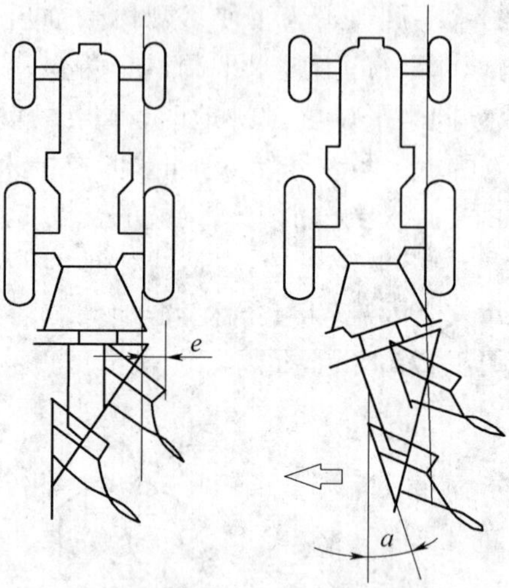

图 1-19 耕宽偏小时的调整

通过上述调整后，如仍不能满足要求，可再用横移悬挂轴或左悬挂点(耕宽调节器)的方法来调整。漏耕时左移悬挂轴或左悬挂点，重耕时右移。

(5)偏牵引调整　偏牵引现象可通过调整牵引线来消除。

当工作中拖拉机向右偏摆时，说明瞬心 π_2 偏右，牵引线位于动力中心右侧，可通过右移悬挂轴或左悬挂点的方法，使瞬心左移，牵引线通过动力中心，偏牵引现象消除，如图 1-20 所示。若牵引线偏左，应作相反方向的调整。

横移悬挂轴或左悬挂点不仅是调整耕宽的一种方法，也是调整偏牵引的方法。工作中，一般先用转动曲拐轴或改变左悬挂点伸出长度的办法使耕宽合乎要求，若有偏牵引现象，再横移悬挂轴或左悬挂点，两者应配合进行，经反复调整达到耕宽合适又无偏牵引的状态。

(三)耕地方法

1. *行走方法*

最基本的耕地行走方法有内翻法、外翻法和套耕法 3 种，如图 1-21 所示。耕地时应根据地块情况和农业技术要求选择合理的行走方法。

(1)内翻法　机组从地块中心线的左侧进入，耕到地头升起犁后顺时针环形转弯，由中心线另一侧回犁，依次由里向外耕完整块地。耕后地块中央形成一垄背，两侧留有犁沟。当地块较窄且中间较低时可采用此法。

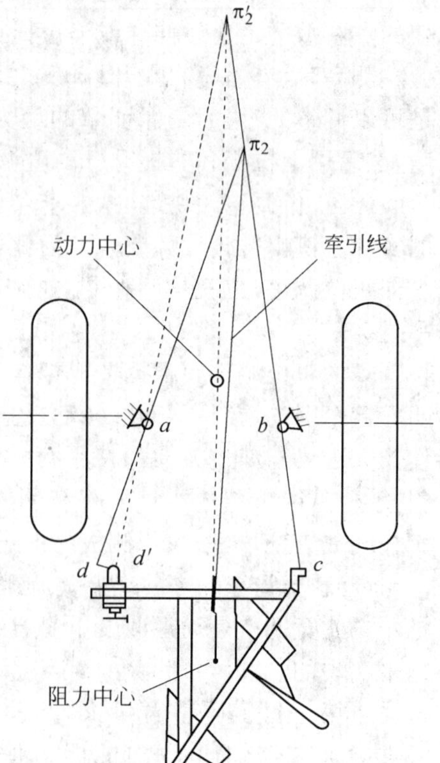

图 1-20 偏牵引调整

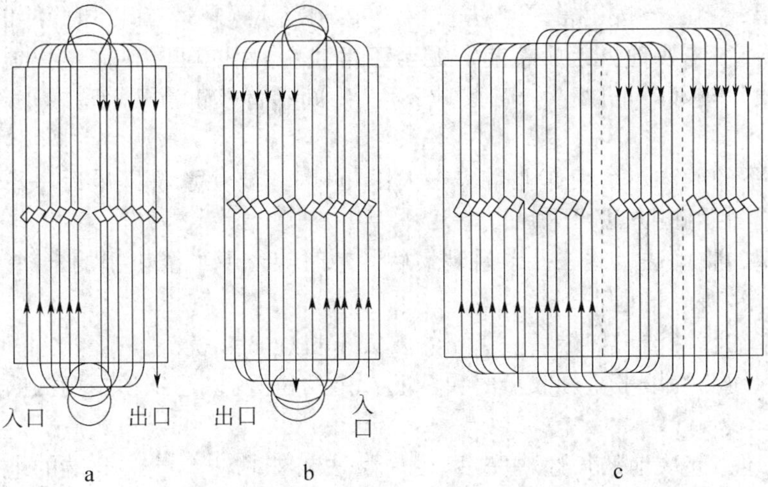

图 1-21 耕地的行走方法

a—内翻法；b—外翻法；c—套耕法

(2)外翻法 机组从地块右侧入犁，耕到地头起犁后向左转。行至地块的另一侧再回犁，依次逆时针由外向内绕行耕完整块地，耕后地块中央形成一条垄沟。地块中间较高时可采用此法。

(3)套耕法 对于有垄沟、渠道的水浇地可采用四区无环节套耕法。机组从第一区右侧进入，顺时针转入第三区左侧回犁，用内翻法套耕一、三两区；再以同样耕法套耕二、四两区。套耕法机组不转环形弯，操作方便，地头较短，工效高，并可减少地面上的沟和垄。耕前需先将地头转弯处的垄沟、渠道平掉。同理也可采用三区与一区以及四区与二区的外翻法套耕。此外，还可以采用以外翻法套耕三区与一区，以内翻法套耕二区与四区的内外翻套耕法。

2. 耕地头线

在正式耕地之前，在地块的两头应留出一定的宽度，先用犁耕出地头线，作为犁的起落标志线，使起犁落犁整齐一致、犁铧入土容易，减少重耕和漏耕，以提高耕地质量和工作效率。牵引机组地头宽度为机组长度的 1.5～2 倍；悬挂机组的地头宽度为拖拉机长度的 1.5～2 倍。地头宽度还与机手的操作熟练程度有关。同时，它还应该是耕幅的整数倍，以便耕翻地头时耕到边。

3. 开墒

在平地上耕第一犁称为开墒。开墒的好坏对作业质量和生产率影响很大，必须开得正，走得直，否则易造成漏耕、重耕，或留下三角形楔子。为减小内翻法开墒时垄背的高度，应将犁调节为前犁浅、后犁深。悬挂犁开墒时，限深轮应调整至全耕深位置，而右提升杆伸长至使前犁下降半个耕深(低于拖拉机驱动轮支持面半个耕深)，犁架呈倾斜状态。耕第二犁时再将右提升杆缩回，使犁架调平，进行正常作业。

为了减少开墒时出现的生埂以及使地面尽量平整，常采用如下开墒法。

(1)双开墒法 机组从地块中央用外翻法逆时针耕第一来回，地块中间则形成一条沟。然后再用内翻法重耕一遍填平墒沟，此后用内翻法一直耕完整块地。用此法开墒无生埂，地面平整，但开墒处杂草、残茬等覆盖不严且工效低。

(2)重半幅开墒法　按正常开墒法耕第一犁,在返回(耕第二犁)时,使前两铧(半个耕幅)重耕,后两铧耕未耕地。此后将前犁调至正常耕深,用内翻法耕完整块地。用此法开墒无生埂,覆盖质量较好,对机组生产率影响不大,中间垄背较正常开墒法的小。

4. 收墒

犁耕后留下的墒沟对后续作业带来很大困难,因此要注意耕好最后一犁,即收墒,应当尽量减小墒沟。收墒的方法可采用以下几种。

(1)重半犁的收墒法　此法要求耕到最后一犁时应留下半个耕幅的未耕地,前犁正常耕生地而后犁调浅,耕已耕地。

(2)回一犁的收墒法　如最后一犁正好耕完未耕地,留下较大的墒沟,此时将后犁调浅,来回重耕一犁,使墒沟填平些。收墒时要注意犁走的位置,以达到填平墒沟的效果。

5. 耕地头

①单独耕地头整块地的长边耕完后,用内翻法或外翻法单独耕两端的地头。此法耕后出现垄台或墒沟,且机组转弯困难。

②回形耕法在耕区两侧留出与地头等宽的地边不耕,最后将地头与地边连起来转圈耕完,在四角处起犁转弯。

6. 复式作业

采用复式作业可提高作业质量,充分发挥拖拉机的功率和减少机车进地次数,并降低成本,提高工效。进行复式作业时犁上需要装复式作业拉杆。

耕地机组常用的复式作业有:犁带平地合墒器(起碎土、平整地表和缩小墒沟的作用)、犁带钢丝滚动耙(起碎土、耙平和耙实的作用)、犁带钉齿耙和盖(耢)(起平地和碎土作用)、犁带镇压器和盖(耢)(起镇实、耢碎表土、保墒的作用)。

(四)影响耕地质量的因素

影响耕地质量的因素包括以下几点:

①土壤的适耕期。耕地时机选择不当,土壤水分过多或过少,或耕后未及时整地,或未采用复式作业等都会影响碎土质量,或成泥条或成坷垃。

②机具的技术状态。犁架、犁柱等变形,犁体安装位置不正确,犁铧、犁侧板的严重磨损以及犁的调整不当等会引起耕深不一致、地表不平、覆盖质量差及重耕、漏耕等现象。

③机手的操作技术。机组走不正、走不直,起落犁不及时等会引起重耕、漏耕、接垡不平、出三角楔子等现象。

④地块的形状。机械作业的地块应规划成长方形。若地块不规则,耕到最后必然出现三角地形或其他不规则形状,就难以获得良好的耕作质量,且严重影响工作效率。

⑤机组的配套及作业速度。机组的配套包括动力和耕幅的配套,即犁的工作幅应与拖拉机的功率、轮距相适应。如果不相适应,如拖拉机马力不足,作业速度太低,犁耕时土堡运动很慢,抛不起来,就会影响碎土和翻土覆盖的性能;轮距与工作幅不相适应就会影响犁的正确牵引,引起漏耕或重耕,造成偏牵引,机组走不正,操作困难,使耕作质量下降,工效降低。

(五)耕地质量的检查

1. 耕深检查

在耕地过程中沿犁沟测量沟壁的高度,一般在地块的两端和中间各测若干点取其平均值，与规定的耕深误差不应超过 1 cm。如耕后检查耕深时，可用木尺插入到沟底，将测出的深度减去 20%的土壤膨松度即可。如采用了复式作业或在雨后测定，则可减去 10%的土壤膨松度。检查时沿地块对角线测定若干点取平均值。在检查耕深时应同时检查各犁体的耕深一致性，可将耕后松土清除后观察沟底是否平整。

2. 重耕和漏耕的检查

在耕地过程中检查犁的实际耕宽，方法是从犁沟壁向未耕地量出较犁的总耕幅稍大的宽度 B，并插上标记，待下一趟犁耕后再量出新的沟壁至标记处的距离 C，则实际耕宽为 $B-C$。如此值大于犁的总耕幅，则有漏耕；反之有重耕。

此外，还应目测地表平整度、土壤破碎度、接垡和杂草、残茬覆盖和墒沟、垄背等方面的作业质量；目测检查地头、地边有无漏耕。

(六)常见的故障与排除方法、维护与保养

1. 常见的故障与排除方法

常见的故障与排除方法如表 1-3 所示。

表 1-3　常见的故障与排除方法

故障现象	故障原因	排除方法
入土困难	①铧刃磨损 ②土质干硬 ③犁架前高后低 ④犁铧垂直间隙小	①更换犁铧或用锻伸方法修复 ②适当加大入土角和入土力矩或在犁架尾部加配重 ③调短上拉杆长度、提高牵引犁横拉杆或降低拖拉机的拖把位置 ④更换犁侧板、检查犁壁等
耕后地不平	①犁架不平或犁架、犁铧变形 ②犁壁黏土、土垡翻转不好 ③犁体在犁架上安装位置不当或振动后移位	①调平犁架、校正犁柱(非铸件) ②清除犁壁上黏土，并保持犁壁光洁 ③调整犁体在犁架上的位置
水田作业时入土过深	①悬挂犁机组力调节系统不起作用，犁出现钻深现象 ②土壤承压能力较弱	①不用力调节系统 ②使犁架前端稍调高些，安装限深滑板
立垡甚至回垡	①过深 ②速度过慢 ③各犁体间距过小，宽深比不当 ④犁壁不光滑	①调浅 ②加速 ③当耕深较大时，可适当减少铧数，拉开间距 ④清除犁壁上黏土
耕宽不稳	①耕宽调节器 U 形卡松动 ②胫刃磨损或犁侧板对沟墙压力不足 ③水平间隙过小	①紧固，若 U 形卡变形则更换 ②增加犁刀或更换犁壁、侧板 ③检查水平间隙，调整或更换犁侧板
漏耕或重耕	①偏牵引、犁架歪斜 ②犁架或犁柱变形 ③犁体距离不当	①调整纵向正柱 ②校正(非铸件)或更换 ③重新安装并调整

2. 维护与保养

①每班作业后，清洁犁体及其表面上的泥土杂草，检查各零部件的紧固情况，并及时修

复或更换损坏和变形的零部件。对各润滑点加注润滑油。

②定期检查犁铧、犁壁、犁侧板、犁踵等的磨损情况，若超过规定标准则应更换或修复。

③作业结束后，应拆卸清洗圆犁刀、限深轮、耕宽调节器丝杠与轴承等。全面检查犁的技术状态，更换或修复磨损及变形零件，向各润滑点加注润滑油。犁体、小前犁、犁刀及调整螺杆等涂上防锈油，并放置于库房内保管。犁架若露天停放，上面应盖上防雨布或涂上防锈油。

六、拓展知识

1. 半悬挂犁

半悬挂犁由犁架、犁体、人字架（即悬挂架）、限深论、尾轮及其起落、操向机构等部件组成，图 1-22 是半悬挂五铧犁的结构。

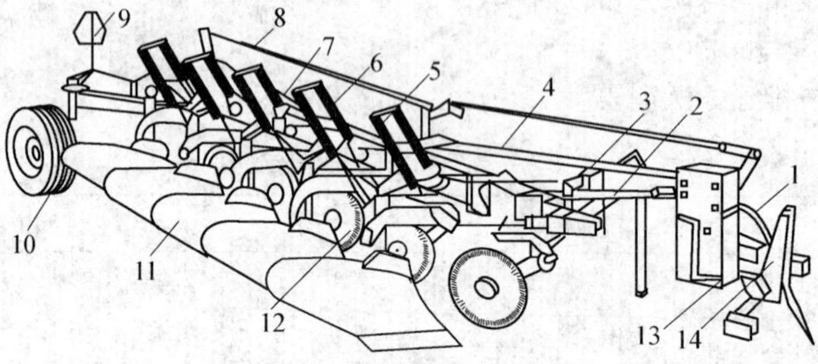

图 1-22　半悬挂五铧犁的结构

1—油管；2—调节螺杆；3—弧形板；4—纵梁；5—斜梁；6—安全器；7—限深轮；8—尾轮操向杆；9—公路运输标志；10—尾轮；11—犁体；12—犁刀；13—垂直转向轴；14—悬挂头架

拖拉机上、下拉杆与半悬挂犁人字架呈三点连接，犁的前端有限深论，后端有尾轮。下拉杆用链来限位、张紧，所以牵引板不能相对拖拉机作摆动，仅犁架可绕转向轴摆动。牵引板既与人字架水平铰接，又和牵引纵梁垂直铰接。犁的起落由拖拉机液压装置控制。升犁时，犁的前端被抬起，油缸活塞杆向外伸出，尾轮向下摆动，犁架后部升高。当油缸泄油时，犁架靠自身重量下落，尾轮相对犁架上抬，油缸活塞缩短，尾轮调节螺栓予以限位。

使用力调节时则卸去限深轮。当机组转向时，转向轴拉动尾轮操向杆使尾轮转向，其回转半径甚小。半悬挂犁耕深一致性是通过拖拉机左、右提升杆长度的调整，以及通过调整尾轮调节螺栓来实现的。若第一铧过宽，可向右调整前梁在牵引板横梁上的连接装置，也可再移前梁后端在犁架横梁上的连接装置；若第一铧过窄，则向相反方向调整。

半悬挂犁是介于悬挂犁与牵引犁之间的一种机型。它可悬挂较多犁铧，机体虽长但不受拖拉机纵向稳定性和操向性能的限制。半悬挂犁比牵引犁结构简单，重量轻 30%，机动性能、牵引性能与跟踪性能都较好。

2. 调幅犁

调幅犁工作幅宽的大小，在一定的范围内可以调节，而且不增减犁的工作部件。调幅犁通过调节主斜梁与前进方向的夹角 α 来达到改变耕宽的目的，并保持犁的方向不变。犁铧的主斜梁与前进方向的夹角 α 值的大小，与犁体工作幅宽、相邻犁体前后距离有关。α 角增大，相邻两犁体距离增加，犁的工作总宽度增加；α 角减小，相邻两犁体距离和工作总幅宽也减小。在调幅过程中必须完成以下两个动作：

①当斜梁与前进方向夹角 α 发生变化时，每个犁体各自对主梁转一个相应的角度，以保证正常工作状态，即犁侧板仍保持平行于前进的方向。

②改变拖拉机与犁的横向位置，使第一铧的幅宽和其他犁体幅宽相同。

调幅犁的调幅机构，目前有机械式和液压式两种。机械式调幅机构用销孔或螺杆来改变主斜梁与前进方向的夹角和犁体在主梁上的安装角度；液压式调幅机构利用拖拉机液压输出，驾驶员根据田间实际情况可随时进行调节，应变能力强，操作方便。图 1-23 为一种悬挂调幅犁液压式调幅机构，导向滑槽可控制主斜梁与前进方向的夹角，以及第一铧工作幅宽的变化，实际的耕宽采取无级调节。

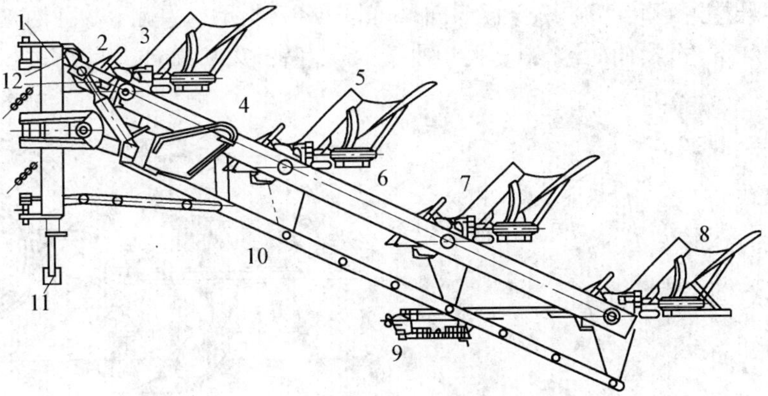

图 1-23　悬挂调幅犁液压式调幅机构

1—悬挂架；2—调幅油缸；3—犁体安全机构；4—副梁；5—前犁体；6—主斜梁；7—小前犁；8—后犁体；9—圆犁刀；10—调幅平行四杆机构；11—支腿；12—导向滑槽

3. 双向犁

双向犁是在耕地作业往返行程中可分别向左或向右交替耕翻土垡的铧式犁。其垡片始终向某一边翻转，倒向一致。耕后地表平坦，不留沟埂，适于坡地、小块地的耕作。

双向犁犁体可分为：①带有两套翻垡方向不同的犁体，双向犁在往返行程中交替换用；②双向犁只有一个犁体，但根据需要可将犁体转换成不同的翻垡方向。

只装一套犁体的双向犁，通常制成左右对称的形式，可绕水平轴或垂直轴旋转，如图1-24 所示，转换成为左翻或右翻状态。该犁可用机械、液压及人工来进行翻转，我国 20 世纪 50 年代所研制的畜力双向犁系人工翻转。

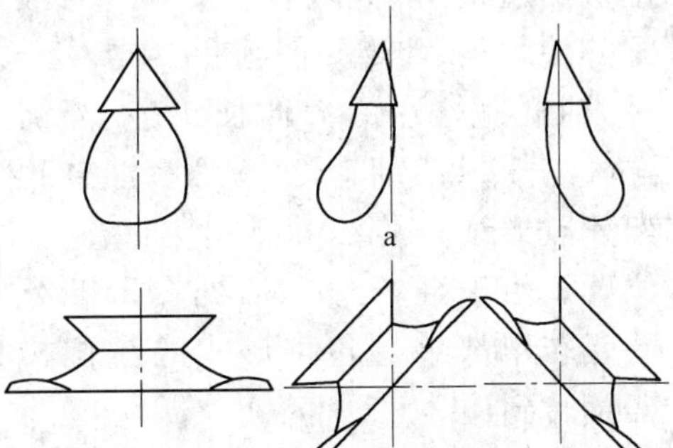

图 1-24　犁体的换向

a—绕水平轴换向；b—绕垂直轴换向

带两套犁体的双向犁有翻转式和键式两种，如图 1-25 和图 1-26 所示。翻转式根据翻转角度不同，又分全翻式和半翻式。

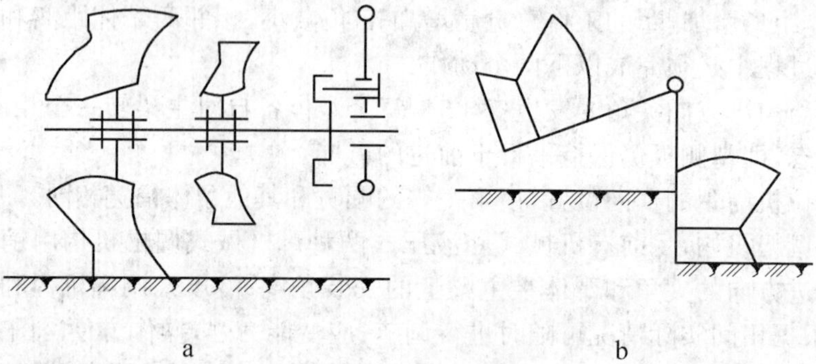

图 1-25　翻转式双向犁

a—全翻式；b—半翻式

悬挂或半悬挂式翻转 180°的全翻双向犁如图 1-27 所示。左翻、右翻两套犁体分别配制在梁架的上方和下方，换向时绕纵向水平轴作 180°翻转，以机械或液压力进行换向。

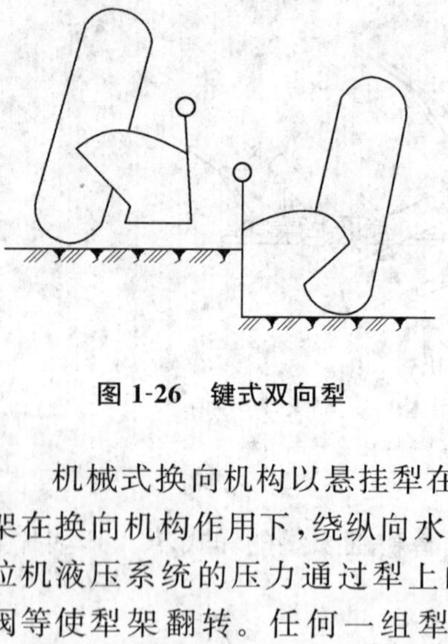

图 1-26　键式双向犁

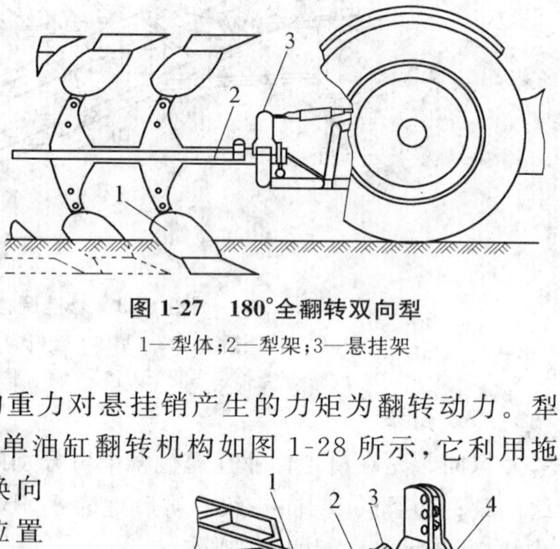

图 1-27　180°全翻转双向犁

1—犁体；2—犁架；3—悬挂架

机械式换向机构以悬挂犁在悬空时犁的重力对悬挂销产生的力矩为翻转动力。犁架在换向机构作用下，绕纵向水平轴转动。单油缸翻转机构如图 1-28 所示，它利用拖拉机液压系统的压力通过犁上的液压缸、换向阀等使犁架翻转。任何一组犁处于耕地位置时，油缸都处在最大伸长状态，当需翻转时，油缸收缩使犁架翻转 90°，然后油缸再伸长，使犁架死点继续翻转 90°，此时另一组犁体达到工作位置。由于翻转 90°时，处在翻转死点位置，因此翻转犁都装有各种形式的越位机构，以使犁架翻转到位。

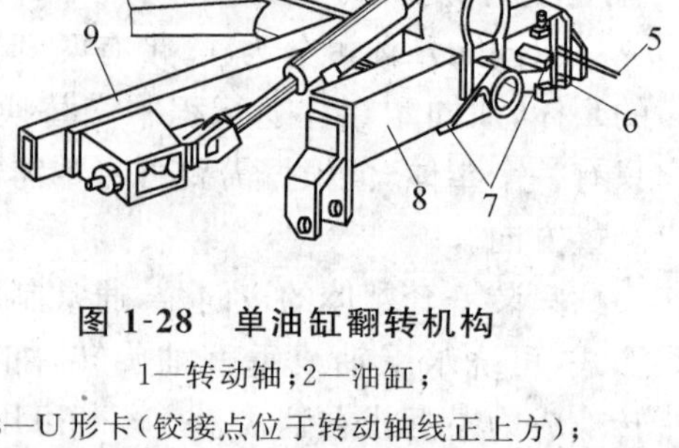

图 1-28　单油缸翻转机构

1—转动轴；2—油缸；
3—U 形卡(铰接点位于转动轴线正上方)；
4—悬挂架立柱；5—绳索；6—限停杆；7—限停臂；
8—悬挂架横梁；9—犁架横梁

还有一种双作用油缸翻转机构，当犁处于越位过程中时，触动换向阀，使油缸中油反向流动，将缸中活塞推出，推动犁架再转 90°，犁架到位后，油路处于封闭状态，犁被锁定。

学习情境 1-2 旋耕机的使用与维护

一、学习目标

根据农业生产技术要求，掌握旋耕机的结构及工作原理；根据旋耕刀片的安装技术要求，会进行旋耕刀片的安装、旋耕机与拖拉机的配套联结、旋耕机的使用调整，最后能进行旋地的质量检查并做记录。

二、能力目标

有关能力目标如表 1-4 所示。

表 1-4 旋耕机的使用与维护中的能力目标

专业能力	方法能力	社会能力
①能按服务规定接待修理客户 ②能接收旋耕机简单修理项目 ③能对旋耕机故障进行排除 ④能对旋耕机零部件常见的损坏状况进行感官检验和尺寸测量，做出可否继续使用、送修和报废的结论 ⑤能用钳工工具和设备修配简单零件 ⑥能用气焊、电焊等设备进行简单的焊接作业 ⑦能进行旋耕机的拆卸与清洗 ⑧能进行承修项目简易的质量检验	①团队工作能力 ②沟通能力 ③小组成员的协作能力 ④责任意识	①对信息的收集能力 ②使用信息资源制订工作计划 ③能独立使用媒介完成学习任务 ④工作结果的评价与反思

三、工作任务

能正确使用与维护旋耕机。

四、相关理论资讯

旋耕机是用拖拉机动力输出轴驱动工作部件的一种耕作机具。工作部件是根据旋转刀片对土壤进行洗销的原理进行工作的。

(一)旋耕机的类型及性能特点

1. 旋耕机的类型

旋耕机按旋转刀轴的位置可分为横轴式和立轴式；按与拖拉机挂结方式可分为牵引式、悬挂式和直接连接式；按刀轴传动方式可分为中间传动和侧边传动；按刀片旋转方向有正洗式和逆洗式，如图 1-29 所示。

2. 旋耕机工作过程及性能特点

(1)旋耕机的工作过程　旋耕机工作时，刀片一方面由拖拉机动力输出轴驱动作回转运动，一方面随机组前进作等速直线运动。刀片在切土过程中首先将土垡切下，随即向后抛扔，土垡撞击罩盖与平土拖板而破碎，然后再落到地面上，由于机组不断前进，刀片就连续地进行松土，如图 1-30 所示。

(2)旋耕机的性能特点　旋耕机有如下性能特点：

①碎土能力强，耕后土层松碎，地表平坦，一次作业可达到犁、耙几次作业效果。

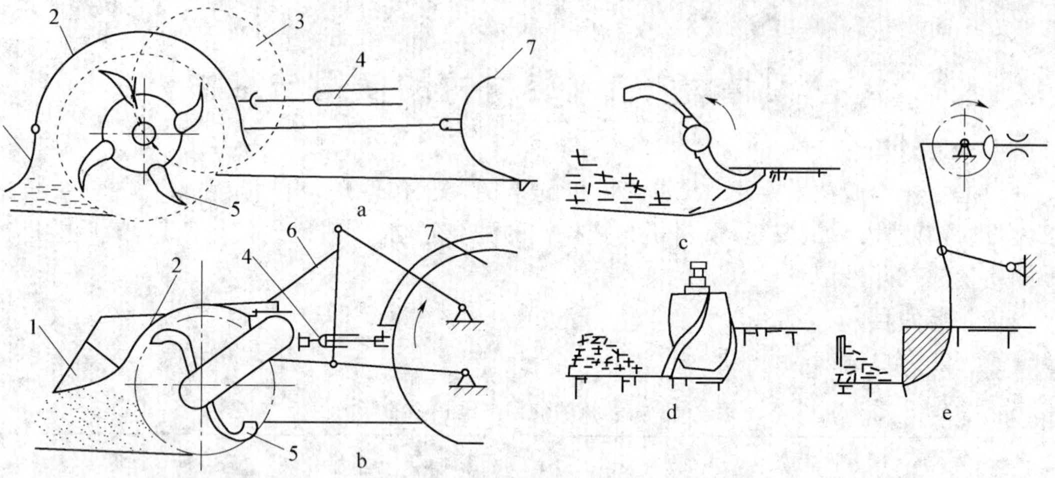

图 1-29　旋耕机的类型

a—牵引式；b—悬挂式；c—卧铣；d—立铣；e—挖掘式

1—平土拖板；2—罩壳；3—地轮；4—万向节；5—刀片；6—悬挂架；7—拖拉机

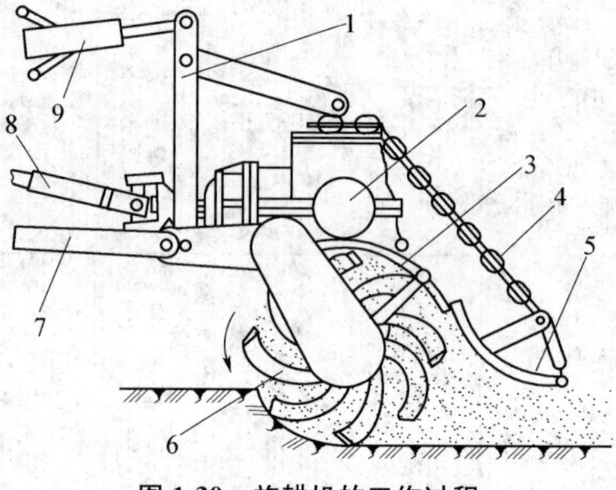

图 1-30　旋耕机的工作过程

1—悬挂架；2—齿轮箱；3—挡泥板；4—链条；5—拖板；6—刀片；7—下拉杆；8—万向节轴；9—上拉杆

②刀片旋转产生的向前推的力，减少了机组所需牵引功率。旋耕机的防陷能力强。通过性能好，除用于水田和潮湿地外，还可以用于开荒菜地、草地和沼泽地等。

③土肥掺和好，秸秆还田可以加快根茬和有机肥料的腐烂，提高肥效，促进作物生长。

④旋耕过程中，功率消耗大，覆盖能力较差，耕深受到限制。

(二)旋耕机的构造

1. 旋耕机的一般机构

旋耕机由机架、传动部分、旋耕刀轴、刀片、耕深调节装置、罩壳和拖板等组成，如图 1-31 所示。

2. 主要部件构造

(1)机架　是旋耕机的骨架，由左、右主梁，中间齿轮箱，侧边传动箱和侧板等组成，主梁的中部前方装有悬挂架，下方安装刀轴，后部安装机罩和拖板。

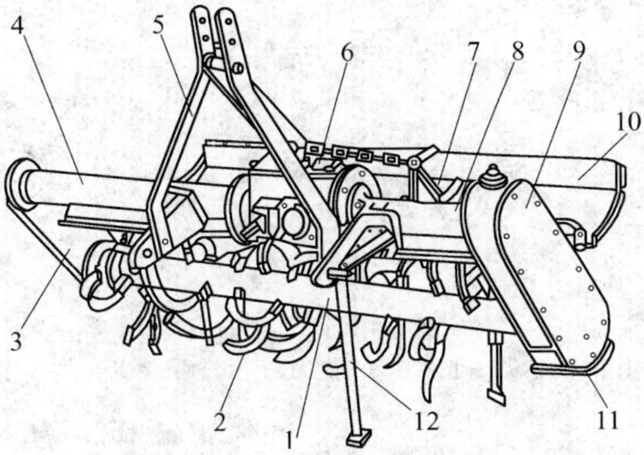

图 1-31　旋耕机的结构

1—刀轴；2—刀片；3—右支臂；4—右主梁；5—悬挂架；6—齿轮箱；7—罩壳；
8—左支梁；9—传动箱；10—平土拖板；11—防磨板撑杆；12—撑杆

(2)传动部分　由万向节传动轴、中间齿轮箱和侧传动箱组成。拖拉机动力输出轴的动力经万向节传动轴传给中间齿轮箱，然后经侧传动箱传往刀轴，驱动刀轴旋转，如图 1-32 所示。

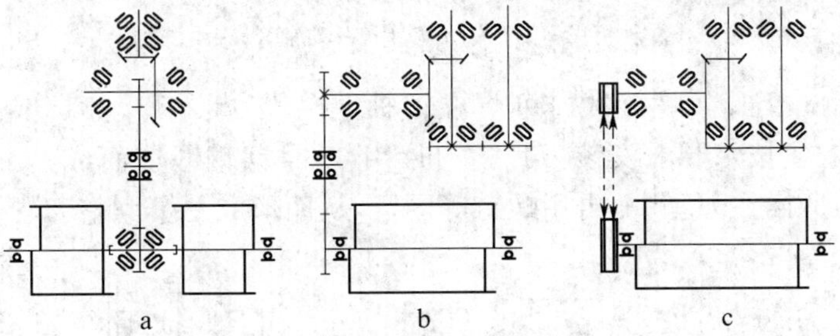

图 1-32　传动装置

a—中间传动；b—侧边齿轮传动；c—侧边链轮传动

万向节轴是将拖拉机动力传给旋耕机的传动件。它能适应旋耕机的升降及左右摆动的变化。

万向节轴的构造如图 1-33 所示，主要由十字节、夹叉、方轴、轴套和插销等零件组成。万向节轴与轴头连接时，先抽出插销，然后持活节叉与花键轴头相连，再插上插销和开口销就可固定位置。

使用万向节时，要求万向节轴与旋耕机轴头的夹角在耕作时不大于 10°，地头转弯提升(动力不切断)时，不大于 30°。夹角过大，使万向节转动时阻力矩变大，转动不灵活，使用寿命缩短，应很好注意。

中间齿轮箱中有一对圆柱齿轮和一对锥形齿轮，如图 1-32a 所示。侧边齿轮箱有齿轮传动和链传动两种型式，如图 1-32b、c 所示。链轮传动零件数目少，重量轻，结构简单，加工精度要求高，制造复杂。

(3)工作部分　旋耕机的工作部分由刀轴、刀座和刀片等组成，如图 1-34 所示。

刀轴用无缝钢管制成，两端焊有轴头，用来和左、右支臂相连接。刀轴上焊有刀座或刀

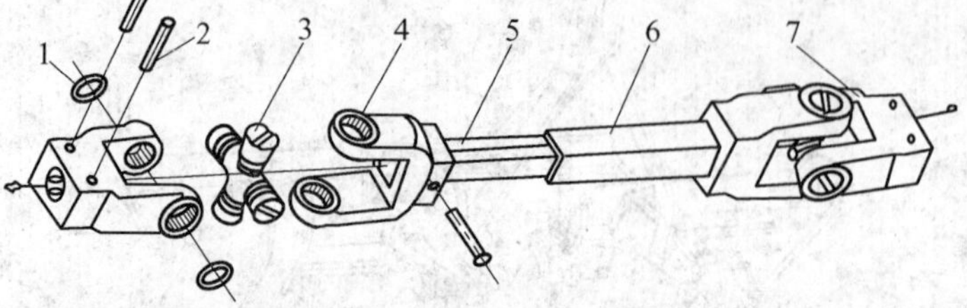

图 1-33　万向节轴的构造

1—挡圈；2—插销；3—十字节；4—夹叉；5—方轴；6—轴套；7—夹叉

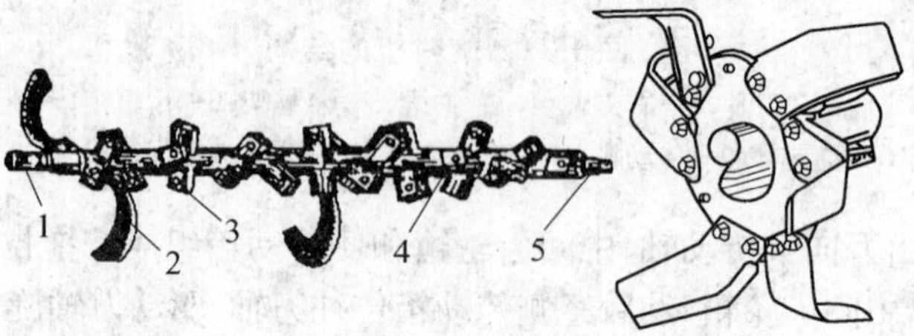

图 1-34　旋耕机的工作部件

1—左轴头；2—刀片；3—刀座；4—刀轴管；5—右轴头

盘，如图 1-35 所示。刀座按螺旋线排列焊在刀轴上以供安装刀片；刀盘上沿外周有间距相等的孔位。根据农业技术要求安装刀片。刀片用 65 号锰钢锻造而成，要求刃口锋利，形状正确，刀片通过刀柄插在刀座中，再用螺钉等固紧，从而形成一个完整刀辊。

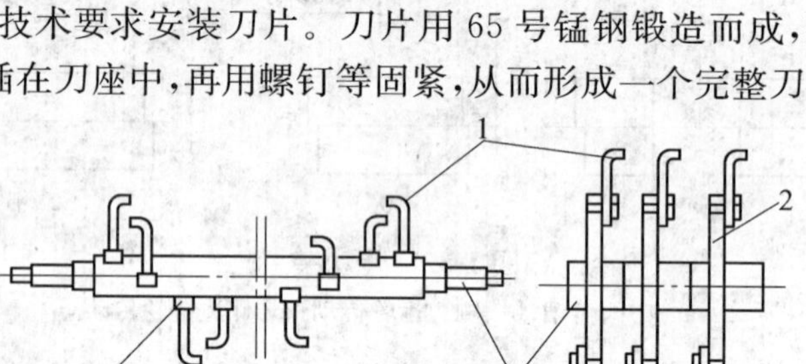

图 1-35　刀轴

a—刀座式；b—刀盘式　1—刀片；2—刀盘；3—刀轴；4—刀座

旋耕刀片是旋耕机的主要工作部件。刀片的形式有多种，常用的有凿形刀、弯刀、直角刀等，如图 1-36 所示。

①凿形刀(图 1-36a)。刀片的正面为较窄的凿形刃口，工作时主要靠凿形刃口冲击破土，对土壤进行凿切，入土和松土能力强。功率消耗较少，但易缠草，适用于无杂草的熟地耕作。凿形刀有刚性和弹性两种，弹性凿形刀适用于土质较硬的地，在潮湿黏重土壤中耕作时漏耕严重。

②弯形刀片(图 1-36b)。正面切削刃口较宽，正面刀刃和侧面刀刃都有切削作用，侧刃为弧形刀刃，有滑动作用，不易缠草，有较好的松土和抛翻能力，但消耗功率较大，适应性强，应用较广。弯刀有左、右之分，在刀轴上搭配安装。

③直角刀（图1-36c）。刀刃平直，由侧切刃和正切刃组成，两刃相交约90°。它的刀身较宽，刚性较好，具有较好的切土能力，适于在旱地和松软的熟地上作业。

(4)辅助部件　旋耕机辅助部件由悬挂架、挡泥罩、拖板和支撑杆等组成。悬挂架与悬挂犁上悬挂架相似，挡泥罩制成弧形，固定在刀轴和刀片旋转部件的上方，挡住刀片抛起的土块，起防护和进一步破碎土块的作用。拖板前端铰接在挡泥罩上，后端用链条挂在悬挂架上，拖板的高度可以用链条调节。

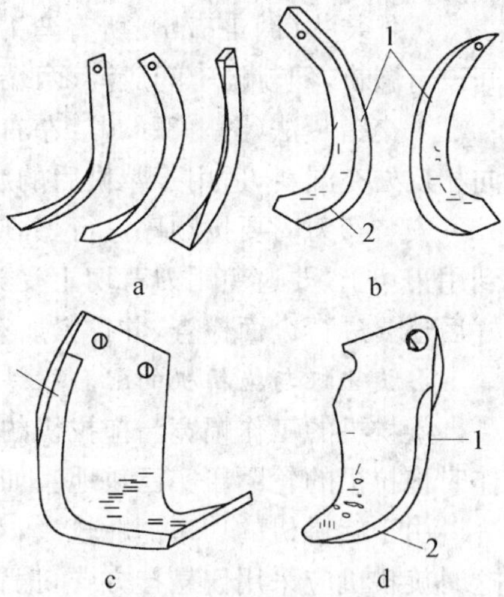

图1-36　旋耕刀片

a—凿形刀；b—弯刀；c—直角刀；d—沼泽刀

1—侧形刃；2—正切刃

五、相关实践资讯

1.旋耕刀片的安装

为了使旋耕机在作业时避免漏耕和堵塞，刀轴受力均匀，刀片在刀轴上的配置应满足以下要求：

①各刀片之间的转角应相等，(平均角＝360°/刀片数)，做到有次序的入土，以保证工作稳定和刀轴负荷均匀。

②相继入土的刀片在轴上的轴向距离越大越好，以免夹土和缠草。

③左右弯刀要尽量做到相继交错入土，使刀滚上的轴向推力均匀，一般刀片按螺旋线规则排列。

④在同一回转平面内工作的两把刀片切土量应相等，以达到碎土质量好，耕后沟底平整的目的。

⑤弯刀在刀轴上的配置有3种形式，如图1-36所示。

• 内装法（图1-37a）：将所有弯刀的弯曲方向朝向中央，刀轴所受轴向力对称，耕后刀片间没有漏耕，但耕幅中间成垄，适用于拆畦作。

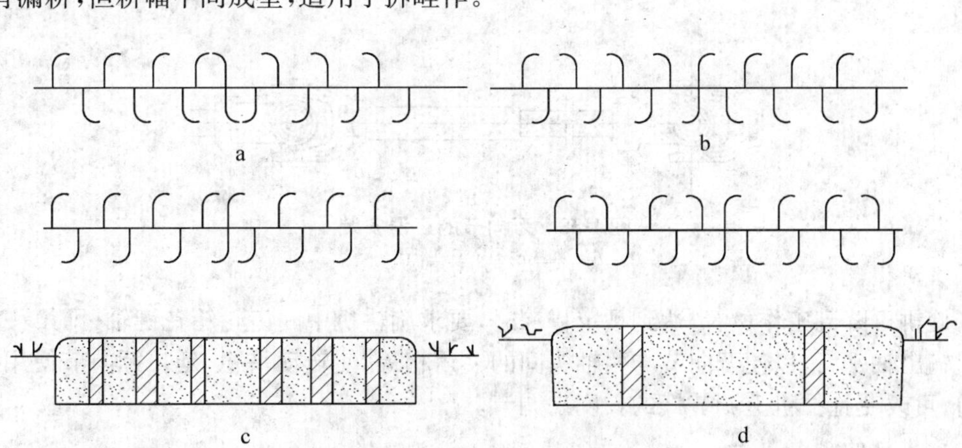

图1-37　左、右弯刀的配置

a—内装法；b—外装法；c、d—交错装法

·外装法(图 1-37b):所有弯刀的弯曲方向背向中央,刀轴所受轴向力也对称,耕后刀片间没有漏耕,但耕幅中间成沟,两端成垄,适用于拆畦耕作和旋耕开沟联合作业。

·交错装法(图 1-37c、d):左右弯刀在轴上交错对称安装,耕后地表平整,但相邻弯刀方向相反处有漏耕,适用于犁耕后的旋耕作业或茬地的旋耕作业。

安装弯刀时要按顺序进行,并应注意刀轴的旋转方向,以免搞错了弯刀的朝向,一定做到用刃切土,要避免用刀背切土受力过大,不但效果不佳还会损害机件,影响耕地质量。装好后还要进行全面检查,并拧紧所有的螺帽。

2. 旋耕机与拖拉机的配套联结

旋耕机的工作幅宽与拖拉机的轮距要相适应,一般要大于或等于拖拉机的轮距,以免工作时拖拉机的轮距压实已耕地。如不符合要求应调小拖拉机轮距。

由于旋耕机的功率消耗较大,对中小型拖拉机,旋耕机耕幅往往小于拖拉机最小轮距,这时旋耕机应采用偏悬挂方式,偏置拖拉机的一侧,还要在工作中选用合适的行走方法,即可避免压实已耕地。

旋耕机一般用三点悬挂方式与拖拉机连接,并通过万向节转动轴与拖拉机动力输出轴相连。万向节与拖拉机、旋耕机间的联接应该满足以下几点:

①方轴和方轴套间的配合长度要适当。安装万向节轴时,应注意伸缩方轴的长度应和拖拉机型号相适应,选用不同型号拖拉机,其方轴或方轴长度也不相同,在万向节轴的构造中已说明。

②方轴与方轴套的夹叉须在同一平面内(图 1-38)。若装错,旋耕机的传动轴回旋就不均匀,并伴有响声和振动,使机件损坏。

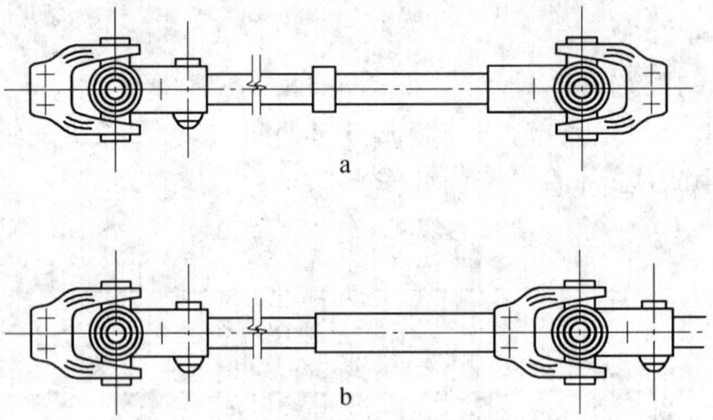

图 1-38　万向节的正误安装

a—正确;b—错误

③旋耕机降到工作位置,达到预定耕深时,要求旋耕机中间齿轮箱花键轴(即第一轴)与拖拉机输出轴平行,以便万向节与两轴头间的夹角相等,使转动平稳,延长万向节使用寿命。如不符,可改变拖拉机上调节杆的长度来调节。

3. 旋耕机的调整

(1)耕深调整　轮式拖拉机配用的旋耕机,一般由拖拉机液压系统用位调节方式控制,或在旋耕机上安装限深滑板控制。手扶拖拉机配用的旋耕机,耕深通过改变尾轮的高低位置来调整。

(2)水平调整　三点悬挂的旋耕机，其水平调整与悬挂犁相同，左右水平用拖拉机上拉杆来调节。改变上调整杆的长度，可在工作位置时调整拖拉机动力输出轴与旋耕机输入轴平行度，保证万向节轴转动的均匀性。

(3)提升高度的调整　旋耕机在传动状态下的提升高度受万向轴允许的最大夹角限制，最大夹角一般不超过 30°，有负荷时更不允许大夹角转动，以免损坏万向节。地头转弯时，需要防止旋耕机升得过高，而使万向节夹角过大，一般使刀片离开地面 20 cm 即可。在开始耕作前，应先将液压手柄限制在允许的提高度上。

(4)碎土性能的调整　碎土性能与机组的前进速度 V_m 和刀轴的转数 n 有关。刀轴转数一定时，增大前进速度，则土块变大；减少前进速度，则土块变小。机组前进速度一定时，增大刀轴转速，则土块变小；减小刀轴转速则土块变大。选择拖拉机前进速度和刀轴转数 n 的原则是在保证碎土性能达到农艺要求的基础上，充分发挥拖拉机动率，以提高功效。

4. 安全操作

①旋耕作业时，要遵守先转(刀轴)后降，边降边走，转速由低到高，入土由浅变深的操作方法，以防止机件损坏，切忌猛降入土，禁止转弯耕作。

②旋耕机在检查、保养和故障排除时，必须切断动力，将旋耕机降至地面。需要更换部件时，要把旋耕机垫牢，发动机灭火，确保安全。

③在地头转弯时，为提高效率，可在提升时不切断动力，但应减小油门，降低万向节轴，转速由低到高速，并注意保证万向节的倾斜度不超过 30°。

④万向节和刀片的安装要牢固，旋耕作业时，机后禁止站人，以保证人身安全。

5. 旋耕机常见故障及排除方法

旋耕机的常见故障及排除方法如表 1-5 所示。

表 1-5　旋耕机常见的故障及排除方法

故障现象	产生原因	排除方法
负荷过大拉不动	①耕深过大 ②土壤黏重、干硬	①减小耕深 ②降低工作速度和犁刀转速
旋耕机向后间断抛出大土块	①犁刀弯曲、变形或切断 ②犁刀丢失	①矫正或更换犁刀 ②重新安装上犁刀
耕后地面不平	机组前进速度与刀轴转速不协调	调整两者速度的配合关系
旋耕刀轴转不动	①齿轮或轴承损坏后咬死 ②侧挡板变形后卡住 ③旋耕刀轴变形 ④旋耕刀轴被泥草堵塞 ⑤传动链折断	①修理或更换 ②矫正修理 ③矫正修理 ④清除堵塞物 ⑤修理或更换
工作时有金属敲击声	①旋耕刀固定螺丝松动 ②旋耕刀轴两端刀片变形后敲击侧板 ③传动链过松	①拧紧固定螺丝 ②矫正或更换 ③调整链条紧度，如过长可去掉一对链节
旋耕刀变速有杂音	①安装时有异物落入 ②轴承损坏 ③齿轮牙齿损坏	①取出异物 ②更换轴承 ③修理或更换

六、拓展知识

1. 立式耕耙犁

立式耕耙犁是一种耕耙联合作业机具。它可以适当弥补犁碎土差、旋耕机耕深浅的不足,能将耕、耙(实际上是旋耕)一次完成。图 1-39 为与中型拖拉机配套的立式耕耙犁。

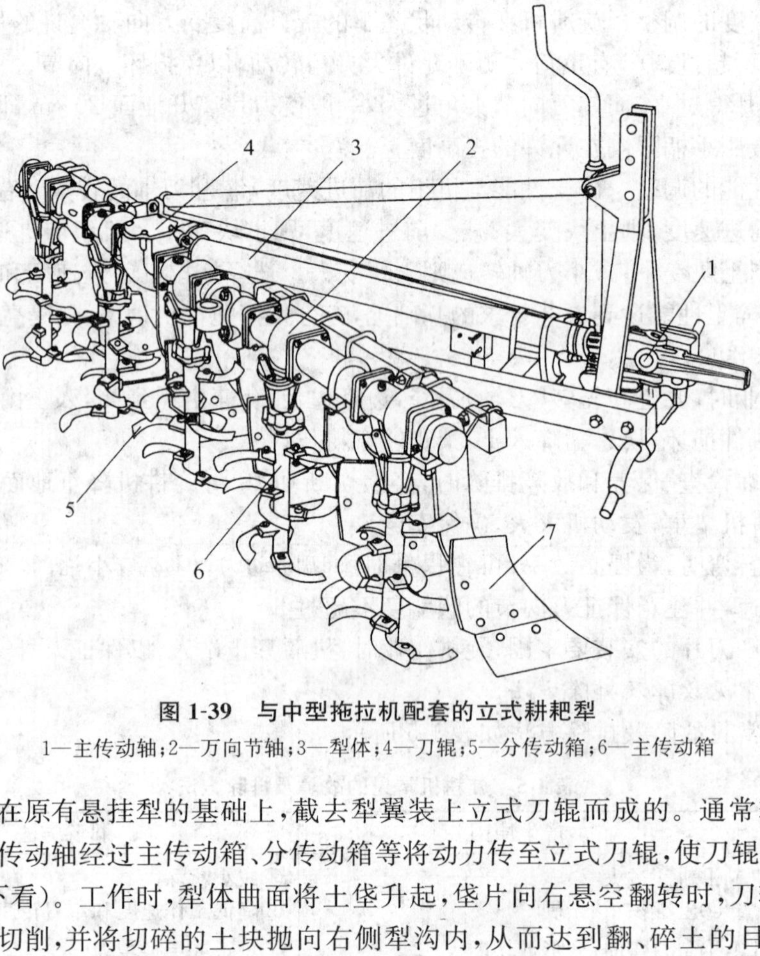

图 1-39　与中型拖拉机配套的立式耕耙犁

1—主传动轴;2—万向节轴;3—犁体;4—刀辊;5—分传动箱;6—主传动箱

耕耙犁是在原有悬挂犁的基础上,截去犁翼装上立式刀辊而成的。通常犁架上所装的万向节轴及主传动轴经过主传动箱、分传动箱等将动力传至立式刀辊,使刀辊作顺时针方向转动(从上往下看)。工作时,犁体曲面将土垡升起,垡片向右悬空翻转时,刀辊上刀片在垡片背面作水平切削,并将切碎的土块抛向右侧犁沟内,从而达到翻、碎土的目的,如图 1-40 所示。

2. 复式作业机械

(1)旋耕与播种　图 1-41 为 1.5 m 幅宽的旋耕播种联合作业机。播种机直接安装在旋耕机上,利用旋耕时土块后抛的作用,在旋耕碎土的同时完成播种与覆盖,不需开沟器、覆土器。播种部分由种子箱、排种管、排种器、传动器等组成。它靠安装于旋耕机一侧的地轮驱动种子箱、排种器进行排种。行距可调整,排种管前后错开,以防土块堵塞。

(2)旋耕、播种与施肥　在 1.75 m 中间传动的卧式旋耕播种机上,再加装施用颗粒(或粉状)化肥的装置,在旋耕碎土的同时可完成播种、施肥作业(图 1-42)。播种、施肥的动力分别由旋耕机两侧地轮提供。播种量和施肥量可分别调整,种子和肥料分别由两塑料管接到播种管内。复式作业机械对抢农时,减少压实土壤次数,减少作业成本均十分有利。

(3)旋耕与轧辊　旋耕与轧辊联合作业机(图 1-43)是在原旋耕机上附装系列水田耙轧

辊而成的。轧辊为1BS-316型水田耙实心轧辊，直径280 mm，是双季稻草还田、提高轧草质量的一种较好机具。

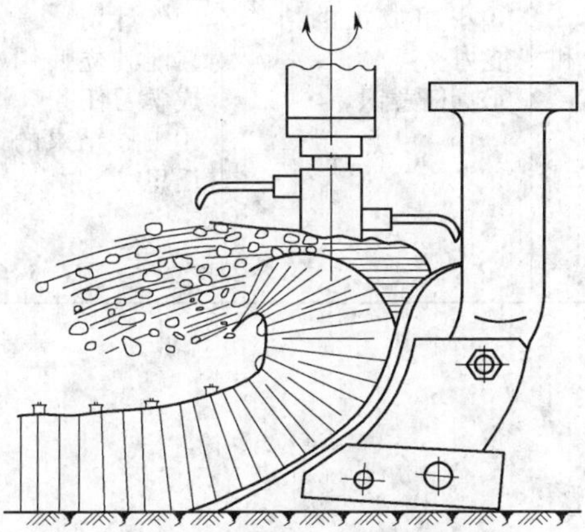

图 1-40　耕耙犁的工作过程

图 1-41　旋耕播种机

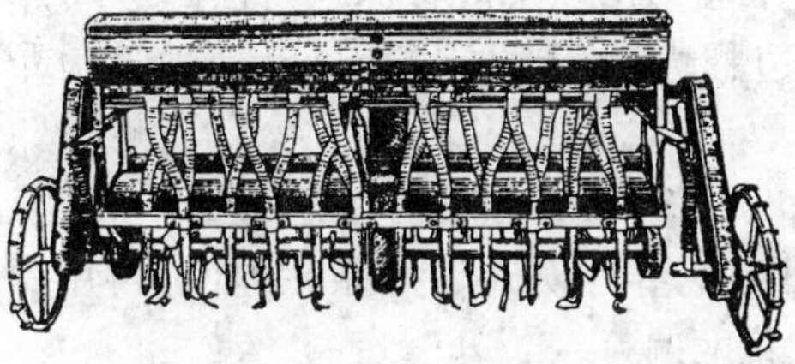

图 1-42　旋耕、播种、施肥联合作业机

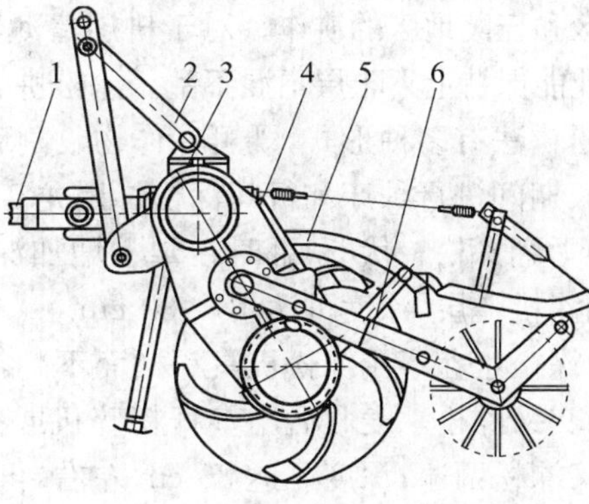

图 1-43　旋耕轧辊联合作业机

1—万向节；2—悬挂机架；3—齿轮箱；4—侧边传动；5—罩壳拖板；6—轧辊

轧辊与旋耕机刚性连接，轧辊高度可调。工作中轧辊还起到限制旋耕深度的作用。

学习情境1-3　深松机的使用与维护

一、学习目标

根据耕整地机械的农业生产技术要求，掌握深松机的结构及工作原理；根据深松机的安装技术标准，会进行整机的安装、深松机的使用调整，最后能进行深松的质量检查并做记录。

二、能力目标

有关能力目标如表1-6所示。

表 1-6　深松机的使用与维护中的能力目标

专业能力	方法能力	社会能力
①能按服务规定接待修理客户 ②能接收深松机简单修理项目 ③能对深松机故障进行排除 ④能对深松机零部件常见的损坏状况进行感官检验和尺寸测量,做出可否继续使用、送修和报废的结论 ⑤能用钳工工具和设备修配简单零件 ⑥能用气焊、电焊等设备进行简单的焊接作业 ⑦能进行深松机的拆卸与清洗 ⑧能进行承修项目简易的质量检验	①团队工作能力 ②沟通能力 ③小组成员的协作能力 ④责任意识	①对信息的收集能力 ②使用信息资源制订工作计划 ③能独立使用媒介完成学习任务 ④工作结果的评价与反思

三、工作任务

能正确使用与维护深松机。

四、相关理论资讯

(一)深松耕法的意义及形式

深松耕法是一种新的土壤耕作方法。它有打破犁地层,加深耕作层,改善耕层结构,提高土壤蓄水保墒,抗旱耐劳的能力。深松能增温放寒,促进养分转化,提高产量,适合于干旱、半干旱地区和丘陵地区的耕作。对于耕层瘠薄、不适于深翻的土壤,如盐碱土、白浆土、黄土等,深松作业能保持上下土层不混不乱。深松耕与施肥相结合,已成为改良土壤的主要措施。

深松耕法有多种形式,既可在作物收割后进行全面深松,又可在播种之前或播种同时及作物生长期间进行种床和行间深松。黑龙江垦区多年来总结出以下 3 种深松耕法的形式:

(1)平翻深松　伏、秋翻时在犁上增加深松部件,边翻边松,上翻下松,可有效地打破犁底层,加深耕作层,深度可达 18～30 cm。

(2)深松耙茬　用深松机具深松而不翻,深度可达 25～30 cm,再用圆盘耙配套作业。

(3)交叉深松　麦收后用茎秆粉碎机或灭茬耕作机,把茎秆切碎后抛撒在地面,再用深松机交叉深松两遍,深度可达 35 cm 左右,再用圆盘耙耙两遍。

(二)深松机具的种类和一般构造

1. 深松机具的种类

按完成的作业项目的不同,深松机具可分为深松犁和深松作业联合机,还有的在原来机具的基础上加装深松部件。

(1)七铧犁加深松部件　七铧犁有 7 组如图 1-44 所示的工作部件,通过仿形机构安装在梁上,主要用于垄沟、垄帮和垄体深松,深度为 18～30 cm。它采用分层松土,使前铲为后铲深度的 1/2,这样不易起大土块,碎土效果好。铲头采用鸭掌铲,有较好的碎土效果。

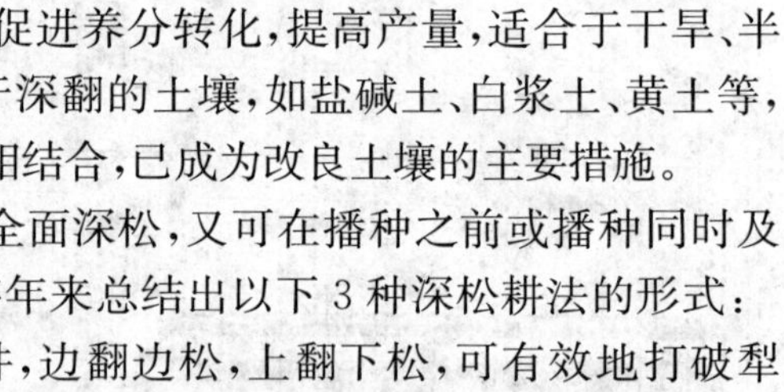

图 1-44　七铧犁的深松部件

(2)机引五铧犁加深松部件(图 1-45)　这种深松部件用于平翻深松。深松部件是用四杆机构固定在各主犁体后面的,可随犁的起落而升降,运输时深松铲高于犁体支持面，地头转弯时不易挂草。深松铲的铲柄为垂直杆式，铲头有单翼和双翼两种。

(3)悬挂犁上加深松部件　深松部件直接焊接或用螺栓固定在主犁体的犁床上，如图1-45a所示，加深的深度为8～10 cm，主要用来翻后同时打破犁地层。这种深松部件结构简单，铲头为凿形，制造容易，用料少，多用于悬挂犁上。

2. 深松犁的一般构造

深松犁的一般构造如图1-46所示，有机架，机架前有悬挂架，后端有横梁用以安装深松铲。机架前端两侧安装有限深轮，用以调整和控制松土深度。工作部件一般为凿形松土铲，直接装在机架横梁上，其深松铲前、后排两行，通过性好，不易堵塞。深松后地表较平整。深松机上备有安全销，耕作中遇到树根或石块等大障碍物时，能保护深松铲不受损坏。机架除"T"形结构外，还有木形架结构，这样才能安装成前后两行深松铲。深松犁多与大马力拖拉机配套，最大深度一般可达50 cm。

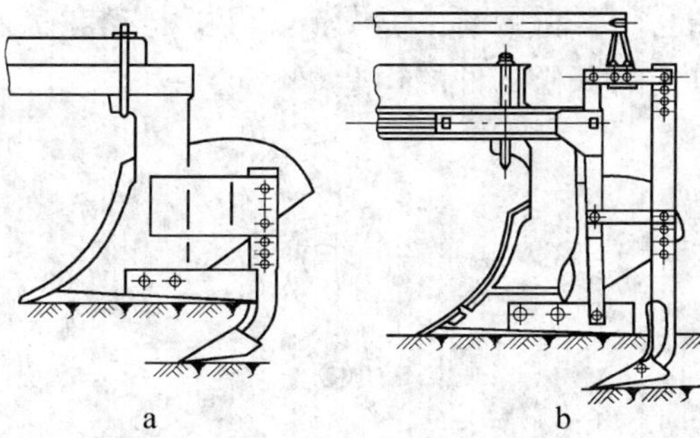

图1-45　机引犁加装深松铲

a—悬挂犁；b—牵引犁

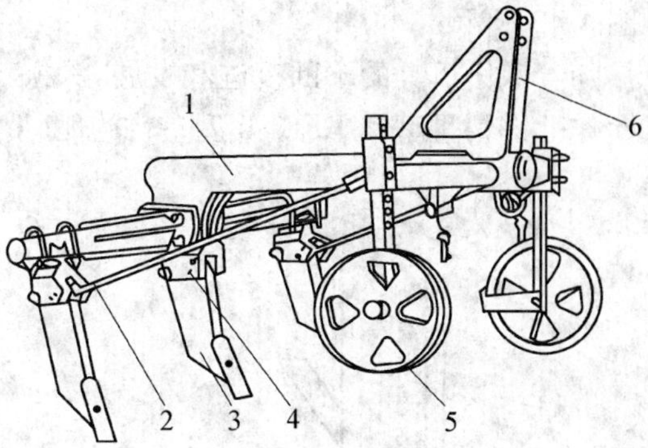

图1-46　悬挂式凿形深松犁

1—机架；2—拉筋；3—深松铲；4—安全销；5—限深轮；6—悬挂架

(三)深松部件

1. 深松铲

深松铲是深松机的主要工作部件，由铲头和铲柄两部分组成。

(1)铲头　为了适应不同的作业要求，铲头形式有凿形铲、鸭掌铲、双翼铲等。

①凿形铲。又称平板铲，尺寸形状如图1-47a所示。其特点是碎土性能好，工作阻力小，结构简单，强度高，制造容易。它适用于全面深松，也可用于行间深松和种床深松，是应用最广泛的一种深松铲。

②鸭掌铲(图1-47b)。幅宽大于凿形铲，一般为10 cm，没有铲翼，故强度好；入土能力强，工作阻力小；但制造工艺复杂，用料也比凿形铲多，通用性广。鸭掌铲适用于幼苗期行间深松、上翻下松和耙茬深松等作业。

③双翼铲(图1-47c)。幅宽较大，一般大于10 cm，铲翼略长，松土范围大，入土和碎土能力强，但结构复杂，工作阻力大。分层深松时，适用于松表层土壤，还可用于除茬作业。

(2)铲柄　铲柄的形式有垂直直杆式和圆弧弯杆式两种，如图1-48所示。

①垂直直杆式铲柄。杆的上部为矩形断面，下部有的制成前棱角形，易入土和切土。这种铲柄制作容易，用料少，安装方便，但阻力大，易挂草。机引五铧犁上加装的深松铲铲柄属

于直杆式。

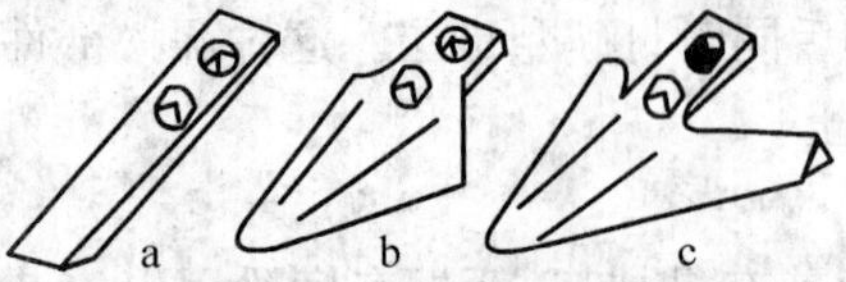

图 1-47　常用铲头形式

a—凿形铲；b—鸭掌铲；c—双翼铲

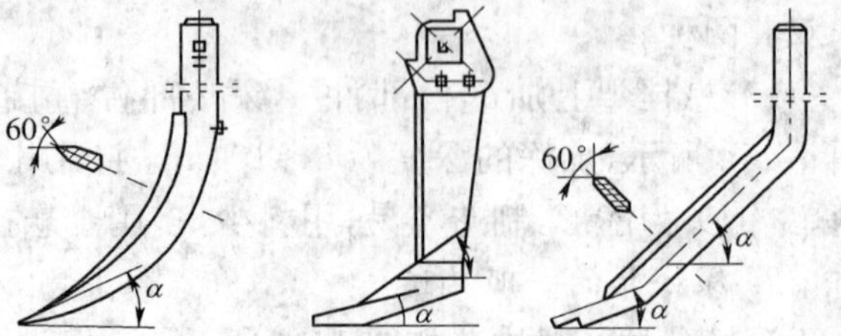

图 1-48　深松铲铲柱

②圆弧弯杆式铲柄。铲柄为圆弧形，铲柄上部为矩形断面，下部入土部分的前面制成尖菱形，有碎土和减少阻力的作用。

有的凿形铲的铲柄在深松时，为了使表土得到较好的松碎，常在铲柄上装较宽的铲翼，如图 1-49 所示。

随着深松机具的不断改进和发展，深松部件也在不断更新。以图 1-50 说明安装在悬挂式垄作七铧犁Ⅲ型和 LFBJ-6 型垄耕施肥精播机上的深松部件的构造。

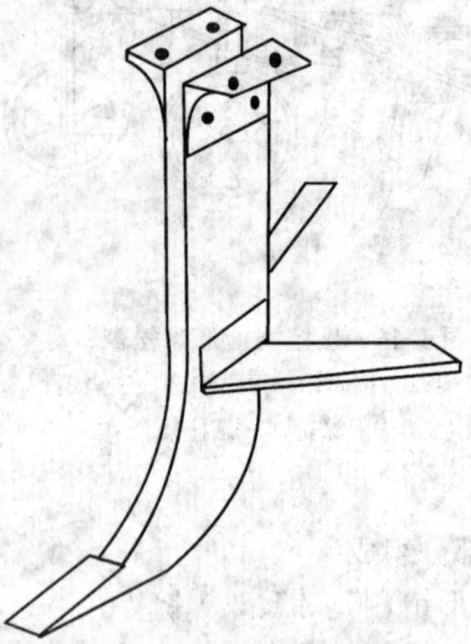

图 1-49　加装双翼的深松部件

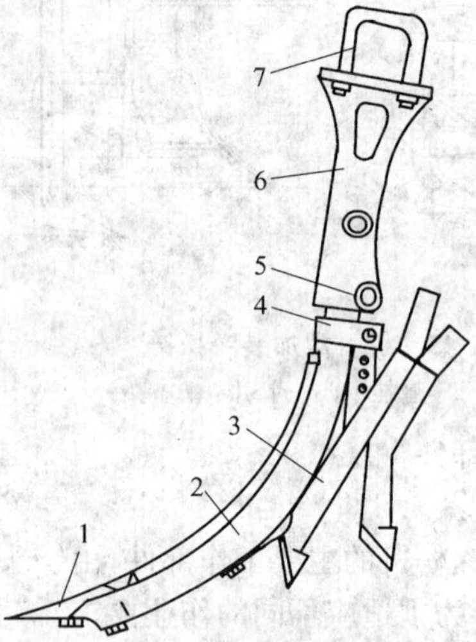

图 1-50　深松施肥部件

1—松铲；2—松铲柄；3—肥管；4—肥管固定裤；5—全销；6—松铲柄裤；7—顶丝

(四)IS-3(Ⅱ)型深松机

1. 机具型号、用途及性能特点

(1)机具型号　I S - 3 (Ⅱ)

- Ⅱ — 改进后Ⅱ型
- 3 — 基本行数
- S — 深松
- I — I类(I耕整地机械)

(2)用途及性能特点 该机是一种深松土壤的专用耕作机具，它能打破坚硬的犁底层，加深耕作层，改善耕层结构，使土壤孔隙增多，三相比例得到适当调整，故有增温防寒，减缓水土流失，促进土壤微生物转化成速效养分的作用，适用于干旱、半旱、涝洼地、盐碱地区的耕作。

该机具有结构紧凑，使用方便可靠，机组作业耕深稳定，入土行程短，松土能力强等特点，既可超深松，也可分层深松和全面深松；既可松垄台，也可松垄沟。

(3)主要技术规格

①外形尺寸(长×宽×高)。1 185 mm×2 250 mm×1 390 mm。

②配套动力。东方红-75/802。

③工作幅宽。2.1～2.8 m 可调。

④耕深。15～40 cm 可调。

⑤行距。35、45、60、70 cm 可调。

⑥工作速度。Ⅱ速 5～6 km/h。

⑦生产率。8～10 hm^2/班。

2. 主要构造

该机主要由机架、上悬挂架、地轮、工作部件及支柱等组成。

(1)机架与上悬挂架 机架为框式结构，由 2 根前后横梁和 4 根纵梁、2 根加强梁及加强板焊合而成。两根前后横梁上安装工作部件，两边顺梁前端有孔安装两下悬挂销轴，侧面有裤，用于安装地轮柄。后横梁中部安装支柱。

上悬挂架由 4 根扁钢组成，焊在架上与机架成一体，中间上端有孔为上悬挂点。

(2)地轮 主要由地轮、地轮轴和地轮柄等组成。地轮由钢板焊合而成。地轮通过地轮柄装在机架柄裤内，用销轴定位。柄上有 3 个孔，可调节地轮与机架的相对位置用以调整耕深。

(3)工作部件 包括深松铲和松土铲两种。深松铲有 3 个，由铲柄和凿形铲组成。铲柄用两个螺栓固定在铲柄架上(其中一个为安全销)，铲柄架用 4 个螺栓固定在梁上。凿形铲两端对称，当一端磨损后，可调头使用。松土铲有 7 个，由铲柄和松土铲组成。铲柄插入铲柄裤内，用顶丝固定。松土铲为箭形。

(4)支柱 装在后横梁中间，用销锁定。停放时，支撑机具防止后倒。工作时，可将支柱提起或倒过来插入。

五、相关实践资讯

1. 安装

该机可根据工作需要安装成超深松、分层深松和全面深松等不同作业状态。

(1)超深松作业 60～70 cm 行距时前横梁中心线上装 1 组深松铲，后横梁上安装 2 组深松铲；45 cm 行距时前后横梁各装 2 组深松铲。

(2)分层深松作业 前梁上装 3 组松土铲，后梁上装 3 组深松铲。

(3)全面深松作业 前梁上装 3 组松土铲，后梁上装 4 组松土铲。

深松部件安装时的配置图如图 1-51 所示。

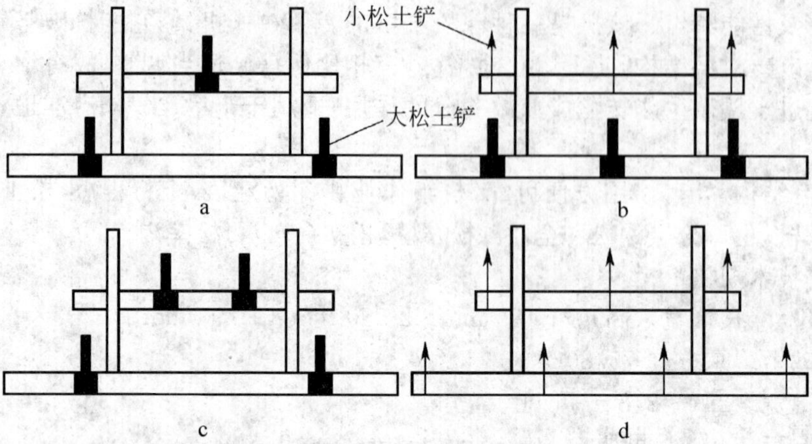

图 1-51　深松部件配置示意图

a、b—超深松；c—分层深松；d—全面深松

2. 调整

(1)耕深调整　深松深度通过上下串动地轮柄的位置来实现。地轮柄上有 3 个孔，每孔之间距离 5 cm，因此改变一孔，耕深变化 5 cm。松土铲深度调整，同样由改变铲柄在柄裤内的位置来实现。全面深松时，因全部工作部件为松土铲，耕深调整可利用地轮和铲柄位置结合调整。

(2)行距调整　调整行距时，松开固定螺栓，在横梁上左右移动铲柄裤即可，但调整时要注意左右工作部件的安装位置与机架中心线应对称。

(3)机架水平调整　工作时，机架应保持水平，否则可通过拖拉机悬挂装置的中央拉杆长度调整。

3. 使用中注意事项

①机组作业或运输时，机具上严禁坐人。

②深松铲柄向铲柄裤安装时，有一螺栓为安全销，当遇障碍剪断时，应更换，但不能用其他材质物件代替。

③作业前应检查螺栓紧固情况，发现有松动应及时拧紧。

④每年检查一次地轮轴承润滑情况。

⑤长期停放时，机具用支柱支撑，清除各部泥土，各螺栓处应常涂机油。

六、拓展知识

ISQ-350 型全方位深松机，为由原北京农业工程大学研制的 ISQ 系列全方位深松机中的一种机型。ISQ-350 型全方位深松机是由黑龙江省讷河市振兴制造厂最新研制的。它的新颖之处是采用梯形框架式工作部件对土壤进行高效率的深松。它不仅具有结构紧凑，能耗小，松碎土地效果好等优点，并且可以在土地深松的同时形成鼠道，从而具有降低农田地下水位与增强排盐碱的作用。这种形式的深松机具，无论是其工作原理，或是其性能与使用效果，与传统沿用凿式深松铲相比，都可以认为全方位深松机的问世是深松机具的革命性进步。

(一)机具型号及技术规格

1. 机具型号

I S Q - 350 型

耕深

深松部件(cm)

全(汉语拼音首字母)

I类(耕整地机械)

2. 技术规格

①松土深度。40、50 cm 可调。

②配套动力。东方红-75/802。

③工作幅宽。1. 8 m。

④悬挂方式。后三点悬挂。

⑤工作部件。梯形框架式 3 组。

⑥生产效率。15～20 亩/h。

⑦整机质量。440 kg。

(二)性能特点及适用范围

1. 性能特点

①全方位深松比阻较铧式犁的耕翻比阻至少小 35%，全方位深松作业耗油 0.7 L/亩左右，因而是一种节能型的土壤深松机具。

②全方位深松后的土壤体积密度为 1.2～1.3 g/cm^3，耕作层的疏松程度正好适宜作物生长，并可显著提高土壤的蓄水保墒能力。

③松碎土壤效果好，打破犁底层，并在松土层底部形成鼠道，使土壤的透水能力得到显著提高。既可蓄存降水，而又避免因地表径流导致的水土流失。

④全方位深松可使盐碱土的含量下降 12%左右(未加灌水洗盐措施)。在积盐期，深松地段土壤的 HCO_3^- 与 Cl^- 含量较未松地段分别减少 13%～62%。

⑤全方位深松能完整地保持地表植被覆盖，可以防止风蚀与水蚀，用于草原更新而不影响当年放牧。

2. 适用范围

①用于旱作土地打破犁地层，加深耕作层，提高蓄水保墒能力。

②用于灌溉地节约用水，改善土壤理化性质。

③用于缓坡地，防止水土流失。

④用于盐碱地改良。

⑤用于渍涝地排水。

⑥用于草原地更新。

(三)结构特点及工作原理

1. 结构

ISQ-350 型全方位深松机由悬挂架，圆管横梁，左、右、后侧 3 组深松部件及配置在中央的限深轮构成，如图 1-52 所示。

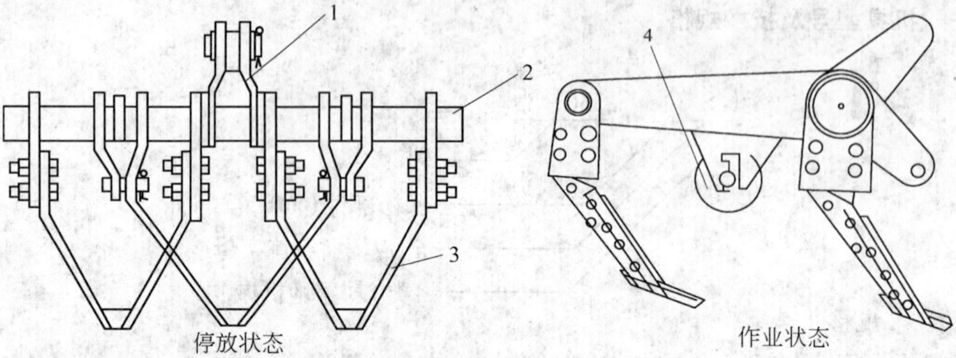

图 1-52 ISQ-350 型全方位深松机的结构

1—悬挂架；2—圆管横梁；3—深松部位；4—限深轮

全方位深松机的工作部件为梯形框架式松土器，它由水平刀，左、右侧刀与左、右连接板组成。为了更换磨损后的刀刃，水平刀与左、右侧刀均由托板与可拆卸的刃板构成。

限深轮安装在限深支撑板上，限深支撑板制有 4 个槽孔，自下至上对应松土深度分别为 40～50 cm。

2. 工作原理

在全方位深松部件的工作过程中，充分利用刀的切割作用，而对土壤的有侧限挤压作用被减至最小，不翻动土层，不形成大空隙，使深松过程中的动能消耗降到最小，即以最小扰动土层与最省力方式使土壤得到松碎，因而使能量消耗降到最低，并且具有松土范围大，松土效果好的特征，在适宜的结构参数下，还可同时在深松部件底形成鼠道，而兼有鼠道犁的功能。

(四)ISQ-350 型全方位深松机的技术检查与调整

1. 主要零部件的技术要求

①限深轮的径向圆跳动不大于 5.5 mm，端面圆跳动不大于 5.5 cm。

②深松器固定板的平面度不大于 1 mm，4 个 ϕ17 mm 孔对侧面的垂直度都不大于0.3 mm。

③左、右侧板上有 4 个 ϕ17 mm 孔的外侧平面，其平面度不大于 1 mm，4 个 ϕ17 mm 孔对外侧平面的垂直度都不得大于 0.3 mm。

④深松器左、右侧托板应在特制的夹具上焊合，焊合后左、右托板上的 4 个相对应的 ϕ17 mm 孔的直线度都不大于 1 mm。

⑤机梁焊合后，ϕ180 mm 圆管全长的直线度不大于 4.8 mm。4 个深松器固定板对称线之间的平行度不大于 1.6 mm，其平面对管梁轴线的垂直度不大于 1.6 mm。上拉杆支架上部的左右 ϕ30 mm 的轴线与管梁轴线的平行度不大于 0.8 mm。

⑥左、右侧刀的上、中、下侧刀板材料为 65 号锰钢，刃部须热处理，淬火区宽 20～30 mm，硬度为 HRC48～56，表面不得有局部凸起或裂纹。

⑦底刀(水平刃板)材料为 65 号锰钢，刃部须热处理，处理带宽 30～40 mm，硬度为 HRC45～53，不得有裂纹。

2. 装配技术要求

①水平刀刃与侧刀刃板之间的接缝间隙不大于 2 mm。

②左、右侧刀的上刀板不得高出同侧的下刀板，下刀板对中刀板的高度不大于1.5 mm。

③左、右侧刀的上刀板不得高出同侧的中刀板，中刀板对上刀板的高度不大于1.5 mm。

④侧刀相邻的刀板的刃部外伸尺寸，相关不得大于1.5 mm。

⑤沉头螺栓头部不得凸出工作表面，允许下凹，但不得大于0.5 mm。

⑥装配后侧刀板与托板之间的间隙不大于4 mm。

⑦装配后的底刀板与底托板之间的间隙不大于2 mm。

⑧两深松器底刀尖部距机梁轴线高度差不大于5 mm；前后位置与机梁轴线的水平距离不大于9 mm。

3. 限深轮的检查

①限深轮所用轴承须经清洗，干燥后方能装配，装配时轴承室内须填加钙基润滑油，充满程度均为轴承空腔的3/4。

②限深轮轴向游动量不大于1 mm。

4. 调整

(1)横向水平调整　应使机架横梁保持横向水平，以使左右深松部件的松土深度保持一致。如出现了不水平现象，可以通过调节悬挂机构的左右吊杆长度予以消除。

(2)纵向正确位置调整　使横梁在水平面内与前进方向保持垂直，才能保证侧刀的合理切土角。注意检查悬挂机构是否为三点悬挂状态。调整方法是改变悬挂机构中的中央拉杆的长度。

(3)松土深度调整　调整松土深度时，需松开限深轮轴的紧固螺母，调整限深轮与连接板上槽孔中的相对位置，以达到所需要的耕深。

5. 全方位深松机的使用

①ISQ-350型全方位深松机，在一般情况下，可以用东方红-75拖拉机Ⅱ挡牵引作业，在阻力特别大的情况下，可用Ⅰ挡作业。作业时手柄应置于大油门位置，以得到较高的作业速度，而有利于获得较好的松碎效果。

②在机组开始进入作业行程时，应在行进中使深松机工作部件逐渐入土，不得强制其入土，以免损坏机件。特别要注意的是不得在停车后将机具自土中提起，否则会形成深坑，影响田面平整。

③在深松作业过程中，须保持直线行驶，不得在作业行程中转弯，以免损坏机件。

④使用中，如发现机车负荷突然剧增，应立即减少作业深度，找出故障原因，及时排除，如茎秆拖挂引起堵塞、地下障碍或刀刃卷曲等。

⑤在启动运输前，操纵液压手柄，将深松机提升至最高位置，此时，铲尖离地间隙可达25 cm，必要时，可以调整中央拉杆长度，以增大离地间隙。在确认铲尖的离地间隙后，便可挂挡行驶，在过桥或上、下坡时，应注意保护深松铲尖。当坡度较大时，应倒退行驶。

6. 作业后长期保存

①用撑杆将机具支撑靠牢。

②卸下限深轮，在滚珠轴承内填加黄油后再安装回原位。

③检查并拧紧螺栓等紧固件。

④在露出铁质的刀面上涂防锈油。

学习情境 1-4　圆盘耙的使用与维护

一、学习目标

根据整地机械的农业生产技术要求，掌握圆盘耙的结构及工作原理；根据圆盘耙耙组的安装技术要求，进行整机的安装、圆盘耙的使用调整，最后能进行耙地的质量检查并做记录。

二、能力目标

有关能力目标如表 1-7 所示。

表 1-7　圆盘耙的使用与维护中的能力目标

专业能力	方法能力	社会能力
①能按服务规定接待修理客户 ②能接收圆盘耙简单修理项目 ③能对圆盘耙故障进行排除 ④能对圆盘耙零部件常见的损坏状况进行感官检验和尺寸测量，做出可否继续使用、送修和报废的结论 ⑤能用钳工工具和设备修配简单零件 ⑥能用气焊、电焊等设备进行简单的焊接作业 ⑦能进行圆盘耙的拆卸与清洗 ⑧能进行承修项目简易的质量检验	①团队工作能力 ②沟通能力 ③小组成员的协作能力 ④责任意识	①对信息的收集能力 ②使用信息资源制订工作计划 ③能独立使用媒介完成学习任务 ④工作结果的评价与反思

三、工作任务

能正确使用与维护圆盘耙。

四、相关理论资讯

(一)圆盘耙的功用及种类

圆盘耙主要用于耕后，播前的碎土、耕平和覆盖肥料。由于圆盘耙工作过程中有搅动和翻转表土的作用，能切断草根和残株，故也可用于收获后的浅耕灭茬作业。

圆盘耙按适用的土壤类型和耙深不同，可分为重型、中型和轻型圆盘耙 3 种；圆盘耙按耙组的排列可分为单列和双列耙；按结构型可分为对置式和偏置式，对置式耙组对称地配置在拖拉机中心线后两侧。偏置式圆盘耙的耙组则偏置在拖拉机后的右侧，如图 1-53 所示；按挂结方式可分为牵引式、悬挂式和半悬挂式。

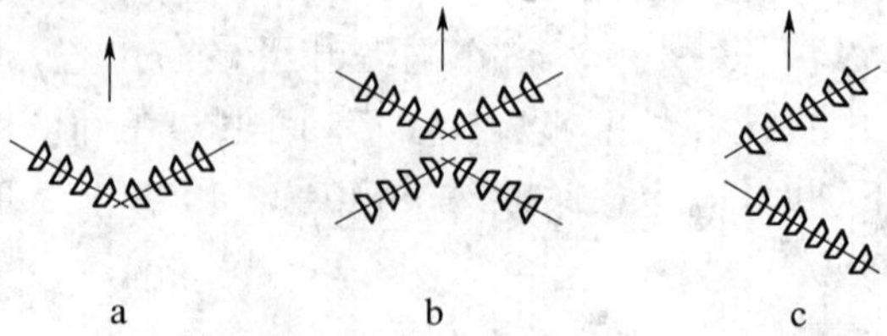

图 1-53　耙组排列方式

a—单列对置式；b—双列对置式；c—双列偏置式

随着拖拉机马力加大，耙和其他农机具一样，也向大型发展，并采用折叠翼结构。

(二)圆盘耙的主要构造

圆盘耙主要由耙组、耙架、角度调节装置、加重箱和运输轮、牵引或悬挂装置等组成。

1. 耙组

它是圆盘耙的工作部件,耙组由若干相同的耙片及其他零件组成,如图1-54所示。耙片间用间管相隔,轴端用垫铁和螺帽固紧,通过轴承和轴承支板安装在横梁上,每个耙片有1个刮土器。

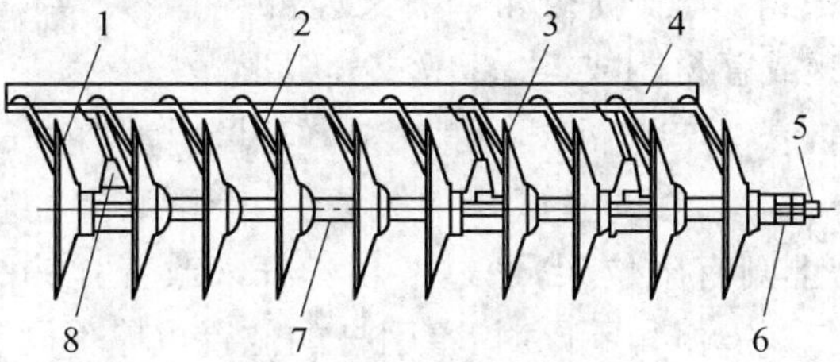

图1-54　圆盘耙组

1—耙片;2—刮土器;3—轴承;4—横梁;5—方轴;6—螺母;7—间管;8—轴承支板

耙片为球面圆盘,盘的边缘磨有刃口,中间为方孔。圆盘耙片一般分为全缘耙片和缺口耙片两种,如图1-55所示。全缘耙片工作的边缘刃口能切土、切草,圆盘切面具有一定翻土能力;缺口耙片入土,切土和碎土能力较全缘耙片强,适用于黏重土壤或新垦荒地,缺口耙片安装时应把一个耙片的缺口对着相邻耙片的凸齿,相互错开。一般重型耙多采用缺口耙片。而轻型耙则采用全缘耙片。有的耙上这两种耙片都有,前面用缺口耙片,后面则用全缘耙片。

耙片工作时,耙片刃口平面垂直于地面,在牵引力作用下滚动前进,其回转平面与前进方向成α角,如图1-56所示,称为偏角。耙片滚动前进时,在重力和土壤阻力作用下切入土中,并达到一定耙深。耙片在作业时向前的滚动可以看成是滚动和移动的复合运动。在滚动中耙片刃口切碎土块、草根及作物残茬等;移动中在耙片刃口和球面的综合作用下,进行推土和铲土,土壤沿球面上升到一定高度后跌落,从而使土壤破碎,并有一定的翻土覆盖作用。

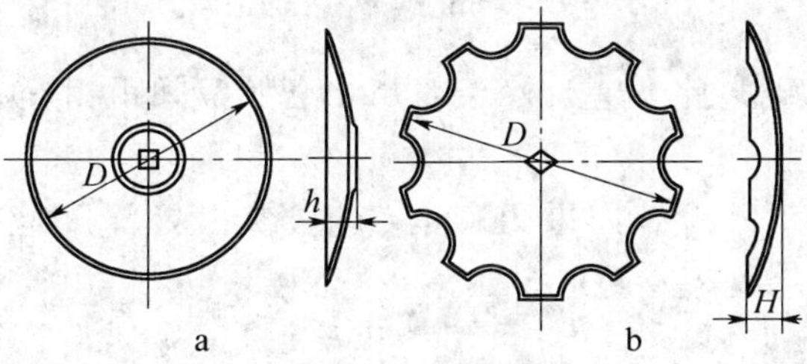

图1-55　耙片

a—全缘耙片;b—缺口耙片

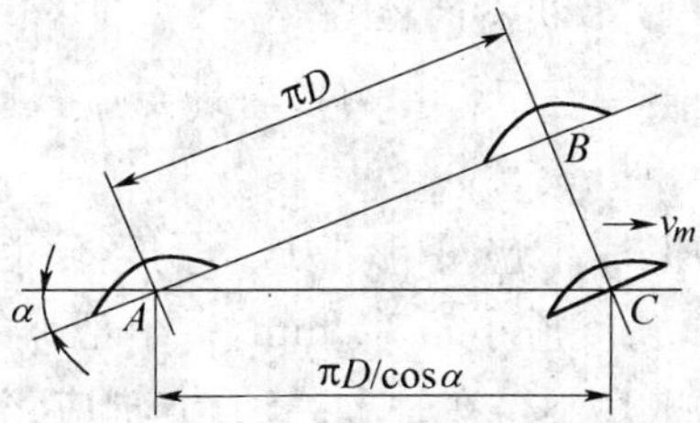

图1-56　耙片运动分解示意图

间管是一中心有方孔的套管,其两端大小不等,安装时的大头与耙片凸面相接,小头与凹面相接,轴承间管用来安装轴承。

轴承有木瓦轴承、铸铁滑动轴承和滚动轴承3种。木瓦轴承体积大,密封差,耗油多,易磨损。铸铁滑动轴承比较耐磨,能承受较大载荷,但与木轴承有类似的缺点。滚动轴承采用外球面、内方孔、深滚道、多层密封的专用轴承,它与轴承作为球面配合,能使轮定位,轴承内黄油每作业季节只需注油润滑一次。轴承如图1-57所示。

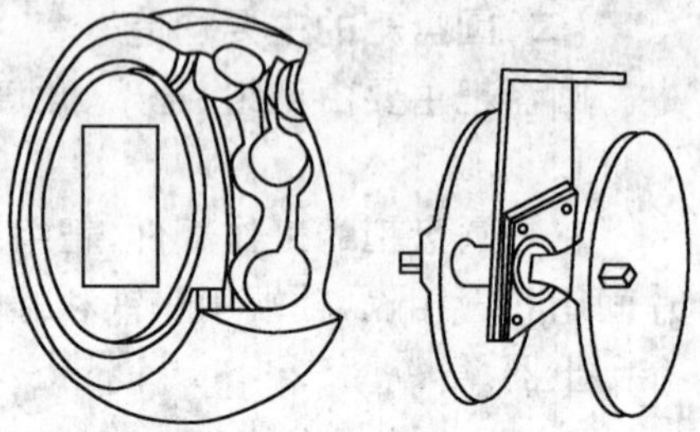
图1-57　耙组滚动轴承

2. 耙架耙组滚动

耙架用来安装圆盘耙组,调节机构和牵引架(悬挂架)等部件,耙架采用型钢或管材制成,大多做成分组形式,便于调节各耙组偏角,悬挂架也做成三角支架,但其斜撑杆的长度可调节。圆盘耙通过牵引或悬挂装置与拖拉机连接,在对置式牵引装置中,牵引装置的垂直调节器上有孔位,可改变挂结高度,在牵引耙上则有限位架,通过摇动丝杆来改变挂钩的高度,为适应偏置耙的偏牵引,牵引杆可左右调节,当偏角不同时,牵引杆的位置也应不同。

3. 角度调节器

角度调节器用于调节圆盘耙的偏角,偏角愈大,入土愈好,耙得愈深。土壤湿度大时,偏角宜小,否则容易造成耙片黏土和堵塞。为保持耙深不变,偏角调好后必须锁定,角度调节器有丝杆式、齿板式、插销式、压板式、油压式和手杆式等形式。

丝杆式用于部分重型耙上,这种形式的角度调节器结构复杂,但工作可靠;齿板式在非系列轻型耙上使用,调节比较方便,但杆件容易变形,影响角度调节;插销式与压板式结构简单,工作可靠,但调节困难,在系列中型耙与轻耙上采用;油压式用于系列重型耙上,虽然结构复杂,但工作可靠,操作容易。

4. 加重箱、运输轮

耙架上的箱形框架用于放置重物(重物不得超过说明书规定重量),以增加耙片的入土能力,重物应放在耙组作业时向上翘起的一端。

牵引式圆盘耙长距离运输时,应安装运输轮,使耙片离地,以免破坏路面或损坏耙片。

五、相关实践资讯

1. 技术状态的检查

①同一耙组耙片刃口着地点应在同一直线上,偏差应小于5 mm,各圆盘间距相等,偏差应小于8 mm。

②耙片不应变形,刃口厚度不大于0.5 mm,如果刃口有缺损,缺损处深度应小于15 mm,长度应小于15 mm,一个耙片的缺损处应不超过3处。

③耙片不得在轴上晃动,方轴应正直。

④耙架不应变形或开焊。

⑤各螺纹部连接螺钉要紧固。

2. 调整

(1)深浅调整　耙的工作深度用改变偏角或加重的方法来调整,加重不应超过400 kg,加重物在前列要放在加重盘中部,后列要放在加重箱两端。

(2)水平调节　圆盘耙工作时，耙组因受侧向力矩的影响，两端入土深浅不一致。凹端较深，凸面端较浅。为了使耙组深度一致，不同类型的圆盘耙，应对照说明书进行调整，对PY-3.4型41片圆盘耙(图1-58)，前列耙组凸面端利用卡板和销子与主梁连接，可防止凸面端上翘，深度变浅，后列耙组凹面端用两根吊杆挂在耙架上，可限制凹面端的入土深度，吊杆上有孔，可以根据工作情况，改变吊杆的固定位置，使耙深一致。

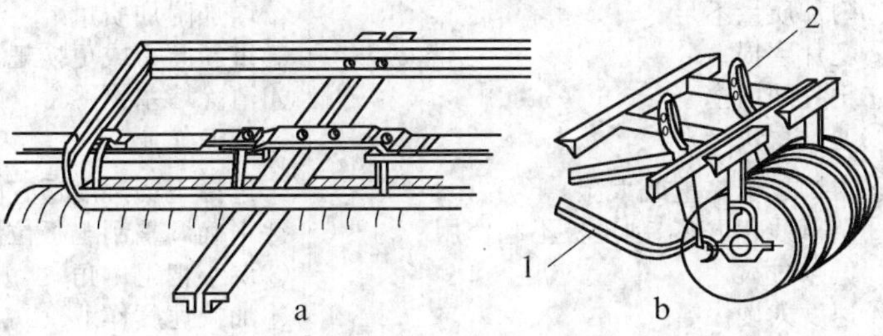

图1-58　圆盘耙的水平调整

a—前列；b—后列　1—后列拉杆；2—吊杆

3.保养、保管

圆盘耙在作业中应保持润滑，每班向轴瓦注油两次，各螺纹应紧固，尤其轴头螺母要保证牢靠，季度作业后要拆洗轴承，调好间隙，木瓦视磨损程度及时更换。停放时，用木板垫起耙组，在耙片上涂油防锈，加重箱应放室内。

4. 修理

(1)在车床上切削磨钝的耙片　将耙片用专用夹具卡在车床卡盘上，用顶尖支撑专用夹具的另一端。切削时，应使耙片刃口角呈37°，刃口厚度应有0.3～0.5 mm。切削时应该用硬质合金刀片，如图1-59所示，也可将耙片装于磨刃夹具上均匀地转动耙片，以免在砂轮上磨刃时使耙片退火，如图1-60所示。

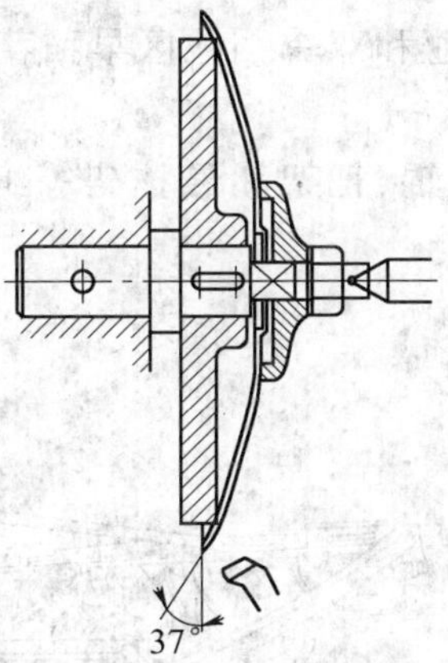

图1-59　切削耙片夹具

图1-60　在砂轮上刃磨耙片

(2)方孔裂纹的修理　可用电弧焊进行修复。若裂纹严重，维修时可在方孔上加焊一个内方孔的圆铁盘。

5. 常见故障与排除方法

圆盘耙的常见故障与排除方法如表 1-8 所示。

表 1-8　圆盘耙的常见故障与排除方法

故障现象	故障原因	排除方法
耙片不入土	①偏角太小 ②附加质量不足 ③耙片磨损 ④耙片间堵塞 ⑤速度太快	①增加耙组偏角 ②增加附加质量 ③重新磨刃或更换耙片 ④清除堵塞物 ⑤减速作业
耙片堵塞	①土壤过于黏重或太湿 ②杂草残茬太多，刮土板不起作用 ③偏角过大 ④速度太慢	①选择土壤湿度适宜时作业 ②正确调整刮土板位置和间隙 ③调小耙组偏角 ④加快速度作业
耙后地表不平	①前后耙组偏角不一致 ②附加质量差别较大 ③耙架纵向不平 ④牵引式偏置耙作业时耙组偏转，使前后耙组偏角不一致 ⑤个别耙组堵塞或不转动	①调整偏角 ②调整附加质量使其一致 ③调整牵引点高低位置 ④调整纵拉杆在横拉杆上的位置 ⑤清除堵塞物，使其转动
阻力过大	①土壤过于黏湿 ②偏角过大 ③附加质量过大 ④刃口磨损严重	①选择土壤水分适宜时作业 ②调小耙组偏角 ③减轻附加质量 ④重新磨刃或更换耙片
耙片脱落	方轴螺母松脱	重新拧紧或换修

六、拓展知识

(一)水田耙

水田耙主要用于水田春夏季的耕后碎土整地作业和双季稻地区早稻茬地的以耙代耕作业。

我国南方水田耙均采用悬挂式，一般由耙组、轧辊、耙架和悬挂架等组成，如图 1-61 所示。

1. 耙组

水田耙组有星形耙组和缺口耙组两种。

(1)星形耙组　主要由星形耙片、方轴、间管、橡胶轴承和耙轴等组成，如图 1-62 所示。耙片套在方轴上，中间用间管隔开，耙组端部通过压盖用螺栓将耙片紧固在方轴上。方轴为焊合孔心件，两端焊有轴承座，橡胶轴承嵌装在轴承座内。耙轴也是焊合件，穿在橡胶轴承内孔中，工作时耙组在耙轴上转动。

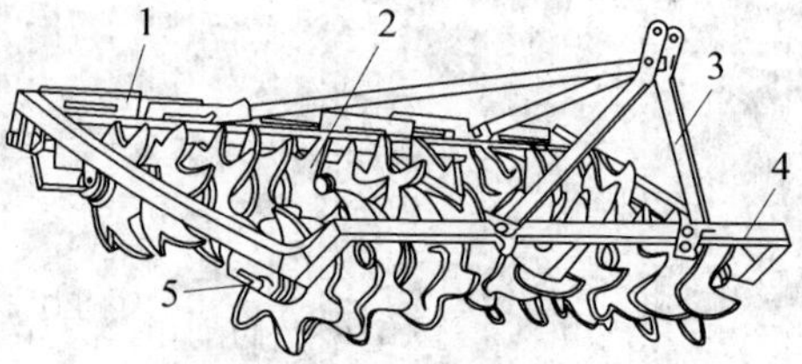

图 1-61　水田耙

1—直轧辊；2—星形耙组；3—悬挂架；4—耙架；5—弧形调节板

星形耙片为一平顶球面圆盘，如图 1-63 所示，外缘有 6 个弯曲的星齿，星齿刃口较长，滑切作用较大，切土和碎土能力强，并有一定的翻土灭茬作用，阻力也较小。

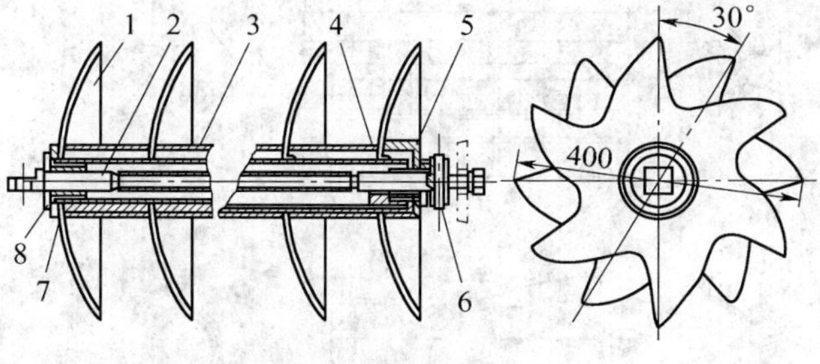

图 1-62 星形耙组(mm)

1—星形耙片；2—耙轴；3—间管；4—方轴；5—压盖；6—销子；7—轴承座；8—橡胶轴承

图 1-63 星形耙片

安装星形耙片时，要使相邻耙片的刀齿互相错开，一般按螺旋线排列，以保证工作平稳，减少冲击，并且同列左、右耙组耙片的螺旋线方向应相反，以相互抵消轴向力，如图 1-64 所示。

(2)缺口耙组　缺口耙组由若干缺口耙片按一定间距串装在耙组轴上组成。

缺口圆盘耙片一般有 8 个缺口，边缘磨刃，刃口厚度为 0.5～1 mm。其切土、翻土能力较强，但碎土起浆作用不如星形耙片，而且阻力也较大，多用于黏重土壤或已排水的稻茬田。缺口耙片的构造如图 1-65 所示。

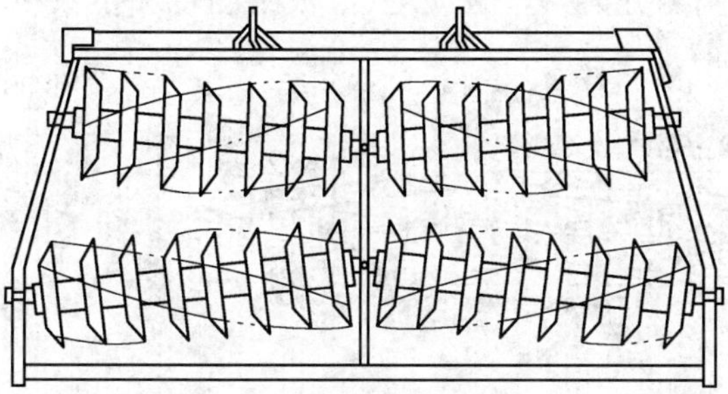

图 1-64 星形耙组的安装

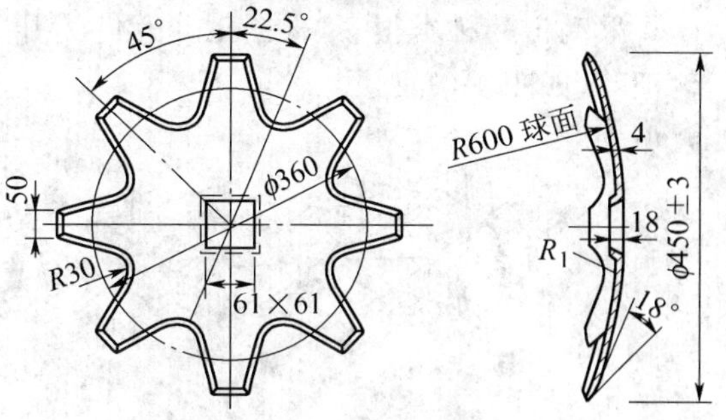

图 1-65 缺口耙片的构造(mm)

2. 轧辊

轧辊具有较强的灭茬、起浆能力，并兼有碎土、平田、混合土肥等功能。为了提高轧辊的轧压效果，常使轧片均匀错开，或称螺旋线排列。

轧辊按轧片的形状及其排列方式不同分为实心直轧辊、空心直轧辊、百叶桨轧辊及螺旋轧辊等几种类型，如图 1-66 所示。

(1)实心直轧辊　将有出水孔的直叶片分段交叉焊在滚筒上，有利于泥水通过，减少土壤的黏结。其工作阻力小，具有较强的灭茬和起浆能力，平整性能也较好，在一般土壤上应用较广，在黏重土壤上易夹泥。

(2)空心直轧辊　将长叶片焊在固定于心轴的几个星盘上，其空间间隙较大，轧得深，且不易堵泥，但其工作阻力较大，田面平整性较差，适用于黏重土壤。

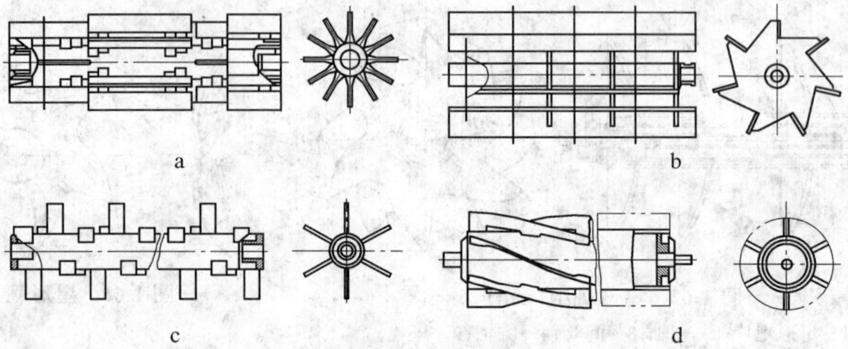

图 1-66　轧辊

a—实心直轧辊；b—空心直轧辊；c—百叶桨轧辊；d—螺旋轧辊

(3)百叶桨轧辊　将短小叶片按单头螺旋线焊接于滚筒上，在黏土工作不易夹泥黏土，但其碎土、灭茬、起浆性能较前两种轧辊差。

(4)螺旋轧辊　将叶片按一定的螺旋导角焊在滚筒上，因轧片为螺旋线，故受力均匀，工作平稳，冲击力小，但碎土起浆及平整性较短差。

(二)旱地滚动耙

旱地工作的滚动耙通常与旋耕机、深松机等耕作机械联合使用，其功用是破碎土块、压实耕层和平整表层土壤。

滚动耙的种类很多，根据工作元件的开关不同可分为钢丝滚动耙、齿板滚动耙和扭板滚动耙等，如图 1-67 所示。

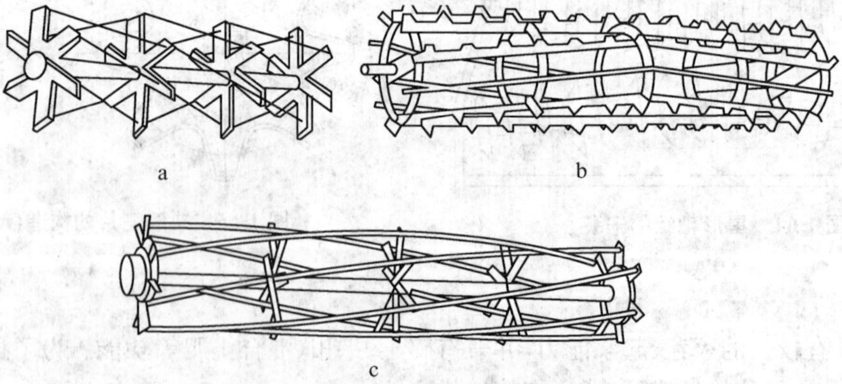

图 1-67　旱地滚动耙

a—钢丝滚动耙；b—齿板滚动耙；c—扭板滚动耙

钢丝滚动耙碎土作用较强；扭板滚动耙的压实作用较强；齿板滚动耙性能较好，但结构较复杂。

(三)镇压器

镇压器主要用于耕后和播种前后的镇压作业。耕后及播前的镇压可碎土保墒,使耕层紧密平坦,可提高播种质量。播后镇压可使种子与土壤紧密接触,下层土壤水分上升,促进种子发芽。有的地区采用苗前镇压可压碎板结地表,以利于幼苗出土。在干旱多风地区,镇压作业还能防止土壤风蚀。

常用的镇压器多为牵引式,根据开关不同分为V形、网形、齿盘V形等形式,分别如图1-68、图1-69和图1-70所示。

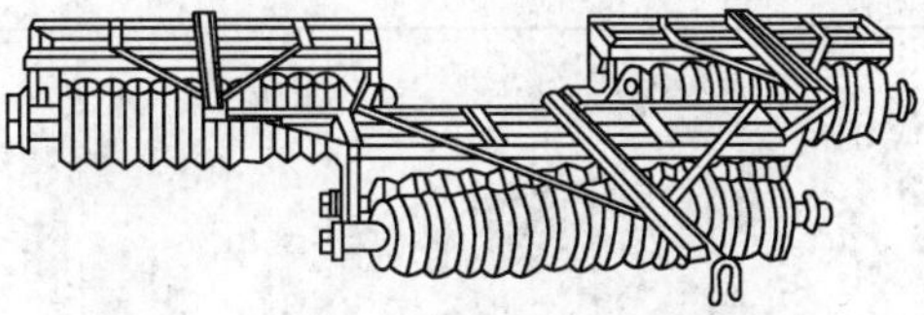

图1-68　V形镇压器

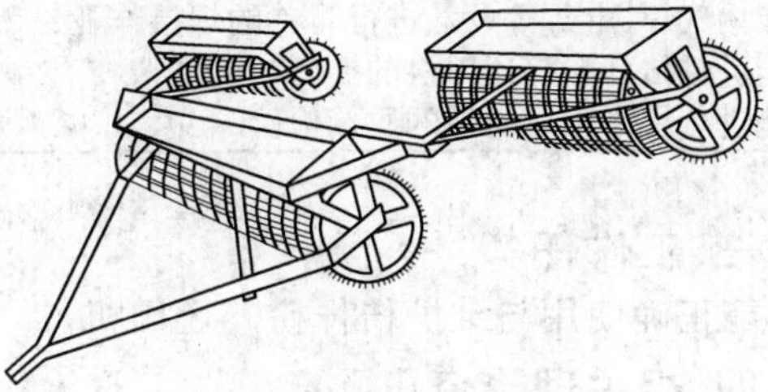

图1-69　网形镇压器

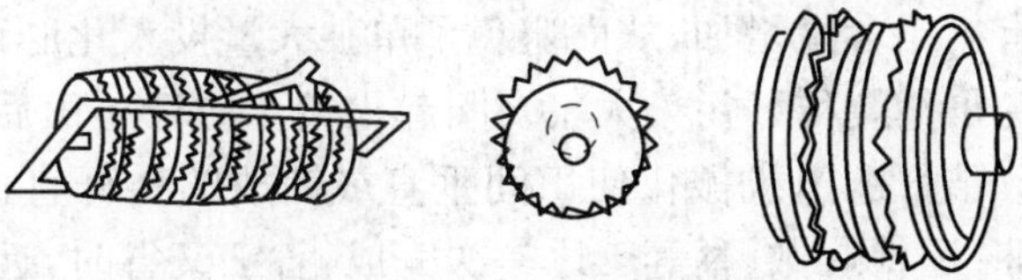

图1-70　齿盘V形镇压器

(1)V形镇压器　V形镇压器由若干个具有V形边缘的铸铁轮穿在辊轴上组成。镇压轮的孔径大于轴径,工作时镇压轮可在轴上相对晃动,以利于脱土。V形镇压器压后地表呈波状起伏,可减轻土壤风蚀。

(2)网形镇压器　网形镇压器由若干个表面具有凸齿的铸铁轮串装在轮轴上组成。它以压实下层土壤为主,并能保持表土疏松,具有较好的保墒作用。

(3)齿盘V形镇压器　齿盘V形镇压器是在两个V形轮之间加装一个齿盘,齿盘稍大于V形轮,齿盘在回转的同时上下运动。这种镇压器碎土能力极强,有使土壤上虚下实的作用,提高了V形镇压器的作业效果。

学习情境1-5　秸秆粉碎还田机的使用与维护

一、学习目标

根据整地机械的农业生产技术要求,掌握秸秆粉碎还田机的结构及工作原理;根据秸秆粉碎还田机的安装技术要求,能进行整机的安装、秸秆粉碎还田机的使用调整,最后能进行耙地的质量检查并做记录。

二、能力目标

有关能力目标如表1-9所示。

表 1-9　秸秆粉碎还田机的使用与维护中的能力目标

专业能力	方法能力	社会能力
①能按服务规定接待修理客户 ②能接收秸秆粉碎还田机简单修理项目 ③能对秸秆粉碎还田机故障进行排除 ④能对秸秆粉碎还田机零部件常见的损坏状况进行感官检验和尺寸测量，做出可否继续使用、送修和报废的结论 ⑤能用钳工工具和设备修配简单零件 ⑥能用气焊、电焊等设备进行简单的焊接作业 ⑦能进行秸秆粉碎还田机的拆卸与清洗 ⑧能进行承修项目简易的质量检验	①团队工作能力 ②沟通能力 ③小组成员的协作能力 ④责任意识	①对信息的收集能力 ②使用信息资源制订工作计划 ③能独立使用媒介完成学习任务 ④工作结果的评价与反思

三、工作任务

能正确使用与维护秸秆粉碎还田机。

四、相关理论资讯

(一)秸秆粉碎还田机械化技术简介

秸秆内含有农作物需要的氮、磷、钾、镁、钙、硫等重要的营养元素，因此秸秆粉碎经还田腐烂分解后可使土壤有机质含量增加，从而避免了单独大量投入化肥而导致的土壤板结、污染环境等，此外，也避免了焚烧秸秆污染大气及引起火灾。秸秆还田后，增加了土壤有机质，并具有保水保肥能力。秸秆还田机械化使田间垂直或铺放的秸秆直接粉碎还田，将原来手工还田作业的挖、摘、捆、运、铡、撒、翻等工序一次完成，省工又省时，近年来在我国农村得到广泛推广。

现将玉米、小麦秸秆还田机械化工艺列举如下：

1. 玉米

机械化摘穗→秸秆粉碎→铺撒→施肥→旋耕或重耙灭茬→深耕→耙磨→播种。

2. 小麦

①割晒机收割(留高茬)→秸秆粉碎还田机粉碎→免耕播种晚秋作物。

②联合收割机收割(留高茬)→秸秆粉碎还田机粉碎→免耕播晚秋作物。

③联合收割机收割(留高茬)→秸秆粉碎还田机粉碎→耕翻覆盖→放水整地→插秧。

(二)秸秆粉碎还田机械的分类

1. 按配套动力分类

有与拖拉机配套的专用型秸秆粉碎还田机；有与联合收割机配套的秸秆粉碎抛撒器，以及与谷物联合收割机配套的秸秆粉碎器，它能切碎收割机抛出的秸秆，并将其均匀地撒在田间；有与玉米收割机配套的秸秆粉碎器，粉碎摘穗后直立于田间的秸秆，并抛撒到地面上。

2. 按结构形式分类

有卧式、立式两种秸秆粉碎还田机。它们的刀轴也分别是卧式或立式布置的。

还可按与拖拉机的连接方式划分，可分为半悬挂式及三点悬挂式，如图 1-71 和图 1-72 所示。与拖拉机配套的秸秆粉碎还田机组很适用于已摘除果穗或已收割后直立于田间的玉米、高粱秸秆、麦秸和豆秸等，以及杂草的粉碎还田。

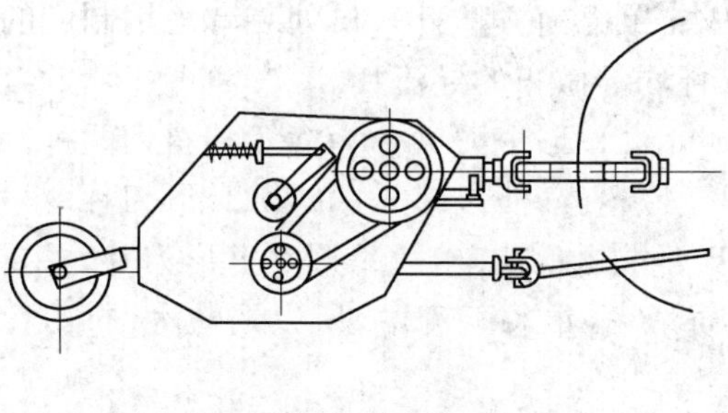

图 1-71　半悬挂式

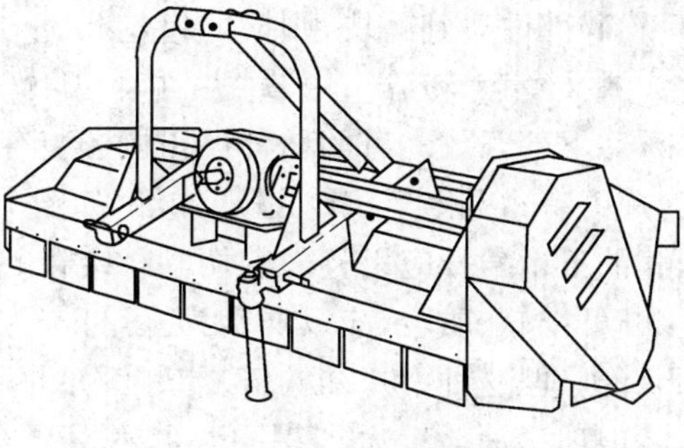

图 1-72　三点悬挂式

3. 按完成的作业项目分类

既有可切碎秸秆还田又能旋耕灭茬的秸秆粉碎还田旋耕机，也有只做单项作业的秸秆粉碎还田机。

(三)秸秆粉碎还田机的结构

1. 卧式秸秆粉碎还田机结构

(1)结构　卧式秸秆粉碎还田机如图 1-73 和图 1-74 所示，刀轴呈横向水平配置，安装于刀轴上的甩刀在纵向垂直面内旋转。该机由传动机构、工作部件、罩壳和辅助部件组成。

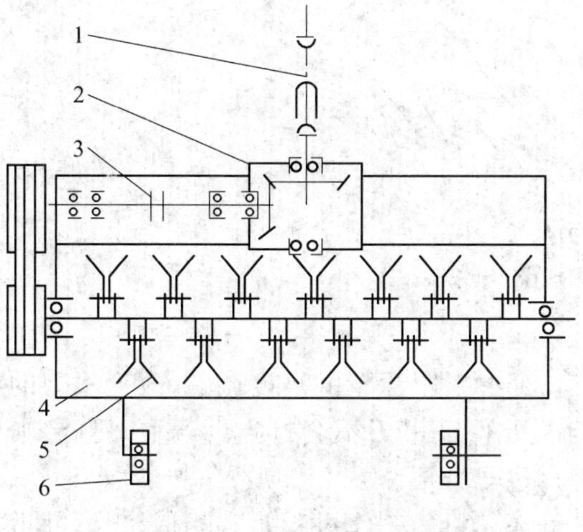

图 1-73　卧式秸秆粉碎机

1—万向节转动轴；2—变速箱；3—联轴器；4—粉碎壳体；5—工作部件；6—限深轮

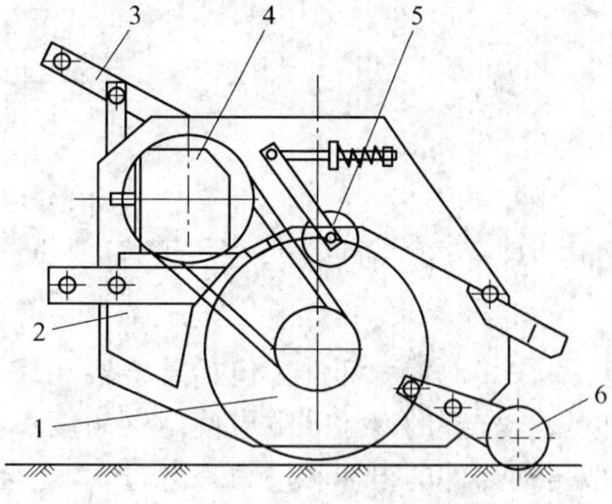

图 1-74　还田机的构造

1—刀轴；2—机架；3—悬挂架；4—传动齿轮箱；5—皮带张紧轮；6—地轮

①传动部分。拖拉机动力输出轴的动力经传动齿轮箱传至刀轴。传动部分包括万向节传动轴、齿轮箱侧边皮带传动装置(或侧边齿轮传动装置)等。万向节传动轴连接动力输出轴和还田机的齿轮箱输入轴。为了适应还田机的升降及作业时留茬高低的调节需要，万向节传动轴可以在方套管内自由伸缩。

齿轮箱内安装有一对圆锥齿轮，起改变转动方向和增速的作用。动力经齿轮箱传至侧边皮带轮(或侧边齿轮)箱后传至刀轴，因此动力是一种侧边传动的形式。这种侧边传动形式较简单。因刀轴转速在 1 200 r/min 以上，侧边传动采用皮带轮传动较好，若为齿轮传动，一旦粉碎部件碰到石块，则损坏齿轮。

②粉碎室。粉碎室由罩壳、刀轴、刀片等组成。罩壳前方秸秆入口处装有角钢制成的定刀床，后下部开放。有的秸秆还田机还装有使碎秆均匀撒布的导流片。

甩刀有L形、直刀形、锤爪式等，如图1-75所示。L形甩刀又分为横切和斜切两种。对粗、脆的玉米秸秆应以打击与切割相结合的方式予以粉碎，所以多采用斜切L形刀片；小麦、水稻秸秆细软、质轻，应以切割为主，打击为辅，且要求支承切割，故采用直刀形刀片，并要求刀刃锋利，但这种刀片结构较复杂；锤爪形刀片质量大，重心近刀端，所以惯性大，打击性能较强，但功率消耗较大，多用于大中型还田机具上。

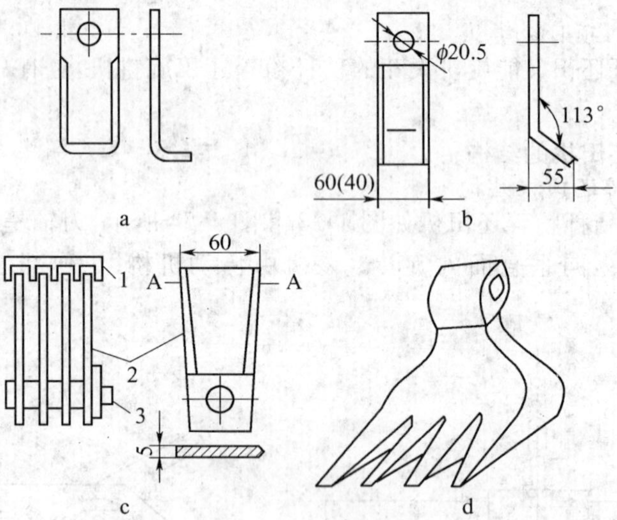

图1-75　甩刀的类型(mm)

a—横切L形；b—斜切L形；c—直刀形；d—锤爪形

1—定刀；2—动刀；3—销轴

③其他辅助部件。包括悬挂架、限深轮等。通过对限深轮的高度调整，改变甩刀的离地间隙。合理的离地间隙应使留茬高度不高，且又要保证甩刀不会打土。若甩刀打土则会造成传动部件的损坏和动力消耗过大，还会使刀片过早磨损。

(2)秸秆粉碎还田机的工作原理　各种秸秆还田机的工作过程基本相似，现以锤爪式秸秆还田机为例来说明其工作原理。还田机的刀轴既转动又随机组前进，当秸秆工作部件攫住后被均匀分布铰接在刀轴上的锤爪切断。由于锤爪的高速回转，使喂入口处形成负压，切断的秸秆被吸入壳内，随后又受到多次锤击，并同原来铺堆的秸秆一起进入到后排定刀齿间隙处，受到再一次剪切、搓揉与撕拉的作用，进一步破碎，最后经导流板均匀地抛撒于田间。

2. 立式秸秆粉碎还田机

立式秸秆粉碎还田机由悬挂架、齿轮箱、罩壳、粉碎秸秆的工作部件、限深轮和前护罩等组成，该机结构如图1-76所示。

(1)齿轮箱　齿轮箱位于机体上方，有一对圆锥齿轮。当拖拉机动力输出轴的动力经万向节传动轴传入齿轮箱的输入横轴，再经过圆锥小齿轮的增速和变向后，驱动纵轴回转并带

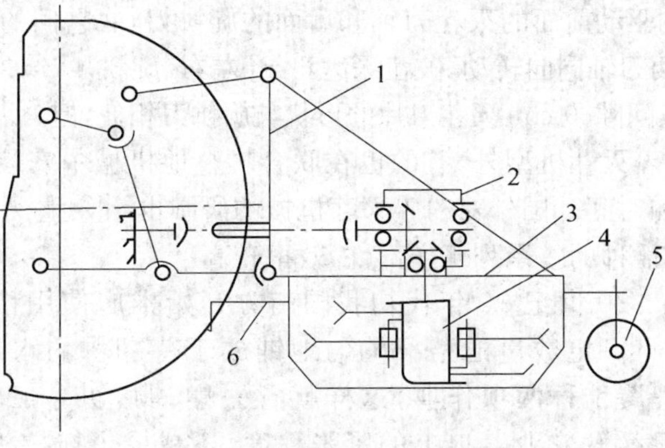

图 1-76　立式秸秆粉碎还田机的结构

1—悬挂架；2—圆锥齿轮箱；3—罩壳；4—工作部件；5—限深轮；6—前护罩

动安装于轴上的刀盘工作。

(2)罩壳　罩壳又兼作机架，在其侧板上装有定刀块，将秸秆切割变成有支承的切割。在前方喂入端还设有喂入导向装置，使两侧的秸秆向中间聚拢，以便甩刀对集中的秸秆做有效的打击，获得较好的效果。罩壳的前下方还装有带防护链或防护板的前护罩，其作用是控制秸秆单向运动，即只能从前方进入，而不会使粉碎后的秸秆向前方抛出。罩壳后方排出口装有排出物导向板，使秸秆铺放均匀。

(3)工作部件　甩刀用铰接方式安在刀盘或刀筒上，刀盘或刀筒与主轴固定连接。国内立式秸秆粉碎机甩刀多采用“L”形，其捡拾、粉碎能力较强。为了提高粉碎质量，国内有的机型还采用多层刀的配置。

(4)限深轮　装在机具两侧或后部的限深轮，其高度是可调的。调整限深轮的高度即可调整机器的留茬高度，以保证甩刀不会打土。

3.其他秸秆还田机复式作业机械

(1)秸秆粉碎灭茬机　秸秆粉碎灭茬机如图 1-77 所示，拖拉机动力输出轴传来的动力同时驱动粉碎刀轴和破茬刀轴旋转，两者转速分别为 1 400 r/min 和 240 r/min，两轴转向相反。两道工序一次完成，破茬工作深度为 4～8 cm。该机效率较高，作业后地面平整，但拖拉机工作条件恶劣，除了要承受较重负荷外，还因负荷变化大且频繁而承受冲击与振动。

为了减轻上述弊端而导致的机件磨损，随后又研制出双动力秸秆粉碎灭茬机。它由小拖拉机牵引行走，另配置小柴油发动机来驱动工作部件，作业幅宽为 2 行(约 650 mm)，功率为 11～13.2 kW。另一种机型为单行作业，约 310 mm，配置一台 S195(7 kW)作为驱动工作部件的动力。

(2)灭茬旋耕机　灭茬旋耕机可一次完成灭茬、旋耕两种作业。该机由拖拉机动力

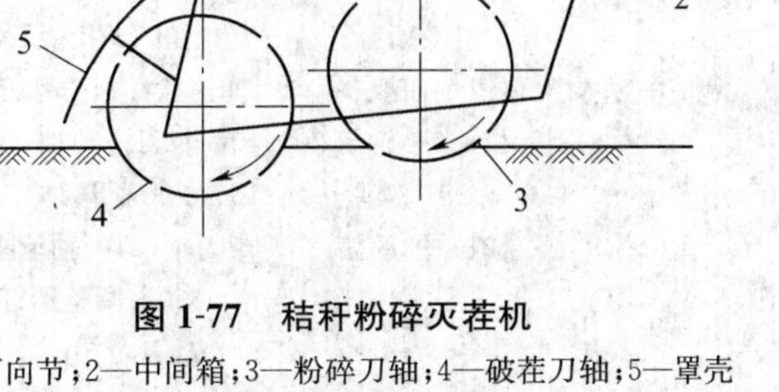

图 1-77　秸秆粉碎灭茬机

1—万向节；2—中间箱；3—粉碎刀轴；4—破茬刀轴；5—罩壳

输出轴输入动力，分别驱动前面的灭茬刀轴和后面的旋耕刀轴，它们的转速分别为 300 r/min 和 200 r/min 左右。两刀轴同向转动，破茬深达 6 cm 左右，旋耕 4 cm 左右。灭茬刀片在灭茬刀轴上分段安装，每段间隙60 cm。灭茬刀片的形状与旋耕刀相似，但刀刃部分较长。

除上述的秸秆粉碎灭茬机型外，有的也在联合耕整地机械中安装上灭茬部件进行复合作业，以求节约成本和时间。国外对粉碎灭茬机械的研制也十分重视，如德国的联合耕作机安装上包括从灭茬到播种的一系列工作部件，效率较高。

（3）旋耕埋草机　20 世纪 90 年代初我国南方开始推广使用秸秆整株还田技术，即在前茬作物收获后，将一定数量的秸秆均匀地铺放于待翻耕的水田内，灌水软化土壤，进行旋耕埋草机与埋覆秸秆两项作业，这样就省去集、锄、切等工序，及时埋覆秸秆，减少用工，节约成本，且缓解农业茬口上的紧张程度，还减少了拖拉机压实地面的次数，所以受到了农民的欢迎。旋耕埋草机是在原手扶拖拉机工农-12、东风-12 配套的旋耕机基础上改进而成的，分别如图 1-78 和图 1-79 所示。其变速、传动部件仍利用旋耕机原有的机构，但工作部件更换为“门”形犁刀片。该种刀片两侧的旋耕刀为两把中间带齿的横刀，三者组成“门”字形，如图 1-80 所示。必须指出的是两把旋耕刀并不是在同一平面内，而是在同一柱形平面内且成 20°夹角，横刀也成一定夹角，以利于均匀入土和切土。由于横刀是焊接在两把相互错开 20°角的仿旋耕刀上，而横刀本身又是一个未作扭面的平面，所以横刀上各个纵向截面内的切削角的大小不是相等的。横刀有二齿式和三齿式两种。在刀轴上有 4 个刀盘，每一把“门”形犁刀分别安装在两个相邻的刀盘上，其排列展开如图 1-81 所示。

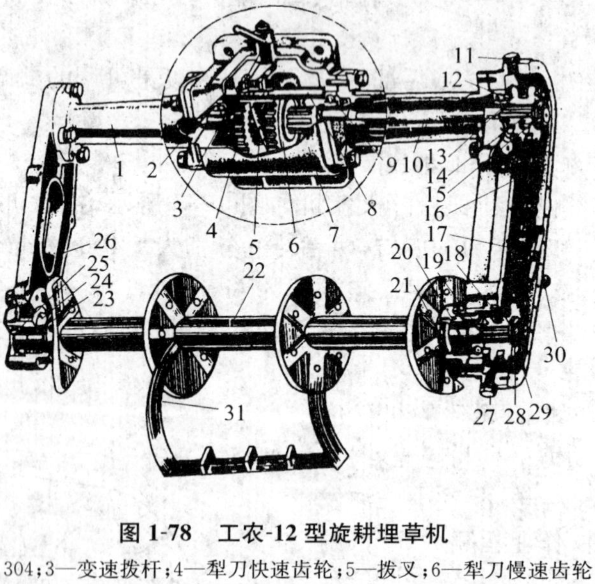

图 1-78　工农-12 型旋耕埋草机

1—左臂壳体；2—轴承 304；3—变速拨杆；4—犁刀快速齿轮；5—拨叉；6—犁刀慢速齿轮；7—犁刀变速箱体；8—拨叉轴；9—轴承 208；10—犁刀传动轴；11—加油口螺塞；12、19—轴承 308；13、18—双排链轮；14、28—锁紧垫圈；15、29—螺母；16—双排滚子链；17—链条张紧装置；20、23—油封；21—轴承盖；22—犁刀轴；24—轴承座；25—轴承 207；26—左支臂；27—放油螺塞；30—调整螺钉；31—“门”字形旋耕刀

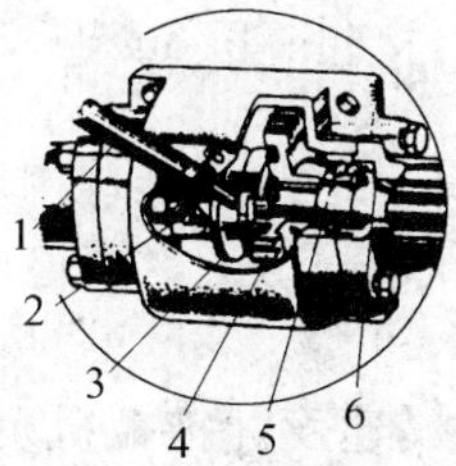

图 1-79　东风-12 型旋耕埋草机

1—犁刀变速杆；2—锁定位置；3—啮合套；4—犁刀传动齿轮；5—轴承 208；6—油封

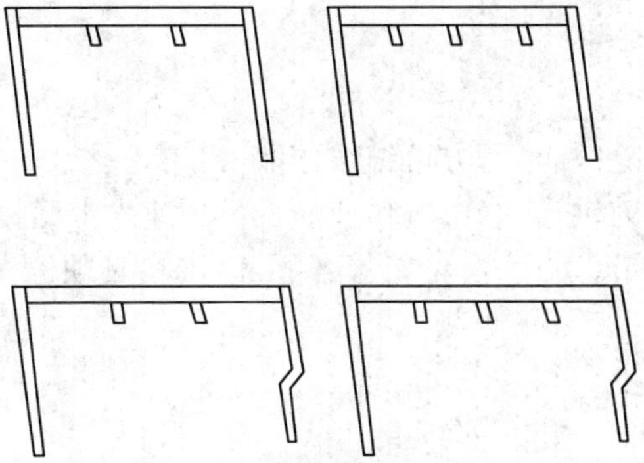

图 1-80　"门"形刀

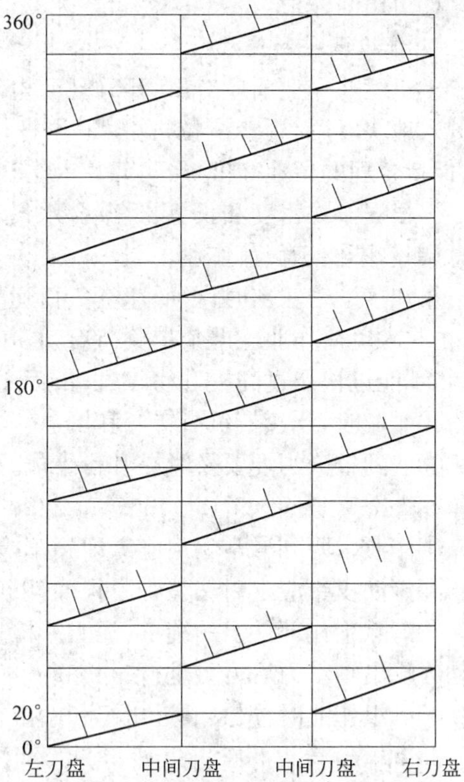

图 1-81　"门"形刀排列展开图

为防止刀轴头部缠草，保护轴承与油封，在刀轴两端最外侧装有阻草刀，以切断杂草。旋耕埋草机安装于拖拉机变速箱的后部，动力来自变速箱，通过链轮、双排滚子链传至刀轴。工农-12 型手扶拖拉机在犁刀传动箱内可以变速，拨叉可以移动犁刀快速齿轮（36 齿）或慢速齿轮（19 齿）实现变速。此外与变速箱一挡主动齿轮（19 齿）或与主动双联小齿轮（22 齿）啮合，可获得不同转速。除此之外，一对链轮还可以上下调换位置，也可获得不同的速度。

五、相关实践资讯

（一）作业前技术状况检查

①必须仔细检查各零部件连接的可靠性，检查调整三角皮带的张紧程度。

②传动部件应转动灵活。

③刀片、刀轴不应出现变形和缺损。

④按要求加注润滑油和润滑脂。

⑤正确安装万向传动轴，其要点是中间方轴夹叉和方轴套夹叉的开口要在同一平面内。否则在工作时，转速不匀，产生振动，发现响声，甚至损坏机件。当提升机具时，方轴与方套不能顶住，工作时要有足够的配合长度。

⑥应在正式作业前空转 2～3 min，确认各部分运转正常后，才能承受负荷正式作业。

(二)田间作业

1. 机组调整和使用

①机组在作业前应对田间障碍物、电线杆、废井等做出标记,并平整田内水沟土埂。机组进入地块以后,调整拖拉机上、下拉杆,使机具前后、左右保持水平。调整好限深轮的高度,保持合理的留茬高度,严防刀片入土。

②根据作物密度和长势、土壤含水量和坚实度,采用不同速度。拖拉机负荷过大时,要注意调整,不要满负荷作业。

③挂接动力输出时,要低速空负荷运转,待发动机加速至额定转速后,机组才能缓慢起步,再投入负荷作业。严禁带负荷启动粉碎机或起步过猛,以免损坏机件。动力输出轴在接合后,不能过快及过高提升粉碎机;长距离运输或转移地块,应切断动力。

④作业时,严禁带负荷转弯和倒退。

⑤遇到较大沟埂要及时提升粉碎机。

2. 安全事项

①作业中听到异常响声应立即停车检查,排除故障后,方可继续作业。

②传动皮带应定时调整张紧程度,以免降低刀轴转速,影响作业质量及加速皮带磨损。

③清除工作部件上的缠草、泥土。检查万向节、刀片、齿轮箱等各零部件时,必须停车切断动力输出轴动力后方可进行。

④机组作业时,严禁靠近机组和站坐在机器上。

3. 机器保养与保管

①应及时放出齿轮箱底部的沉积物,并于齿轮箱内加注清洁的齿轮油至一定油面。每年要清洗齿轮箱,彻底更换箱内旧齿轮油。每班作业后要加注黄油至各润滑处。

②每班作业后应及时清除附于机壳内壁的秸秆、杂草与尘土。

③及时更换严重磨损的工作部件。

④作业结束后应清洗、检修整机,更换损坏件,各轴承内注满润滑脂,做好各部件防锈处理,卸下传动皮带予以保存。机具支放在垫好的物体上,勿以地轮为支撑点,停放处应干燥。

4. 常见故障及其排除方法

秸秆粉碎还田机的常见故障及其排除方法如表 1-10 所示。

表 1-10　秸秆粉碎还田机的常见故障及其排除方法

故障现象	故障原因	排除方法
传动皮带磨损严重	①张紧度不当 ②传动皮带长度不等 ③负荷过重或刀片打土	①调整张紧度至适当程度 ②更换长短不一的皮带 ③换至低挡作业,适当提高留茬高度
粉碎质量不好	①传动皮带过紧 ②刀片缺损或磨损 ③速度过快 ④负荷过重 ⑤刀片装反	①调整 ②补充或更换 ③减速 ④减少作业行数 ⑤重装
出现异常声响	①刀片孔磨损增大孔径 ②刀片销轴磨损 ③轴承损坏或固定螺栓松动	①更换 ②换销轴 ③换轴承或紧固螺栓

续表 1-10

故障现象	故 障 原 因	排 除 方 法
齿轮箱有杂音，温升过高	①齿轮箱间隙不当 ②齿轮损坏 ③油面不当 ④箱内有异物	①调整间隙 ②更换齿轮 ③放油或加油至一定高度 ④清除异物
刀片折断	碰到硬质物体	更换折坏的刀片，加高留茬高度
齿轮箱漏油	①油封损坏或失效 ②密封垫破损 ③放油塞不紧	①更换 ②更换 ③拧紧放油塞
轴承温升过高	①缺油 ②传动皮带过紧 ③轴承损坏	①加润滑油 ②正确调整皮带张紧度 ③更换轴承
机器强烈振动	①刀片脱落 ②螺栓松动 ③万向节叉装反 ④轴承损坏	①补充刀片 ②紧固 ③正确安装 ④更换
万向节传动轴折断	①传动部件卡住 ②突然超载	①排除故障，必要时更换有故障或缺陷的传动零部件 ②减轻负荷
万向节损坏	①缺油 ②装错万向节 ③倾角过大 ④降落过猛	①加注润滑油 ②重新安装 ③提升勿过高，调整限位链 ④缓降机具
花键轴损坏	①启动过猛 ②倾角过大	①空载、低速启动，平稳起步 ②提升勿过高，调整限位链
喂入口堵塞	①秸秆过密 ②速度过快	①减少粉碎行数 ②减速作业

六、拓展知识

平地合墒器是一种与铧式犁配套进行复式作业的整地机具，可在犁耕的同时，起碎土、保墒、平整地表和合墒等作用。平地合墒器主要由斜梁、圆盘、悬臂、悬臂座、撑杆、深浅调节机构和平地角铁等组成，如图 1-82 所示。每个圆盘通过小轴和轴承并排装在斜梁上；斜梁通过悬臂与悬臂座安装在犁架主梁上。斜梁斜度可通过撑杆调节，以改变圆盘的偏角。圆盘入土深度可通过深浅调节丝杠调整。

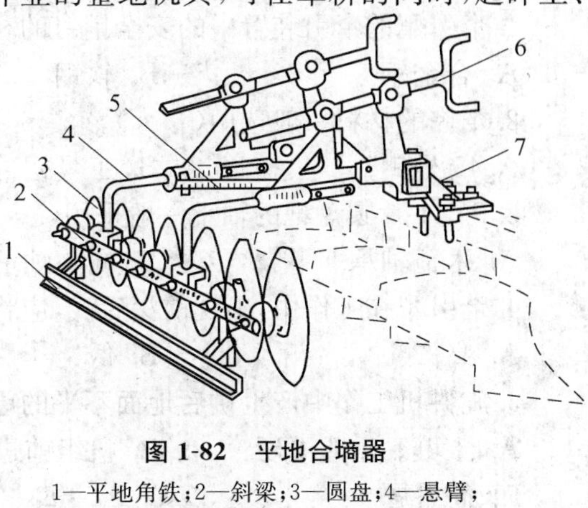

图 1-82　平地合墒器

1—平地角铁；2—斜梁；3—圆盘；4—悬臂；5—撑杆；6—调节丝杠；7—悬臂支座

工作时，圆盘以一定的偏角滚动前进，切碎土垡，并由平地角铁进一步将地表耢平。圆盘滚动中，依次逐盘将一部分表土由前向后递送，在最后一铧沟沿上形成一条埂。在以后行程中,土埂逐次推移,直至最后合墒时,调大偏角,将土埂填入犁沟。

复习思考题

一、填空题

1. 耕地机械种类很多,按工作原理的不同分为______、______、______和______。

2. 悬挂犁由______、______、______、______、______和______组成。

3. 旋耕机主要由______、______、______、______、______和______组成。

4. 圆盘耙主要由______、______、______、______、______和______等组成。

5. 旋耕机的刀片安装方法有______、______和______3种。

6. 耕地的基本方式有______、______、______和______。

7. 主犁体由______、______、______、______和______组成。

8. 深松耕法的形式有由______、______和______。

9. 耙组由______、______、______、______和______组成。

10. 水田耙由______、______、______和______组成。

11. 按作业项目不同地膜覆盖机可分为______、______、______、______和______五大类。

12. 秸秆粉碎机主要由______、______、______、______、______、______和______组成。

二、判断题(正确的打√,错误的打×)

(　　)1. 增大耙组的偏角可以增强其碎土能力并增加耙深,但工作阻力增大。

(　　)2. 悬挂犁组在实际工作中由于土壤性质不同,挂接点的位置也有所改动。当土壤松软、犁铧锋利时,上悬挂点可挂在上孔,下悬挂点可挂在下孔。

(　　)3. 犁铧与犁壁的连接处应无缝隙,平整,但允许犁壁高出犁铧。

(　　)4. 为保证犁体容易入土和耕深稳定性,主犁体装好后应具有一定的垂直间隙和水平间隙。

(　　)5. 圆盘耙耙片不入土及耙深不够的主要原因有:耙的偏角太大、加重太重。

三、选择题

1. 牵引犁的牵引装置中的安全销钉的材料应选用(　　)。

A. 合金钢　　B. 软钢　　C. 高强度钢

2. 犁铧的材料一般选用(　　)。

A. 45 号钢　　B. 工具钢　　C. 65 号锰钢

3. PY41 片圆盘耙的轴承一般采用(　　)。

A. 木瓦轴承　　B. 向心轴承　　C. 锥轴承

4. 牵引犁在工作中,出现前深后浅,应将横拉杆的位置适当调(　　)。

A. 高　　B. 低

5. 旋耕机工作中产生耕后地面不平的原因是(　　)。

A. 土壤黏重或干硬　　B. 机组前进速度与刀轴转速不协调

四、简答题

1. 主犁体由哪些零件组成?各零件的功用是什么?

2. 圆盘耙的结构和工作原理是什么?

3. 旋耕机的结构及工作原理是什么?

五、论述题

1. 以悬挂犁为例,说明其主要结构及各部件的作用。

2. 圆盘耙耙地质量不好的主要原因有哪些?

学习情境 2　播种与栽植机械的使用与维护

一、学习目标

终极目标:能使用各种常见播种与栽植机械,并能排除故障。

促成目标:

①了解各种播种与栽植机械的结构及工作原理。

②会正确使用各种播种与栽植机械。

③能正确安装播种与栽植机械,并能进行技术状态检查。

④对播种与栽植机械中出现的故障能及时排除。

二、工作任务

能正确使用与维护常见的播种与栽植机械。

学习情境 2-1　谷物条播机的使用与维护

一、学习目标

根据播种的农业生产技术要求,掌握谷物条播机的结构及工作原理;根据播种机的技术状态检查标准,会开沟器的总体安装、谷物条播机的使用调整,最后进行播种的质量检查并做记录。

二、能力目标

有关能力目标如表 2-1 所示。

表 2-1　谷物条播机的使用与维护中的能力目标

专业能力	方法能力	社会能力
①能按服务规定接待修理客户 ②能接收谷物条播机简单修理项目 ③能对谷物条播机故障进行排除 ④能对谷物条播机零部件常见的损坏状况进行感官检验和尺寸测量,做出可否继续使用、送修和报废的结论 ⑤能用钳工工具和设备修配简单零件 ⑥能用气焊、电焊等设备进行简单的焊接作业 ⑦能进行谷物条播机的拆卸与清洗 ⑧能进行承修项目简易的质量检验	①团队工作能力 ②沟通能力 ③小组成员的协作能力 ④责任意识	①对信息的收集能力 ②使用信息资源制订工作计划 ③能独立使用媒介完成学习任务 ④工作结果的评价与反思

三、工作任务

能正确使用与维护谷物条播机。

四、相关理论资讯

(一)2BF-24A 型施肥播种机

2BF-24A 型施肥播种机主要用于平原旱作地区麦类作物的条播,经适当调整后,也可条播玉米、大豆、豌豆、高粱、谷子等作物，播种同时施粒状或粉状化肥。

1. 结构与工作过程

2BF-24A 播种机的工作部件有排种器、排肥器、开沟器、输种(肥)管、覆土器等。辅助部件有种肥箱、机架、地轮、传动与起落调节机构及划印器等，如图 2-1 所示。

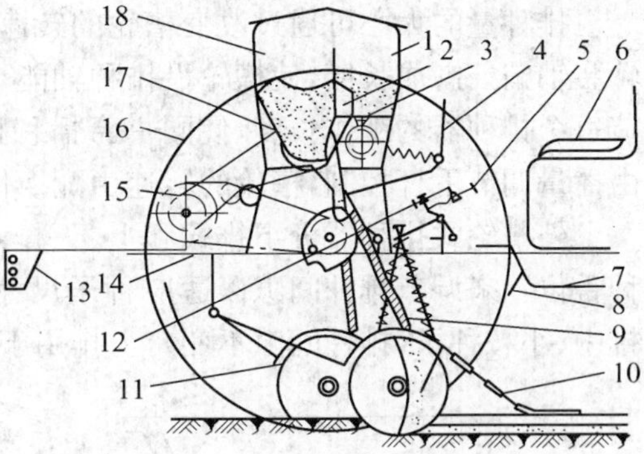

图 2-1　2BF-24A 型施肥播种机的结构

1—肥料箱；2—排肥量调节活门；3—排肥器；4—升降手柄；5—播深调节机构；6—座位；7—脚踏板；8—刮泥刀；9—输种(肥)管；10—覆土器；11—开沟器；12—开沟器升降机构；13—牵引装置；14—机架；15—传动装置；16—行走轮；17—排种器；18—种子箱

工作过程如下：拖拉机牵引播种机行进时，地轮通过传动机构驱动装在种子箱下的外槽轮排种器将种子排下，经输种管落入双圆盘开沟器所开出的沟中，与此同时，机器前部肥料箱下的星形排肥轮将化肥排下，经输肥管也落入开沟器内，被开沟器分开的土在开沟器过后流入种沟覆盖种子，覆土环随后将地面拖平。

2. 工作部件

(1)排种器　排种器是播种机的重要工作部件。其作用是均匀、连续、无损伤地按照规定播种量将种子排出。2BF-24A 型施肥播种机采用外槽轮式排种器，如图 2-2 所示。它由排种盒、排种轴、外槽轮、阻塞套、内齿形挡圈、排种舌等组成。

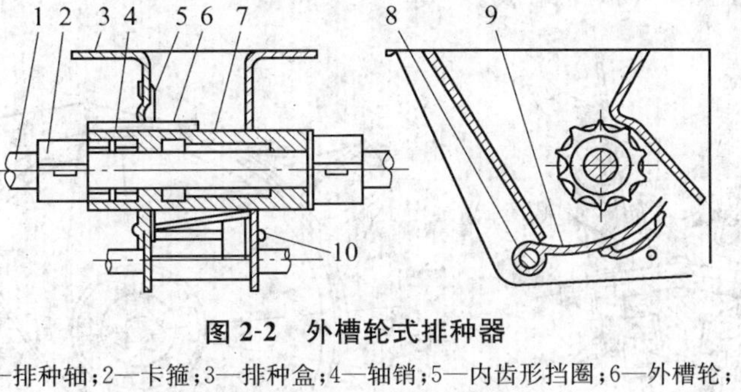

图 2-2　外槽轮式排种器

1—排种轴；2—卡箍；3—排种盒；4—轴销；5—内齿形挡圈；6—外槽轮；7—阻塞套；8—排种舌轴；9—排种舌；10—开口销

外槽轮式排种器具有结构简单，使用调整方便，通用性好，工作可靠和排种量较准确、稳定等特点。

外槽轮式排种器的工作原理是以凹槽进行强制排种，当排种轴带动槽轮转动时，种子充入槽轮凹槽内，并在槽轮齿的强制推动下经排种口排出，此层种子称为强制层。同时，处在槽轮外的种子，在槽轮与种子及种子间摩擦作用下也被带出，此层种子称为带动层。带动层种子的排种速度低于槽轮的圆周速度，且由内向外逐渐递减直至为零。在带动层处，则是不流动的静止层，槽轮内和带动层的种子逐渐排出后，静止层内种子逐步补给，从而完成连续排种。带动层曲线如图 2-3 所示。

排种量的大小可通过改变槽轮的转速或工作长度(槽轮在排种盒内的长度)来调整。槽轮装轴销处制成长槽,使槽轮沿排种轴能有少量轴向移动,以便通过加减垫片的方法单独调节每个排种器的工作长度,使同一台播种机上各排种器下种量均匀一致。槽轮的工作长度由播量调节手杆控制,槽轮的转速由配换传动链轮来改变。

外槽轮式排种器分下排式和上、下排式,如图 2-4 所示。下排式排种器,可通过改变排种舌位置来调节排种间隙以适应种子尺寸。上、下排式排种器,可变换旋转方向,下排用于排中、小粒种子(排种间隙不变),上排用于排大粒种子。

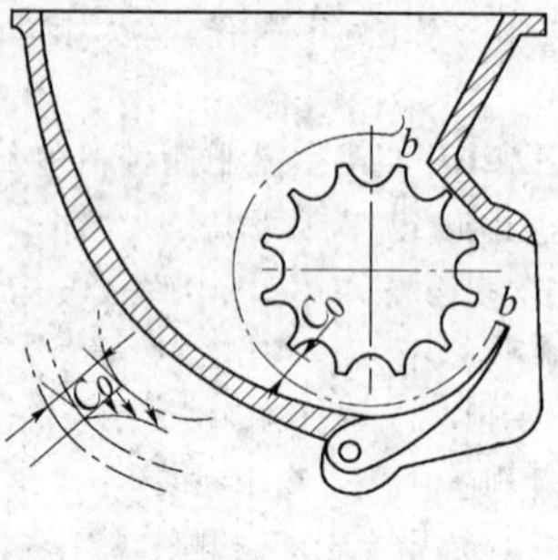

图 2-3　带动层曲线

b—带动层曲线;C_0—带动层厚度

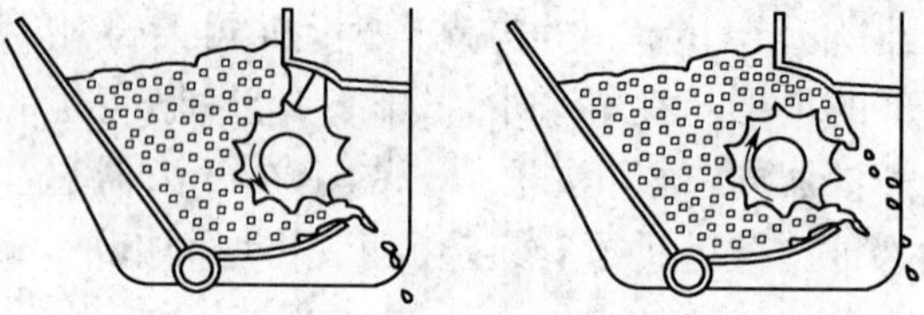

图 2-4　种子下排及上排

(2)开沟器　开沟器的作用是开沟、导种入土和覆盖湿土。2BF-24A 型施肥播种机采用双圆盘式开沟器,如图 2-5 所示,它主要由开沟器体、平面圆盘、内锥体、外锥体、调整垫片、开沟器轴、毡圈、罩盖、导种板等组成。

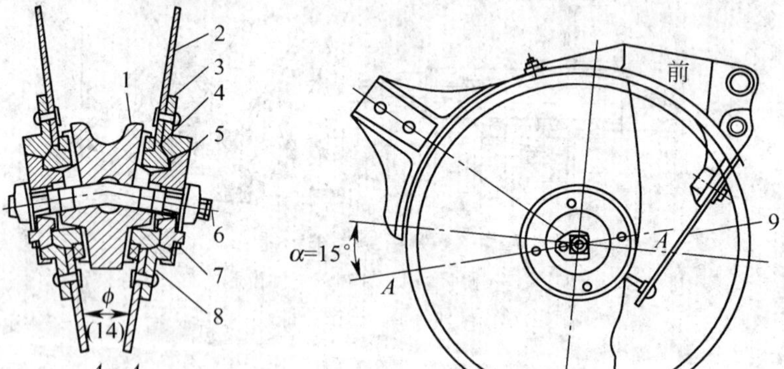

图 2-5　双圆盘式开沟器

1—开沟器体;2—平面圆盘;3—圆盘毂;4—内锥体;5—外锥体;

6—开沟器轴;7—调整垫片;8—毡圈;9—导种板

工作时,圆盘受土壤阻力作用滚动前进,切开土壤并向两侧推挤形成种沟,种子在两圆盘间经导种板散落于种沟中,圆盘过后,沟壁下层湿土先塌落覆盖种子,然后再覆盖上层干土。

双圆盘开沟器具有切土能力较强,工作阻力较小,不易挂草、堵塞等优点,但其结构复杂，重量大，覆土能力弱。

(3)排肥器 排肥器的作用是将肥箱内肥料均匀、连续地按要求施肥量排出。2BF-24A型施肥播种机采用水平星轮式排肥器，如图2-6所示，由排肥星轮和打肥锤组成。工作时，星轮由传动齿轮带动，星齿将肥料带入下肥口，靠肥料自重落入输肥管。排肥量可通过调节转速和活门开度进行调整。

此排肥器适用于干燥粒状和粉状化肥的排施，对吸湿性强的化肥易发生架空、堵塞以及星轮被黏结等现象。

(4)输种(肥)管 输种(肥)管的作用是将排种器和排肥器排出的种子、肥料导入开沟器。2BF-24A型施肥播种机采用卷片式播种(肥)管。其上为漏斗形，借弹性卡簧安装在排种器下方。前后相邻的一组排种器和排肥器所排的种子和肥料经同一管输出，种、肥混播。

卷片式输种(肥)管能伸缩弯曲，比较灵活，输种可靠，但用久后会出现局部伸长或变形，产生缝隙，影响工作质量，现在有些用塑料管代替。

(5)覆土器 覆土器的作用是对播后种子进行覆土，以达到一定的覆盖深度。2BF-24A型施肥播种机采用拖环式覆土器，由12个铸铁圆环用链环连接而成，各环均用一拉链挂在后列开沟器体上。工作时，覆土环平稳地在地面上拖动。

3. 传动及起落机构

(1)传动装置 2BF-24A型施肥播种机的传动装置如图2-7所示。它包括排种和排肥传动两部分。

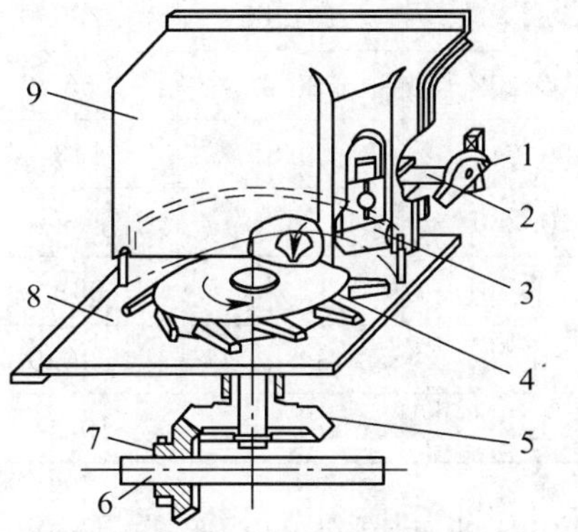

图2-6 星轮式排种装置

1—调节柄；2—肥量调节轴；3—活门；4—星轮；5—被动锥齿轮；6—排肥方轴；7—主动锥齿轮；8—托盘；9—护板

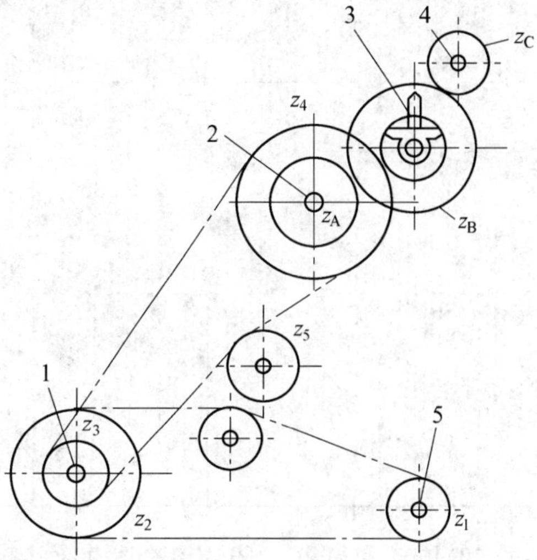

图2-7 2BF-24A型施肥播种机传动示意图

1—中间传动轴；2—排种轴；3—星轮轴；4—搅拌器轴；5—行走轮轴

①排种传动部分。固定在主轴(地轮轴)上的链轮通过铸造钩形链条传给安装在机架前梁上的传动轴，再通过传动轴外端的链轮及其链条，传给种箱一端的排种轴。二级传动上有

10 齿、15 齿、20 齿 3 种链轮，通过互相倒换安装，可得 6 种排种传动速比。

②排肥传动部分。通过箱壁上一对直齿轮由排种轴传给排肥轴，再通过一对锥齿轮减速，带动排肥星轮，此传动备有 20 齿、47 齿和 27 齿、40 齿 4 个齿轮。组内齿轮互换位置，可得 4 种传动速比，再与 6 种排种传动速比配合，可得 24 种排肥传动速比。

采用不同传动速比，可改变播种量和排肥量，如表 2-2 所示。

表 2-2　排种量与排肥量参考表　　　　kg/hm^2

小麦排种量				尿素排肥量		
排种传动速比	槽轮工作长度/mm			排肥传动速比	活门开口高度/mm	
	5	21	42		0	0
0.227	11.1	4.05	91.8	0.097	9.45	21.3
				0.214	20.25	49.35
0.37	14.4	54.9	110.25	0.082	7.5	19.65
				0.453	39.9	99.75
0.45	16.2	61.2	145.05	0.146	16.05	36.45
				0.332	30.6	78.6
0.74	29.25	106.65	242.1	0.164	14.25	38.1
				0.906	82.8	285.0
				0.26	21.9	59.55
				0.572	53.25	135.45
0.833	31.5	121.35	275.55	0.185	16.5	40.8
				1.02	101.55	255.0
				0.292	26.7	66.0
				0.644	59.55	143.4
1.11	42.75	144	361.5	0.246	21.75	56.1
				1.36	114.0	348.0
				0.39	34.95	90.9
				0.858	75.15	192.45

(2)传动离合器　传动离合器的作用是保证开沟器和排种、排肥器的工作协调一致，即当开沟器一旦降落，排种器和排肥器便立即开始工作，而在开沟器升起的同时，随即停止排种和排肥。

2BF-24A 型施肥播种机的传动离合器为嵌齿式，主要由主动套、被动套、离合器弹簧及离合器叉等组成，如图 2-8 所示。主动套用键安装在地轮轴上和轴一起转动，并可作轴向移动。被动套活套在地轮轴上，套两端带有结合爪，分别与主动链轮和主动套结合。离合器叉叉部伸入主、被动套间，后端和安装在升降方轴上的离合器曲柄相连。离合器弹簧安装在主动套外侧。

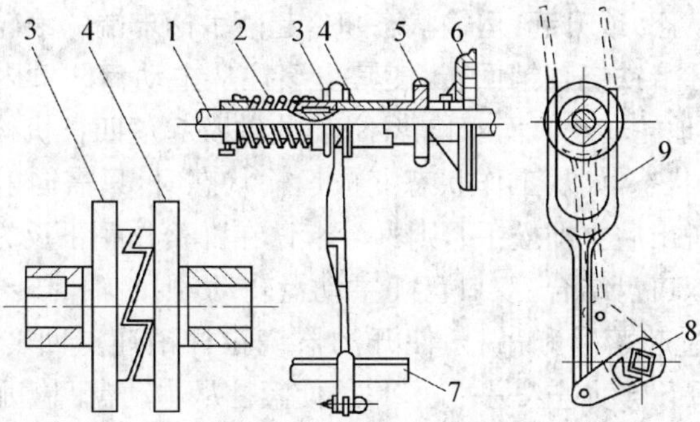

图 2-8 传动离合器

1—行走轮轴；2—离合器弹簧；3—主动套；4—被动套；5—链轮；6—主动盘；
7—升降方轴；8—离合器曲柄；9—离合器叉

当升降机构使开沟器升起时，回转的升降方轴通过离合器曲柄迫使离合器叉前移，叉部的凸起部分进入主、被动套间，主动套压缩弹簧而左移与被动套脱离，主动链轮立即停止转动，排种器、排肥器以及肥料搅拌器也随即停止工作。而当开沟器降落时，升降方轴反向回转，离合器曲柄把离合器叉拉回，主动套在离合器弹簧作用下，被推向被动套并与之相结合，于是排种器、排肥器和肥料搅拌器恢复工作。

(3)起落和播深调节机构　播种机提升开沟器一般有机力式和液压式两种。

①机力式起落机构。机力式起落机构共两套，分别由左、右地轮驱动，各自控制半幅播种机的开沟器起落。起落机构由起落离合器和起落四杆机构组成，如图 2-9 所示。

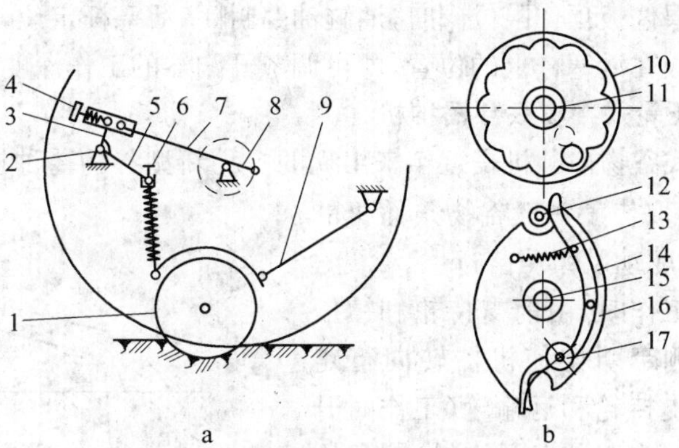

图 2-9 开沟器起落机构和播深调节机构

a—起落和播深调节示意图；b—起落离合器

1—开沟器；2—起落方轴；3—支杆；4—播深调节手轮；5—起落臂；6—吊杆；7—连杆；8、15—曲轴；9—开沟器拉杆；
10—主动盘；11—行走轮轴；12—滚轮；13—弹簧；14—被动盘；16—月牙卡铁；17—滚柱

起落离合器为内闸轮式，由主动盘(内闸轮)、双口盘、月牙卡铁等组成。主动盘内有圆窝形凹槽，固定在地轮轴上，随轴转动。双口盘固定在曲柄一端，其上铰连一月牙卡铁，卡铁一端装有一个滚柱(内滚轮)，另一端用弹簧与双口盘相连，离合器的工作用起落手柄控制。

起落四杆机构由曲轴、连杆、支杆、方轴、起落臂、吊杆等组成。

开沟器落下(工作状态)或升起(运输状态)时,起落手柄末端的滚轮在弹簧作用下,进入双口盘的缺口内,迫使月牙卡铁绕轴销回转,使其上滚柱从主动盘凹槽内脱出,主动盘与双口盘脱开,则主动盘转动(随地轮转动),而双口盘不动,曲轴及起落四杆机构不动,开沟器保持落下或升起位置。当要改变状态,如从工作状态变成运输状态时,只需向上扳动起落手柄,使滚轮从双口盘缺口内脱出(脱出后立即松手),则月牙卡铁在弹簧作用下反方向回转,使滚柱进入主动盘凹槽内,主动盘与双口盘结合,双口盘随主动盘转动,则曲轴回转并通过连杆和支杆推动方轴向后上方转动,通过起落臂和吊杆,使开沟器绕拉杆销连点回转而升起,当双口盘转过180°时,滚轮在弹簧作用下自动进入另一缺口,迫使滚柱从主动盘凹槽脱出,主动盘与双口盘脱开,起落四杆机构不动,开沟器保持其升起状态。若欲从升起状态变成工作状态,需再次扳动起落手柄,曲轴便又随地轮转动,连杆、支杆、方轴、起落臂作反向回转,使开沟器降落,当双口盘转过 180°,滚轮再次落入双口盘缺口时,动力切断,开沟器保持其降落位置。

播深调节机构用以调节播种深度。播深调节机构装在支杆一端,其上有带手轮的丝杆,当顺时针转动手轮时,丝杆前伸推动支杆,使方轴转动,起落臂向下方转动,压缩吊杆弹簧,再通过山形销和吊杆作用于开沟器上,使开沟深度增大,反向转动手轮,弹簧压缩力减小,开沟深度变浅。各开沟器开沟深度可通过改变山形销在吊杆上的安装位置进行调整,以保持开沟器开沟深度一致。

②液压式起落机构。液压式起落机构的构成如图 2-10 所示。当需提升开沟器时,将液压操纵手柄(位于驾驶员座旁)放到“提升”位置,油缸活塞杆伸出,推动转臂后摆,方轴转动,起落臂上摆,通过吊杆将开沟器升起。需要降落时,将液压操纵手柄放到“下降” 位置,油缸活塞杆缩回,通过转臂带动方轴回转,升降器降落。开沟器入土深度由活塞杆上的限位板控制,当活塞杆缩回至限位板顶作限位阀时,油缸油路封闭,活塞杆定位,开沟器限定在一定的工作深度,改变限位板在活塞杆上的位置,即可调节开沟器的工作深度。

(二)2BY-24 型压轮式谷物联合播种机

2BY-24 型压轮式谷物播种机是近年来出现的一种新型谷物播种机,如图 2-11 所示,其主要特点是由镇压轮取代了一般谷物条播机的两端地轮,用以支重、驱动及镇压苗行。

该机为牵引式,工作时,由前支持轮和镇压轮支持;运输时,用侧牵引架使机器转向行走(缩小机器宽度),由支持轮和运输轮(工作时升起)支持整机。开沟器为双圆盘开沟器,圆盘用轴承与开沟器轴连接。排种器为外槽轮式排种器,其排种杯右壁上有 3 个凸台,扳动手柄使排种舌扣在不同位置,可满足播不同作物的要求。排肥器为水平星轮式。该机设半台起落机构,可实现半台播种,此时可将拉杆铆合和方轴上的起落下连杆连接,而把连接下连杆焊合和起落臂焊合的起落臂固定销拔出,解除下连杆焊合和起落臂焊合的销接关系。划印器圆盘工作

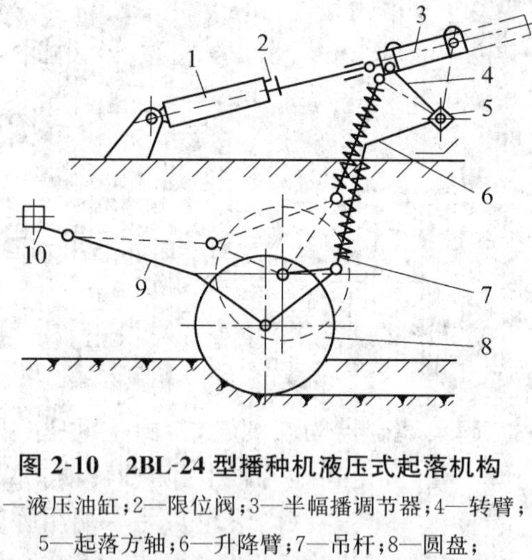

图 2-10　2BL-24 型播种机液压式起落机构

1—液压油缸;2—限位阀;3—半幅播调节器;4—转臂;5—起落方轴;6—升降臂;7—吊杆;8—圆盘;9—开沟器拉杆;10—开沟器梁

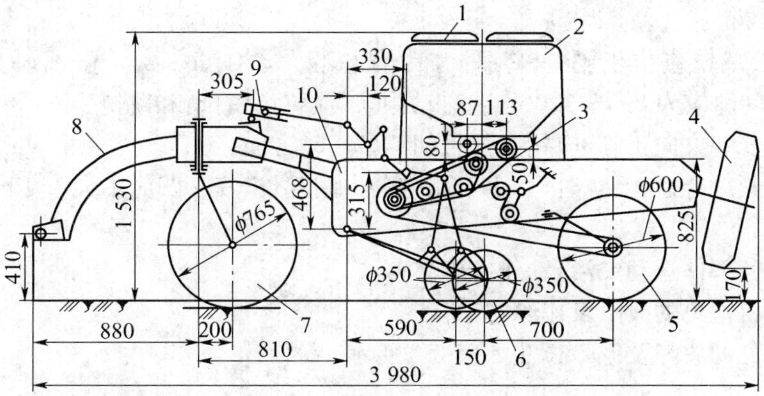

图 2-11　2BY-24 型压轮式谷物播种机(mm)

1—种子箱；2—肥料箱；3—传动机构；4—运输轮；5—镇压轮；6—前、后列开沟器；7—前支持轮；8—牵引梁；9—升降液压缸；10—机架

角度可根据划印宽度要求，用固定板上弧形槽孔调整圆盘倾角调整。

五、相关实践资讯

(一)播种机技术状态检查

1. 机架

①机架不得弯曲和倾斜，拉筋应拉紧，开沟器梁弯曲度不超过 10 mm。

②机架左右梁应平行，偏差不超过 5 mm，对角线长度差不超过 10 mm。

③牵引架不应弯曲，主梁须符合悬吊筑埂器的要求。

2. 地轮机构

①地轮如有变形，其径向和轴向摆差不超过 10 mm。

②地轮幅条完好，不允许松动，若有弯曲应不大于 4 mm。

③刮土板安装位置恰当，既能刮土，又不妨碍轮子旋转。

3. 开沟器

①开沟器刮土板与圆盘间隙为 1～2 mm，圆盘转动灵活，且不晃动。

②圆盘刃口斜面宽度应为 6～8 mm，刃口厚度不大于 0.4 mm，刃口完整。若有深 1.5 mm、长 1.5 mm 的缺陷或崩缺不得超过 3 处。两圆盘的接触间隙不得大于 2 mm，径向差不超过 3～4 mm。

③相邻开沟器之间距离应合乎要求，行距偏差不应大于 5 mm，所有开沟器下刃口都在同一水平面上。

4. 排种、排肥机构

①种、肥箱平整无凹陷，安装牢固，不漏种、肥。箱盖关闭灵活。

②排种器各零件完整无缺，排种轴转动灵活，不碾碎种子。槽轮工作长度一般误差不超过 1 mm，且调整灵活。

③播量调节机构应灵活，不得自行滑移。

④排肥机构转动灵活，齿轮啮合正确，排肥活门调整灵活，开合一致。

5. 输种管

输种管不应变形、漏种，与排种杯连接可靠。

6. 传动机构

①传动链、链轮应位于同一平面上，其偏差不大于 1.5～2.0 mm，轴向晃动不超过 2.0 mm。啮合间隙应为 2.5～3.0 mm，传动中，不应跳齿、打滑和跳链。

②钩形链安装方向正确，应钩向外且朝链条运动方向。

③链条松紧度合适，检查时，用手下压链条中间部位，其下凹应不大于 15～20 mm。

7. 起落机构

起落机构各部件运动灵活，动作准确。

(二)播种机常见的故障及排除方法

播种机常见的故障及排除方法如表 2-3 所示。

表 2-3　播种机的常见故障及排除方法

故障名称	产生原因	排除方法
漏播	①排种器、输种管堵塞 ②输种管损坏漏种 ③槽轮损坏 ④地轮镇压轮打滑或传动不可靠	①清选种子中杂物，清除输种管管口黄油或泥土 ②修复更换 ③更换槽轮 ④检查排除
不排种	①链条断 ②弹簧压力不足，离合器不结合 ③轴头连接处轴销丢失或剪断	①检查各处有无阻卡 ②更换损坏零件 ③更换轴销
不排肥	①大锥齿轮上开口销剪断 ②肥箱内肥料架空 ③进肥或排肥口堵塞	检查排除
开沟器堵塞拖堆	①圆盘转动不灵活 ②圆盘晃动、张口 ③导种板与圆盘间隙过小 ④土质黏 ⑤润滑不良 ⑥工作中后退	①增加内外锥体间垫片 ②减少内外锥体间垫片，锁紧螺母调整 ③清除泥土，注油润滑 ④清除泥土 ⑤注油润滑 ⑥清除泥土
开沟器升不起来或升起后又落下	①滚轮磨损严重 ②卡铁弹簧过松 ③双口轮与轴连接键丢失 ④月牙卡铁回转不灵	更换缺损零件

(三)谷物播种机主要技术特征

谷物播种机主要技术特征如表 2-4 所示。

表 2-4　谷物播种机主要技术特征

型　号	2BF-24A	2BF-48A	BGF-24	2BL-12	2BF-10	2B-16	2BY-24
挂接型式	牵引式	牵引式	牵引式	牵引式	牵引式	悬挂式	牵引式
机重/kg	1 100	1 350	1 100	470	395	450	2 200
工作幅宽/m	3.6	3.6	3.6	1.8	1.5	2.4	3.6

续表 2-4

型　号	2BF-24A	2BF-48A	BGF-24	2BL-12	2BF-10	2B-16	2BY-24
行数	24	48	24	12	10	16	24
行距/cm	15	6.5～8.0	15	15	15	15	15
配套动力/HP	55.75	55.75	55.75	25～40	12～20	25～30	55.75
作业速度/(km/h)	6～7	5～7	6～7	7～8	4～6	6～7	8～12
生产率/(亩/h)	20～25	20～25	20～25	12～14	9～13	15～20	30～40
可播作物	麦类、玉米、大豆、高粱	麦类、玉米、大豆、高粱	麦类、玉米、大豆、高粱	小麦、玉米、大豆、高粱、谷子	小麦、玉米、大豆、高粱、谷子	小麦、玉米、大豆、高粱、谷子	小麦、玉米、大豆、高粱、谷子
排种器	小槽轮	小槽轮	外槽轮	小槽轮	外槽轮	外槽轮上下排	外槽轮
排肥器	水平星轮	水平星轮	水平星轮	水平星轮活箱底	外槽轮	无	水平星轮
开沟器	双圆盘式夹角 14°	双圆盘式夹角 23°	双圆盘式	双圆盘式夹角 16°	双圆盘式夹角 14°	锄铲式	双圆盘式夹角 10°
播深范围/cm	3～10	4～8	3～4	3～10	3～6	3～12	3～10

六、拓展知识

播种是农业生产过程中关键性的作业环节，良好的播种质量是保证苗全苗壮的前提。用机械播种不仅可以减轻劳动强度，提高工效，保证质量，不误农时，而且也为后继田间管理创造良好的条件。

1. 播种方式

播种方式应根据作物品种和当地农业技术要求而定，并随农业生产的发展而发展。基本播种方式有撒播、条播、穴播（点播）、铺膜播种、免耕播种和精密播种等。

(1)撒播　撒播是将种子漫撒于田间地表，然后对种子进行覆盖和压实。此法粗放而简单，种子分布不均，浪费种子，且覆土深度不一，但生产率高，适用于飞机撒播水稻、牧草及造林。

(2)条播　条播是将种子按一定行距，连续均匀成条地播在种沟，然后进行覆土镇压，此法是常用的一种播种方式，种子分布较均匀，覆土深度一致，出苗整齐，适用于小麦、谷子及豆类作物播种。

(3)穴播　穴播又称点播，是将种子按一定行距和株距播在土中，种子成穴分布。此法种子分布均匀准确、省种，可减少间苗工作量，适用于棉花、玉米、花生等中耕作物的播种。

(4)精密播种　按精确的粒数、间距与播深，将种子播入土中。精密播种可以是单粒种子按精确的粒距播成条行（称为单粒精播）；也可将多于一粒的种子播成一穴，要求每穴粒数相等。精密播种可节省种子和减少间苗工作量，但要求种子有较高的田间出苗率并预防病虫害，以保证单位面积内有足够的植株数。

(5)铺膜播种　播种时在种床表面铺上塑料薄膜，种子出苗后，幼苗长在膜外的一种播种方式。这种方式可以是先播下种子，随后铺膜，待幼苗出土后再由人工破膜放苗；也可以是先铺上薄膜，随即在膜上打孔下种。

(6)免耕播种　它是在前茬作物收获后,土地不进行耕翻,让原有的茎秆、残茬或枯草覆盖地面,待下茬作物播种时,用特制的免耕播种机直接在茬地上进行局部的松土播种,并在播种前或播种后喷洒除草剂及农药。

2. 机械播种的农业技术要求

①播量符合要求且准确,排种(排肥)均匀稳定,穴距及每穴粒数均匀。

②播深符合要求且均匀一致,种子应播在湿土上,用湿土覆盖,无露籽现象,覆土均匀,干旱地区播后应同时镇压,以利于保墒。

③播行直,行距一致,地头整齐,不重不漏。

④尽量采用联合作业。

3. 播种机的分类

播种机的种类很多,一般可按下列方法进行分类。

①按播种方式分为撒播机、条播机、穴播机和精密播种机。

②按适应作物分为谷物播种机、中耕作物播种机及其他作物播种机。

③按联合作业分为施肥播种机、播种中耕通用机、旋耕播种机、旋耕铺膜播种机。

④按动力连接方式分为牵引式、悬挂式和半悬挂式 3 种。

⑤按排种原理分为机械式、气力式和离心式播种机。

4. 播种机的一般构造和工作过程

(1)谷物条播机的一般构造和工作过程　我国生产的谷物条播机,均为能同时进行播种和施肥的机型,能一次完成开沟、排种、排肥、覆土等作业要求,故其一般主要由机架、种肥箱、排种器、排肥器、输种管、输肥管、开沟器、覆土器、行走轮、传动装置、牵引或悬挂装置、起落机构和深浅调节机构等组成。

工作时,播种机随拖拉机行进,开沟器开出种沟,地轮通过传动装置带动排种和排肥装置,将种、肥排出,经输种(肥)管落入种沟,随后由覆土器盖种覆土。

(2)中耕作物播种机的一般构造和工作过程　我国目前生产的中耕作物的播种机,大多是播种中耕通用机,既可播种,也可通过更换中耕工作部件进行中耕作业。其构造为主梁和地轮为通用部件,主梁上按要求行距安装数组工作部件,每组工作部件由开沟器、排种器和覆土镇压装置等组成。

工作时,播种机随拖拉机行进,开沟器开出种沟,地轮通过传动装置带动排种器排种,种子经排种口排出,成穴地掉入种沟,然后由覆土器覆土,镇压轮压密。

学习情境 2-2　中耕作物播种机的使用与维护

一、学习目标

根据播种的农业生产技术要求,掌握中耕作物播种机的结构及工作原理,能进行播种机的技术状态检查、开沟器的总体安装、中耕作物播种机的使用调整,最后进行播种的质量检查并做记录。

二、能力目标

有关能力目标如表 2-5 所示。

表 2-5　中耕作物播种机的使用与维护中的能力目标

专业能力	方法能力	社会能力
①能按服务规定接待修理客户 ②能接收中耕作物播种机简单修理项目 ③能对中耕作物播种机故障进行排除 ④能对中耕作物播种机零部件常见的损坏状况进行感官检验和尺寸测量，做出可否继续使用、送修和报废的结论 ⑤能用钳工工具和设备修配简单零件 ⑥能用气焊、电焊等设备进行简单的焊接作业 ⑦能进行中耕作物播种机的拆卸与清洗 ⑧能进行承修项目简易的质量检验	①团队工作能力 ②沟通能力 ③小组成员的协作能力 ④责任意识	①对信息的收集能力 ②使用信息资源制订工作计划 ③能独立使用媒介完成学习任务 ④工作结果的评价与反思

三、工作任务

能正确使用与维护中耕作物播种机。

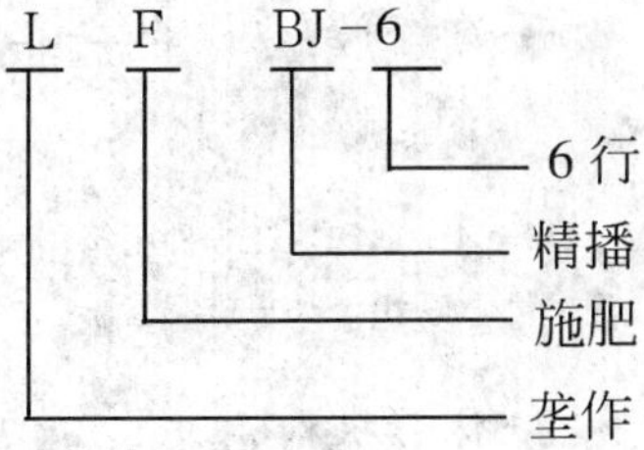

四、相关理论资讯

中耕作物播种机机型较多，现以 LFBJ-6 型垄耕施肥精播机为例，介绍如下。

该机既可联合作业也可单项作业，联合作业时，垄体深松，分层施肥，培土作床，开沟播种，起垄、镇压一次完成，能更换部分零部件，还可实现中耕趟地追肥、深松起垄镇压、垄沟深松追肥、深松起垄施肥镇压等作业；单项作业时，可单独完成起垄、趟地、深松、行间除草等作业。该机具有一架多具，一机多能，通用性广，能常年使用；联合作业，缩短工序间隔和作业周期，有利于抗旱保墒，减少进地次数，减轻对土壤结构的破坏，节省能源，降低作业成本，实现精密播种，种子分布均匀，省种、省工，经济效益高；既蓄水保墒又增温放寒，符合旱作少耕要求，分层施肥，提高了化肥利用率，解决了作物生长后期脱肥问题等优点。

该机结构如图 2-12 所示，主要由机架、地轮、仿形机构、犁铧部件、深松施肥部件、种肥箱、精播组装、传动和划印器等组成。

该机为悬挂式，通过一个上悬挂点和两个下悬点与拖拉机悬挂机构上下拉杆相铰接，实现三点悬挂。工作时，播种机由液压机构操纵下降，成牵引状态，播种机随拖拉机前行，地轮通过传动机构分别驱动 6 个单体立式圆盘式排种器排种，种子落入经芯铧式开沟器开出的种沟内，开沟器过后，部分被开沟器分开的土落回盖种，再利用犁铧起垄，镇压轮压实，播种同时，外槽轮式排肥器排肥，经输肥管落入深松施肥部件松动的高低不同位置的土层中。

1. 机架

该机机架为组合框架式，由两根方管梁，两组连接槽钢和活动的上下悬挂臂组合而成，在上下悬挂臂端部有与拖拉机悬挂机构挂接的悬挂销。

2. 地轮机构

该机配有两个橡胶充气轮胎地轮，起支撑和为播种施肥提供动力的作用，其结构如图 2-13所示，主要由连接板、支臂、地轮轴、轮毂、地轮及调节杆等组成，并用 U 形卡丝装在机架前梁上，拧动调节杆，可调节地轮与机架的相对高低位置。

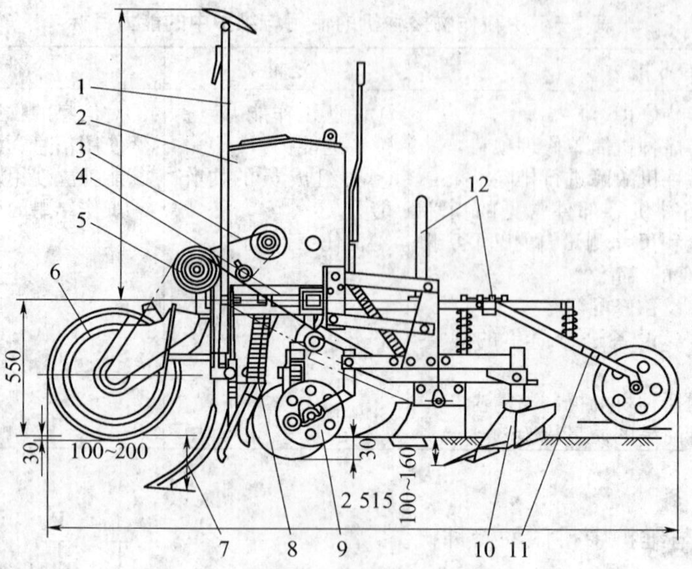

图 2-12　垄耕施肥精播机结构图(mm)

1—划印器；2—种肥箱；3—传动链条；4—机架组装；5—中间传动；6—地轮装配；7—深松施肥部件；8—排肥管总成；9—仿形机构；10—犁铧部件；11—精播组装；12—扶手踏板组成

3. 仿形机构

仿形机构在作业时，当地表起伏变化时，保持稳定的耕深，并控制工作部件上下仿形的范围，其结构主要由仿形轮、犁梁、固定角铁(前支架)、上下连杆、左右夹板(后支架)等组成，如图 2-14 所示。犁梁前后端有柄裤，分别装入仿形轮轮柄和犁铧柄，仿形机构用卡丝固定在机架后梁上。

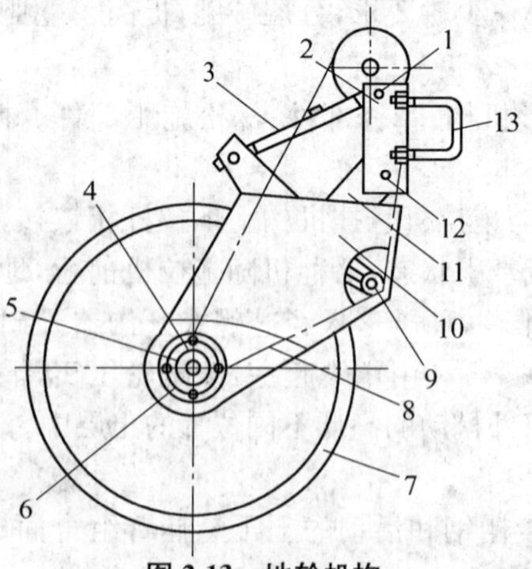

图 2-13　地轮机构

1—上调节螺母；2—连接板；3—调节杆；4—齿链轮；5—地轮轴；6—轮毂；7—地轮；8—链条；9—张紧轮；10—链盒；11—支臂；12—支臂轴；13—U 形卡丝

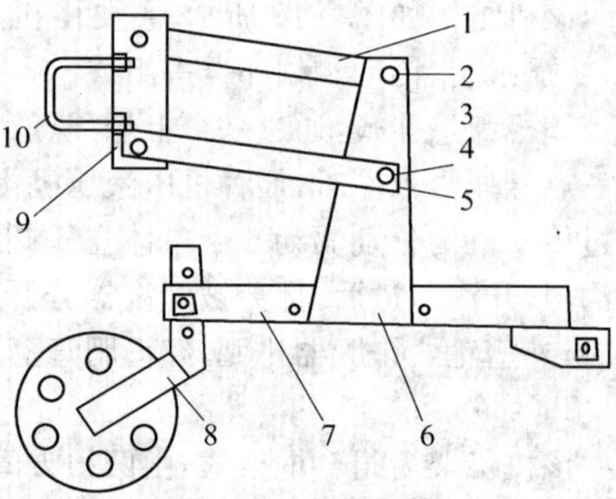

图 2-14　仿形机构

1—上连杆；2—上连杆轴；3—下连杆轴套；4—上连杆焊；5—连动板合；6—夹板；7—犁梁；8—仿形轮装配；9—固定角铁；10—U 形卡丝

4. 犁铧

犁铧用于起垄，趟地作业。犁铧为齿翼型，重量轻，工作阻力小，主要由铧柄，松土铧和分土板等组成。铧柄插在柄裤内，可上下串动，用以调节耕深，分土板开度可调，以适应垄形和覆土量的要求。

5. 深松施肥部件

该机配有 7 组深松施肥部件（其中有一组不带导肥管），其结构如图 2-15 所示。每组深松施肥部件由深松铲、铲柄、铲柄裤、导肥管、安全销等组成。

该组件用 U 形卡丝固定在机架上，铲柄插入铲柄裤后，用一螺栓穿过后固定，柄裤后为开口，下端有一安全销把铲柄定位，当阻力过大时，安全销折断，深松铲可绕固定螺栓向后转动，越过障碍，以防工作部件损坏。导肥管固定在铲柄上，其位置可上下调整，以满足施肥深度不同的要求。作业时，如果只深松不施肥，可将导肥管取下。

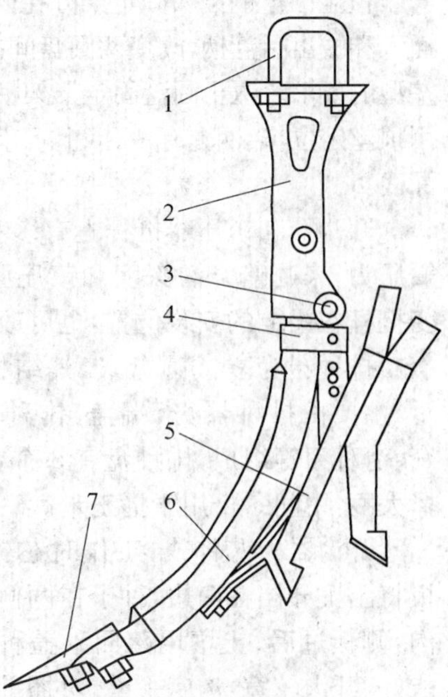

图 2-15　深松施肥部件

1—U 形卡丝；2—深松铲柄裤；3—安全销；4—导肥管固定裤；5—导肥管；6—深松铲柄；7—鸭掌深松铲

6. 种肥箱

该机种肥箱分左、右两个，通过支架和左右箱壁与机架连接。每个箱被中间隔板分为两格，前格为肥箱，后格为种箱。肥箱箱底装有外槽轮式排肥器，种箱箱底装精播漏斗插板。左箱左壁、右箱右壁装有轴承座，内有轴套、排肥轴、排肥量调节套、排肥链轮等。转动排肥量调节套，可带动排肥轴左右移动，改变槽轮工作长度，以调节排肥量大小。排肥量调节机构的结构如图 2-16 所示。

7. 精播组装

该机配有 6 组精播组装，其结构如图 2-17 所示。每组通过固定架将顺梁、覆土圆盘、拉杆、开沟器、排种器、镇压轮、挺杆及弹簧等组装在一起，并通过 U 形卡丝固定在机架上。

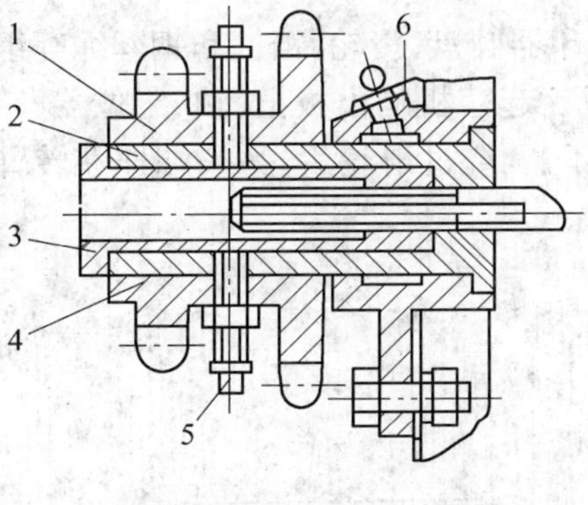

图 2-16　排肥量调节机构

1—排肥链轮；2—轴套；3—排肥量调节套；4—排肥轴；5—紧定螺钉；6—轴承座

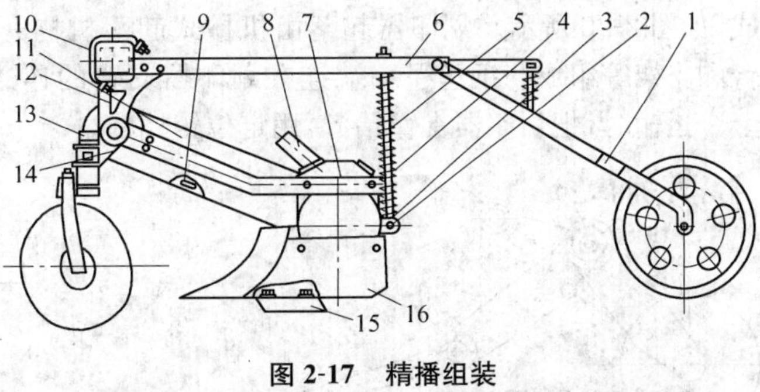

图 2-17　精播组装

1—镇压轮组装；2—挺杆连接销；3—挺杆弹簧座；4—挺杆弹簧；5—挺杆；6—顺梁；7—拉杆；8—立式圆盘排种器装配；9—链条；10—U 形卡丝；11—链盒；12—播种组件固定架；13—覆土圆盘装置；14—齿链轮；15—压沟刀；16—开沟器

覆土圆盘柄插入固定架方孔内后用顶丝定位，插入和拔出圆盘柄，改变两圆盘间距，可适应不同垄型的要求。覆土圆盘固定架架柄插入柄库内并用顶丝定位，架柄上有3孔，上下串动可调节培土深浅。

开沟器和镇压器挺杆上有多孔，用以改变弹簧压力，来调整开沟深度和镇压强度，同时用改变挺杆在梁上的安装位置，也可改变开沟深度。

排种器为立式圆盘式，其结构如图2-18所示，主要由排种器壳、端盖、排种轴、排种盘、间套、清种刀等组成，排种盘有3个，两边两个用于播大豆，中间一个用于播玉米。

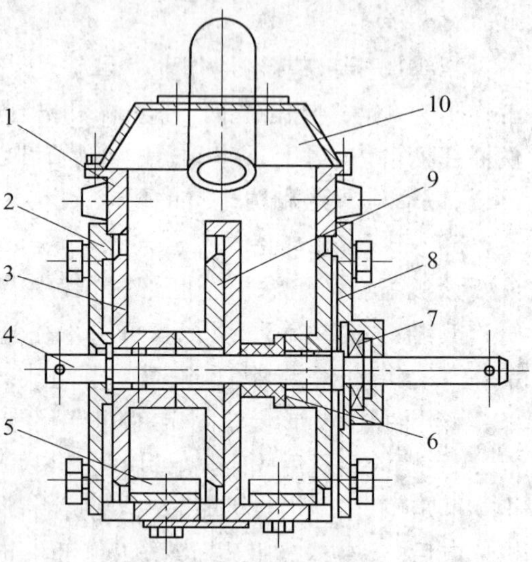

图2-18　排种器

1—排种器壳；2—左端盖；3—大豆播盘；4—排种轴；5—清种刀；6—间套；7—轴承；8—右端盖；9—玉米播盘；10—排种器盖

开沟器为芯铧式，工作时芯铧入土开沟，侧板将土壤分挡在两边，种子在两侧板之间落入种沟，侧板过后，土壤塌落回土盖种。具有入土性能好，开沟较宽，沟底平整，对播前整地要求不高等特点。

镇压轮用来压密土壤，使种子与土壤密接，防止透风，有利于保墒。镇压轮为平面整体式，圆柱形轮缘外包有一层橡胶圈。工作时，利用橡胶圈的弹性变形，使湿土不易粘在轮表面上，即使有小部分黏土也易脱落。

8. 传动机构

该机传动如图2-19所示，主要由支架轴、方轴连接套、中间托链轮、排肥轴等组成，传动由地轮驱动，通过中间轴，分别传到排肥轴和传动方轴，再传到各排种器。每组地轮各驱动1组种肥箱和3组精播排种器。中间传动轴和传动方轴有14、19、24、29齿4种齿轮，可组成13种不同的传动比，以适应不同排种量的要求。

9. 划印器

划印器分左、右(左长右短)，由划印器梁架、支臂、划印器圆盘、滑轮、挡销和钢丝绳等组成，如图2-20所示。划印器起落由机械式起落机构完成。起落机构由板把、轴、定位器、转臂和支架等组成。钢丝绳一端连在划印器支臂的连接环上，绕过滑轮后，另一端连在转臂上。运输时，把划印器支臂抬起，用定位销挡住。

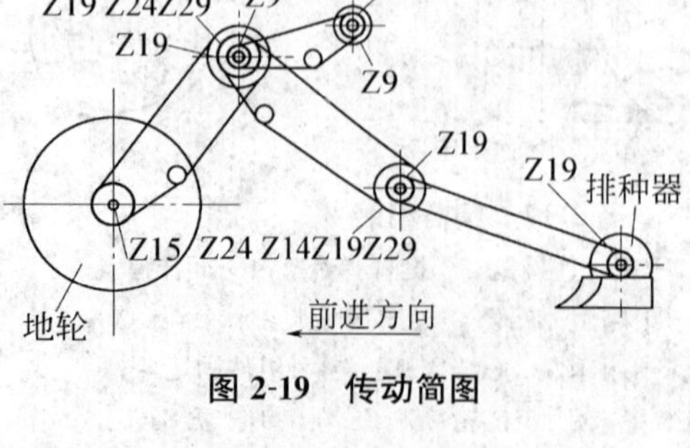

图2-19　传动简图

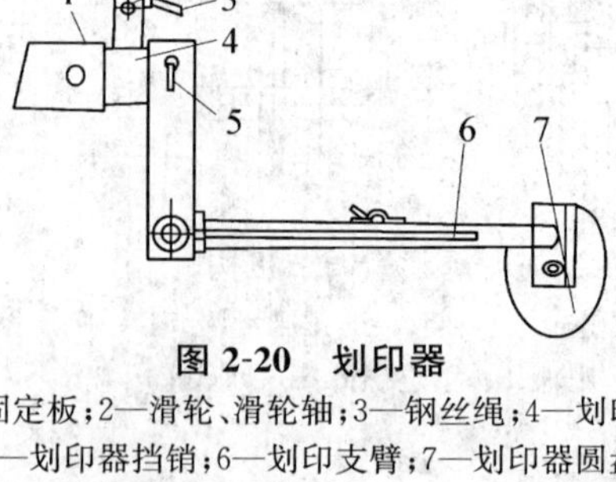

图2-20　划印器

1—卡丝固定板；2—滑轮、滑轮轴；3—钢丝绳；4—划印器梁架；5—划印器挡销；6—划印支臂；7—划印器圆盘

五、相关实践资讯

(一)安装

产品出厂时,为了便于运输,本机以组件形式发运,因此在使用时,需按要求进行整机安装,该机根据作业要求,可安装成4种不同作业状态。

(1)联合作业状态　垄体深松,分层施肥,培土作床,开沟播种,起垄镇压。

①将装配好的机架垫起,垫起高度从梁下平面至地面距离为800 mm。

②以前梁中心为基准,用卡丝将两地轮装在前梁上,两轮间距为4个行距。将6组深松施肥部件,左右对称地、等距地(满足行距要求)装在前梁上。将6组精播组装,左右对称、同垄距间隔地装在后梁上(注意带变速链轮的两组装在两侧)。将把犁铧装到仿形机构铧柄裤内后的四杆仿形机构组合,安装在后梁两组精播部件之间。

③将左、右种肥箱装到机架上,装时将带链轮一端箱壁朝外,固定在连接槽钢上,左箱右支架、右箱左支架分别固定在悬挂臂固定板上。

④安装传动机构,将左右中间传动轴装到前梁上,装时注意保证各对传动链轮在同一平面内,然后装上方轴连接套管、链条和托链轮。

⑤将划印器梁插入前梁方管内,按计算好的划印器长度位置,用顶丝定位,再连接钢丝绳。

⑥将排种管、排肥管分别连好。

(2)深松起垄作业状态　安装时,除6组深松部件不装导肥管,精播组装卸下排种器、开沟器、覆土圆盘、链盒等,不装种肥箱和传动机构外,其他同联合作业状态。

(3)起垄趟地状态　此状态只需安装地轮机构和7组装好犁铧的仿形机构,安装时,以前梁中心为基准,左右对称安装,两地轮间距为4个行距,7组仿形机构,以要求垄距等距地在前梁上装4组,后梁上装3组。

(4)深松(垄沟)作业状态　此状态只需安装地轮机构和7组深松部件。安装时,以前梁中心为基准,左右对称安装,两地轮间距为4个行距。7组不带导肥管的深松部件,以要求的垄距等距地在前梁上装4组,后梁上装3组。

4种作业状态安装图和安装数据如图2-21所示。

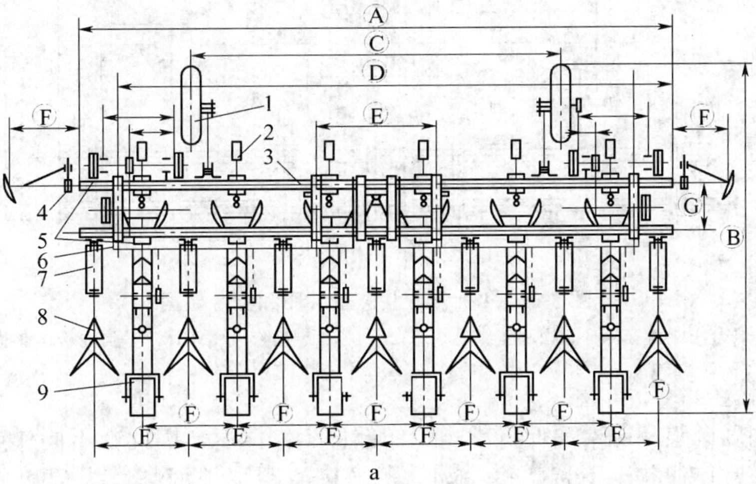

a

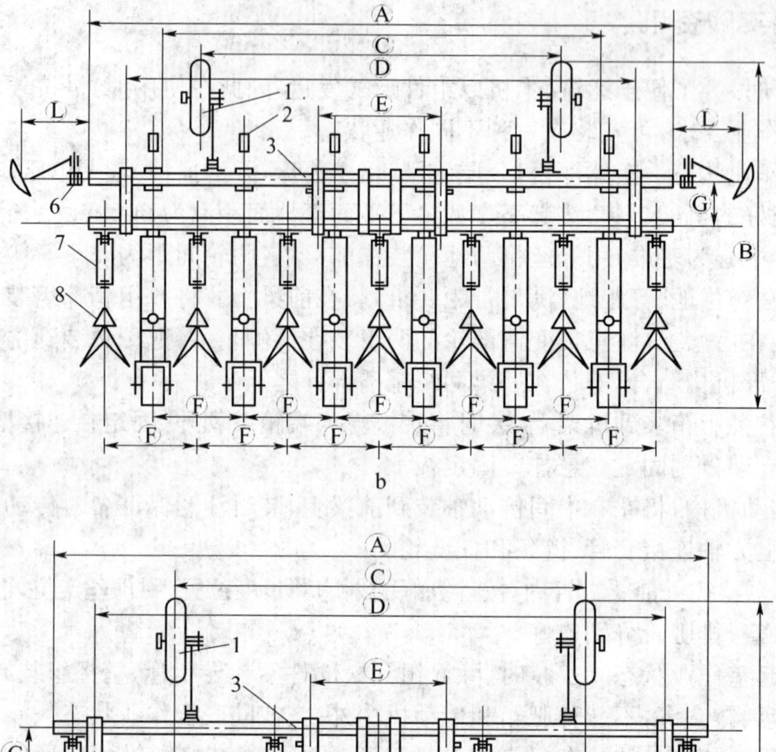

图 2-21　4 种作业状态安装图和安装数据

a—联合作业状态；b—深松起垄作业状态；c—起垄、趟地作业状态；d—垄沟深松作业状态

(二)调整

(1)机架高度调整　机架高低将影响工作部件工作深度。因此在不同作业状态时，机架高度应不同，正常作业状态下，起垄趟地时，机架中心距离地面高度为 730 mm，播种、深松时，机架中心距离地面高度为 550 mm。

(2)行距调整　该机适应行距范围为650～700 mm,调整时,松开U形卡丝,将工作部件在梁上左右串动,满足行距要求后,再用U形卡丝固定。调整时,应以梁中心为基准,向左右两边对称逐个调整。

(3)施肥量调整　调整时,先松开链轮紧固螺栓,再转动排肥量调节套,改变排肥槽轮工作长度,调整排肥量。调整时,要注意各排肥舌的开度,调整后,施肥量应满足按下式计算的施肥量要求。

$$G=66.6\times q\times(1-\sigma)/\pi\times D\times N\times a$$

式中:G表示亩排量,单位为kg/亩;q表示N圈的单口排量(由试验测定),单位为kg;D表示地轮直径,0.55 m;N表示地轮转动圈数;σ表示地轮滑移率,且$\sigma=10\%$;a表示行距,单位为m。

(4)深松施肥部件调整　施肥部位可用改变导肥管固定裤在深松铲柄上的位置调整,其调节范围为55 mm。深松深度可通过在柄裤内上下串动深松铲调整。

(5)排种器的调整　该机排种器出厂时,是按大豆双行播种装配的,若播玉米时需换排种盘。其方法是将端盖卸下,将大豆排种盘连接销拔出卸下,插入玉米排种盘连接孔内即可,此时,排种轴转动时,大豆排种盘不动。调整后,要求排种盘不摆动和不轴向串动。调整排种盘的同时,还应调整排种盘和清种刀之间的间隙,要求是在排种盘转动灵活原则下,间隙越小越好,间隙调整好后,拧紧清种刀固定螺钉。

不同作业状态安装数据如表2-6所示。

表2-6　不同作业状态安装数据

作业状态数据代号	联合作业	深松起垄	起垄趟地	垄沟深松
A	4 500	4 500	4 500	4 500
B	2 515	2 515	2 183	1 159
C	2 800	2 800	2 800	2 800
D	3 868	3 868	3 868	3 868
E	1 120	1 120	1 120	1 120
F	700	700	700	700
G	350	350	350	350
H	550	550	730	550
I	2 667	2 667		
L	1 233	1 233		
K	117			
M	529			
N	323			
Kg	1 250	990	525	420

(6)播种量调整　播种量调整是根据不同作物的不同亩保苗株数和株距要求,通过更换不同的变速链轮组合,改变传动速比而实现的。该机采用不同的变速链轮组合可获13种传动比,如表2-7所示。

表 2-7　传动及播量

序号	Z_1	Z_2	Z_3	Z_4	i	大豆 30 孔		玉米 10 孔	
						播量 万株/hm^2	粒距/cm	播量 万株/hm^2	粒距/cm
1	15	19	29	14	0.61	74	3.86	12.3	11.6
2	15	19	24	14	0.74	60.9	4.6	10.2	14
3	15	19	29	19	0.83	54.3	5.62	9	15.8
4	15	19	19	14	0.93	48.5	5.89	8.1	17.7
5	15	19	24	19	1	45.4	6.3	7.6	18.9
6	15	19	29	24	1.05	43.3	6.6	7.2	19.9
7	15	19	24.19	24.19	1.27	35.7	8	5.9	24.1
8	15	19	24	29	1.53	29.7	9.6	4.9	29
9	15	19	19	24	1.60	28.6	10	4.7	30.2
10	15	19	14	19	1.72	26.5	10.8	4.4	32.6
11	15	19	19	29	1.93	23.4	12.2	3.9	36.6
12	15	19	14	24	2.17	20.9	13.7	3.5	41.2
13	15	19	14	29	2.62	17.3	16.5	2.9	49.7

$$i=\frac{\pi\times D\times(1+\sigma)}{n\times s}$$

式中：i 表示传动速比；D 表示地轮直径，为 55 cm；n 表示排种盘型孔数，大豆盘 n 为 30，玉米盘 n 为 10；s 表示粒距；σ 表示地轮滑移率，且 $\sigma=10\%$。

也可用齿轮传动比表示为：

$$i=z_2z_4/z_1z_3$$

式中：$z_1=15$；$z_2=19$；$z_3=14$；$z_4=19$。

(7)开沟深度调整　开沟深度可通过调整开沟器挺杆在顺梁上的安装位置和调整挺杆弹簧的压力来调整。

(8)培土量调整　该机培土器柄上有等距的 3 个孔，当插入柄裤在不同孔位固定时，培土深浅不同，当固定在上孔位时，培土器下串，培土深；当固定在下孔位时，则培土浅。同时，覆土圆盘在培土器梁上还可横向串动，以适应不同垄形，对培土量也有影响，培土调节范围为 5 cm。

(9)镇压强度调整　镇压轮挺杆上有等距的孔，当销钉插入不同孔位时，弹簧压力得以改变，改变了镇压强度。

(10)耕深调整　犁铧的入土深度，可通过上下串动仿形轮轮柄或铧柄在柄裤内的上下位置来调整，仿形轮柄上移或铧柄下移，入土深度变深，反之则变浅，调整后紧固螺钉，并拧紧锁紧螺母。

(11)链条松紧度调整　精播传动链条松紧度，可通过排种器在排种器拉杆上水平长孔的前后位置来调整，调整后将限位螺栓拧紧。

(12)与拖拉机挂结后调整　机架左右水平调整，可通过拖拉机悬挂机构左右提升杆长度来调整；机架前后水平调整，调整时，将机具下降到工作位置，调整悬挂机构中央拉杆长度，将机架调到前后水平。

（三）故障及排除方法

中耕作物播种机的常见故障及排除方法如表 2-8 所示。

表 2-8　中耕作物播种机的常见故障及排除方法

故　障	故障原因	排除方法
垄沟座土少	①铧犁耕深不够 ②分土板开度过大	①增加耕深 ②减少分土板开度
整机稳定性差或不易入土	①机架与地面不平行 ②机组中心与拖拉机中心不在一条直线上	①将机架调平 ②调整下拉杆张紧链长度
趟地压苗	①行距不准 ②播种机耕幅与趟地耕幅不对应 ③犁铧耕深过深 ④分土板开度过大 ⑤作业速度过快	①检查并调整行距 ②调整至对应 ③减少耕深 ④减小分土板开度 ⑤降低作业速度
地轮、仿形轮不转	①土壤水分过大，泥草堵塞 ②轴承缺油	①消除泥草适时作业 ②注油润滑
不排种或不排肥	1. 半幅不排种、不排肥 ①传动机构卡阻或销子剪断 ②地轮打滑 ③脱链或断链 2. 个别行不排种不排肥 ①排种盒有杂物堵塞 ②有架空现象 ③开口销剪断 ④输肥管和开沟器被堵 3. 周期性漏播	 ①排除阻卡或换销子 ②检查地轮 ③检查传动安装是否正确并调整 ①清理杂物 ②清除架空 ③更换 ④清除杂物 清除
碎种	清种刀与排种盘间隙小，排种盘孔堵塞	调整间隙
排肥量不均匀或过大、过小	①排肥槽轮长度不一致 ②排肥舌不起作用或调整不一致	调整槽轮工作长度 调整排种舌
开沟器不入土，上下跳动	弹簧压力不够或失效	调整弹簧压力或更换弹簧

（四）主要技术特征

中耕作物播种机主要技术特征如表 2-9 所示。

表 2-9　中耕作物播种机主要技术特征

机　型	BZ-6	龙江一号	2BX-6A	LBJ-6	2BQS-4
挂结方式	悬挂式	悬挂式	悬挂式	悬挂式	悬挂式
机重/kg	775	900		1 250	520
工作幅宽/m	3.6～4.2	3.8～4.2	4.0～4.2	3.9～4.2	2.4～2.8

续表 2-9

机　型	BZ-6	龙江一号	2BX-6A	LBJ-6	2BQS-4
行数	6	6	6	6	4
行距/cm	60～70	63～70	67～70	65～70	60～70
配套动力/HP	55、75	55、75	55、75	75	28～55
作业速度/(km/h)	5～7	5～7	5～6	4～7	4～6
生产率/(亩/h)	27～37	22～30	25～30	15～25	
可播作物	玉米、大豆、高粱、谷子可穴播(条播)	玉米(穴播)、大豆、高粱、谷子(条播)	玉米、大豆、高粱、谷子	玉米(穴播)、大豆(双行)	大豆(双行)、玉米、高粱(穴播)
排种器	窝眼轮 外槽轮	水平圆盘式	倾斜勺轮式	垂直圆盘式	气吸式
排肥器	搅龙式	水平星轮式	外槽轮式	外槽轮式	
开沟器	芯铧式	芯铧式	滑刀式 芯铧式	芯铧式	芯铧式
覆土器	刮板式	刮板式	刮板式	圆盘式	
镇压器	钢制平板轮	空腔橡胶轮	空腔橡胶轮	空腔橡胶轮	空腔橡胶轮
播深范围/cm	2～10	2～12		3～6	

六、拓展知识

播种机类型很多，但从整体结构来看，从前两个资讯中所述可见一般，所不同者仅为其工作部件的型式不同，这里介绍几种常见的工作部件。

(一)开沟器

开沟器的功用是开出种沟，导种入土，并有一定覆土作用。其工作质量好坏对播种质量及种子发芽生长有很大影响。对开沟器的主要要求是：开沟深度和宽度符合规定要求，且开沟深度可调；开沟时不乱土层，将种子导至湿土上，并有一定回土作用，先用湿土盖种；入土性能良好，不易缠草和堵塞；结构简单，工作阻力小，使用、维护、调整方便。

开沟器类型按运动形式可分为滚动式和移动式；按入土角度，可分为锐角式(入土角<90°)和钝角式(入土角>90°)两类。除前面介绍的双圆盘和芯铧式开沟器外，常用的还有以下几种：

1. 锄铲式开沟器

锄铲式开沟器如图 2-22 所示，主要由拉杆、开沟器体、开沟锄铲和反射板等组成。

工作时，锄铲以锐角入土，先将土壤向前推拥，在铲前形成土丘，而后铲壁将土丘向两侧推挤，分开成沟，种子沿中空开沟器体落下，由反射板导种向两侧分散，开沟器过后，回土盖种。

此型开沟器结构简单，轻便，入土性能好。但工作时对土壤有铲动，不利于保墒，并使干湿土相混，不宜于干旱地区使用。对播前整地要求较严，在土块大，残茬、草根多地块作业，易缠草,拥土,堵塞,工作不稳定。

2. 滑刀式开沟器

滑刀式开沟器如图 2-23 所示,主要由滑刀、侧板、限深板、底托等组成。工作时,滑刀以钝角切压土壤,刀后侧板向两侧推挤土壤,形成种沟,种子从侧板间落入沟底,湿土从侧板后下角缺口回土盖种,底托用以压密沟底,使种子得到更多水分,精播时,可将沟底压成 V 形槽,保证种子集中,不分散。调节齿板用以调节限深板高低位置,可得到需要的稳定耕深。

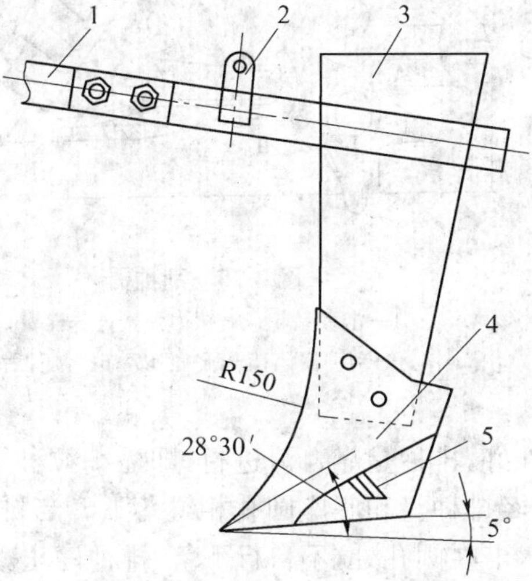

图 2-22　锄铲式开沟器(mm)

1—拉杆;2—支杆;3—下种管;4—锄头;5—散种器

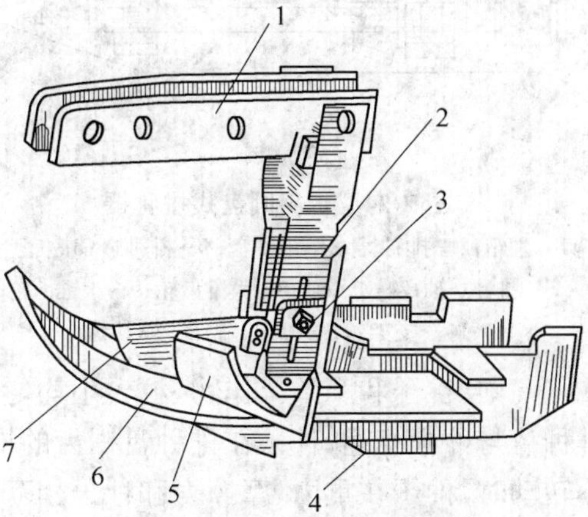

图 2-23　滑刀式开沟器

1—拉板;2—调节齿轮;3—调节螺丝;4—底托;5—推土板;6—限深轮;7—滑刀

此型开沟器开沟质量好,沟窄且沟形整洁,开沟深度稳定,不乱土层,但入土性能差,适于整地良好的条件工作。

(二)排种器

排种器是播种机的核心工作部件,对排种器的要求是:排种均匀,播量稳定,通用性好,种子损伤率低,结构简单,工作可靠,调整方便。

排种器的类型很多,除前面播种机中外槽轮式排种器和立式圆盘排种器外,常用的还有以下几种:

1. 水平圆盘式排种器

水平圆盘式排种器,其结构如图 2-24 所示,主要由底座、排种盘、刮种器、调节盘、驱动盘、中心轴、种桶等组成。底座与中心轴用螺母紧为一体,驱动盘绕中心轴转动,调节盘在底座里有一定转动角度,在外面由调节手柄操纵,有 4 个位置,并有标牌指示。排种盘有小粒种子排种盘、穴播玉米排种盘和大豆排种盘 3 种。刮种器为柱塞式,如图 2-25 所示,刮种舌在弹簧作用下紧贴排种盘,击种轮为五星形。

穴播玉米和大豆时,种桶内种子充入排种盘型孔,排种盘在驱动盘驱动下转动,转至刮种器时,型孔外多余种子被刮掉,型孔内种子在击种轮作用下被击落,由底座上排种口排出。

其播量靠改变传动速比，改变排种盘转速来调节。

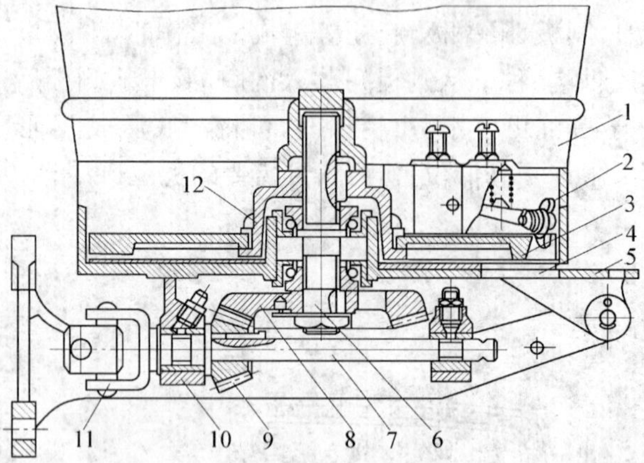

图 2-24　水平圆盘式排种器

1—种箱；2—排种器；3—排种盘；4—排种口；5—底座；
6—排种立轴；7—水平轴；8—大锥齿轮；9—小锥齿轮；
10—支架；11—万向节；12—驱动盘

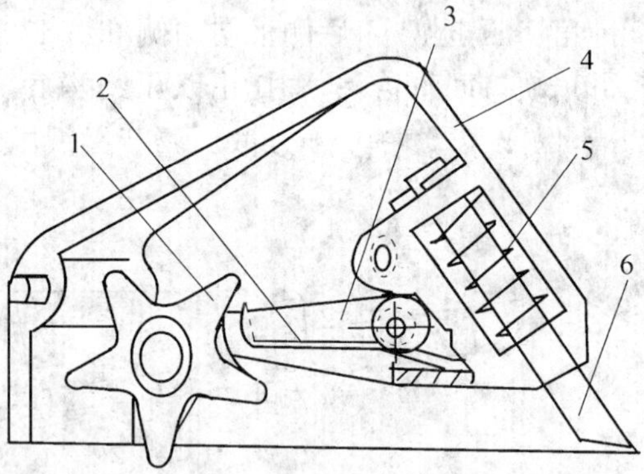

图 2-25　刮种器

1—击种星轮；2—扭力弹簧；3—栓臂；
4—刮种器体；5—压缩弹簧；6—刮种舌

高粱、谷子和糜子等作物，粒大小均匀，流动性好，排种是靠自流进行，即播小粒种子时，排种口与种桶相遇，种子在排种盘锯齿的推动下，经排种盘和底座圆孔相继落下。当排种盘不转动时，种子在重力、摩擦力和种子相互搭接下，卡在圆孔处，不自行下落，排种停止。

水平圆盘式排种器结构简单，排种均匀，适用于穴播中耕作物，应用较广泛。

2. 型孔轮式排种器

型孔轮式排种器又称窝眼轮式排种器，主要用于穴播。其结构如图 2-26 所示，主要由种箱、排种器体、型孔轮、护种板和刮种器等组成。其工作过程分为充种、刮种、护种和投种 4 个阶段。当型孔轮转动时，种子直接与型孔轮接触，并在重力作用下充入型孔，经刮种器刮去型孔外多余的种子，留在型孔内的种子沿护种板运动，到下面的投种位置，靠重力或推种器作用投入种沟。

型孔轮型孔有半球形、圆锥形和圆柱形等多种断面形状。型孔大小因所播作物种子形状、大小、每穴粒数不同而异。有单排、双排和组合式型孔以满足多种作物的点播、穴播或条播。

型孔轮式排种器具有结构简单，投种高度低等优点，但型孔对种子外形尺寸要求较严，种子需清选分级，且排种时易损伤种子。

3. 倾斜圆盘勺轮排种器

2BY-6A 型玉米精密播种机所用排种器为倾斜圆盘勺轮排种器，其结构如图 2-27 所示，主要由导种轮壳体、导种轮铸合件、隔板、排种轮及壳体等组成。导种轮与轴铸合在一起，导种轮与勺轮

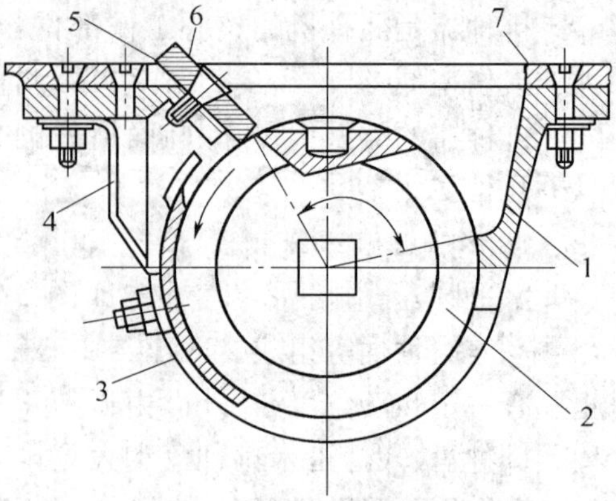

图 2-26　型孔轮式排种器

1—排种器体；2—型孔轮；3—护种器；4—板簧；
5—刮种器；6—压板；7—种子底箱

同步转动。工作时，转动的排种勺轮，每一小勺从种子堆中舀上数粒种子，随着向上转到一定角度时，多余种子靠自重下滑，余下一粒种子成单粒状态被带到盘上方，由隔板开口处掉入导种轮的齿间，被继续带动送到下方的投种口处，落入种沟内。

此排种器的特点是排种通过充种、排种两个过程，侧向充种能力和自然清种能力较高，种子损伤率低，对种子形状尺寸要求不高，投种点高度低，株距均匀性好，更换排种盘可播不同作物。

4. 2NP 内充式排种器

2NP 内充式排种器是一种新型排种器，既能单条又能双条精播排种，其结构如图 2-28所示，主要由壳体、排种盘、排种轴、挡种环等组成，排种盘为茶盘形，其周边上开有内外两排等距的组合型孔，组合型孔由协助充种的大锥形孔和种子定量用的小型孔组成。挡种环有长短各一件，通过调整挡种环的长短，可以调整精密时的重、漏播比例及穴播时每穴粒数的多少，长环可提前挡住种子，重播率提高或穴粒数增加，而漏播降低，反之相反。工作时，排种盘转动，内外两排组合型孔进入充种区Ⅰ，

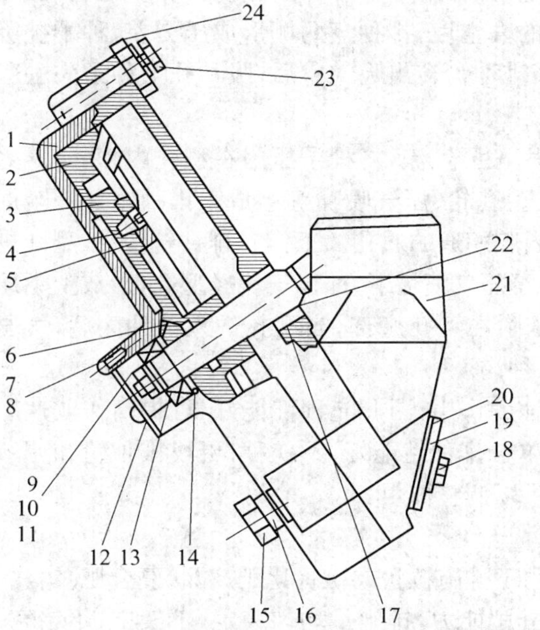

图 2-27　倾斜圆盘勺轮排种器

1—导种轮壳体；2—隔板；3—导种轮铸合件；4—沉头螺栓；5—勺轮；6—密封圈；7—半圆头螺钉；8、11、14、20—弹簧垫圈；9—螺母；10—垫圈；12—端盖；13、17—轴承；15—螺栓；16—间套；18—清种板；19—密封垫；21—排种轮壳体；24—连接板

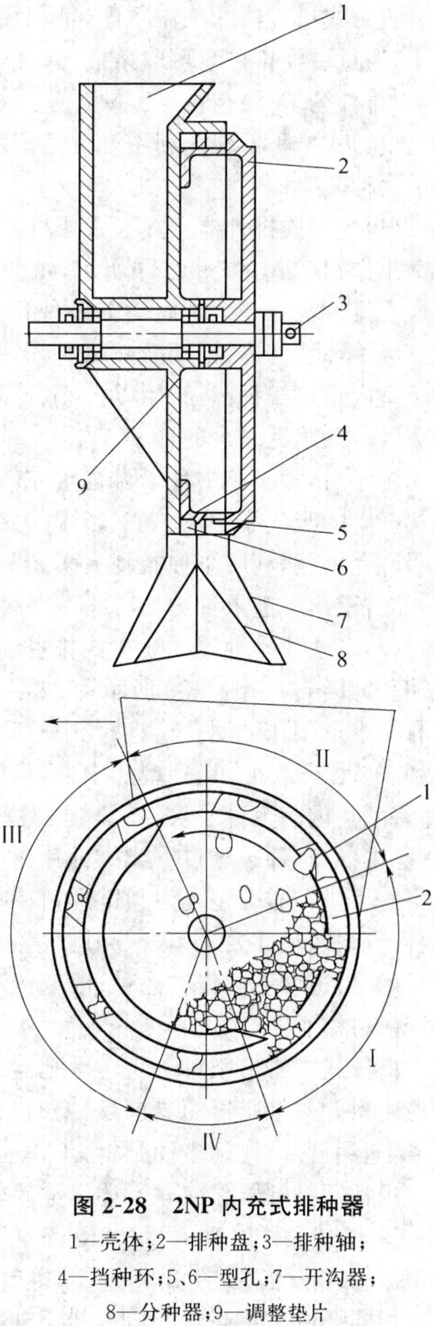

图 2-28　2NP 内充式排种器

1—壳体；2—排种盘；3—排种轴；4—挡种环；5、6—型孔；7—开沟器；8—分种器；9—调整垫片

数粒种子进入组合型孔，当型孔转出种子堆，进入清种区后，大型孔中的种子靠自重落下，其余定量型孔中的种子继续向上转动直至被挡种环挡住，并沿导种区Ⅲ下转，直至排种区Ⅳ，种子靠自重从型孔内掉出，落入种沟。

此排种器的特点是内充种，充种区在下部充种性能好，作业速度可相应提高。靠自然清种，不易损伤种子，可进行催芽玉米种子的播种。

5. 气力式排种器

气力式排种器的工作原理，是利用风机产生的气流进行排种。其明显的优点是不损伤种子，通过更换排种盘可以条播、穴播或精密播种各种作物，而无需对种子进行严格的筛选分级，排种均匀，稳定可靠。缺点是风机消耗动力较大，密封要求较高，成本较高。

气力式排种器根据利用气流情况不同，可分为气吸式、气吹式和气压式 3 种，这里只介绍前两种。

(1)气吸式排种器　气吸式排种器是一种负压式气力排种器，它利用空气真空度产生的吸力工作，其结构如图 2-29 所示，主要由排种盘、排种轴、吸气室、种子室、搅拌轮、刮种舌等组成。排种盘为一个圆周均布吸种孔的圆盘，垂直放置，一面接种子室，一面接吸气室。吸气室为一环形沟槽，槽端面被排种盘密封，通过管路与风机相连。搅拌轮为橡胶制成，装在种子室内紧贴排种盘面，用以搅动种子防止架空，并可防止漏气。刮种舌装在种子室内，可刮去吸种孔附近多余的种子。

工作时，种子箱中种子靠自重充满种子室，排种轴带动排种盘和搅拌轮一起转动，由于风机产生的吸气作用，吸气室产生一定程度的真空度，排种盘两侧形成压力差，种子被吸附在吸种孔周围，利用刮种器刮去多余种子，当排种盘转出吸气室后，吸种孔上种子失去吸附力，靠自重落下进入种沟。

(2)气吹式排种器　气吹式排种器是利用正压气流，将种子压附在型孔内，并用压力气流清种，其结构如图 2-30 所示，主要由壳体、型孔轮、压气喷嘴等组成。排种轮是一个周缘制有圆锥形型孔的型孔轮，型孔中心为一与内腔相通的通孔。工作时排种轮转动，型孔进入充种区，种子自动充填到型孔中去，当型孔转至压气喷嘴下方时，气流经型孔，形成上下压力差，将型孔内多余种子吹掉，只剩一粒种子压附在型孔底部，当型孔进入护种区后，气压消失，至排种口，种子靠自重或推种片作用落入种沟。

此型排种器因型孔为圆锥形，且有气流辅助作用，因此充种性能好，可提高作业速度且对种子形状，尺寸要求不严；利用气流清种，单粒排种性能好，不伤种；更换排种轮和调节吹气压力，可适应不同作物播种；改变传动比，可以调整株距。

(三)排肥器

播种或中耕追肥机上所用排肥器，主要用于排施粒状或粉状化肥，粒状复合肥及自制的颗粒肥料。对排肥器的要求是，要有一定的排肥能力，排肥量均匀稳定，不架空，不堵塞，不断条，通用性好，能施多种肥料，工作阻力小，工作可靠，使用、调节方便，零部件耐腐蚀和耐磨。现常用排肥器除前面所述水平星轮式和外槽轮式外，还有以下几种：

1. 振动式排肥器

振动式排肥器如图 2-31 所示，主要由肥箱、肥箱底座、振动板、星形凸轮、肥量调节板、密封帆布和排肥轴等组成。工作时，排肥轴转动，其上的凸轮使振动板绕箱壁上部的铰接轴作弧线运动，将箱内肥料振动，产生一个松散的回转流，不断沿振动板下滑，自排肥口排出。移动肥量调节板改变排肥口大小，或当排流动性好的化肥时，改变孔状调节板的工作孔数，可调节排肥量。

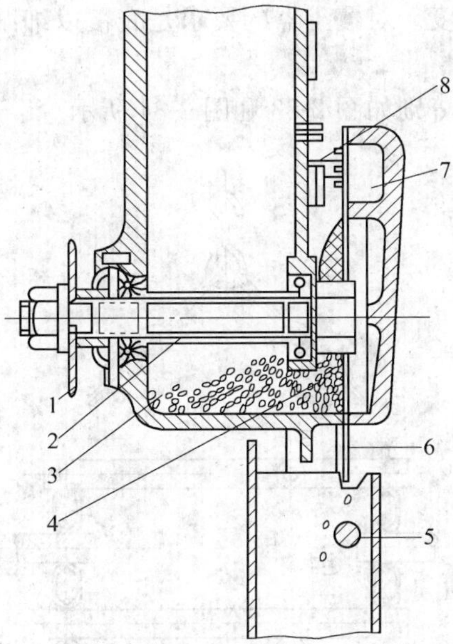

图 2-29　气吸式排种器

1—链轮；2—排种轴；3—种子室；4—搅拌轮；5—散种板；6—排种盘；7—吸气室；8—刮种器

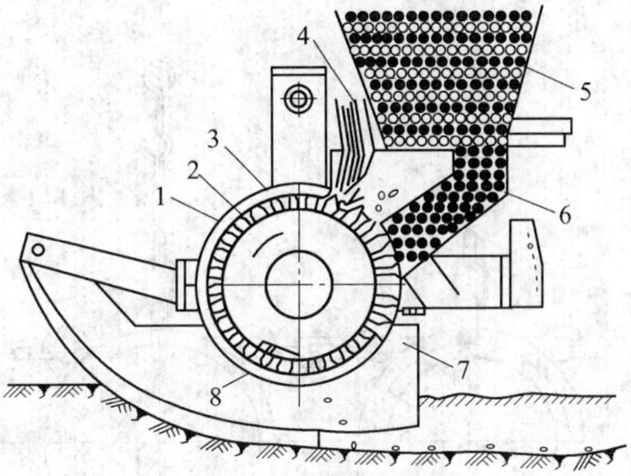

图 2-30　气吹式排种器

1—护种器；2—型孔；3—型孔轮；4—气流喷嘴；5—种子箱；6—种子通道；7—开沟器；8—推种板

此型排肥器，由于工作时肥料在箱内形成肥料流，肥料不易架空，堵塞和结块，可施吸湿性较强的粉状化肥。但因是靠自流排肥，强制作用差，影响排肥稳定性和均匀性。

2. 搅龙式排肥器

搅龙式排肥器，有叶片搅龙式和钢丝搅龙式，其结构如图 2-32 所示，主要由肥箱、搅龙等组成。肥箱底部为圆锥形，便于肥料向搅龙集中。肥箱内的隔板用来挡住肥料，防止肥料回流。工作时，搅龙转动，将肥料向中部推送，经排肥口排出，排肥量可通过改变插板开度进行调节。

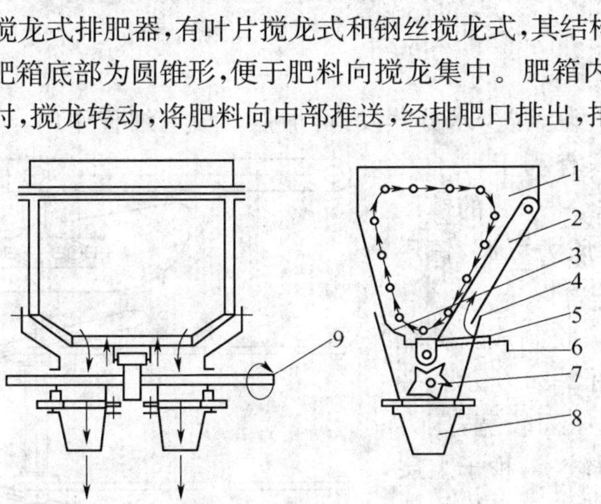

图 2-31　振动式排肥器

1—肥料箱；2—振动板；3—密封橡皮；4—肥料箱底座；5—孔状调节板；6—调节板；7—凸轮；8—漏斗；9—排肥轴

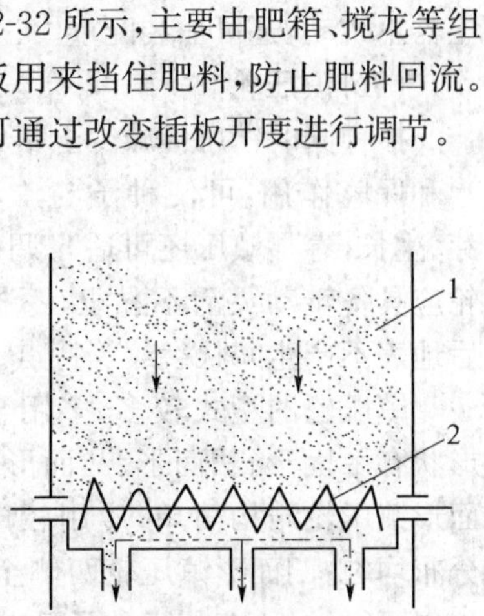

图 2-32　搅龙式排肥器

1—肥箱；2—搅龙

此型排肥器，结构简单，适用于排施干燥的粒状和粉状化肥，不适于排潮湿化肥，因搅龙上部肥料易架空，叶片也易黏肥而失去排肥作用。

(四)覆土器

覆土器用来进行播后覆土，以达到一定的覆盖深度。对覆土器的要求是先覆以细湿土，且覆土均匀，不影响种子分布均匀性。

谷物条播机常用链环式覆土器和拖杆式覆土器，分别如图 2-33 和图 2-34 所示。

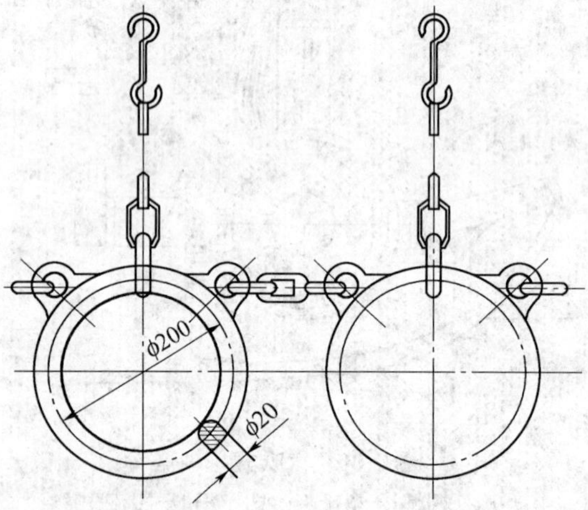

图 2-33　链环式覆土器(mm)

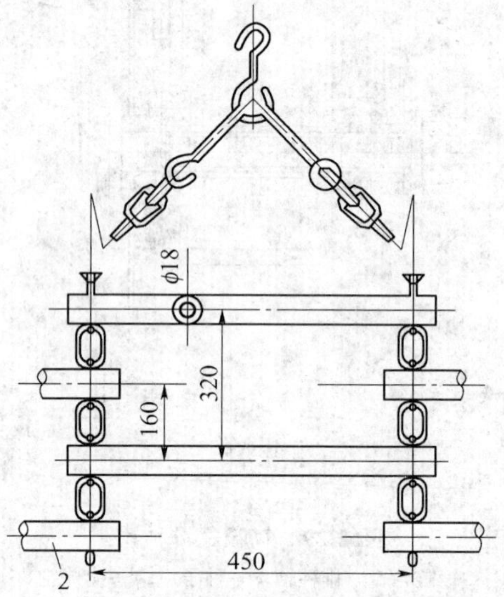

图 2-34　拖杆式覆土器(mm)

中耕作物播种机常用刮板式覆土器，如图 2-35 所示，主要由拉杆、调节板、覆土板等组成。覆土板分左右，呈“八”字形配置，其开度和倾角可调。在整地质量较差情况下，为使覆土器不跳动，还可加装配重。

(五)镇压轮

播种同时镇压可减少土壤中的大孔隙，减少水分蒸发，可加强土壤毛细管作用，起到调水和保墒作用，可使种子与土壤密接，有利于种子发芽、生长，春播镇压还可适当调节地温。一个好的镇压轮应具备转动灵活不黏土，不拥土，镇压力可调，镇压后地表不产生鳞状裂纹等特点。

镇压轮的型式较多，多用金属或橡胶制成。轮辋形状有平面形、凹面形、凸面形等，如图 2-36 所示。平面形镇压轮结构简单，应用较广，其镇压面较宽，压力分布均匀；凹面形镇压轮两侧土壤压得较实，种子上层土壤压得较松，有利于种子幼芽出土，适于豆类作物播后镇压；凸面形镇压轮种子上层土壤压得较实，适用于谷子、玉米、小麦等作物播后镇压。橡胶圈镇压轮，利

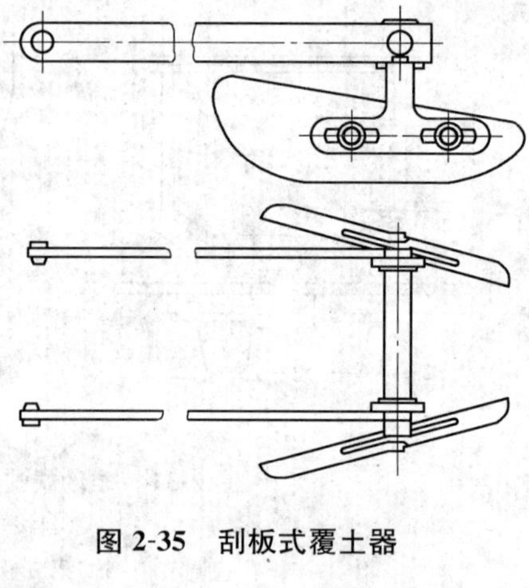

图 2-35　刮板式覆土器

用橡胶圈的弹性作用，使镇压轮不易黏土和能自动脱土，镇压效果好，多用于垄作播种机上。

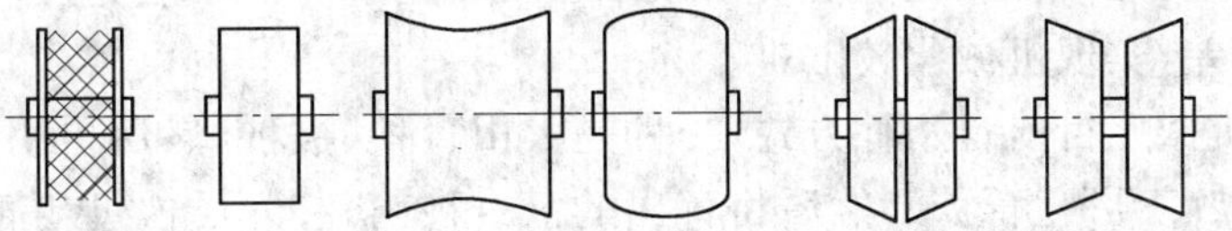

图 2-36　镇压轮轮辋形状

a—平面形；b—凹、凸形；c—圆链组合形

镇压轮镇压强度取决于镇压轮本身重量和作用在它上面的附加重量(多为弹簧弹力)，因此，调整弹簧弹力可调整镇压强度。

学习情境 2-3　水稻插秧机的使用与维护

一、学习目标

根据插秧的农业生产技术要求，掌握水稻插秧机的结构及工作原理，会进行插秧机的技术状态检查、总体安装、水稻插秧机的使用调整，最后进行插秧的质量检查并做记录。

二、能力目标

有关能力目标如表 2-10 所示。

表 2-10　水稻插秧机的使用与维护中的能力目标

专业能力	方法能力	社会能力
①能按服务规定接待修理客户 ②能接收水稻插秧机简单修理项目 ③能对水稻插秧机故障进行排除 ④能对水稻插秧机零部件常见的损坏状况进行感官检验和尺寸测量，做出可否继续使用、送修和报废的结论 ⑤能用钳工工具和设备修配简单零件 ⑥能用气焊、电焊等设备进行简单的焊接作业 ⑦能进行水稻插秧机的拆卸与清洗 ⑧能进行承修项目简易的质量检验	①团队工作能力 ②沟通能力 ③小组成员的协作能力 ④责任意识	①对信息的收集能力 ②使用信息资源制订工作计划 ③能独立使用媒介完成学习任务 ④工作结果的评价与反思

三、工作任务

能正确使用与维护水稻插秧机。

四、相关理论资讯

(一)概述

1. 水稻的种植方式

水稻的种植方式有直播和移栽两种。

直播是将稻种直接播种于田间生长成熟，工艺简单，易于机械化，可用机械进行撒播或条播，尤其是用飞机撒播，效率更高。但直播受自然条件的影响较大，且在田间的生长期长，只适于在单季节生产地区采用。

移栽是我国传统的水稻种植方法，种植过程分育苗和播秧（抛秧）两段进行。可提前育秧，缩短在田间的生长时间，可提高复种指数或解决无霜期短的矛盾，且产量高，但移栽的用工量大，劳动条件差，实现机械化较困难。

水稻移栽的机械化目前有两种方式，一种是大田育秧、拔秧，然后再用插秧机插秧，另一种方式是室内育秧（工厂化育秧），然后将育出的盘式秧苗，装入插秧机栽插在田间。

2. 插秧的农业技术要求

(1)株行距符合当地要求，株距应可调节。

(2)每穴有一定的株数，并能在一定范围内调节。

(3)插秧深度适宜，并能在一定范围内调节。

(4)插直、插稳、均匀一致，漏、漂秧率低于 20%，勾、伤秧率低于 15%。

(5)机插要求秧田应泥烂田平，耕深适当，软硬适宜。宜用比较整齐的适龄壮秧。

3. 水稻插秧机的分类

(1)按动力分为人力插秧机、机动插秧机。

(2)按用途分为大苗插秧机、小苗插秧机、大小苗两用机。

(3)按分插原理分为横分往复直插式、纵分直插式（往复直插式、滚动直插式）。

(二)2ZT 型机动插秧机

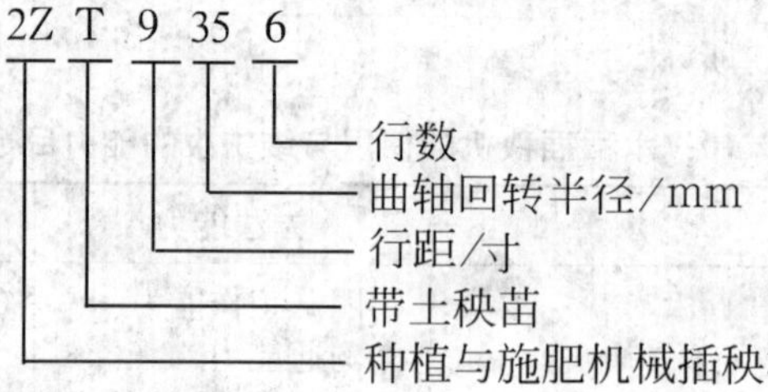

2ZT 型插秧机工作部分主要由万向节轴、工作传动箱、秧箱、移箱机构、送秧机构和分插机构等组成，如图 2-37 所示。

1. 分插机构

分插机构为纵分往复直插式，采用曲柄摆杆控制机构和钢针式秧爪。分插机构由栽植臂、摆杆、曲柄和推秧器等组成，如图 2-38 所示。栽植臂分别与曲柄和摆杆铰接，摆杆另一端固定在链箱后盖的长槽中。工作时，曲柄由链箱中的链轮带动旋转，栽植臂受曲柄和摆杆的综合作用，按一特定曲线运动，完成分秧、运秧、插秧和回程等动作，如图 2-39 所示。秧叉装在栽植臂盖的前端，由钢丝制成，直接进行分秧、运秧和插秧工作。推秧器用于秧苗插入泥土后，把秧苗迅速推出秧叉，使

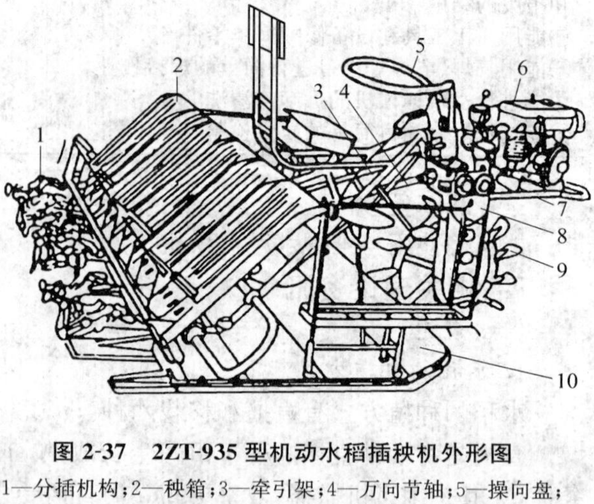

图 2-37　2ZT-935 型机动水稻插秧机外形图

1—分插机构；2—秧箱；3—牵引架；4—万向节轴；5—操向盘；6—发动机；7—动力架；8—行走传动箱；9—行走轮；10—秧船

秧苗插牢。推秧器由凸轮和拨叉控制。在取秧时，推秧器处提升位置，在插秧时，凸轮凹处对着拨叉尾部，在推秧弹簧作用下，拨叉将推秧器向下推出，进行脱秧。当栽植臂回程提起时，凸轮凸处对着拨叉尾部顶动拨叉，压缩弹簧，将推秧器缩回。

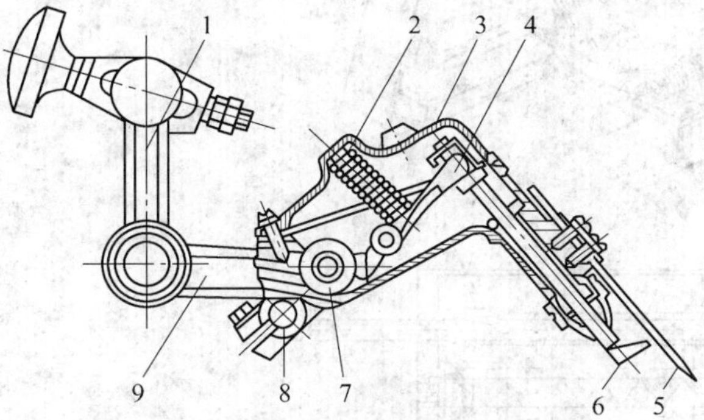

图 2-38 曲柄摆杆式分插机构

1—摆杆；2—推秧弹簧；3—栽植臂盖；4—拨叉；5—分离针；6—推秧器；7—凸轮；8—曲柄；9—栽植臂

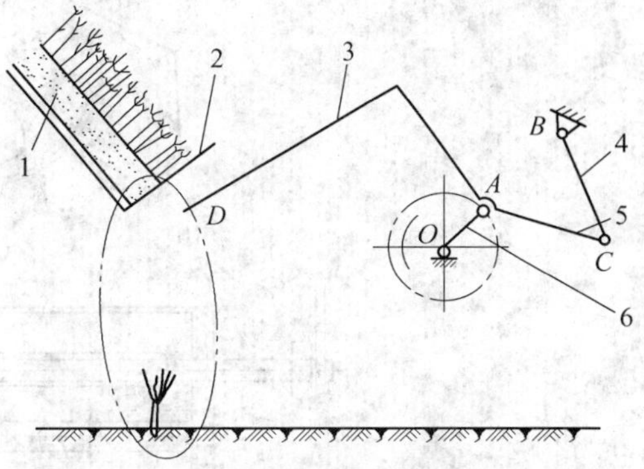

图 2-39 秧叉轨迹示意图

1—秧箱；2—秧门；3—秧叉；4—摆杆；5—栽植臂；6—曲柄

2. 移箱机构

移箱机构用来左右移动秧箱，进行横向送秧。保证秧箱中秧盘能沿左右方向均匀地依次被秧叉叉取，避免架空漏取现象。

移箱机构主要由螺旋轴、滑套、指销和移箱轴等组成，如图 2-40 所示。螺旋轴上有正反螺旋槽，槽的两端各有一段 180°直槽，便于指销换向。滑套用螺栓与移箱轴固定连接，滑套上的指销插入螺旋轴的螺旋槽内。移箱轴用夹子与秧箱下面两个驱动臂固定连接。

工作时，螺旋轴旋转，指销沿螺旋槽移动，带动滑套、移箱轴、秧箱作横向移动。当秧箱移动到极端位置时，指销进入直槽部分，此时秧箱停止横移(这一停歇时间为纵向送秧时间)，随后，指销进入反向螺旋槽，秧箱即作反向的横移。

3. 纵向送秧机构

纵向送秧机构用来保证秧盘始终靠向秧门，使秧叉每次取秧盘准确一致。

纵向送秧机构为棘轮式，主要由套装在螺旋轴一端的桃形轮、装在送秧轴上的送秧凸轮、抬把、棘爪、棘轮和送秧齿轮等组成，如图 2-41 所示。

工作时，移箱滑套在螺旋轴上移动到右端位置时，滑套将桃形轮右推到与送秧凸轮相对应的位置，桃形轮拨动送秧凸轮，使送秧轴转动，轴端抬把驱动棘爪，拨动棘轮，使轴上的送秧齿轮转动一定角度，轮齿把秧盘向前送秧一次。当滑套回移(向左移动)时，桃形轮在弹簧

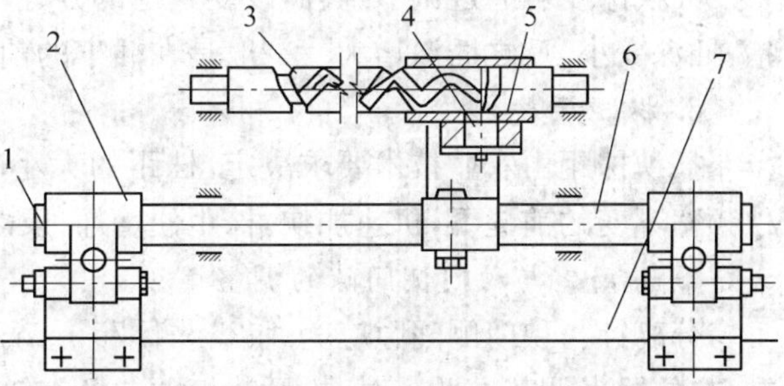

图 2-40 横向送秧机构

1—驱动臂；2—驱动臂夹子；3—螺旋轴；4—指销；5—移箱滑套；6—移箱轴；7—秧箱

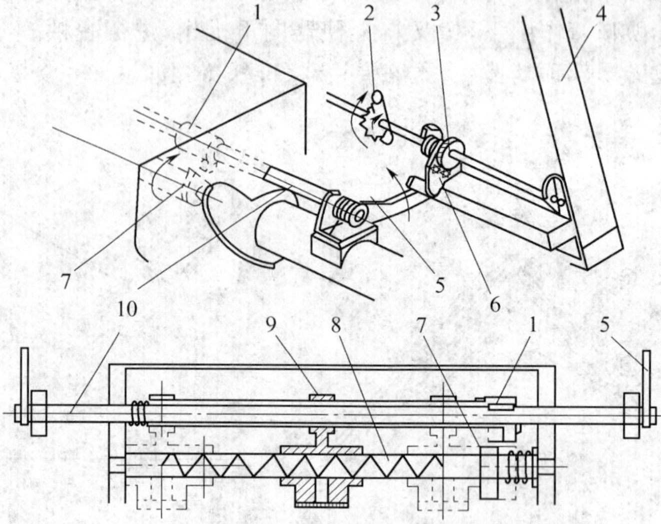

图 2-41　纵向送秧机构

1—送秧凸轮；2—送秧齿轮；3—棘轮；4—秧箱；5—抬把；6—棘爪座；7—桃形轮；8—移箱凸轮轴；9—滑套；10—送秧轴

作用下离开凸轮，机构处于停止送秧位置，当滑套移到左端位置时。通过轴套将送秧凸轮左移与桃形轮相对，又重复上述动作，进行一次纵向送秧。

五、相关实践资讯

(一)主要调整

1. 取秧量调整

取秧量的大小，决定于分离针伸进秧门的深度。可通过改变摆杆上端点在链箱后盖上的固定位置来调整。调整时，将分离针旋转到秧门上方，松开摆杆在长槽中的固定螺母，拧动调节手轮，用一个取秧量标准块检查和校正分离针进入秧门深度，并使各行一致，调整后紧固固定螺母。

2. 插秧深度调整

插秧深度可通过调节螺钎，改变栽植部分(链箱)与秧船的相对高度，进行调整。链箱上抬，插深变小，反之插深增大。一般是在插牢的前提下，以浅插为宜。

3. 株距调整

插秧株距由农业技术要求决定，株距的大小决定于插秧机的前进速度。在栽植臂的插秧频率不变的前提下，机速加快，株距便增加，反之株距减小。

4. 分离针与秧门侧间隙的调整

分离针与秧门侧间隙应为 1.25～1.75 mm。此间隙可用移动栽植臂固定在曲柄上的左、右位置来调整。调整时，松开栽植臂曲柄在链轮轴的夹紧螺母和摆杆与栽植臂的固定螺母，左右移动栽植臂，使分离针与秧门两侧间隙均匀，并在摆杆与栽植臂连接处增减插垫，使栽植臂与机器前进方向平行，且运动自如，符合要求后紧固螺栓与螺母。调整时注意取秧量的变化，需用取秧量标准块校正。

5. 分离针与秧箱侧壁间隙的调整

分离针与秧箱侧壁间隙应为1.0～1.5 mm。此间隙可用改变驱动臂在移箱轴上的固定位置来调整。调整时，用手拧动万向节轴，当秧箱处于两端点检查上述间隙。若不符合要求可松开驱动臂在移箱轴上的固定螺栓，左右调整秧箱位置，调整后锁紧固定螺栓。

(二)使用注意事项

1. 安装及检查

插秧机一般以整机出厂，发动机单独包装。使用前，将发动机用4个螺栓固定在机架上，装上皮带，即安装完毕。

安装后应满足以下技术要求：各运动件应转动灵活，无碰撞、卡滞现象，紧固件应拧紧，操向手柄转动灵活，机头转向角左右各60°；油门操纵机构轻便灵活，能准确控制发动机低速和高速；离合器分离应彻底，结合平稳，刹车应灵敏可靠；各调整部位调整正确。

2. 试运转

安装检查后，按润滑表注油。用扳手转动万向节轴，确认无障碍后，启动发动机进行试运转。

试运转时，插秧工作部分空运转10 min；配合株距及运输速度试运转30 min；用中油门插秧作业30～40亩进行新机磨合；更换机油；投入正式作业。

3. 操作

操作插秧机时，变挡不允许猛推硬挂，挂挡后应平稳结合离合器，防止损坏零件；插秧机转弯时不允许插秧，栽植臂应停在离地面一定高度(15 cm)的位置上，为此应先将定位离合器手柄放"离"的位置，然后再换主变速手柄，以达到定位分离；装秧手工作时动作要从容，加装秧苗时，应让秧苗自由滑下，不要用手推压，防止秧片变形。加秧接头要对齐，不要留空隙，秧片要紧贴秧箱，不要在秧门处拱起；作业中不要靠压秧箱，严禁用手触碰秧叉；工作中，船板挂链应处于放松状态，机重由秧船支承，严禁船板在高吊状态下作业；插秧机发生故障时，应及时停机检查和排除，不要在工作和运输中排除故障或清理堵塞物；陷车时不许抬工作传动部分，要抬船板，必要时，可在地轮前加一木杠，使插秧机头自行爬出，插秧机作业一般采用梭形作业法，田边留一个工作幅的宽度，以便最后绕田一周。

(三)常见故障分析

水稻插秧机的常见故障与排除方法如表2-11所示。

表2-11　水稻插秧机的常见故障与排除方法

序号	故　障	故障原因	排除方法
1	不能传动工作	万向节销轴折断	更换销轴
2	栽植臂不工作	①秧门有异物 ②链条活节脱落 ③安全离合器弹簧力太弱	①排除异物 ②重新装好 ③加垫调整或更换
3	栽植臂体内进泥土	油封损坏	更换
4	栽植臂体内有敲击声	缓冲胶垫损坏或漏装	更换或补装胶垫

续表 2-11

序号	故　障	故障原因	排除方法
5	推秧器不推秧或推秧缓慢	①推秧杆弯曲 ②推秧弹簧弱或损坏 ③推秧拨叉生锈 ④栽植臂体内缺油 ⑤秧叉变形 ⑥推秧器与秧叉间隙不当	①校正 ②更换 ③保养 ④注油 ⑤校正 ⑥校正
6	秧箱横移有响声	导轨和滚轮缺油或磨损	注油或换件
7	纵向送秧失灵	①棘轮齿磨损 ②棘爪变形或损坏 ③送秧弹簧弱或损坏 ④送秧凸轮与送秧轴连接销脱落	更换 装销
8	秧箱两边有剩秧	①秧箱驱动臂夹子松动 ②滑套、螺旋轴、指销磨损	①紧固 ②更换

(四)维护与保养

新机作业前按要求加油，检查各部技术状态及螺栓紧固情况；开始作业 30～45 亩，不允许用大油门作业，以便磨合机器；磨合后更换发动机机油。

每班技术保养为：检查发动机机油油尺；清洗各部件泥污；检查并向栽植臂加注润滑油；检查各部螺栓紧固情况。

作业结束后技术保养及存放：保养发动机，并卸下入库；卸下秧箱，彻底清洗插秧机各部；各润滑部位充分注油；紧固各部螺栓，并涂油防锈；栽植臂处于推出状态，以防推秧弹簧疲劳；定位分离手杆放在分离位置；插秧机不可露天停放，最好放于室内。

六、拓展知识——水稻盘育秧设备

机械插秧要获得满意的工作效率和作业质量，必须取得农艺的密切配合，以使田地和秧苗的状态符合机插要求。水稻盘育秧技术就是与连杆式水稻插秧机配套所必不可少的措施。

水稻盘育秧技术包括从床土准备、种子处理到机械播种、科学管理等内容，为种子发芽、生长和创造肥、水、气、温等必备的良好环境，培育出规格化、标准化的适用机插的秧苗。

(一)水稻盘育秧的工艺流程

水稻盘育秧的工艺流程可分为 4 个阶段。

(1)床土和种子处理　作业项目包括选种、浸种、消毒、催芽以及采土、消毒、干燥、粉碎、调酸、施肥等内容。所用设备有水槽、破胸催芽器、皮带输送机、碎土机、筛土机、拌和机等。

(2)机器播种　作业项目包括秧盘装土、喷水、播种、盖种、秧盘输送等。所用设备有秧盘、秧盘输送机、装土机、播种机、喷水设备等。

(3)温室出苗　作业项目包括温度和水分的控制。所用设备有出苗台车、蒸汽出苗室、供水设备、调温设备等。

(4)绿化练苗　作业项目包括室内练苗和露地绿化练苗等。所用设备有幼苗室、塑料大棚、供水设备等。

我国南、北方根据国情和农村经济实力，对以上育秧工艺流程所用设备删繁就简，形成了“棚盘育苗”和“田间盘育苗”技术。

(二)主要结构

1. 破胸催芽器

破胸催芽器用于对种子消毒、浸泡和催芽。2SP-200 型破胸催芽器由盛种装置、自动循环水系统和自动控制系统 3 大部分组成,其结构如图 2-42 所示。该机工作原理为:水泵将容量桶底部的水沿导水管抽上来,经 U 形电热管加热,由喷头喷出,溶入氧气后又回到容量桶里,从而使容量桶里的种子得到均匀而又适宜的温度,充足的氧气和水分,为种子浸泡和破胸催芽创造最适宜的条件。

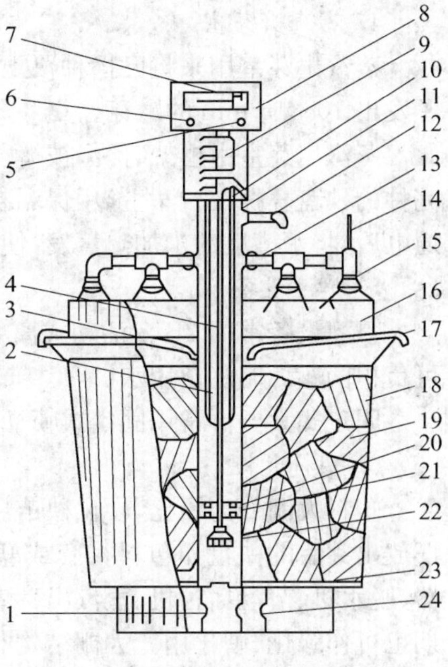

图 2-42　2SP-200 型破胸催芽器的结构

1—尼龙座;2—电热管;3—支承盘;4—水泵轴;5—温控开关;6—水泵电机开关;7—温度旋钮;8—温度调节仪;9—电动机;10—感温接头;11—万向节;12—溢水管;12—分水管;14—温度计;15—喷头;16—挡水圈;17—拉杆;18—容量桶;19—种子袋;20—浮动轴承;21—轴承固定螺丝;22—叶轮;23—多孔盘;24—支承圈

2. 脱水机

稻种经破胸催芽后,有部分水分混在种子间,表面湿度很大,稻种流动性差,机播时,充种性能不好或黏附在排种轮上不易播出,影响播种均匀性。

图 2-43 所示为 TS-7.5A 型脱水机,它由机架、筛筒、圆筒、制动装置、操纵手柄、电动机传动部分、排水管等组成。脱水机利用离心力原理脱水,筛筒在电机带动下高速旋转,稻种表面水分在离心力作用下抛离稻种,透过筛孔,经排水管流到机外。

3. 苗盘播种机

播种作业是盘育秧苗生产中一个极重要的环节。图 2-44 所示为 2SB-500 型水稻盘育苗播种机结构简图。它由机架、床土箱、传送装置、喷水箱、排种机构、覆土箱和平土装置等组成。从水平输送秧盘、铺撒床土、刷平床土、喷水、播种、覆土、刮土等环节流水线式连续作业。

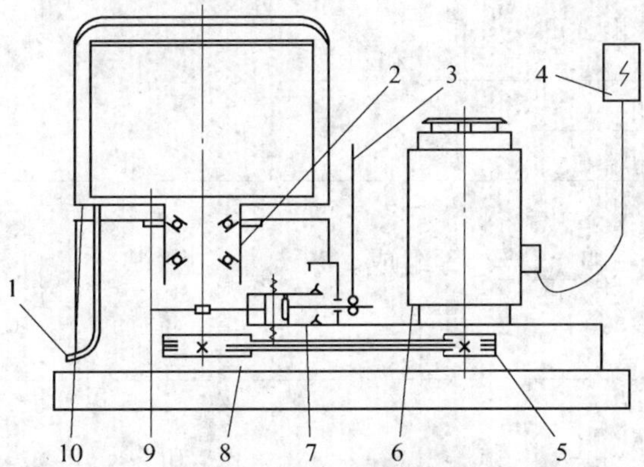

图 2-43　TS-7.5A 型脱水机

1—排水管;2—轴承装配;3—操纵手柄;4—电器装置;5—传动装置;6—电机;7—刹车部件装配;8—机架;9—筛筒;10—圆筒

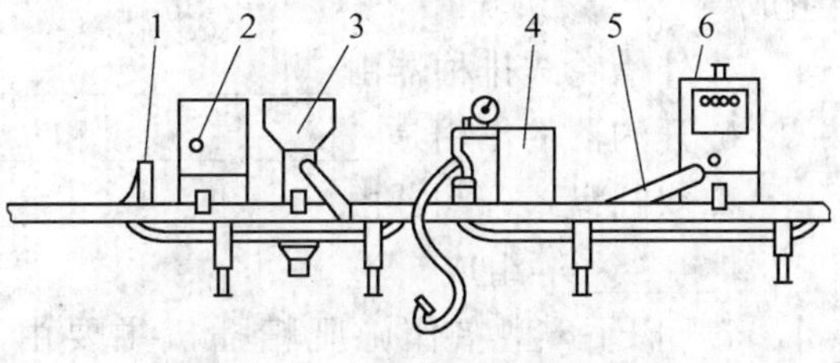

图 2-44　苗盘播种机结构简图

1—刮土器;2—覆土箱;3—播种箱;4—喷水箱;5—刷土辊;6—床土箱

4. 蒸汽出芽室

蒸汽出芽室用来将已播种覆土后的秧盘，在32℃的蒸汽恒温条件下，经48 h使盘内种子发出10～15 mm的嫩芽。

蒸汽出芽室由框架、保温被褥、加热加湿器、水箱和电控箱等组成。其工作过程是：把播完种的秧盘叠摞在台车上，用保温被将蒸汽出芽室封闭，以保持恒温和水蒸汽，加热加湿器通电后，将水槽里的水加热蒸发，使水蒸气散发整个室内，供种子发芽所需的温度和水分。

5. 喷灌设备

喷灌设备常用2B18活动式离心泵机组，配带不同孔径的多孔式喷头组成。一台泵一般可负担两座大棚炼苗用水。

固定式大棚群常用固定式喷灌设备。

6. 塑料大棚

塑料大棚分为绿化、硬化秧苗用大棚和操作用大棚。绿化、硬化用大棚是在棚内置床上摆放出芽后的秧盘和塑料衬套或塑料垫底，进行绿化、硬化。操作大棚用来安装破胸催芽器、脱水机、苗盘播种机、蒸汽出芽室等设备，进行苗土准备、播种和出芽等作业。在育苗后期也可作绿化、硬化用。大棚结构相同，由钢管骨架、塑料薄膜、防风网、加固绑带及各种连接零件组成。

7. 苗盘

苗盘为聚丙烯注塑塑料，长60 cm，宽30 cm，高3.9 cm，盘底有3 mm×3 mm方孔1 566个，占盘底面积9%，能透水、透气，秧根可以通过盘底孔扎到置床上，吸收水分和养分。苗盘因其使用量大，占投资比例较大，约为40%，为减少投资，采用衬套垫底育苗法。此法为塑料苗盘作"母盘"，用钙塑纸或塑料簿膜制成的衬套或垫底作"子盘"，播种时把衬套或垫底衬在苗盘里，进行播种，出芽，出芽后将子盘连同盘内土、苗一并从盘内脱出，放入苗床进行绿化、炼化，母盘再返回进行下一次播种和出芽作业。苗盘播种机结构简图如图2-44所示。

复习思考题

一、填空题

1. 播种方式分为______、______、______、______、______和______。

2. 播种机按排种原理分为______、______和______。

3. 2BF-24A播种机的工作部件由______、______、______、______、______和______组成。

4. 外槽轮式排种器由______、______、______和______等组成。

5. 开沟器的作用是______、______和______。

6. 双圆盘式开沟器由______、______、______、______、______、______、______、______、和______等组成。

7. LBFJ-6型垄作施肥精播机主要由______、______、______、______和______、______、______、______、______等组成。

8. 型孔轮式排种器的工作过程分为______、______、______和______。

9. 气力式排种器根据利用气流情况不同可分为______、______和______。

10. 常见排肥器有______、______、______和______几种。

二、判断题(正确的打√,错误的打×)

(　　)1. 外槽轮式排种器排种量主要取决于槽轮的长度和转速。

(　　)2. 谷物条播机传动离合器的作用是保证开沟器和排种、排肥器的工作协调一致。即当开沟器一旦降落,排种器和排肥器便立即开始工作,而在开沟器升起时,随即停止排种和排肥。

(　　)3. 播种机的作业速度在不影响播种质量前提下,可适当提高,但作业中机组应保持恒速,中途不宜停车。

(　　)4. 水稻的种植方式有直播和移栽两种。

(　　)5. 水稻插秧机去秧量的大小取决于分离针伸进秧门的深度。

三、选择题

1. 外槽轮式排种器排种量的大小,可通过改变槽轮的转速或工作长度来调整。当排种量需较大时,应(　　)。

A. 增大工作长度(转速)　　B. 减小工作长度(转速)　　C. 工作长度不变

2. 中耕作物播种机的深松施肥部件的安全销的材料应选用(　　)。

A. 45 号钢　　B. 工具钢　　C. 软钢

3. 开沟器开沟深度可通过改变开沟器挺杆在顺梁上的位置来调整。开沟深度增大时,应安装在(　　)。

A. 上孔　　B. 下孔

4. 开沟器安装应找出播种机的中心线,并以此为基准,按要求行距左右对称安装开沟器。当开沟器为奇数时,中心线处装(　　)。

A. 1 个　　B. 0 个

5. 水稻插秧机插秧深度可通过调节螺杆,改变栽植部分育秧船的相对高度,进行调整。链箱(　　),深度变小。

A. 上抬　　B. 下抬

四、简答题

1. 论述 LBFJ-6 型垄作施肥精播机的结构和工作过程。

2. 论述型孔轮式排种器的结构及工作过程。

3. 论述气吹式排种器的结构及工作过程。

4. 论述外槽轮式排种器的结构及工作过程。

五、论述题

1. 论述双圆盘开沟器的结构及拆装顺序。

2. 用 2BF-24 行播种机播大豆,已知行距为 70 cm,开沟器梁有效长度为 345 cm,开沟器拉杆宽度为 20 mm,每公顷播量为 240 kg,播幅 $B=3.6$ m,行走轮直径为 $D=1.22$ m,转 10 圈,求配置开沟器数目和播量。

学习情境3　田间管理机械的使用与维护

一、学习目标

终极目标：能使用各种常见田间管理机械，并能正确地维护使用与排除故障。

促成目标：

①了解各种田间管理机械的结构及工作原理。

②会正确使用各种田间管理机械。

③能正确安装田间管理机械，并能进行技术状态检查。

④对田间管理机械使用中出现的故障能及时排除。

二、工作任务

能正确使用与维护常见的田间管理机械。

学习情境3-1　中耕机械的使用与维护

一、学习目标

掌握中耕机械的结构及工作原理；能进行中耕机械的技术状态检查、开沟器的总体安装、中耕机械的使用调整，最后进行中耕作业的质量检查并做记录。

二、能力目标

有关能力目标如表3-1所示。

表3-1　中耕机械的使用与维护中的能力目标

专业能力	方法能力	社会能力
①能按服务规定接待修理客户 ②能接收中耕机械简单修理项目 ③能对中耕机械故障进行排除 ④能对中耕机械零部件常见的损坏状况进行感官检验和尺寸测量，做出可否继续使用、送修和报废的结论 ⑤能用钳工工具和设备修配简单零件 ⑥能用气焊、电焊等设备进行简单的焊接作业 ⑦能进行中耕机械的拆卸与清洗 ⑧能进行承修项目简易的质量检验	①团队工作能力 ②沟通能力 ③小组成员的协作能力 ④责任意识	①对信息的收集能力 ②使用信息资源制订工作计划 ③能独立使用媒介完成学习任务 ④工作结果的评价与反思

三、工作任务

能正确使用与维护中耕机械。

四、相关理论资讯

(一)概述

1. 中耕的目的及要求

中耕是作物田间管理的主要环节之一，主要包括作物的行间除草、松土、施肥、培土和间苗等作业，其目的为消灭杂草，疏松地表，蓄水保墒，提高地温促使有机肥料分解，破除土壤硬结和增加土壤的透气性，为作物生长发育创造良好的条件。

中耕作业的具体项目，应根据土壤条件，作物生长状态和实际需要确定，有的着重除草，有的着重松土，有的着重培土或施肥，有的几项联合进行。

中耕机械一般应满足以下农业技术要求：

①能够满足不同行距的要求，调整方便。

②不伤作物根系及幼苗。

③杂草出净率高，表土松碎，土壤位移小。

④中耕深浅一致，调节方便。

⑤仿形性好，不堵塞，不黏土，不缠草，不漏耕。

2. 中耕机械的种类和一般构造

中耕机械种类很多，按动力不同，可分为畜力和机力两种，机力又可分为牵引式和悬挂式两种；按耕作条件和耕作制度不同，分为水田中耕机、旱田中耕机、垄作中耕机和平作中耕机；按用途分为通用中耕机、通用机架中耕机。

中耕机一般由工作部件即除草铲、松土铲和培土器，仿形机构，机架，机轮，牵引或悬挂装置等组成。

(二)中耕机的工作部件

中耕机的工作部件分为固定式和旋转式两类。固定式工作部件应用最普遍，一般称工作锄铲，按作用可分除草铲、松土铲和培土铲3种类型。

1. 除草铲

(1)除草铲的类型和结构　除草铲分为单翼除草铲、双翼除草铲和双翼通用铲等，它主要用于作物早期的除草和松土，其结构如图3-1所示。

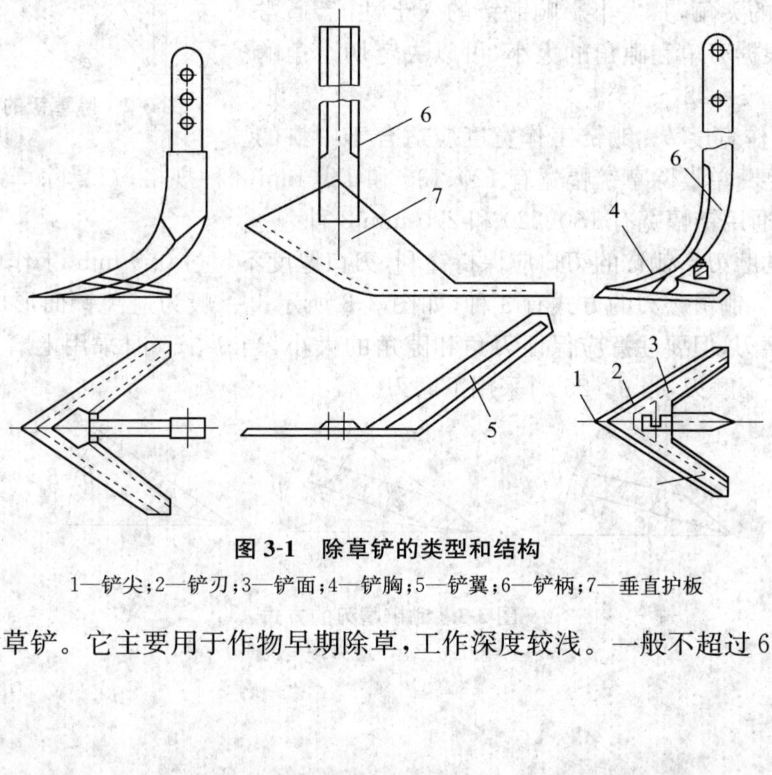

图3-1　除草铲的类型和结构

1—铲尖；2—铲刃；3—铲面；4—铲胸；5—铲翼；6—铲柄；7—垂直护板

①单翼除草铲。它主要用于作物早期除草，工作深度较浅。一般不超过6 cm，单翼铲由

水平切刃的铲翼和竖直护板两部分组成，工作时铲翼部分用于除草和松碎表土，护板用于保护幼苗不被压埋。

单翼铲有左翼铲和右翼铲之分，在机上安装时要对称配置，置于幼苗的两侧，并使水平切刃保持水平。

②双翼通用铲。双翼除草铲的作用与单翼除草铲相同。通常与单翼铲配合使用，双翼除草铲两翼对称，铲面与地面的夹角较小，除草作用较强，松土作用弱。

③双翼通用铲。双翼通用铲的铲面与地面夹角较大，工作深度也较大，一般可达 80～120 mm，它有锄草和松土的性能，常用于第二次或以后的中耕。

(2)除草铲的主要性能参数　除草铲的主要参数如图 3-2 所示，主要如下：

①翼张角 γ 或 2γ。除草铲铲刃与机器前进方向在水平面内的夹角称翼张角，它的大小根据锄铲工作时，草根能沿铲刃滑切不缠草堵塞而定。过大时容易缠草，过小则铲翼过长，双翼铲张角的常用范围为 $60°<2\gamma<90°$。

②入土角 α。入土角也称起土角，为锄铲两翼交线与地平面的夹角，起入土和升土作用。

③碎土角 β。锄铲上表面与地平面间的夹角称碎土角，其作用是松碎土壤。通常单翼除草铲的 β 为 9°～15°，双翼除草铲 β 为 18°～30°，双翼通用铲 β 为 25°～40°。

④切土角 β_0、刃角 i 和隙角 ε。切土角 β_0 为切土面与地面的夹角，切土角越小，锄铲切草根的能力越强，但受到刃角和隙角的制约；刃角 i 为锄铲切刃面的夹角，其大小影响铲刃的强度，通常取 i 为 12°～15°；隙角 ε 为锄铲下刃面与地面的夹角，其大小影响锄铲的入土性能，通常取 ε 为 10°。根据刃角和隙角的大小，可以决定切土角的大小，即 $\beta_0=i+\varepsilon=22°\sim25°$。

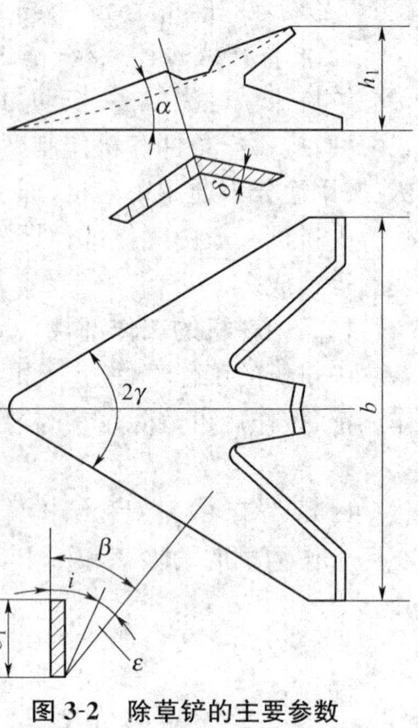

图 3-2　除草铲的主要参数

⑤锄铲工作宽度 b。锄铲工作宽度应适合于中耕的各种行距的需要，单翼除草铲幅宽有 120、135 和 150 mm 3 种规格；双翼除草铲幅宽一般为 150 mm，双翼通用铲幅宽有 180、220 和 270 mm 3 种。

(3)锄铲的磨刃　锄铲的刃口应保持锋利，刃口厚度不超过 0.5 mm，工作中刃口在磨钝后应及时磨锐。锄铲磨刃的方式有 3 种，如图 3-3 所示。一般为避免铲面形成折面不易脱土，应采用下磨刃，但要注意应保证刃角和隙角的大小，当 $\beta<15°$ 时采用上磨刃，β 为 15°～25°时可采用上下磨刃，当 $\beta>25°$ 时采用下磨刃。

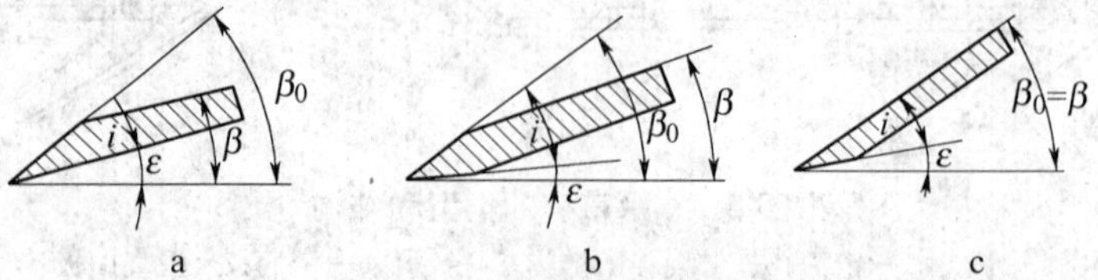

图 3-3　锄铲磨刃的方式

a—上磨刃；b—上下磨刃；c—下磨刃

2. 松土铲

它的作用是松土，能使土壤松碎但不翻转，松土深度可达 13～16 cm，松土铲由铲尖和铲柄两部分组成，常用的松土铲有凿形、箭形和铧式 3 种，如图 3-4 所示。

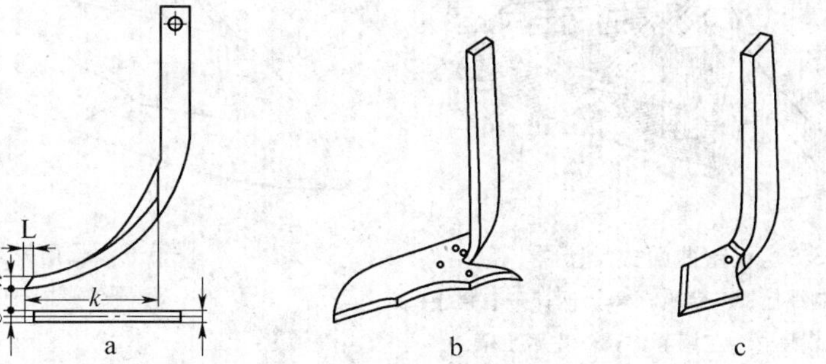

图 3-4　松土铲的类型

a—凿形松土铲；b—铧式松土铲；c—箭形松土铲

(1)凿形松土铲　它的铲尖呈凿形，入土性能好，松土深度较大，对土壤搅动较小，但松土区上宽下窄，松土层底面不平整，松土深度不一致。这种松土铲过去用得较多，现已被箭形松土铲取代。

(2)箭形松土铲　它的铲尖呈三角形，工作面为凸曲面，入土角和碎土角较小，耕后土壤松碎，沟底较平整，适用于作物中后期的中耕松土作业，在目前中耕上广泛采用。

(3)铧式松土铲　它的铲尖呈三角形，工作面为凸曲面，翼部较长，工作幅宽较大。这种铲用于东北垄作地区第一、二遍趟地作业。工作松动较大，松土后行间地表留下一道浅沟，为后期培土起垄打下基础。

3. 培土器

它主要用于培土和起垄作业，也可以在作物行间开掘灌水沟，按工作面的不同有双壁曲面式和三角铧式两类。

(1)双壁曲面式培土器　它主要由铲尖、铲胸、左右培土器和左右调节臂等组成。铲尖、铲胸和左右培土壁形成一个表面光滑的双壁凹曲面，壁部分采用半螺旋型面，工作可将行间土壤松碎提升并翻向两侧，完成培土或开沟要求。培土器与铲胸为铰接，可通过左右调节臂的固定螺栓调节左右培土器的长度，调节范围为 275～430 mm，如图 3-5所示。

(2)三角铧式培土器　这类培土器是在三角铧子的基础上，加装培土板而构成，根据培土板的不同，可分为平板式培土器和凹面式培土器两种，如图 3-6 所示。

平板式培土器的培土板为平面，左右培土板的张角可调，适用于东北垅作地区的翻耙地起垄和中耕培土。由于培土板为平面，土壤的翻转少，可减少水分蒸发，以利保墒，但易黏土，阻力也较大。

凹面式培土器的培土板为凹面，尾翼部接装延长板。它较平板式碎土性能好，工作阻力小，土壤翻动大，能满足翻耙地和硬板地上的培土、起垄要求。

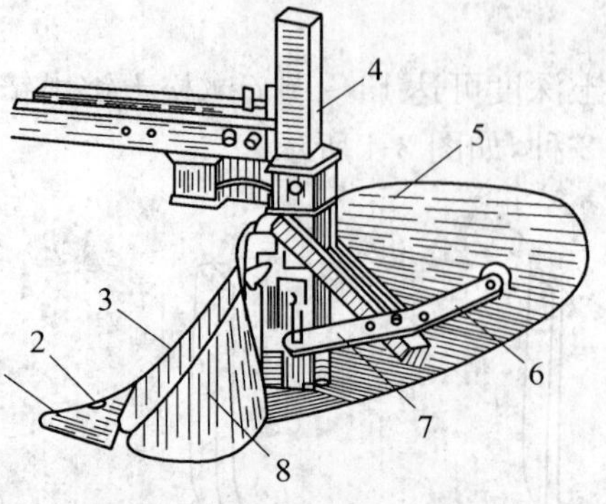

图 3-5　双壁曲面式培土器

1—铲尖；2—特制螺栓；3—铲胸；4—铲柄；5—右培土壁；6—右调节臂；7—左调节臂；8—左培土壁

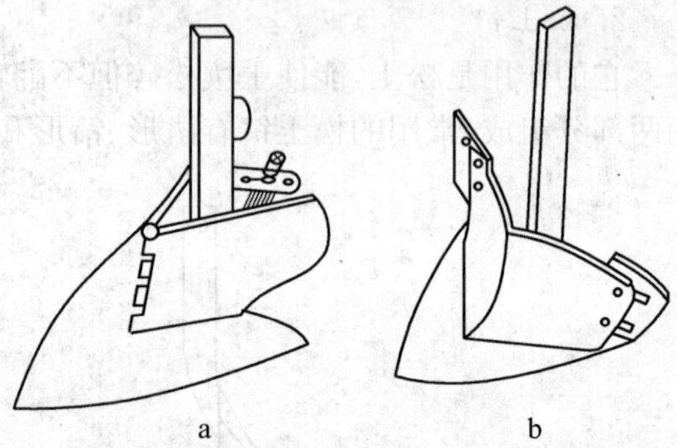

图 3-6　三角铧式培土器

a—平面式；b—凹面式

近年来由于中耕作业速度提高，中耕机上普遍装有护苗器，保护幼苗，以防止被中耕锄铲铲起的土块压埋。护苗器一般采用从动圆盘的形式，如图 3-7 所示。工作时，苗行两侧的圆盘尖齿插入土中，并因机器前进而转动，除防止土块压苗外，也有一定的松土作用。

(三)中耕锄铲的选择和配置

1. 锄铲的选择

平作第一遍中耕时，一般只要求除草应选用单翼和双翼除草铲，第二遍及以后的中耕，须除草和松土兼顾，可选用双翼通用铲，后期中耕以松土为主，可选用松土铲，需要追肥和培土时，可选用追肥铲和培土器。

垄作行距较宽时(60～70 cm)，趟第一遍地用小铧子，趟第二遍地时用中铧加装培土板，趟第三遍地时用大铧加装培土板，但趟第三遍时培土板要加大。

2. 锄铲的配置

锄铲的配置以不漏锄、不堵塞、不伤苗为原则。常用的配置方案如图 3-8 所示。

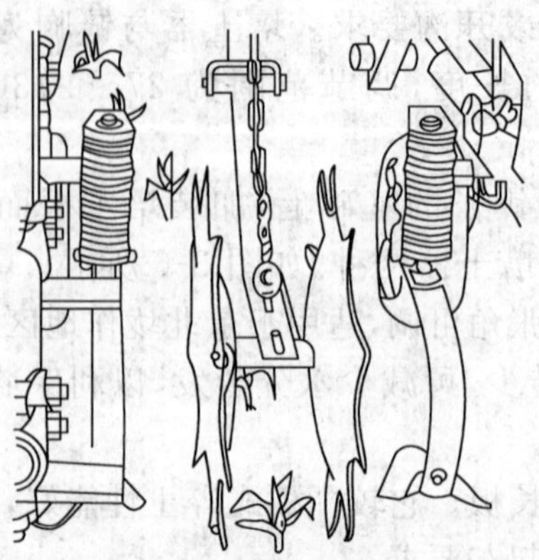

图 3-7　圆盘式护苗器

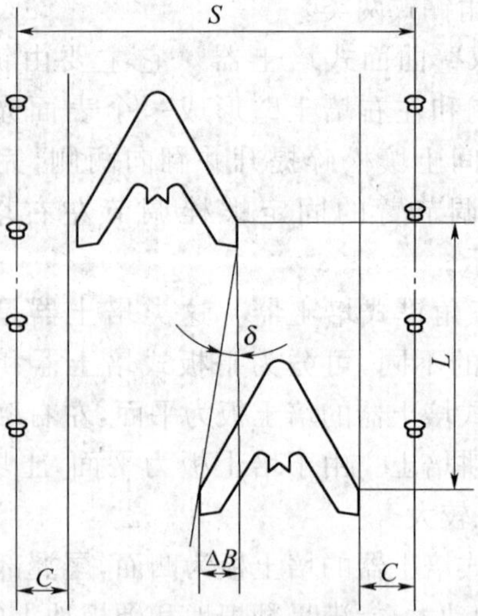

图 3-8　除草铲的配置

(1)除草铲的配置　为防止左、右锄铲间拥土堵塞，常将铲排成前后两列，两列锄铲间的纵向距离与耕深有关，当深耕为 10～20 cm 时，L 一般为 40～50 cm。为防止工作时因机器偏摆而产生漏锄，前后两列锄铲横向位置应有一定的重叠量，如图 3-9 所示。重叠量大小可由下式决定：

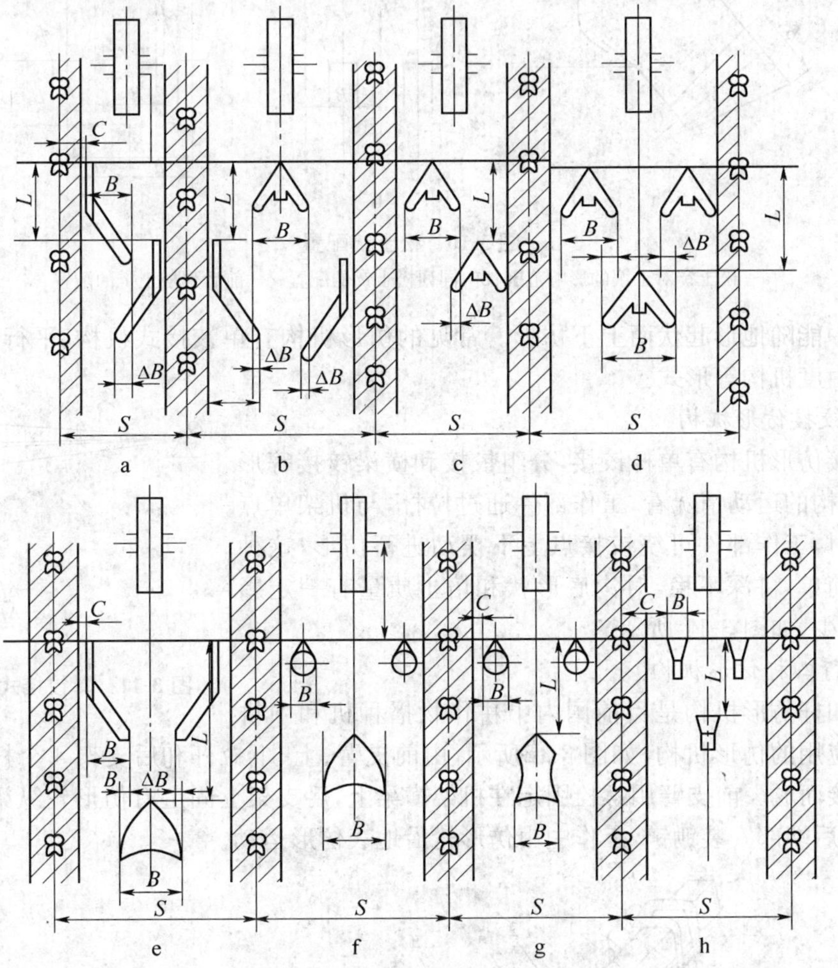

图 3-9　锄铲的配置方案

a、b—苗期除草；c、d—中期除草松土；e—除草培土；f—追肥培土；g—追肥松土；h—深松土

$$\Delta B = L \cdot \mathrm{tg}\delta$$

式中：ΔB 表示前后两列锄铲横向重叠量；L 表示前后两列锄铲纵向间距；δ 表示中耕机工作中的偏摆角，一般为 7°～9°。

(2)松土铲的配置　松土铲由于耕深和起土角都较大，工作时以前方和两侧土壤的影响范围较大，其影响范围纵向长度为 L，宽为 B。为防止前后两列松土铲工作中互相影响而堵塞，同时又不造成漏耕，前后松土铲的纵向间距应大于铲尖前伸量 L 与铲纵向影响范围 L 之和。同列锄铲的横向间距 S 应大于锄铲的影响范围 B 而小于 $2B$，前后列锄铲横向位置有一定的重叠量 ΔB，如图 3-10 所示。

(四)中耕机的仿形机构

为保持工作深度的稳定，中耕机的工作部件，一般通过仿形机构与机架铰连，使工作部

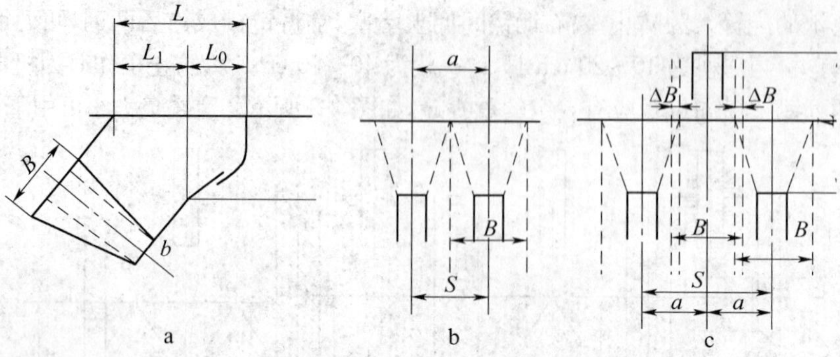

图 3-10　松土铲配置

a—松土铲对土壤的影响范围；b—同列松土铲的配置；c—前后列松土铲的配置

件在工作中能随地形起伏而上下仿形。常见的仿形机构有单铰接式机构、平行四杆机构和多杆双自由度机构等形式。

1. 单铰接仿形机构

单铰接仿形机构有单杆铰接，分组铰接和横梁铰接等形式，但从机构的运动情况看，工作部件通过拉杆，与机架单点铰接工作时，工作部件可绕铰接点上下摆动进行仿形，这种仿形结构简单，耕深不稳，对沟底形状和培土质量有一定影响，应用较少，如图 3-11 所示。

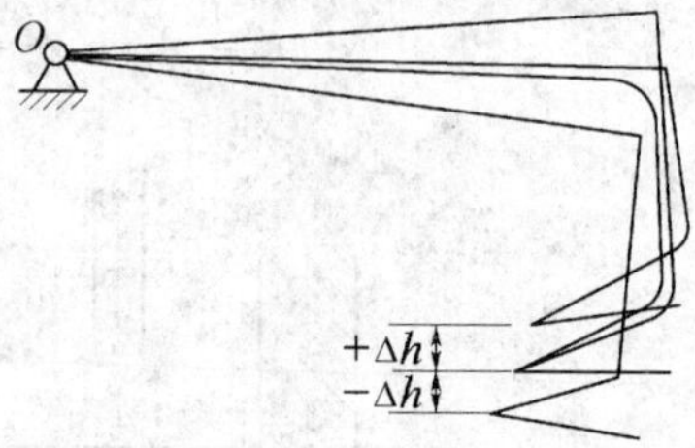

图 3-11　单铰接式仿形机构

2. 平行四杆仿形机构

平行四杆仿形机构是目前国内中耕作物播种机和中耕机上广泛应用的仿形机构，如图 3-12所示，由前支臂、上、下拉杆和后支架 4 个杆件，两两平行互相铰接而成。前支臂用螺栓固定在机架横梁上，后支架上固定有仿形轮纵梁，纵梁前端装仿形轮，后端部安装锄铲，工作中由仿形轮沿地表仿形运动。

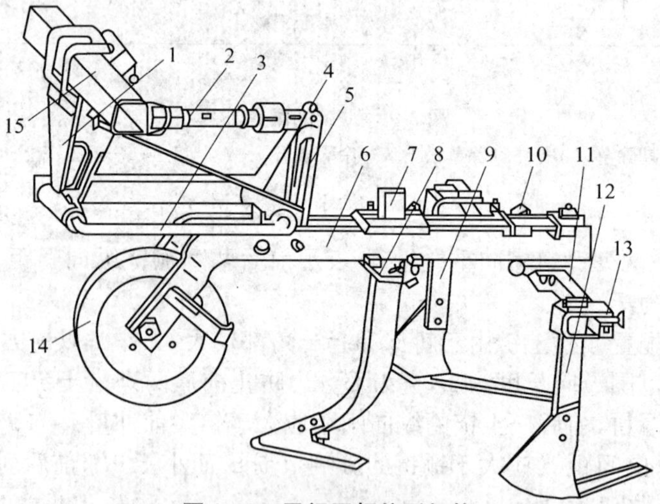

图 3-12　平行四杆仿形机构

1—前支臂；2—上拉杆；3—下拉杆；4—提升拉杆；5—后支架；6—仿形纵梁；7—双翼铲；8—总梁固结器；9—右单翼铲；10—固定螺栓；11—横臂；12—左单翼铲；13—除铲固结器；14—仿形轮；15—机架横梁

这种机构的特点是：仿形机构在工作中上下仿形时，仿形轮纵梁平行地上下运动，锄铲的入土角保持不变，前后列锄铲也能保持不一致的耕深。此外，这种机构还存在“仿形过敏”和“仿形滞后”的缺点，工作中仿形轮和工作部件随仿形纵梁同时上下仿形，因而当仿形轮遇到土块残茬等局部障碍时，仿形轮的跳动将敏感地引起工作部件的跳动。由于工作部件位于仿形轮后方一定距离处，因而工作部件的仿形落后于仿形轮一定距离，这种“仿形过敏”和“仿形滞后”现象，在地表不平、起伏较大的条件下，将影响工作部件的工作质量。

3. 五杆双自由度仿形机构

这种机构的构造如图 3-13 所示。五杆双自由度仿形机构的特点是：犁辕与后支架不是固定连结，而是以一点铰接，整个机构由 5 杆和 5 个转动副构成。在此机构中，犁辕相对机构有两个自由度，由仿形轮和犁踵所约束，其工作情况如图 3-14 所示。当仿形轮向上仿形，仿形量为 h 时，犁辕以犁踵为支点作顺时针方向的摆动，铲尖上翘，上翘量为 Δh 时，同时后支架 BCD 绕工作顺时针摆动，由于铲尖上翘形成出土趋势，随着机器前进，耕深逐渐变浅。由图可知，锄铲的仿形量 Δh 小于仿形轮的仿形量 h，因而耕深的变化较缓慢，克服了平行四杆机构仿形过敏的现象。当仿形轮越过土块、残茬时，铲尖稍一上翘，很快又恢复到原来的位置，不致引起耕深的显著变化。

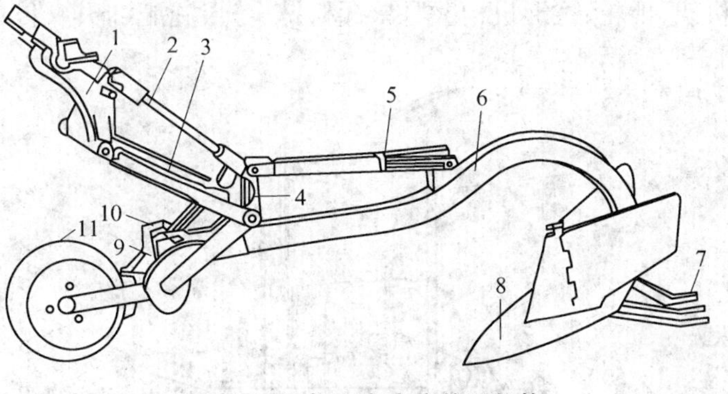

图 3-13　五杆双自由度仿形机构

1—前支臂；2—上拉杆；3—下拉杆；4—后支架；5—提升杆；6—前辕；7—犁踵；8—三角铧；9—牵引架；10—调深机构；11—仿形轮

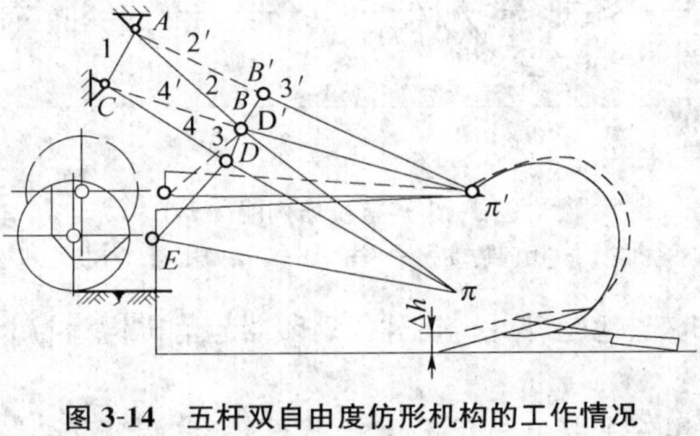

图 3-14　五杆双自由度仿形机构的工作情况

图 3-15 为五杆双自由度仿形机构和平行四杆机构的仿形性能比较示意图。图中Ⅰ为地表起伏线；Ⅱ为平行四杆机构工作部件的仿形曲线；Ⅲ为五杆双自由度机构工作部件的仿

形曲线。可以看出，曲线Ⅰ变化突然，且由于“仿形滞后”的缘故，仿形轮自地表 A_1 行进到 B_1 时，工作部件的仿形为 A_2B_2 段，与地表的变化不够协调，耕深不够稳定，而曲线Ⅲ的变化比较缓和，工作部件的仿形与地表的变化比较协调，耕深的稳定性较好。

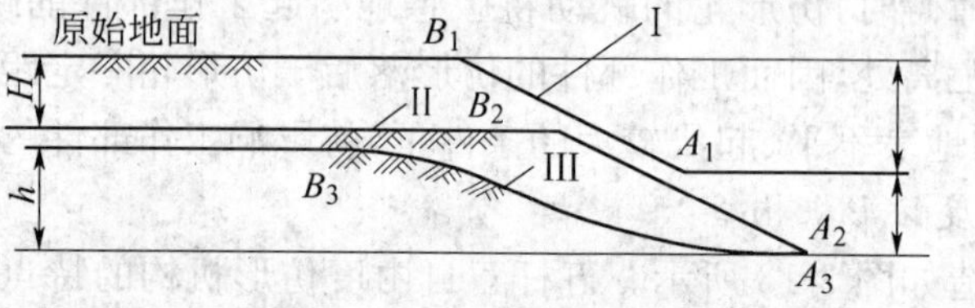

图 3-15　五杆机构与四杆机构仿形性能比较

Ⅰ—地表原始起伏曲线；Ⅱ—平行四杆机构工作部件仿形曲线；Ⅲ—五杆双自由度工作部件仿形曲线

(五)悬挂式垄作七铧犁Ⅲ型

该机适用于旱田作物区，用于深松起垄、垄作深松、深松起垄同时施肥、起垄中耕同时深松、趟一、二、三遍、搅麦茬等项作业。此外，增加附件后还可进行中耕追肥、行间除草、垄邦松土作业等。

1. 构造

该机主要由机架、地轮、仿形机构、犁铧、深松铲、分层施肥、肥箱、传动、划印器及脚踏板等部分组成，如图 3-16 所示。

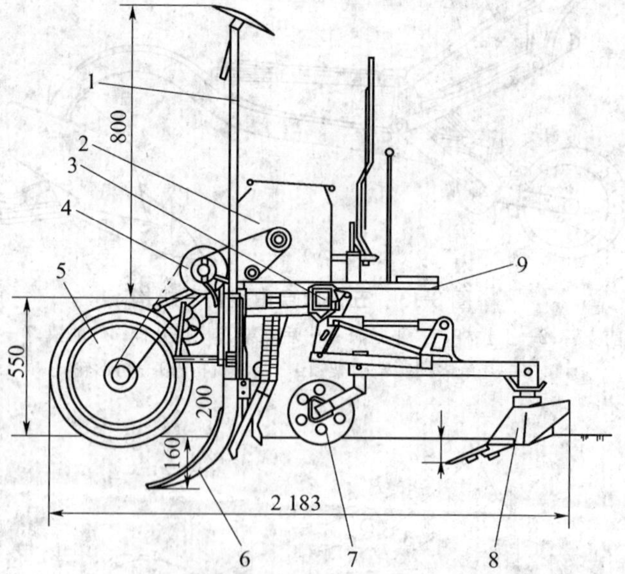

图 3-16　整机结构图(mm)

1—划印器；2—肥箱；3—机架；4—中间传动；5—地轮；6—深松施肥器；7—仿形机构；8—犁铧；9—脚踏板

该机部分结构如机架、地轮、深松施肥器、划印器起落机构等与 LFBJ-6 型垄耕施肥精播机相同，其他如下。

(1)仿形机构　该组件主要由调节支臂、上连杆焊合、调节支架、连动杆焊合组成平行四杆机构，并通过调节支架用铆钉与犁铧顺梁铆接，顺梁前端安装带滚珠轴承的仿形轮，后端铆有铧柄裤，用来安装松土铲、除草铲和施肥开沟器。为保证工作部件不易损坏，在铧柄裤上装有安全销；为保证仿形灵活减轻磨损，在调节支臂和调节支架轴孔处装有涂油嘴，如图 3-17 所示。

(2)犁铧组件　该组件由铧柄、分土板焊合、松土铧等部件组成，用 M16 螺栓将铧柄与铧柄裤联接，该部件比传统三角铧重量减少 1/2，阻力减少 1/3，如图 3-18 所示。

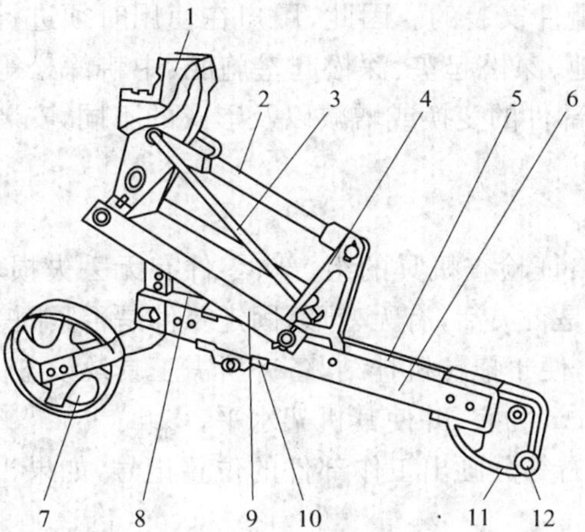

图 3-17　仿形机构组件

1—调节支臂；2—上连杆焊合；3—调节控制杆；4—调节支架；5—夹板；6—顺梁；7—仿形轮；8—仿形轮柄裤；9—连动板；10—铲柄裤；11—铧柄裤；12—安全销

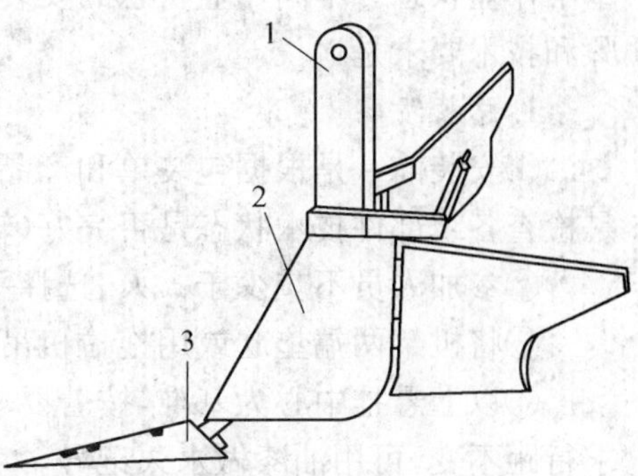

图 3-18　犁铧部件

1—铧柄；2—分土板焊合；3—松土铧

(3)脚踏板组件　该组件由脚踏板顺梁、扶手、踏板、卡丝等零件组成，踏板顺梁前端用卡丝直接固定在后梁上，末端同扶手下端联结，在踏板顺梁的尾部装有钢板压制的踏板，可供农具手踏，如图 3-19 所示。

(4)肥箱　每台机具有左、右两个肥箱，肥箱底板固定着外槽轮式排肥器，左箱左壁、右箱右壁分别装有排肥轴承座，通过排肥轴将排量调节套、排肥链轮连在一起，可通过转动排量调节套来调节排肥量的大小，整个部件通过箱支架和左右壁与机架联接，如图 3-20 所示。

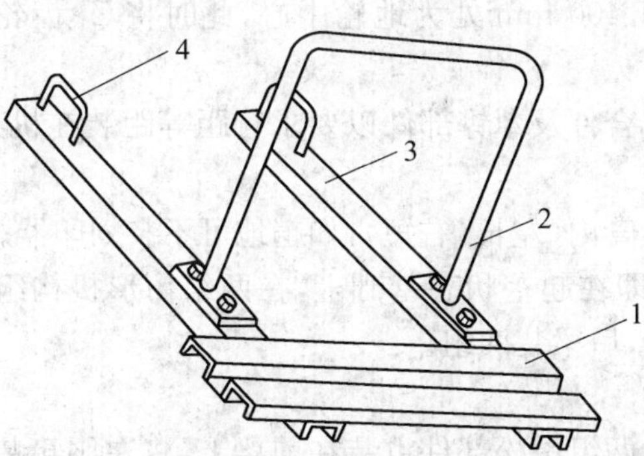

图 3-19　脚踏板组件

1—踏板；2—扶手；3—踏板顺梁；4—卡丝

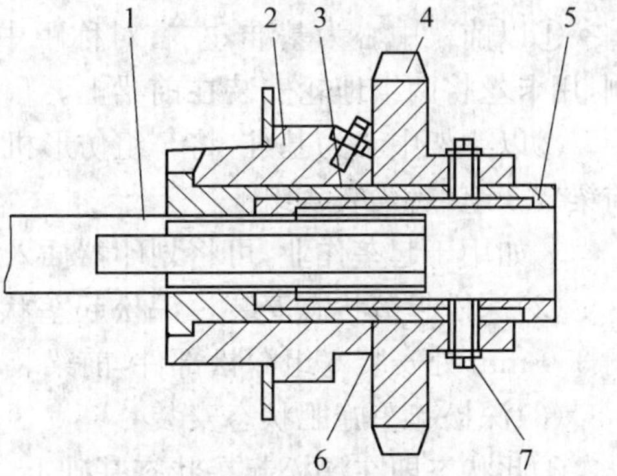

图 3-20　调节排肥量机构

1—排肥轴；2—轴承座；3—轴套；4—链轮；5—调节套；6—调节垫片；7—螺栓

(5)传动装置　该机动力由装在地轮轴上的 9 齿链轮通过钩形链传到中间传动轴上的 12 齿链轮，再由中间传动轴上的 12 齿链轮通过链条传到排肥轴上 9 齿链轮，实现排肥。

五、相关实践资讯

(一)七铧犁Ⅲ型的安装

七铧犁Ⅲ型出厂时，为了便于运输，是以组件安装的。因此，用户在使用时须进行整机安装，根据不同作业项目，该机可装成起垄趟地、深松起垄、深松起垄施肥、中耕深松等 4 项基本作业状态。不同作业状态的安装，只是组部件的变换或增减以及形式的不同，安装的步骤和技术要求是：

1. 总装步骤

①安装前一是根据包装单和产品检验合格证检查机具的组、部、零件有无丢失损坏；二是检查各组部件技术状态是否完好(转动部分是否灵活，有无变形，固定零件是否紧固等)。

②参加人员不应少于 3 人，选择平坦场地，便于拖拉机挂结，备齐所需工具及设备。

③将机架两端垫起或用拖拉机吊起高 80 cm 为宜，并使其机架水平。

④以上悬挂中心为基准，按着要求行距左右等分画出工作部件的位置记号，如果当地要求行距不变，可用油漆做永久记号。

⑤根据不同作业项目要求确定安装地轮和仿形耕深调节组件。

⑥脚踏板组件安装在后梁的中央位置。

⑦安装后应按技术要求进行检查，即：

a. 各工作组件中心线应垂直于机架，其不垂直度允许偏差为 20 mm；

b. 各工作组件(犁铧、深松铲)行距一致，偏差不大于 5 mm，铧尖(铲尖)在同一水平面及同一直线上；

c. 各部紧固螺母必须拧紧，特别应注意调节支臂和前后梁的直角接触必须靠紧，不允许有间隙存在。

2. 不同作业状态的安装

(1)起垄、趟地状态安装　如图 2-21c 所示，除遵循总装的步骤和要求外，还要按如下安装要求进行：

①以前梁中心为基准，左右对称距中心 1 400 mm 处为地轮中心，此时将 Z_9 齿轮朝外侧，用卡丝将两组地轮安装在前梁上。

②以梁架中心为基准，将 7 组仿形机构组合件及犁铧部件以要求行距等距装在机架上，前梁装 3 组，后梁装 4 组。

③如用于起垄作业，可将划印器插入前梁管内(左长、右短)，如趟地可不装划印器。

(2)深松起垄状态安装　深松起垄状态，即在起垄状态基础上，在两组仿形机构组件中间 350 mm 处安装 6 组深松部件，前梁装 4 组，后梁装两组。

(3)深松起垄施肥状态安装

①此状态即在深松起垄状态基础上，后梁两组深松部件也装在前梁上，将左肥箱装入机架左侧，右肥箱装入机架右侧，箱支架与下悬挂臂用固定螺栓联结，左箱左壁和右箱右壁同联接槽钢固定螺栓联结。

②将中间传动部件装于前梁上，注意中间传动轴的 12 齿链轮同地轮上的 9 齿链轮，12 齿

链轮同肥箱排肥链轮装在同一垂直平面内，并分别装上传动链条，通过张紧轮调节松紧度。

③为防止托推，在前梁两端装两组犁铧部件、6组深松施肥部件；后梁装5组犁铧组件，各部件距梁架中心距离同深松起垄状态。

(4)垄间深松状态　垄间深松状态有两种安装方法，第一种方法是在趟地状态基础上，将犁铧部件卸下，将深松部件装于仿形机构铧柄上即可进行深松作业；第二种方法是将仿形机构及犁铧部件全部卸下，只在梁架上安装深松部件，前梁装3组，后梁装4组。两种方法可根据土地条件确定，如地表不平整可采用第一种安装方法，相反则选择第二种方法。

(二)七铧犁Ⅲ型的使用

使用机器进行农业生产的目的是要达到高效、优质、低耗、促进农业增产增效，这些是通过机具的技术状态、使用操作技术、土地条件等来保证的，因此，对机具进行正确的调整和检查、及时的保养和维护、合理的操作和使用是十分重要的。

1. 七铧犁的调整

(1)机架水平调整　机架工作中前后、左右是否水平，将影响机具的入土角度和工作部件的入土深度，因此，在作业时必须注意机架处于水平状态。

①机架左右水平调整。首先应通过地轮调整螺杆保证机架左右高度一致；其次伸长或缩短悬挂机构左右吊杆。

②机架前后水平调整。通过伸长或缩短悬挂机构的中央拉杆实现，如机架后倾可缩短中央拉杆。如机架前倾可伸长中央拉杆。正常情况下中央拉杆长度为834 mm(东方红-75)。

(2)机架高度的调整　在正常情况下，起垄、趟地作业机架中心距地面高度为725 mm；深松起垄、深松起垄施肥、垄沟深松作业机架中心距地面高度为600 mm。可根据伸长或缩短地轮装配上的调节螺杆进行调整。螺杆伸长机架变高，缩短高度降低。

(3)行距的调整　行距指相邻两组工作部件铧尖之间的距离，作业时必须一致。

行距调整的依据，一是根据当地的农业技术要求；二是工作中固定卡丝松动，或工作部件变形、行距改变应进行调整；三是在中耕趟地时为了保证对垄。

调整方法：为了便于调整可将机具放在平坦场地或将犁升起使铧尖离开地面，然后以中间一组为基准，按所要求行距左右依次移动调节支臂在机架上的位置，然后将卡丝固定的螺母拧紧，应注意调整行距之后，地轮中心线与对应的工作部件中心线一致。

(4)耕深的调整　耕深的大小对垄沟座土、垄帮浮土及垄形有直接影响，它是评价作业质量的重要标准。因此，在作业中要经常注意耕深的正确调整。

①犁铧耕深的调节。可通过串动仿形轮柄在仿形轮柄裤的位置来调节耕深，注意顶丝头要顶入铧柄窝孔内，以防串动，上串耕深增加，下串耕深变浅。

②深松深度的调节。如深松部件装在主梁上，可通过调节梁架高度调节耕深，机架高度增加，耕深变浅，反之耕深变深，如深松部件装在铧柄裤上时，可通过调节深松柄在深松柄裤中的安装位置调节耕深。

(5)排肥量和施肥部件调整

①松动排肥链轮紧固螺钉，然后转动排肥量调节套，改变槽轮工作长度，达到要求后将螺钉紧固，注意排肥口的开度应一致。

②施肥部位的调节可通过上下串动分层导肥管的位置来实现，调节范围为30 mm。

(6)分土板开度调整　调节分土板开度可改变垄形及培土高度,作业时可根据农艺要求和土地条件进行调整,其方法是调节分土板联接板孔位。

(7)划印器的调整　用该机进行平地起垄或搅麦茬作业时,需要安装划印器,并根据行距和链轨压印部位调节划印器的长度,以保证临接行距准确。

①划印器长度的调节。可将固定卡丝松动,按要求长度串动划印器方管在梁管内的位置,然后将卡丝拧紧。

②划印器钢丝长度的调节。先将起落手柄至于中间位置,钢丝绳与起落转臂联接,再将左右划印器抬到与机架平行位置,最后将钢丝绳另一端与划印器拉环用钢丝绳卡丝紧固。

2.七铧犁的检查与保养

(1)使用前的检查与保养

①该机在投入作业前,必须仔细检查各部技术状态,如有变形、损坏或零件丢失等情况,应给予修理、更换和补配之后方准投入作业。

②检查各转动部位的转动是否灵活,如有运动不灵活或卡滞现象应予排除。

③各润滑点应注油润滑。

④检查各紧固零件情况,特别应注意悬挂臂、调节支臂、地轮支臂、脚踏板横梁与梁架固定的卡丝螺母必须紧固。

⑤按技术要求检查各项调整是否正确。

⑥初次使用该机具,必须试耕和操作试验。通过试耕,操作人员可进一步掌握操作方法,并验证各项调整是否正确,然后方可进行正常作业。

(2)作业中的检查

①工作中应经常注意检查悬挂轴固定螺母是否松动,插销是否脱落,以防脱挂损坏机具。

②及时检查机具的作业质量,如不符合质量标准时,应及时停车进行调整,特别应注意趟地作业应与播种作业相对应。

③随时检查各连接件的连接情况,发现故障及时排除。

④及时清除犁铧组件、地轮、仿形轮上的泥土和杂草,防止托堆堵塞。

(3)作业后的检查与保养

①作业时可将七铧犁用拖拉机摘挂,并清除各部件上的泥土和杂草,把油嘴上附着的污垢清除干净,然后注入黄油。

②检查各部件的技术状态,有无变形损坏,发现后应及时修复。

③按时注油润滑各摩擦部位。

④长期停放时应清除肥箱积肥,用清水清洗擦干,以防锈蚀,所有链条及肥箱卸下放在库内干燥处保管。

⑤工作部件应涂防锈油并垫起。

六、拓展知识

随着科学技术的发展,农田除草技术已从单纯使用机械逐渐扩展到其他技术领域,如火焰除草、化学药剂除草、电击除草、微波除草、泡沫除草、塑料薄膜除草及生物除草等。这些除草技术有的行之已久,有的刚开始使用,有的还在研究之中,现分别加以介绍。

1.火焰除草

20世纪40年代,美国开始将火焰除草应用于棉田,以后扩展到玉米、大豆、高粱等作物。

20 世纪 60 年代后期由于化学除草剂的应用，火焰除草有所下降。火焰除草的理论依据是杂草耐受高热的能力较农作物差，高热会使杂草细胞内部的液体膨胀导致细胞破裂而死亡，故当杂草还处于幼嫩时期，而作物已长出较粗的茎秆并有足够的高度时，对准苗行的杂草喷射火焰，能收到很好的效果。

据试验，火焰除草在杂草高度为 2.5～5 cm 时最有效，需要多次喷烧。火焰除草能消灭苗行上的株间杂草和紧靠苗株生长的杂草，而丝毫不松动苗行的土壤，从而避免了使苗株的根系受到任何损伤。火焰除草不存在毒性残留物，且作用的范围较广，一些用化学药物和机械除草难于消灭的阔叶杂草、藤本植物和根蘖性杂草等，都可用火焰消灭。

(1)火焰喷嘴装置　火焰喷嘴的形式和设计原理与用于防治病害的喷雾机和喷粉机的喷头相同，火焰除草一般采用扁平的扇形喷嘴。火焰喷嘴的配置通常是用两个喷嘴前后交错从相反方向对着苗行喷烧，如图 3-21 所示。喷嘴前后交错排列，是为了防止火焰自成火焰向上反射烧到苗株嫩弱部位。喷嘴的最佳位置要根据作物种类、苗株大小、杂草形态等因素而定。据国外经验，用于棉田株间火焰除草的喷头倾角为 30°～45°，火焰在距苗行中心线约 5 cm 处触及地面。

喷嘴配置的另一种方式是使火焰几乎与苗行平行。这种方式用于苗株幼小和抗热能力低的作物。喷嘴位于离苗行中心 8～12 cm 的两侧，倾角约 45°，向正后方喷射。喷嘴距地面的高度，视火焰强弱而定。这种使火焰平面平行于苗行的喷射方式，由于火焰喷射方向不是正对苗株，而是让火焰边缘接近苗株，故可避免伤及幼苗。

(2)火焰除草的水雾护帘　水雾护帘是火焰除草的一大改进，它大大提高了安全性。在火焰喷嘴上方约 5 cm 处，安装一扇形水雾喷头，使喷出的扇形雾面与火焰平行。水雾在距地面 4 cm 高处穿过作物行，如图 3-22 所示。这种水雾护帘使火焰上温度急剧降低，对作物苗株起到了保护作用，从而在苗株较小(棉花幼苗在 10～12 cm)时就可以采用火焰除草作业，并可提高作业速度至 12 km/h。在杂草严重蔓延时，还可以用低于常规速度(3.5 km/h)作业。

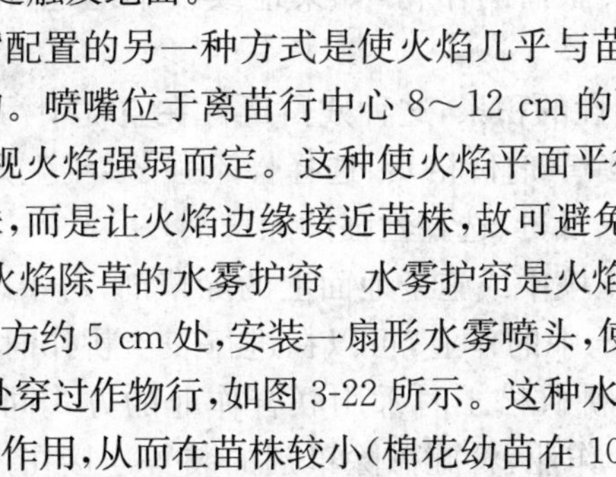

图 3-21　喷嘴安放位置

1—扁平喷嘴；2—厚金属板；3—空气进入孔

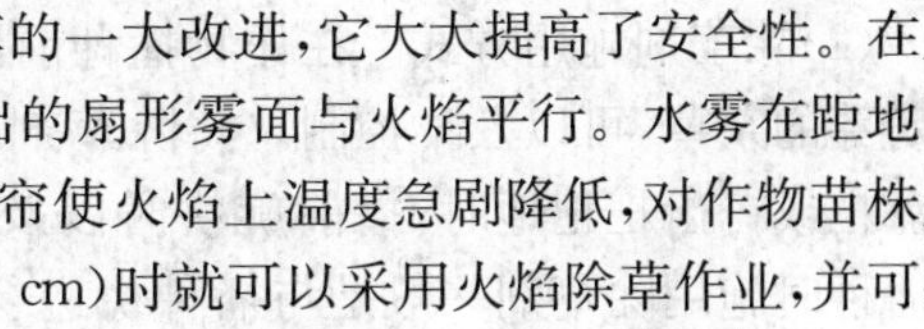

图 3-22　水雾护帘

1—水管；2—扁平喷嘴；3—雾帘

在进行火焰除草作业时，必须精确控制喷嘴相对于作物苗行地表的高度。通常喷嘴是由铰接在机架上并与地面始终保持接触的滑橇或限位轮来支承。每一行的滑橇或限位轮均可独立地随地面起伏以保证获得较佳效果。为了不使喷嘴侧向移动，也可像后悬挂中耕机那样设置纵向导向滑板。

2. 化学药剂除草

(1)化学药剂除草的一般情况　化学药剂除草技术发展很快。除草剂的品种越来越多。世界许多国家的除草剂生产已超过杀虫剂和灭菌剂。现在世界各国生产的除草剂有两类：一类是灭生性除草剂，可除灭一切绿色植物；另一类具有选择性除草剂，即某种药剂只对某类植物(如单子叶植物或双子叶植物)起作用。灭生性除草剂，如果使用得法，利用“位差”和“时差”，也可作选择性除草剂使用。不过，这种差域的范围不很大。

化学药剂除草的优点是：①消除株间杂草较其他方式简单易行；②由于药剂具有选择性不易误伤作物苗株，作业难度不大，机具前进速度较快，可提高工作效率；③所使用的机具设备可与植保机械通用；④不像火焰除草或机械除草那样要产生高温或松动土壤，因而不影响作物幼苗的生态环境；⑤可以消除高度稠密或撒播的作物(如菜地或牧草地)丛中生长的杂草。

化学药剂除草的最大问题就是存在残留毒性的积累，这种残留毒性在空气中污染环境，在土壤中影响下茬作物的生长。此外，还存在除草剂价格贵、选择性不强、多年生杂草不易除尽等问题。目前许多国家都在加强研制高效、低毒、选择性强的除草剂。

(2)除草剂施用方式　在作物播种前混于土壤中或施于地面上的除草剂，对于即将由种子萌芽的杂草，可以及早控制。将除草剂混入土中的作业，可以在进行表土耕作时，例如用圆盘耙或钉齿耙耙地时，播前旋耕时以及用中耕机松土时采用联合作业的方式同时完成。在播种时施用除草剂一般是与播种机进行联合作业，将施撒除草剂的装置连接在播种机后面，将除草剂施于地表或用施种肥的方式施于土中。在作物苗期杂草亦已长到一定高度时，可将触杀型除草剂直接喷洒或涂刷到杂草茎叶上。不过这样也会涂刷到作物苗株上，故须采用选择性强的除草剂。

(3)除草剂喷施部位与喷施量　除草剂喷施在杂草上的部位对灭草效果有很大影响。德国霍恩海姆大学的实验结果表明，除草剂喷施在杂草下部或基部效果最好，喷施在整个植株上或喷施在杂草上部，效果都不理想，如图 3-23 所示。把除草剂喷施在土壤里，则几乎没有作用。霍恩海姆大学另外的一些实验还表明：

①采用小的喷施量和小雾滴喷洒，杂草存活率较低，灭草效果较好。

②药液在杂草叶面上的覆盖率在 50%以下时即可得到较好的灭草效果。过高的覆盖率势必加大施药量致使药液从叶面上流失，反而使效果降低，如图 3-24 所示。

(3)有的杂草剂采用小剂量喷施即可达到较好的灭草效果，有的农药则必须大剂量喷施才能达到相同效果。

3. 电力除草

世界上电力除草技术已有将近 100 年的历史。1898 年就有一台由蒸汽机驱动发电机的电力除草机在美国获得专利权。但因机器笨重、价格昂贵、技术还欠成熟未能推广，20 世纪 70 年代后期，英国、法国、前苏联又开始研究电力除草技术。

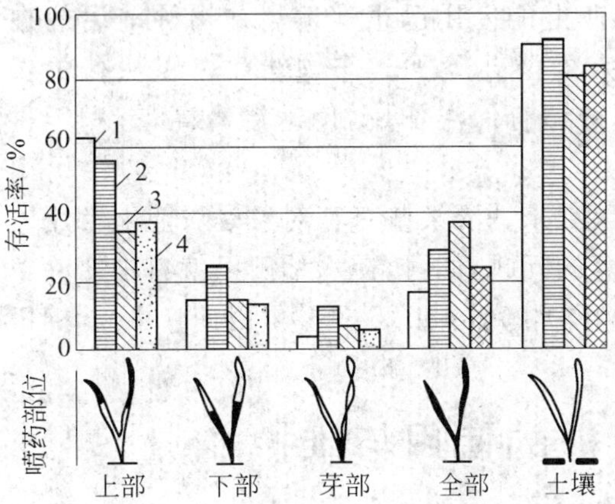

图 3-23　施药部位与灭草效果

1、2、3、4—不同施药量

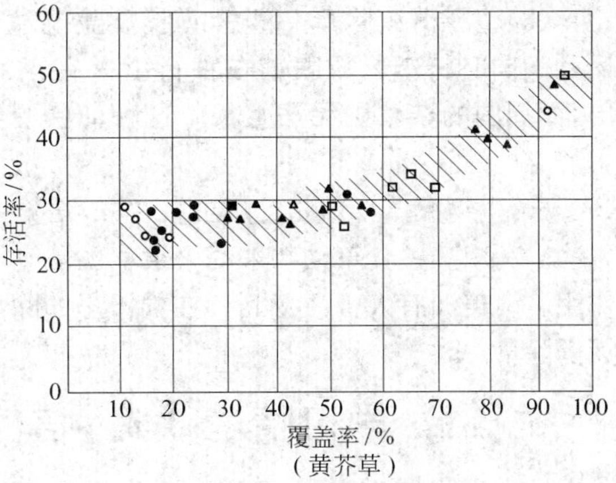

图 3-24　覆盖率与灭草效果

目前采用电力除草的基本原理都是使电流从杂草内部通过,使杂草的细胞组织破坏导致死亡。电力除草机一般由发电机、变压器、电板、控制系统及安全装置等部分组成,其工作过程如图 3-25 所示。发电机发出电流,由变压器升压后,经接触电极传给杂草并经地面土壤与接地电极连通,形成闭合电路,利用高压电流作用,将杂草杀死。据西方国家试验,电压在 1.2 万～2 万 V 范围内可以获得满意的效果,而且 50 Hz 的交流电与直流电效果相同。

电力除草机作业时,电力能将所接触的植物杀死。因此,如何避免在除草时不触及应保留的作物苗株,是现在正在探索的问题。美国正在研究利用一年生阔叶杂草与棉花植株耐电击性的差别,通过适当地选择时间和电压来消灭棉花苗行内低于作物的杂草而不损伤棉苗。

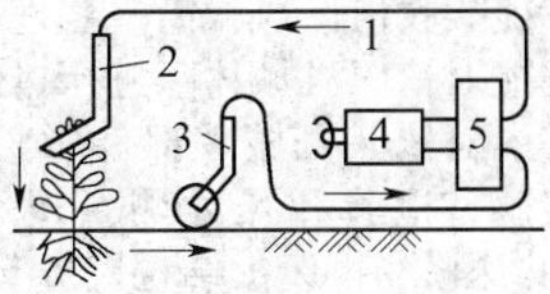

图 3-25　电击式除草机

1—电流;2—接触电极;3—电流电极;4—发电机;5—变压器

电力除草的最大优点是各种杂草都能消除,而且除后不再生长,没有残留毒性造成的危害。缺点是由于电压高,功率消耗大,安全性差。

电力除草机具投资大,每年折旧费、修理费和燃料费均较化学除草高。但没有购买除草剂的支出,因而成本随作业面积的增加而减少。

电力除草机的发电机,在不进行除草作业的季节,可作为单独的发电机用。

4. 其他除草技术

(1)微波除草　近年来国外的试验表明:用超高频电微波能够使土壤中的杂草种子不发芽。用于大田的电子微波除草机本身带有发动机,它将电力转变成微波,微波使一年生杂草种子内部产生很大的热量,破坏草籽的发芽能力。由于这是一种物理作用而不是化学作用,所以没有毒性物质残留。每次作业后一年内杂草不再生长,没有任何污染。除草速率比人工提高 35～60 倍,比化学除草剂的效率也高得多。

(2)泡沫除草　农用泡沫已经显示了许多特殊的用途。其中之一是用充满了化学药剂的泡沫除草。安装在拖拉机上的一个特制的泡沫发生器能在苗行两边喷洒泡沫,像喷洒化学药剂那样杀死杂草。由于泡沫对杂草有较强的黏附性,因而提高了效果,节省了药剂。

(3)塑料薄膜除草　塑料薄膜覆盖技术在农业上的使用已很普遍。在播种前后或在播种的同时将塑料薄膜铺在种行上并在正对种穴处凿孔下种。作物幼芽可以从孔中长出,而周围的杂草则无法生长。这种薄膜覆盖播种还有保温作用,使地温升高,有利于种子发芽。

(4)生物灭草　像防治病虫害一样,培养一些天敌来消灭某些有害对象是农业上常用的方法。利用某些食草动物来消灭杂草也是值得注意的问题,如:鸭在水稻田里就有中耕除草作用。南美洲有人曾注意到鹅在棉田里的除草作用,据考察,每 25 只鹅可以使10 km^2棉田无需除草。

学习情境 3-2　植保机械的使用与维护

一、学习目标

掌握植保机械的结构及工作原理;会进行植保机械的技术状态检查、总体安装、植保机械的使用调整,最后进行植保作业的质量检查并做记录。

二、能力目标

有关能力目标如表 3-2 所示。

表 3-2　植保机械的使用与维护中的能力目标

专业能力	方法能力	社会能力
①能按服务规定接待修理客户 ②能接收植保机械简单修理项目 ③能对植保机械故障进行排除 ④能对植保机械零部件常见的损坏状况进行感官检验和尺寸测量,做出可否继续使用、送修和报废的结论 ⑤能用钳工工具和设备修配简单零件 ⑥能用气焊、电焊等设备进行简单的焊接作业 ⑦能进行植保机械的拆卸与清洗 ⑧能进行承修项目简易的质量检验	①团队工作能力 ②沟通能力 ③小组成员的协作能力 ④责任意识	①对信息的收集能力 ②使用信息资源制订工作计划 ③能独立使用媒介完成学习任务 ④工作结果的评价与反思

三、工作任务

能正确使用与维护植保机械。

四、相关理论资讯

(一)概述

1. 植物保护的意义和防治措施

农作物在生长过程中及农产品在储藏时,常遭到病、虫、草的危害,这不仅影响作物的产量,也使产品质量下降,因而使农作物生产受到很大损失,严重时会遭到绝产。因此,及时做好病、虫、草害的防治工作,是保证农业稳定高产的重要措施.为了经济而有效地进行植物保护,应该防重于治。目前常用的防治措施有:

(1)农业技术防治法　它通过合理轮作、深耕、改良土壤,选育良种和改进栽培方法等措施来实现防治目的。

(2)化学防治法　利用喷洒各种化学药剂来消灭病、虫、草害。

(3)生物防治法　利用害虫的天敌,生物的寄生关系来实现防治目的,如培育赤眼蜂防治玉米螟、金小蜂防治棉花红铃虫等。

(4)物理和机械防治法　它利用物理或工具来实现防治目的。如黑光灯灭杀害虫,机械选种法清除病粒等。

上述植物保护措施中,化学防治措施的方法简单、收效快,不受地区或季节的限制,因此被广泛采用。

2. 化学药剂施药方法和植保机械种类

(1)化学药剂施药方法

①喷雾法。对药液施加一定压力,通过喷头雾化成直径为 150～300 μm 的雾滴,喷洒到作物上.这种方法雾滴散布均匀,沾着性好,射程远,受气候影响小,但喷洒药液量大,由于对药液加压,功率消耗多。

②弥雾法。利用高速气流将药液吹散,破碎,弥散成直径为 100～150 μm 的雾滴,并吹送到远方沉降到植物上,这种方法雾滴细小,覆盖面积大而均匀,喷药量少,特别适合于山区和干旱缺水地区。

③超滴量喷雾法。通过高速旋转的齿盘将微量原药液(一般低于 5 L/hm^2)甩出,借助风力吹送,飘移,穿透,沉降到植株上,这种方法省药,省水,工作效率高,防治效果好。

④喷烟法。利用高温气流将烟剂加热,使之汽化或热裂变,再用高速气流吹出,成烟雾,悬浮于空中,弥散到各处。这种方法既适用于大面积森林病虫害防治,也适用于仓库消毒和虫害防治。

⑤喷粉法。利用高速气流将药粉通过粉头喷出去,弥散到植物上。这种方法不用水,使用简便,生产率高,但药粉吹撒不均匀,沾着性差,用药量较多,受气候影响大,容易污染环境。

(2)植保机械种类

①按药剂性质和施药方法可分为喷雾机、弥雾机、超滴量喷雾机、喷烟机、喷粉机等。

②按动力和机器配置方式可分为手动背负式、机动背负式。近年来采用飞机喷雾、喷粉,自走式喷雾喷粉机等。

(二)喷雾机的一般构造及工作原理

1. 手动式喷雾机

手动式喷雾机种类很多,构造也不尽相同,但按其工作原理,可分为液泵式和气泵式两种。

(1)液泵式手动喷雾机构造　它主要由药液桶、活塞式液泵、空气室、胶管、开关、喷管和喷头等组成,如图 3-26 所示。

(2)工农-16 型喷雾机的工作过程　工作时,用手扳动摇杆,使塞杆在泵筒内作往复运动,当塞杆上行时,带动皮碗由下向上运动,皮碗下面的腔体容积增大,形成局部真空,在压力差的作用下,药桶内的药液冲开进水球阀,沿着进水管进入泵筒,完成进液过程。当塞杆下行时,皮碗从上往下运动,药液即通过出水阀进入空气室。空气室里的空气被压缩,对药

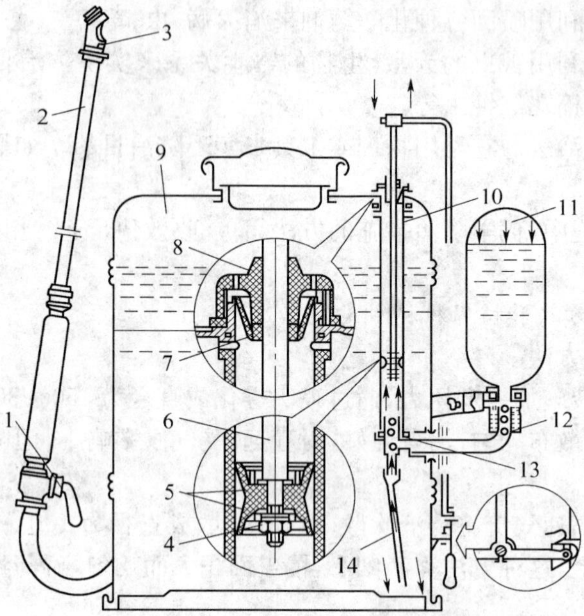

图 3-26　手动喷雾器(工农-16 型)

1—开关;2—喷杆;3—喷头;4—固定螺母;5—皮碗;6—塞杆;7—毡圈;8—喷盖;9—药液箱;10—泵筒;11—空气室;12—出水阀;13—进水阀;14—吸水管

液产生压力(可达 0.8 Mpa)打开喷射开关,足够而压力稳定的药液从喷杆流进喷头,通过喷头雾化成细小雾滴喷在作物上。

2. 喷雾机的主要工作部件

(1)喷头　作用是将具有一定压力的药液雾化,并均匀地喷洒在作物上。按照结构和工作原理不同,喷头可分为涡流式喷头、扇形雾喷头、弥雾式喷头和超低量喷头。

①涡流式喷头。它的特点是喷头体内置有导向部分,压力药液通过导向部分产生螺旋运动,按结构可分为切向离心式、涡流片式和涡流芯式等 3 种。

a. 切向离心式喷头:由喷头体、喷头帽、喷孔片和垫片等组成,如图 3-27 所示。

按喷头数目可分为单头、双头和四头 3 种型式。喷头体加工成带锥体芯的内腔和与内腔相切的输液斜道,喷头片有孔径 $\phi1.3$ mm 和 $\phi1.6$ mm 两种规格。喷孔片和内腔之间构成涡流室。改变垫片厚度可以改变涡流式深浅。

工作过程如图 3-27b 所示,当压力药液进入输液斜道时,由于流道截面积突然变小,使药液流速增高,高速液流切向进入涡流式,绕锥体芯座高速螺旋运动,由于螺旋运动产生的离心力及喷孔内外压力差的联合作用,药液通过喷头后,向四周扩散成旋转的空心雾锥,在扩散过程中与相对静止的空气撞击,药液被破碎成细小雾滴,呈环状喷洒到作物上,空心雾锥的顶角 γ 叫雾锥角,雾锥角大则雾滴细且分布宽,射程近。

b. 涡流片式喷头:由喷头体、喷头帽、喷头片和涡流片等构成,如图 3-28 所示。在涡流片上沿着圆周方向对称地冲有两个贝壳形斜孔,在涡流片和喷孔片之间有垫片,构成涡流室。

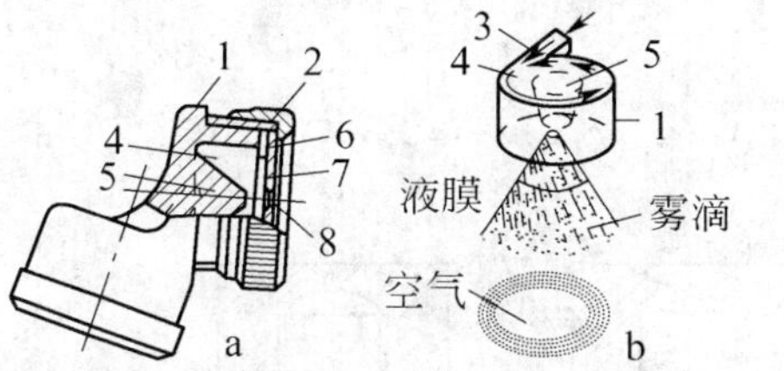

图 3-27　切向离心式喷头

a—结构图；b—工作原理图

1—喷头体；2—喷头帽；3—进液管；4—涡流室；

5—喷头芯；6—密封圈；7—喷头片；8—喷孔

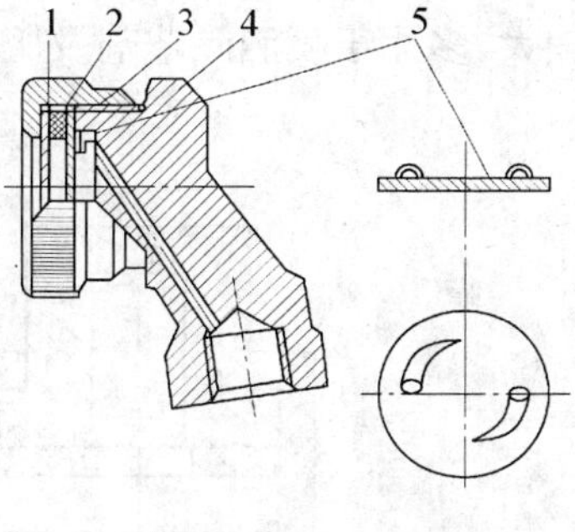

图 3-28　涡流片式喷头

1—喷头片面；2—垫圈；3—喷头帽；

4—喷头体；5—涡流片

涡流片式工作原理与切向离心式相似，只是涡流片代替了锥体芯，在涡流片上一般开有两个与圆心对称的斜孔，药液通过斜孔后，形成回转液流产生离心力，再由喷孔喷出后，形成空心雾锥，有的涡流片除有两个斜孔外，中心还开有一个中心孔，借此可以形成实心雾锥。

c. 涡流芯式喷头：由喷头体、喷头帽和涡流芯等部件组成，如图 3-29 所示。

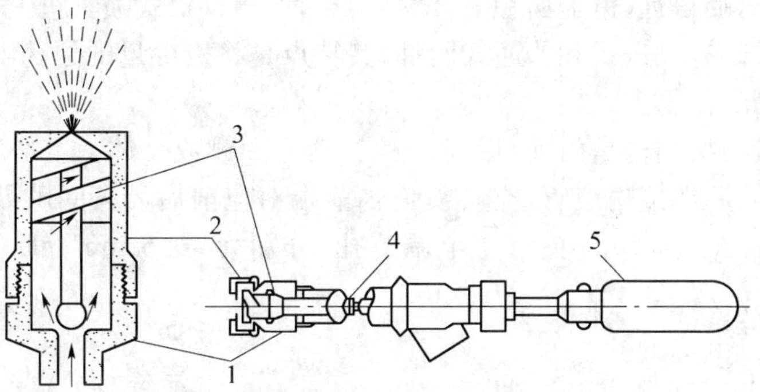

图 3-29　涡流芯式喷头

1—喷头体；2—喷头帽；3—涡流芯；4—推进杆；5—手柄

大田型喷头的喷头帽中央有喷孔，涡流芯上有双头矩形螺纹槽，涡流芯前面与喷孔帽之间构成涡流室。工作时，压力药液沿着螺旋槽导入涡流室，产生高速旋转运动，通过喷孔后呈雾状喷洒到作物上。

果园型喷头的特点是涡流芯的矩形螺旋槽宽而少，螺旋角大，因而产生的雾滴大，射程远，涡流室的深浅可通过转动手柄使涡流芯前后移动调整以进行射程和雾化程度的调节。

②扇形雾喷头。它由喷头帽、喷嘴、垫圈等组成，如图 3-30 所示。喷嘴上开有两个相互垂直的半圆槽，两槽相交处呈一方形喷孔。当压力药液进入喷头后，先由内半圆槽的两侧流向喷孔，产生第一相撞雾化后又受外半圆两侧壁碰撞雾化呈扇形雾化喷头，喷出的药液与空

气撞击而细碎，呈矩形面喷洒在作物上。特点是雾滴分布较均匀，喷幅较宽，射程较远但雾滴直径较大，多用于喷洒除草剂及肥料。

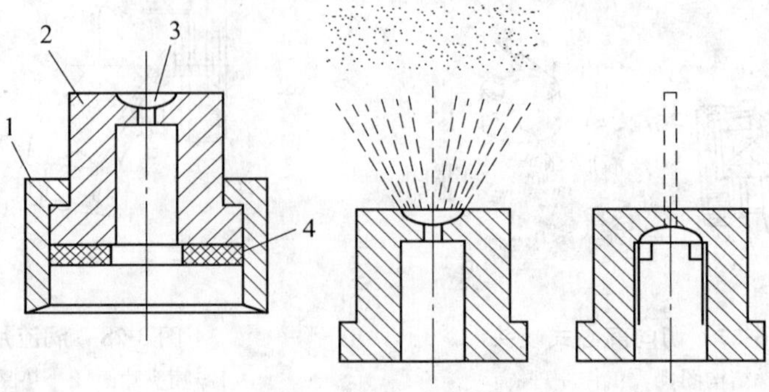

a　　　　b

图 3-30　扇形雾喷头

a—喷头帽；b—雾化原理

1—喷头帽；2—喷嘴；3—喷孔；4—垫圈

③弥雾式喷头。它是一个具有扭曲叶片和在其背面开有径向小喷孔的固定式喷嘴，安装在出风管的喉管中心处，如图 3-31 所示。工作时，风机送来的气流，通过出风管的喉管时，由于该处通风面积小，流速高，因而产生负压。将药液管内的药液，经输液管到喷头，从小喷孔呈细线状径向吸出后，又受风管内垂直气流的剪切，撞击作用，呈弥雾状的细小雾滴喷出沉降到作物上，喷得远，覆盖面积大，结构简单，用于背负式喷雾机上。

④超低量喷头。有风送式和普通式两种，其特点是将极少量的原药液，通过旋转部件碎成极细的雾滴喷洒到作物上。

风送式超低量喷头结构是由前、后齿盘和驱动叶片铆成一体。空心喷嘴轴前端通过轴承和前后齿盘相连，后端接输液管，空心喷嘴轴前端对应前后齿盘间隙处，开有径向出液小孔，如图 3-32 所示。流量调节开关有 4 个调节孔，分别为 $\phi 0.6$ mm、$\phi 1.0$ mm、$\phi 1.3$ mm 和 $\phi 1.5$ mm。

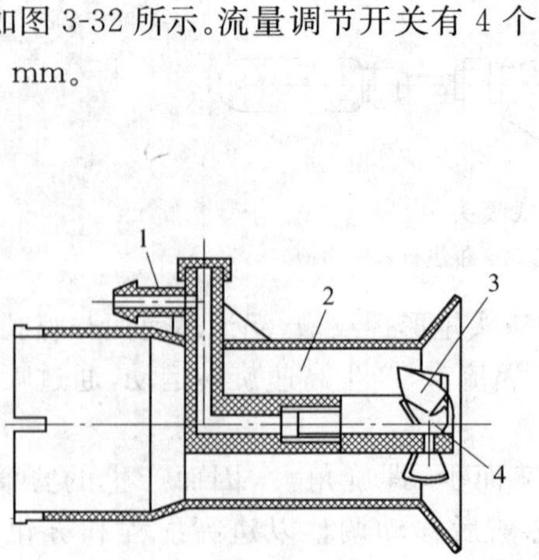

图 3-31　弥雾式喷头

1—输液管；2—喷管；3—扭曲叶片；4—小喷孔

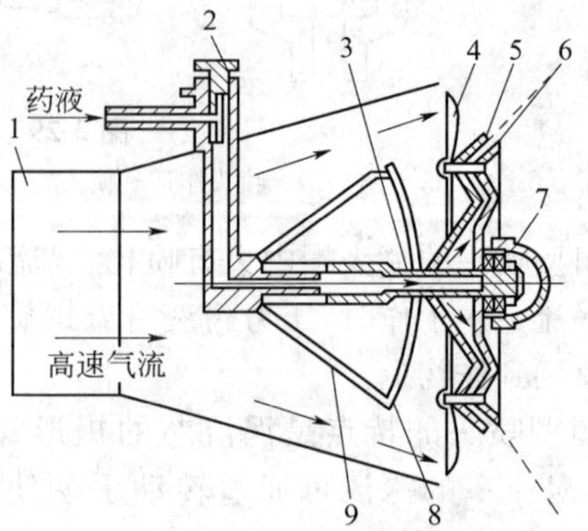

图 3-32　风送式超低量喷头

1—喷管；2—调量开关；3—空心轴；4—叶轮；5—后齿盘；6—前齿盘；7—轴承；8—分流锥盘；9—分流锥体

工作时，风机产生高速气流经喷管流至喷头体，在分流锥的引导下呈环状喷出，它冲击驱动叶片齿盘组件以10 000 r/min的高速旋转，同时药液从药箱经输液管，流量调节开关，空心轴前端出液小孔，流到前后齿盘间随盘旋转。在离心力作用下，它沿齿盘径向经齿尖呈细雾滴状抛出，再被高速环形气流进一步雾化，沉降在作物上。

普通超低量喷头的不同特点是齿盘是由微型电机驱动而高速旋转，喷头结构较简单，无风时射程仅300 mm，若在2～3级自然风的条件下，射程可达300～500 mm，常用于手动式喷雾机上。

(2)液泵　作用是压送药液，克服管道阻力，提高雾化压力，使药液喷射和雾化。常用的液泵有往复泵和旋转泵两类，往复式又分为活塞式、柱塞式、活塞隔膜泵等，旋转式有离心泵和滚子泵等。

①活塞式液泵。有单缸、双缸和三缸等多种型式。单缸多用于手动喷雾机；双缸和三缸泵多用于机动喷雾机上。

国产三缸活塞泵，有排量30、36、40、60 L/min等数种规格，以适应不同的工作需要，其工作压力一般为1 500～2 500 kPa，因此射程较远，雾滴较细，工作效率较高，可用于农田和果园的病虫害防治。

三缸活塞泵的结构如图3-33所示，它由泵筒、胶碗活塞组、活塞杆、滑块、连杆、曲轴、曲轴箱及进出水阀等组成。

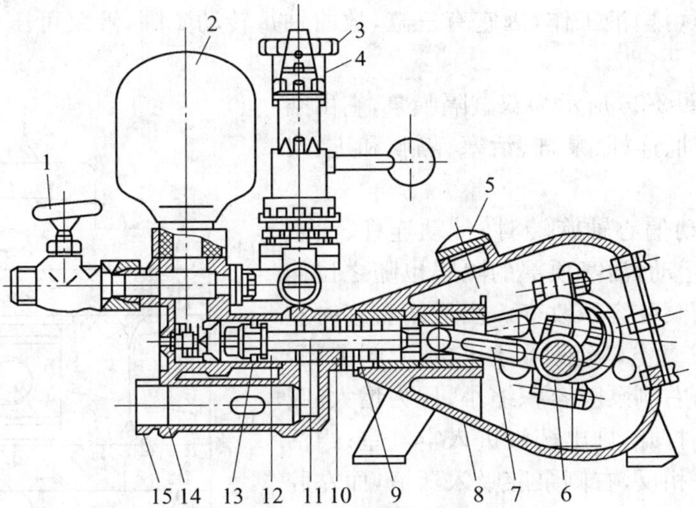

图3-33　三缸活塞泵

1—截止阀；2—空气室；3—调压阀；4—压力表；5—水封；6—泵体；7—曲柄连杆；8—滑块；9—油封；10—活塞杆；11—泵筒；12—活塞组；13—出液阀；14—进水管接头；15—进水接头

活塞组如图3-34所示，它由胶碗、胶碗托、三角形(或圆形)套筒、吸水阀片(片上有一圈圆孔)、平阀等组成。它们用螺母固定在活塞杆前端的台肩上，随活塞杆作往复运动，由于套筒的长度大于胶碗托的厚度，故胶碗在两阀片间有相对运动，从而能兼作进水阀。出水阀装在泵筒出孔处的空气室座内，由撞柱、出水平阀、阀座及弹簧等组成，如图3-35所示。

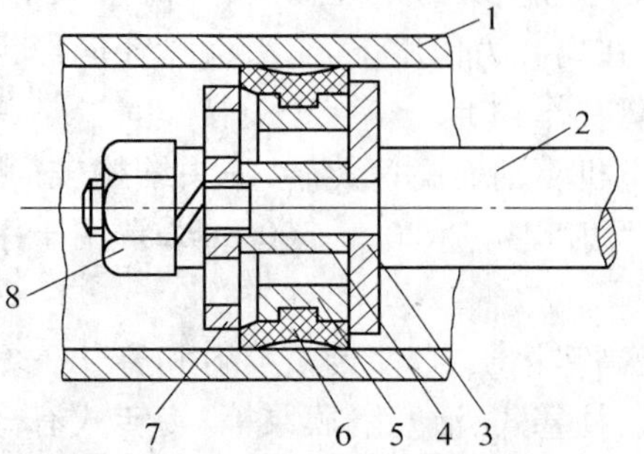

图 3-34　活塞组

1—泵筒；2—活塞杆；3—平阀片；4—三角套筒；
5—胶碗托；6—胶碗；7—吸水阀片；8—螺帽

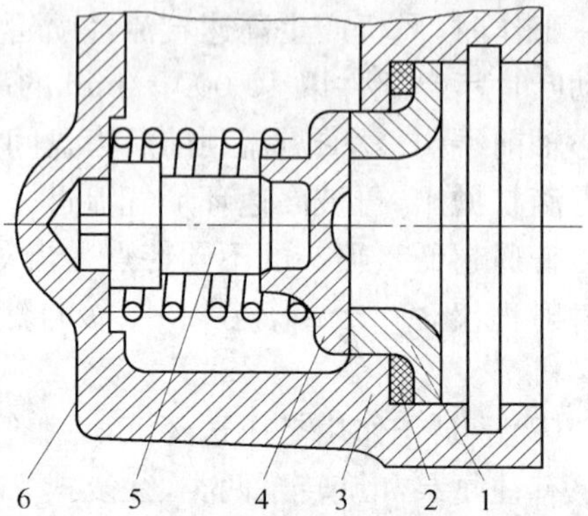

图 3-35　出水阀

1—阀座；2—垫圈；3—空气室座；
4—出水平阀；5—撞柱；6—弹簧

工作时，活塞组件在泵内作往复运动，当活塞前行(左行)时，平阀片紧贴胶碗托，活塞组件起活塞作用，此时，泵筒后腔容积增大，形成局部真空，水被吸入，泵筒前腔容积减少，压力增大，压开出水阀将水压入空气室；当活塞后行(右行)时，吸水阀片紧贴胶碗托，而平阀片离开胶碗托形成进水缝隙，即进水阀打开，此时活塞前腔容积增大，产生吸力，活塞后腔的水通过胶碗托内孔和进水片的圆孔进入活塞前腔，活塞不断运动，水就不断被吸入并压到空气室，完成吸液和压(排)液工作，因它有三缸，故曲轴每转动 1 圈，液泵可压(排)液 3 次，故压液均匀度高。

②隔膜泵。图 3-36 所示为双缸隔膜泵，它由空气室、泵体、偏心轴、连杆、泵缸、活塞、隔膜和进、出水阀等组成。

当动力机驱动偏心轴旋转时，带动连杆、活塞在泵筒内作往复运动，活塞顶部的隔膜也随之拉伸和压缩变形，因而泵腔容积改变。当活塞右移时左腔容积增大，形成真空，吸液阀打开，排液阀关闭，而左腔吸入药液，右侧泵腔容积缩小，压力增大，吸液阀关闭，排液阀打开，排出药液进入空气室；当活塞左移时，则过程相反，右侧泵腔吸入药液，而左腔排出药液，进入空气室，因此偏心轴转 1 圈完成两次排液。

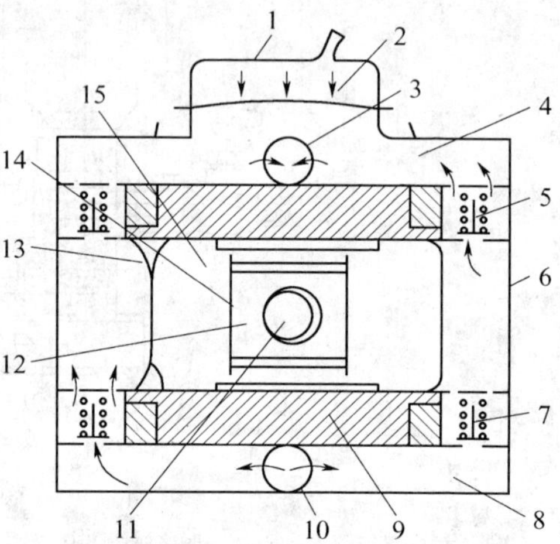

图 3-36　双缸活塞隔膜泵工作原理示意图

1—空气室；2—气室隔膜；3—出水口；4—出水道；
5—出水阀(两边对称)；6—泵盖(两边对称)；
7—进水阀(两边对称)；8—进水道；9—泵体；
10—进水口；11—偏心轴；12—滑块；
13—活塞隔膜；14—抗磨片(两边对称)；
15—活塞

为保持药液喷射压力稳定，隔膜泵上端装有带隔膜的空气室，隔膜位于上下盖之间，用螺丝压紧，膜下面直接与出液室相通，上部储存空气，空气与药液分开，避免了空气逐渐溶于药液，从而克服了三缸活塞泵存在的缺点(工作一段时间后，空气室的空气溶于药液，失去了稳压作用)。在空气室上盖装有打气嘴，工作时，可预先充气，充气压力一般为110～120 kPa。

隔膜泵工作压力高，一般为500～4 000 kPa，最高可达6 000 kPa，排液量大，效率也高，这种泵的偏心轴、连杆、活塞等主要工作部件浸在机油中，不与药液接触，减少腐蚀和磨损。由于隔膜泵工作性能好，多用于国内外大型喷雾机上。

(3)空气室与混药室

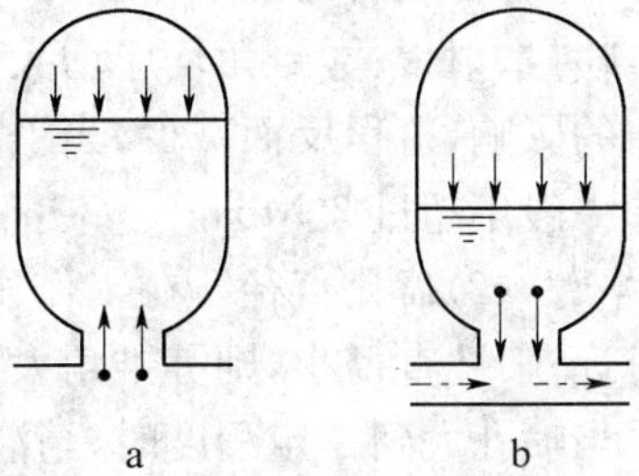

图3-37　空气室稳压示意图

a—活塞排液行程；b—活塞吸液行程

①空气室。作用是储存压力泵的能量，保持喷药压力稳定，以保证喷洒得连续、均匀。它位于液压泵排液口处，当液压泵处于排液行程时(图3-37a)，高压药液进入空气室，使空气室中的空气受到压缩，将能量储存起来不使喷头产生过大的冲击力。而当液压泵处于吸液行程时(图3-37b)，压缩空气膨胀使药液排出，这样便减少了喷药压力的脉冲而保持稳定。

②射流式混药室。它将母液(原药液)和水按一定比例自动均匀混合，其结构如图3-38所示。

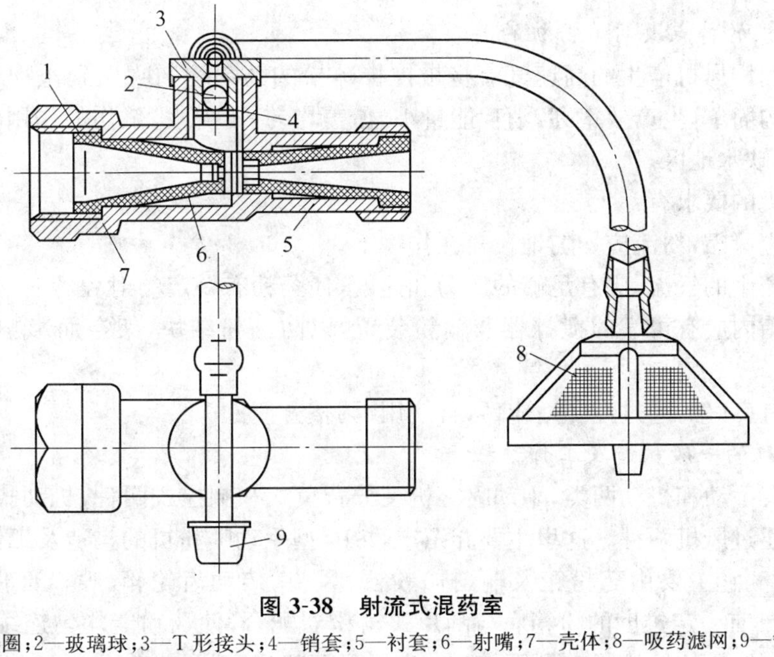

图3-38　射流式混药室

1—垫圈；2—玻璃球；3—T形接头；4—销套；5—衬套；6—射嘴；7—壳体；8—吸药滤网；9—管封

工作时，从压力泵来的高压水经喷嘴高速喷射时，在射嘴和衬套之间的混合室内形成负压，于是母液在大气压力作用下，经滤网和球阀吸入负压区，并被高速水流带到扩散衬套内与之均匀混合后，从喷射部件喷出。

3. 影响喷雾质量因素

喷头性能好坏的主要指标是雾滴尺寸、雾化均匀度、射程、喷幅和喷量等。由于各类喷头不同，结构和工作原理也不同，影响雾化因素也有所不同．根据对涡流室和扇形雾喷头的试验，得出以下结论：

(1)喷射时的工作压力　工作压力越大,药液获得能量越大,经过喷孔的速度也大,因此喷量、射程、雾锥角均应增大,雾滴变细。当压力增大到5 MPa时,由于雾滴过细及空气阻力的影响,射程反而减少,当工作压力过低,药液雾化性能差,射程和喷幅相应减少,所以压力一般不超过3 Mpa。

(2)喷孔直径　在工作压力一定的情况下,涡流式喷头的喷孔直径大,则喷量多,射程远;喷孔直径小,则雾锥角大,雾滴细,故大喷孔用于作物成长期的喷雾,小喷孔用于苗期,而当喷孔大到一定程度时,药液流较集中,射程较远,雾滴变得很粗,可以用改变喷孔直径的办法调节药液的喷量。

(3)涡流室的深浅　对于可调式涡流芯喷头,当增大涡流室深度时,液体在室内的旋转增多,转速下降,使出口处切向分速减小,轴向分速增加,故射程增加,雾锥角减小,雾滴变粗,反之,雾滴变细,射程减小,喷幅增大。涡流芯的螺旋角增大,与涡流芯变深结果相同。

(4)药液性质　药液黏度大,雾滴直径大,反之则相反。

(5)作业速度　行走速度慢,会增加喷量,一定要根据亩喷量确定行走速度,以免发生药害。

(三)喷粉机

1. 喷粉机的特点及对喷粉机的要求

喷粉机利用风机产生的高速气流将被搅拌疏松的药粉均匀吹送到作物上,以消灭病虫害。它的结构简单,生产效率高,消耗能量小,覆盖均匀,不需水,杀伤的作用较喷雾差,且用量多,适用于缺水地区。

对喷粉机的要求有:

①喷粉应可靠,粉流应均匀地覆盖在作物上。

②风机产生的气流,应有足够的压力和速度,使药粉有一定的射程。

③药粉箱内应有可靠的搅拌器及输粉装置,以防药粉结块,架空而影响喷粉量及均匀程度。

④应具有良好的通过性和适应性,且使用、调整方便。

2. 喷粉机的一般构造及工作过程

喷粉机有手动和机动两类,手动喷雾机又分背负式和胸挂式两种,机动式有药粉通过风机和药粉不通过风机两种。这里主要介绍丰收-10型手动喷粉机的构造及工作过程。

(1)构造　它主要由药粉箱及输(排)粉器、风机、传动齿轮箱、喷撒部件等组成,如图3-39所示。具有一定锥度的粉箱底与刮片式输粉器配合,使药粉能均匀连续排出。采用前弯叶片式离心风机使结构紧凑,风压较大,扁锥形喷粉流宽阔、覆盖面大。

(2)工作过程　工作时,操作者背负药粉箱,一手拿喷管,一手摇转手柄,通过齿轮箱使风机增速旋转,箱中药粉在输粉器作用下,经粉门落下,而被风机吸入,然后随气流经软管、喷管、喷粉头喷撒到作物上,喷粉量用粉门控制,喷管与风机间用软管连接,喷管按需要方向可进行摆动。

3. 喷粉机的主要工作部件

(1)喷粉头　将药粉均匀地喷到作物上,有以下几种类型:

①远程喷粉头。有圆筒形和圆锥形(图3-40b)等,其特点是粉流较集中,射程较远(可达

10～20 m)，适于森林、果园喷粉用。

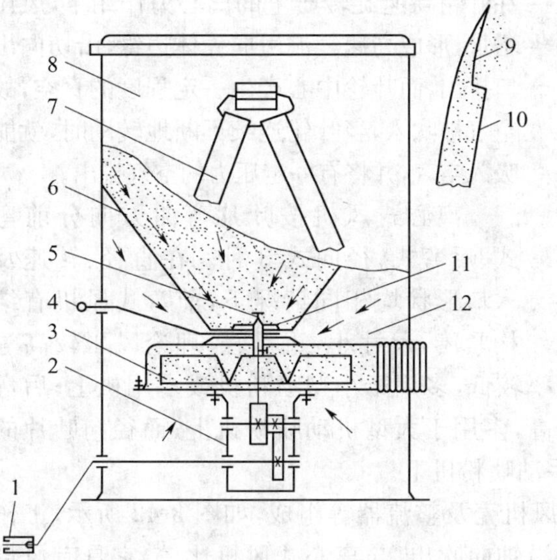

图 3-39　丰收-10 型手动喷粉机

1—手柄；2—齿轮箱；3—风机；4—粉门；5—输粉器；6—粉箱底；7—背带；8—粉箱；9—喷粉头；10—喷管；11—挡粉片；12—软管

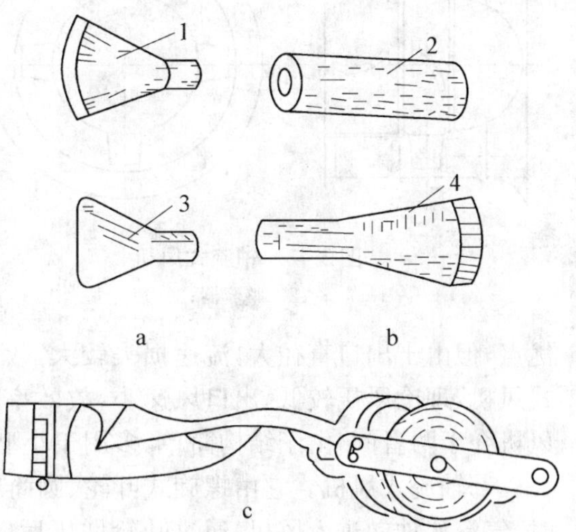

图 3-40　喷粉头

a—宽幅喷粉头；b—远程喷粉头；c—长塑料薄膜喷粉管

1—扁锥形；2—圆筒形；3—铲形；4—圆锥形

②长塑料薄膜喷粉管(图 3-40c)。管长 25～30 m，在管下部每隔一定距离有一小圆孔，当高速粉流进入管中后，即从这些小孔高速冲向地面并向上反射，形成一定高度的粉雾，且能保持一定的时间，这种喷管幅度宽而均匀并能有效地利用风量，减少药剂漂失，避免近处作物遭受药害和风，故工效高而防治效果好，适于大面积农田宽幅喷粉作业，缺点是喷粉管寿命较短。

③宽幅喷粉头。有扁锥形和铲形(图 3-40a)，其出口形状由窄到宽，喷出的粉流受空气阻力越来越大，所以形成宽而短的粉流，射程较小，适用于农田和园艺。

(2)风机　它是产生药粉流的主要工作部件，常用的有离心式和轴流式两种。

①离心式风机。它由风机壳、叶轮和盖板等组成，如图 3-41 所示。叶轮为封闭式，由 6 个长叶片和 12 个短叶片铆合在轮毂上而成，轮毂通过长键固定在发动机半轴上，叶片向后弯曲(按旋转方向)，以减少功率消耗和提高效率。

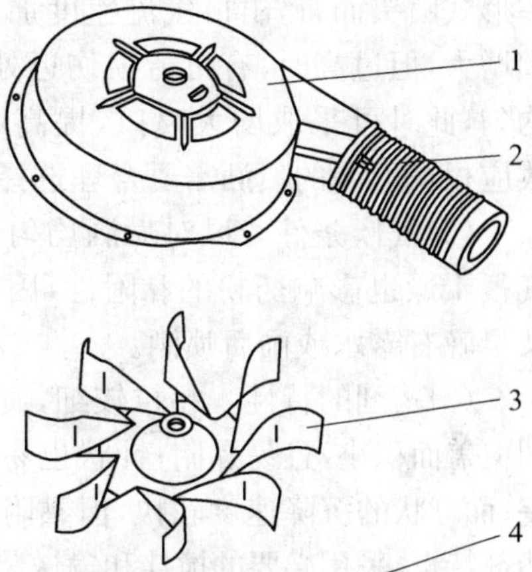

图 3-41　离心式风机

1—风扇壳；2—软管；3—风扇叶轮；4—风扇盖

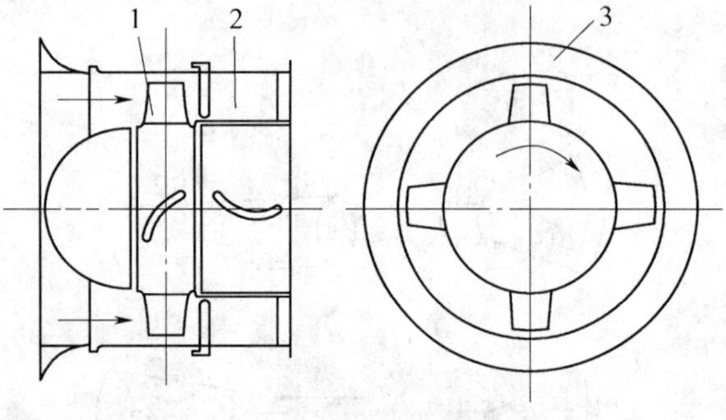

图 3-42　轴流式风机

1—叶轮；2—整流器；3—罩壳

工作时，叶轮高速旋转，气流从轴向进入，在叶轮高速旋转产生的离心力作用下，风压增加，形成高速气流甩向壳体边缘，沿切向出口排出，而叶轮中心产生一定程度的真空，故空气被吹入，当叶轮连续不断地转动时，就能吸入空气，并将有一定压力的空气排出。

离心式风机按叶片弯曲方向分前弯式、后弯式、径向式 3 种。在直径、转速及入口形状均相同情况下，前弯式风机有结构紧凑，尺寸小，重量轻，理论风压较高等优点，但由于出口直径大，流速损失较大，故效率较低，多用于小型喷粉机或多用机上；后弯式风机，理论风压较低，出口风速小，故效率较高，多用于大型机动喷粉机上；而径向叶片的风机介于两者间，由于结构简单，多用于小型手动喷粉机上。

②轴流式风机。它由螺旋式叶轮、圆筒形风机壳及整流器等组成，如图 3-42 所示，工作时，气流从轴向进入风机，通过叶轮增压后，仍沿轴向吹出，与离心式风机比较，它具有风量大，效率高，风速柔和均匀，喷洒范围大等优点，但风压较低，在国外应用较广，国内多用于大型喷粉机上。

4. 影响喷粉质量因素

(1)气流速度　不同形式喷头有不同风速，对同一形式喷头而言，出口气流速度加快时，喷药量和射程增大，但过高时，有可能损伤近处作物或使喷洒不均匀，此时可采取增大喷口，提高风量来提高射程，故应根据不同的喷洒需要合理选择风速和风量。

(2)气候条件　风对喷洒均匀性有很大影响，天气很干燥也影响药粉的黏附性，因此宜在风速3 m/s及早晚有露水或雨后喷洒。

(3)药剂的特性　粉粒较细，喷撒质量好，片状粉剂覆盖面积小，且易黏附；针状也易黏附，但流动性较差；而球状的沉降速度较快，但黏附性较差，故应根据药剂特点，采用必要的搅拌和输送装置。

(4)喷头的类型和安装位置　不同类型的喷头有不同的粉流及喷洒范围，应根据不同喷洒对象正确选用，如：果林应采用远程喷粉头，大面积农田应选用长塑料薄膜喷管，对于大田苗期作物、低矮作物、杂草等应使喷头向下安装直接对准草或矮作物，而喷洒果树应使喷头侧向倾斜安装，以便使整个树冠能被粉流笼罩。

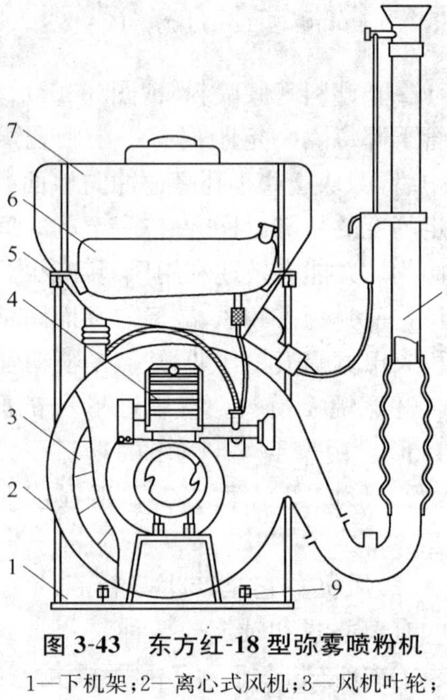

图 3-43　东方红-18 型弥雾喷粉机

1—下机架；2—离心式风机；3—风机叶轮；4—汽油机；5—上机架；6—油箱；7—药箱；8—喷射装置；9—减震装置

(四)弥雾喷粉机——东方红-18型弥雾喷粉机的一般构造及工作原理

1. 弥雾喷粉机的构造

图3-43所示为东方红-18型弥雾喷粉机，它可进行弥雾、喷粉、超低量多种作业，适用于大面积农林作物病虫害的防治工作，是应用较广泛的一种植保机具，该机主要由1E40F型汽油机、机架、风机、药箱、喷管、喷头等组成。

(1)机架　分上下两部分，上机架用于安装药箱和油箱，下机架是主机的底座，用来安装风机和发动机，在机架和发动机之间装有减震装置，机架左下方装有粉门和油门操作手柄，分别控制喷粉量和汽油机的转速。

(2)风机　它用来产生高速气流，风机为高压离心式，由蜗壳形外壳和封闭式叶轮组成，风机出口通过弯管与喷射部件连接。风机上方开有小的出风口，通过进风阀将部分气流引入药箱，弥雾时对药液加压，喷粉时对药粉进行搅拌和输送。

(3)药箱　用塑料制成，位于风机上部，用于盛装药粉或粉液。根据弥雾和喷粉作业不同，箱内装置也不一样，弥雾作业时，药箱主要由药箱体、箱盖、箱盖密封圈、过滤网、进气软管、进气塞及药门体组成。喷粉时，药箱不需调换，只要将过滤网连同进气塞取下，换上吹粉管即可进行喷粉，在粉门体内装有阻粉板，通过操纵手柄调节粉门开度来调节喷粉量。

(4)喷射部件　弥雾喷粉机的重要工作部件，根据不同作业要求，该机有4组组装部件。

①弥雾喷管组装部件。喷头组件是弥雾喷管中的雾化装置，手把开关可以控制药液的流量，如图3-44所示。

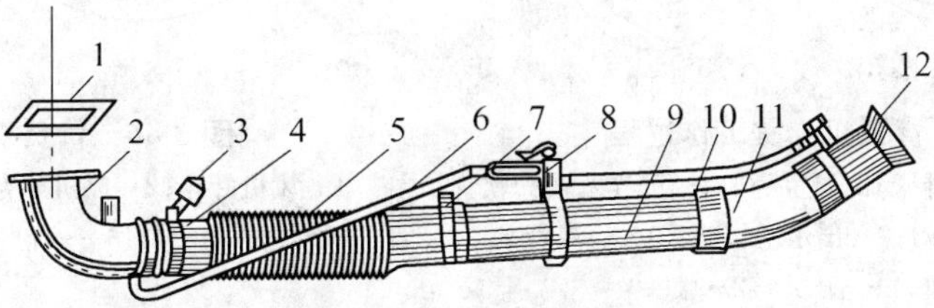

图3-44　弥雾喷管装置

1—弯头橡胶垫片；2—低压聚乙烯弯头；3—出水塞接头；4、7—卡环；5—蛇形管；6、10—输液管；8—手把开关；9—直管；11—弯管；12—喷头体

②喷粉装置。需将弥雾喷粉头的输液管、出水塞、喷头、卡环卸下来，把输粉管一端装在弯头的下粉口上，另一端插在粉门体的出粉口上，再用卡环分别固定。

③长塑料薄膜喷粉管。如图3-40所示，撒布粉剂农药时，将塑料薄膜管插入蛇形管口，再用卡环固定，喷管上的小孔应朝向地面。

④超低量喷头。结构如图3-32所示，作业时只要将弥雾通用式喷头改为超低量喷头即可。

2. 弥雾喷粉机的工作原理

(1)弥雾工作过程　如图3-45所示，离心式风机在发动机带动下高速旋转(5 000 r/min)，产生高速气流，其中大部分经风机出口进入喷管，少部分气流经进风阀和送风加压组件进入药箱上部，对药液加压，加压后的药液经出液口，输液管和把手开关从喷头喷出，喷出的药液受喷管吹来的高速气流冲击，破裂呈很细的雾滴，又被高速气流载送到远方，弥散沉降在作物上。

（2）喷粉工作过程　如图 3-46 所示，离心式风机高速旋转产生的高速气流，大部分经出口进入喷管，少部分经进风阀进入药箱内的吹粉管，然后从管壁上的小孔冲出来，将箱底药吹松扬起，向压力较低的出粉门推送，同时从风机出来的大部分高速气流经弯管时，使输粉管内形成一定负压，在推动和吸力双重作用下，药粉迅速进入喷管，被高速气流充分混合后，从喷头喷出，扩散到远方，沉降在作物上。

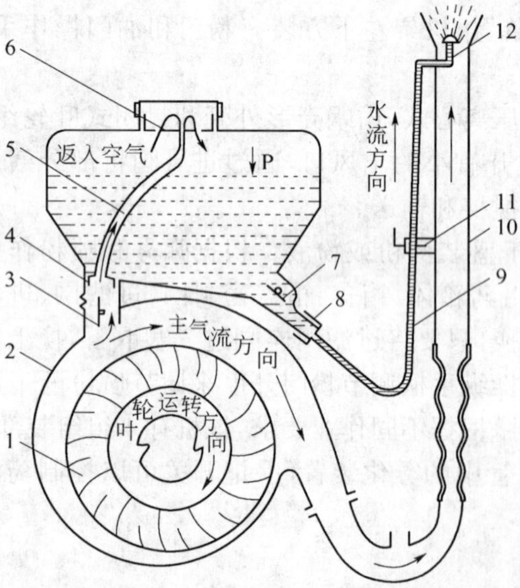

图 3-45　背负机弥雾工作过程

1—风机叶轮；2—风机外壳；3—进风阀；4—进气塞；5—软管；6—滤网；7—输液门；8—出水塞接头；9—输液管；10—喷管；11—开关；12—喷头

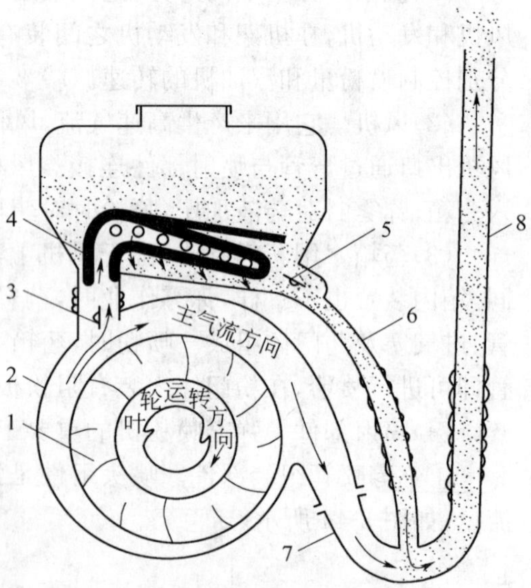

图 3-46　背负机喷粉工作过程

1—风机叶轮；2—风机外壳；3—进风门；4—吹粉管；5—粉门口；6—输粉管；7—弯头；8—喷管

五、相关实践资讯

（一）工农-16 型喷雾机的使用与调整

1. 机具的准备

①新皮碗应在机油或动物油中浸泡 24 h 以后再安装。

②在塞杆的螺纹一端依次装上泵盖毡圈、毡托、垫圈、两套皮碗托和皮碗；6 mm 厚垫圈和弹簧垫圈，最后拧紧六角铜螺母，安装后的皮碗不应有明显的变形。

③组装泵筒。在泵筒端依次装上进水垫圈，进水阀座和吸水管，泵桶与进水阀座要拧紧。

④塞杆组件与泵桶组件的装配。将塞杆组件装入泵筒组件时，应将皮碗的一边斜放在泵筒内，然后再旋转塞杆，将塞杆竖直，用另一只手帮助把皮碗边沿压入泵筒内（不能硬行塞入），然后将盖旋入拧紧。

⑤喷头的组装。首先要适当选择喷头片孔径和垫圈的数目。喷头片孔径大，则流量大，适用于较大作物；反之则流量小，雾滴细，适用于作物苗期。喷头片下垫片多，则涡流室变深，使药液涡流作用减弱，离心力和雾化锥角变小，雾滴粗，所以选择垫圈数量要适当，喷孔

片和垫圈位置不能装错，否则影响喷雾质量。

2.药液的配制

各种农药都有自己的特点和使用范围，由于药剂的有效成分不同，对病、虫、杂草的作用和效力也不一样，同时病、虫、杂草种类繁多，作物品种和生长情况不同，对药剂的反应也不一样，因此配制药液应按照农药使用说明书的规定进行，如果农药是可湿性粉剂，应先调制糊状，然后再加清水搅拌，过滤；如果农药是乳剂，则先放清水后加原液至规定浓度，再搅拌，过滤。

3.安全操作

①喷药一般应在无风的晴天进行，阴雨天或将要下雨时不宜施药，以免被雨水冲失，如在有风时喷药，应注意风向，一般应在上风头向下处喷药，如风速很大，则应停止喷药。

②喷药应注意均匀、适量、周到，如喷药过多浪费药剂，喷药太少，则效果不好。一般常规都是针对性喷雾，直接对准作物的茎叶全部喷施即可。

③工作前，操作者应先扳动摇杆，每分钟扳动 18～25 次为宜，使空气室压力达到 303.975～405.3kPa，然后打开开关进行喷药。喷药时还要连续平稳地扳动摇杆，以保持空气室的正常压力和喷头的雾化质量。

④每次加注药液时，切勿超过桶身所示的水位线位置，空气室的药液超过夹环(即安全水位线)时，应立即停止打气，以免空气室爆炸。

⑤操作者要防止药液接触身体，行走路线可以采取倒退打药，隔行打的方法。

⑥任何时候都不要用手拎喷雾机连杆，以免损坏喷雾机的传动部分。

4.工农-16 型喷雾机的常见故障及排除方法

工农-16 型喷雾机的常见故障及排除方法如表 3-3 所示。

表 3-3　工农-16 型喷雾机的常见故障及排除方法

故障现象	产生原因	排除方法
扳动摇杆感觉沉重	①皮碗扎住 ②活动部位生锈 ③出水阀堵塞 ④塞杆弯曲	①拆下整形并加油 ②拆后磨净磨光打油 ③洗刷玻璃球清除杂物 ④矫直塞杆
扳动摇杆不感到有阻力	①皮碗干涸变硬或损坏 ②进水阀中有杂物 ③漏装玻璃球	①拆下浸油或更新品 ②拆开清除杂物 ③补装玻璃球
泵桶顶端漏水	①药液加得过满，超过泵桶上回水孔 ②皮碗损坏	①倒出一些药液，使其在水位线内 ②更换皮碗
喷不出雾	①喷孔堵塞 ②喷头斜孔堵塞 ③滤网堵塞 ④出水阀堵塞	①清除杂物 ②清除杂物 ③清除杂物 ④清除杂物

续表 3-3

故障现象	产生原因	排除方法
雾化不良或不成圆锥状	①喷孔堵塞 ②喷头片孔不圆或不正	①清除杂物 ②更换新喷头片
喷杆处漏水、开关漏水或转不动	①开关帽松动 ②密封圈损坏 ③开关芯粘住	①拧紧开关帽 ②更换密封垫 ③拆下清洗,加油
其他接头处漏水	①螺帽松动 ②垫圈干缩 ③垫圈失落	①拧紧螺纹 ②浸油或更换 ③装入新垫圈

(二)丰收-10 型手动喷粉机的使用

1. 维护保养和保管

①定期向各润滑部位加注润滑油或黄油。

②每班作业结束后,将药粉箱和风机及喷粉管内残留的药粉清除干净,尤其遭遇雨淋后,应将粉门处拆开,清除黏结的药粉,以防粉门卡死或堵塞。

③机器要长期停放,应将塑料弹簧管卸下,放在阴凉通风的地方,不得压挤,以防硬化,发霉和损坏,药粉箱内和机架各部的黏附药物应清除干净,以防腐蚀。零散件如万向节,前支架等均应包装好,分别进行保存。

2. 故障分析

丰收-10 型手动喷粉机的常见故障及排除方法如表 3-4 所示。

表 3-4　丰收-10 型手动喷粉机的常见故障及排除方法

故障现象	产生原因	排出方法
手柄摇不动	①药粉内含有杂物,搅拌器、松粉盘或风机叶轮堵塞 ②齿轮箱受震动变形 ③密封垫圈损坏后药粉进入轴承内部与黄油腻结	①清除杂物 ②矫正弯形零件 ③更换新密封圈
喷不出粉或喷很少药粉	①内排粉口堵塞 ②粉剂太潮,使箱内形成架空现象 ③搅拌器、排粉器失灵不能将粉输送到排粉口	①拆下松粉盘,清除杂物 ②晒干碾细后使用 ③检查搅拌器,排粉器排除故障
风机进风口向外喷粉	①喷粉量过大 ②喷粉管堵塞 ③喷孔堵塞	①调整排粉量 ②清除粉管杂物 ③清除喷孔杂物
长塑料管内积粉	①风机转速不稳 ②风量过大或过小 ③喷粉管喷孔堵塞	①风机转速正常 ②调整风量 ③清除杂物

(三)东方红-18 型机动弥雾喷粉机的使用

东方红-18 型机动弥雾喷粉机使用汽油机作动力,它的使用维护保养等操作要求应按该使用说明书执行，在每次弥雾、喷粉或超低量喷雾工作时，都必须使汽油机稳定在正常转速——5 000 r/min才开始工作，以保证作业质量。

1. 使用注意事项

①进行大田弥雾喷粉作业时，要顺着风向喷洒，利用风力增加喷幅，防止操作人员药物中毒。

②向药箱装药粉时要先关好粉门和风门，所加的药粉要干燥，不能有结块和杂质。

③作业时应待风机运转正常后，才能打开排粉门（或药液开关）喷洒药粉（或药液），停机时必须先关排粉门（或药液开关），降低转速后再停车。若停车后再关排粉门，会使药粉（或药液）集中落于作物上，造成药害。

④弥雾作业前要在药箱内加入清水进行试喷，以检查管路有无堵塞，渗漏以及喷头的雾化情况，并且通过试喷校准喷量，以确定机组行走速度。

2. 保养和保管

①每班作业完毕要清除箱内残药，还要加水清洗药箱，弥雾作业后，还要清洗喷雾系统，喷粉作业清洗后要擦干药箱。

②检查各部位连接处坚固情况，发现问题及时处理，使该机保持完好状态。

③长喷管在拆卸前，应空机运转1～2 min，将管风残粉吹净。

④汽油机保养存放按说明书执行。

3. 故障分析

东方红-18型机动弥雾喷粉机的常见故障及排除方法如表3-5所示。

表3-5　东方红-18型机动弥雾喷粉机的常见故障及排除方法

故障现象	产生原因	排除方法
喷雾量少或不喷雾	①喷嘴或空心轴堵塞 ②开关堵塞 ③进风门没打开 ④药箱盖漏气 ⑤汽油机转速过低	①清洗喷嘴或空心轴 ②开启进风门 ③拧下转芯清洗 ④盖严胶圈是否损坏或变形 ⑤检查调整汽油机
药液进入风机	①进气塞或进气胶圈封不严或胶圈腐蚀 ②进气塞与过滤网之间的进气管脱落	①更换进气胶圈 ②重新安好或更换进气管
手把开关漏水	①开关压盖没拧紧 ②开关芯上垫圈磨损	①拧紧压盖 ②更换垫圈
出粉量少或不喷	①粉门未全开，药粉潮湿 ②吹粉管脱落，粉门堵塞 ③进风门没打开	①全部打开粉门，换用干燥药粉 ②重新安装好吹粉管，清除堵塞 ③打开进风门
药粉进入风机	①吹粉管脱落 ②吹粉管与进气胶圈密封不严 ③加药粉时进风门未关	①重新安装好 ②更换进气胶圈 ③先关风门再加药粉

六、拓展知识——静电喷雾技术

1. 静电喷雾的原理与特点

静电喷雾技术是给喷洒出来的雾滴充上静电，使雾滴与植株之间产生电力，这种电力可

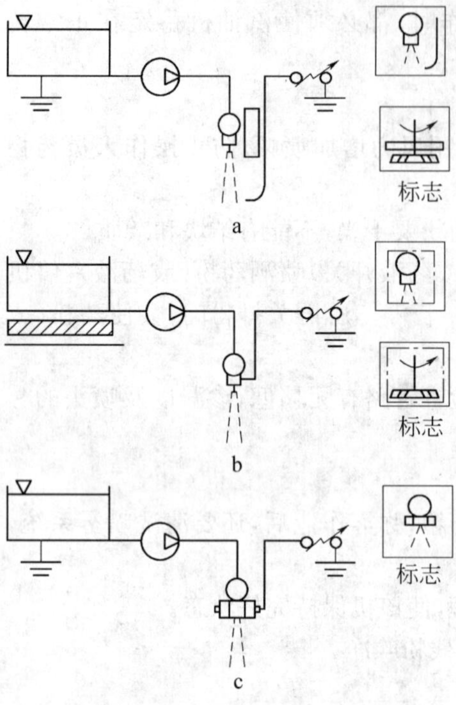

图 3-47　充电方式

a—电晕充电；b—接触充电；c—感应充电

以改善雾滴的沉降与黏附，并减少飘逸。

静电喷雾装置的工作原理是通过充电装置使药液雾滴带上一种极性的电荷，同时，根据静电感应，地面上的目标物将引发出与喷嘴极性相反的电荷，并在两者间形成静电场。在电场力的作用下，带电雾滴受植株表面异性电荷的吸引（实际上雾滴还受到重力、风力和惯性力等作用），加速向植株的各个表面飞去，不仅正面，而且能吸附到它的反面。据试验，一粒 20 μm 的雾滴在无风情况下（非静电状态），其下降速度为 35 m/s，而一阵微风却使它飘移 100 mm。但在 105 V 高压静电场中使该雾滴带上表面电荷，则会使带电雾滴以 400 m/s 的速度直奔目标而不会被风冲跑。因此，静电喷雾技术的优点是，提高了雾滴在农作物上的沉积量，雾滴分布均匀，减少了飘移量，节省农药，提高了防治效果，减少了对环境的污染。

2. 充电方式

静电喷雾的技术要点，首先需要使雾滴带电，同时与目标（农作物）之间产生静电场。静电喷雾装置使雾滴带电的方式主要有 3 种即电晕充电、接触充电和感应充电。

图 3-47 a 是电晕充电。充电时起晕电极和高压电发生器相连，在电极尖端，电场强度最高区，出现电晕放电，形成大量的正、负离子。与起晕电极相异的离子在这里被电极吸引，成为中性。同起晕电极相同的离子在这里被排斥，使电极周围形成电离。于是从这里经过的雾滴经强烈的离子袭击后，便具有与起晕极相同的电荷。电晕充电可以用在液力喷头和旋转喷头上。

图 3-47 b 是接触充电。充电过程是将高压电直接连接在正在雾化的液流上。当液流从处于高电压的喷头（即电极）喷出来，或由旋转圆盘（电极）的离心力抛出来，便带有电荷。使用接触充电，整个机器必须充分绝缘。

图 3-47 c 是感应充电。若将一个导电粒子放入电场内，那么这个粒子的表面便分成正、负电荷区，产生电荷分离。如果这个粒子离开了电场，粒子内部立刻会重新使电荷平衡，粒子也重新成为中性。相反，若在可导电的液流周围放置一个电场，并且在液流分散成雾滴后，通过感应立即使电荷分离，于是电荷不平衡，雾滴因此而带上电荷。感应充电时，电压相对较低。

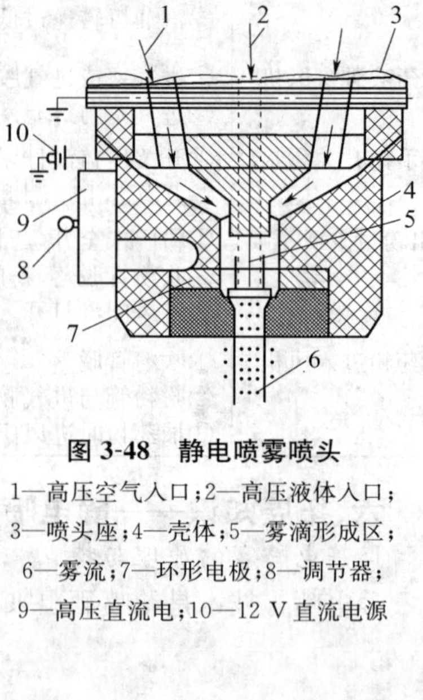

图 3-48　静电喷雾喷头

1—高压空气入口；2—高压液体入口；3—喷头座；4—壳体；5—雾滴形成区；6—雾流；7—环形电极；8—调节器；9—高压直流电；10—12 V 直流电源

3. 静电喷雾喷头的结构

常用的静电喷雾喷头的结构如图 3-48 所示，喷头座的中央为药液管，周围有倾斜的气管。喷头由导电的金属材料制成，它是“接地”的或与大地接通，从而使液流保持或接近于大地电位。在雾滴形成区所形成的雾流，其雾滴因静电感应而带电，并被气流带动吹出喷头；喷头壳体是由绝缘材料制成的。高压直流电源的作用是将低压输入变高压输出，电压可在几千伏到几万伏的范围内调节。高压电源是一个微型电子电路，其中的振荡器可使低压直流变为高压交流输出；变压器将振荡器的低压交流变为高压交流输出；整流器将变压器的高压交流输出变换为直流电；调节器用来调节高压交流输出电压，高压电源通过高压引线接到电极上。

学习情境3-3　排灌机械的使用与维护

一、学习目标

根据排灌的农业生产技术要求，掌握排灌机械的结构及工作原理、水泵的总体安装、水泵的常见故障及其排除方法。

二、能力目标

有关能力目标如表3-6所示。

表3-6　排灌机械的使用与维护中心的能力目标

专业能力	方法能力	社会能力
①能按服务规定接待修理客户 ②能接收水泵简单修理项目 ③能对排灌机械的故障进行排除 ④能对排灌机械的零部件常见的损坏状况进行感官检验和尺寸测量，做出可否继续使用、送修和报废的结论 ⑤能用钳工工具和设备修配简单零件 ⑥能用气焊、电焊等设备进行简单的焊接作业 ⑦能进行排灌机械的拆装与清洗 ⑧能进行承修项目简易的质量检验	①团队工作能力 ②沟通能力 ③小组成员的协作能力 ④责任意识	①对信息的收集能力 ②使用信息资源制订工作计划 ③能独立使用媒介完成学习任务 ④工作结果的评价与反思

三、工作任务

能正确使用与维护排灌机械。

四、相关理论资讯

(一)灌溉的方式和灌溉系统的组成

1.农业生产上采用的灌溉方式

农业生产上通常采用的灌溉方式有地面灌、地下灌、喷灌、滴灌等4种。

(1)地面灌　将水源的水提到地面以上，再由沟渠引水，进行畦灌、沟灌和漫灌，在我国沿用已久。该方法简单、投资少，但水量消耗大，不适合我国当前状况。

(2)渗灌　又称地下灌，在田间的地下设置专用管道，借毛细管作用自下而上浸润土层，这种方法较地面灌能节省沟渠用地，但铺设地下管的工程大、投资多，且供水管路易堵。

(3)喷灌　将水源的水以一定压力送往田间，然后通过喷头把水喷向空中，呈雨滴状散落于地面浸润土壤。这种方法省水，有利于土壤团粒结构的保持，对地形的适应性强，但投资高，维护要求较高。

(4)滴灌　将水增压后，经过滤再通过低压管送到田间的滴头上，以点滴方式滴入作物根部满足作物对水的需求。该方法省水，利于增产，是一种较好的灌溉方法，但投资高，滴头维护困难。

喷灌和滴灌是近几年发展起来的先进灌水技术，与地面灌溉比较，它们具有省水、增产等许多优点，是灌溉机械化的发展方向。

2. 农田灌溉设备的组成

凡利用各种能源和动力向农田灌水或排水的机械都可称为农田排灌机械，有如下 4 种灌溉系统。

(1)地面灌溉系统　由水源、抽水设备和田间渠道工程组成。抽水设备由水泵动力机组和进、出水管道组成。

(2)喷灌系统　由水源、喷灌设备和田间工程组成。喷灌设备主要由水泵动力机组、输水管道和喷头组成，有些喷灌系统还有行走、量测、控制等设备。

(3)滴灌系统　由水源和滴灌设备组成。滴灌设备由首部枢纽(加压、施肥、过滤、控制等设备)、管道系统和滴头组成。

(4)地下灌溉系统　由水源、抽水设备和地下管道系统组成，抽水设备由水泵动力机组和进水管道组成。

灌溉系统的类型虽然不同，但其灌溉设备都有动力机、水泵和管道，只是管道系统的组成和供水部件(喷头、滴头、供水管)有所区别。

(二)水泵的种类和性能

水泵是把动力机的机械能传给水，以增加水的位能、动能或压力能，使之从一处扬送至另一处的水力机械。

1. 水泵的种类

根据工作原理和结构形式的不同，水泵可分为 3 大类。第一类是叶片式泵，靠转动的叶轮工作；第二类是容积泵，靠活塞、柱塞或转子改变泵腔中的容积进行工作；第三类是特殊类型的泵，如射流泵和水锤泵等。农业生产中常用的是叶片泵，按其结构原理有 3 种基本类型：离心泵、混流泵和轴流泵，图 3-49 至图 3-51 分别为 3 种类型水泵的外形。

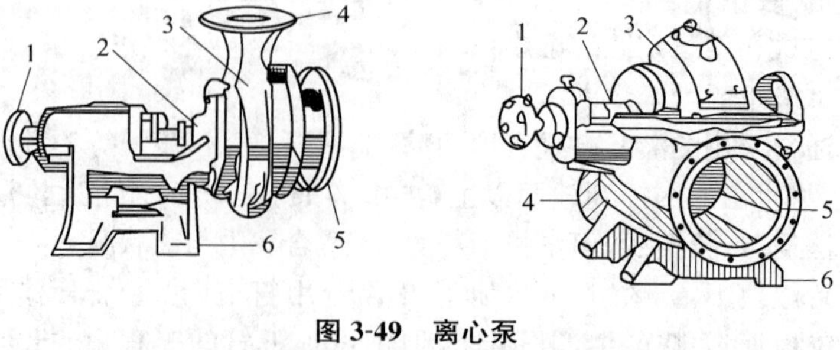

图 3-49　离心泵

1—联轴器；2—填料函；3—泵体；4—出水口；5—进水口；6—泵座

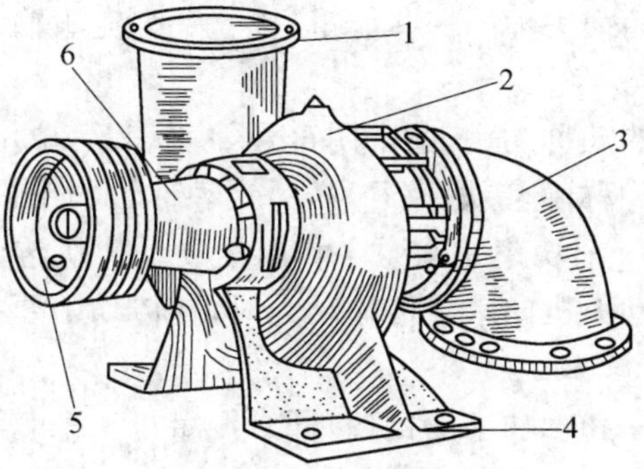

图 3-50　混流泵

1—出水口；2—泵壳；3—进水弯管；4—底座；5—带轮；6—轴承怠

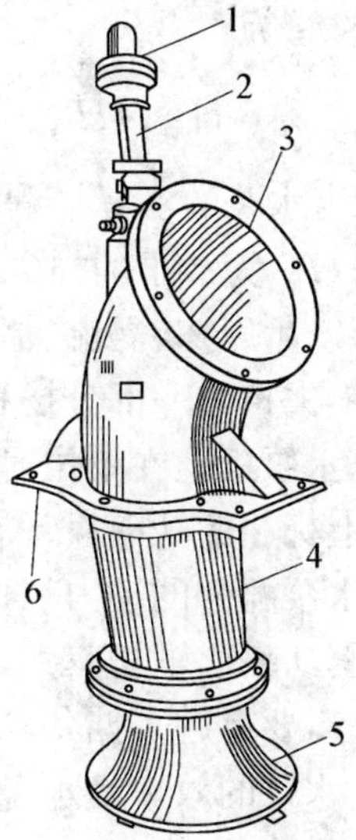

图 3-51　轴流泵

1—联轴器；2—泵轴；3—出水弯管；4—导叶体；5—进水喇叭；6—水泵支座

2. 水泵的性能

在每台水泵的机壳上均标有铭牌，其上标出了该水泵的型号和主要性能参数。通常说明水泵性能的参数有流量、扬程、功率、转速、允许吸上真空高度等，通过这些参数即可一目了然地知道该泵的性能。

(1)流量　水泵的流量是指水泵在单位时间内扬出水的数量，故又称出水量。通常用字母 Q 来表示，单位为 m^3/h。

水泵铭牌上的流量是指水泵在额定转速下，工作时的流量，因受其他性能参数变化的影响，常常会有所变化。

(2)扬程　水泵的扬程指水泵将水扬高的能力，通常用字母 H 来表示，单位为米水柱，简称 m。

水泵铭牌上的扬程是指水泵在额定转速下，最佳工况时的总扬程，又称额定扬程。水泵机组的总扬程应包括吸水扬程和压水扬程两个部分，如图 3-52 所示。

水泵机组的总扬程，用公式表示为：

$$H_{总}=H_{吸}+H_{压}$$

式中：$H_{吸}$ 表示水泵能吸上水的高度，它包括实际吸水扬程量 $H_{实吸}$(进水池水面至水泵轴心线的垂直距离)和吸水损失扬程 $H_{吸损}$(吸水管路的损失扬程)两部分；$H_{压}$ 表示水泵能压上水的高度，它包括实际压水扬程 $H_{实压}$(水泵中心线至出水池水面的垂直距离)和压水损失扬程 $H_{压损}$(压水管路的损失扬程)两部分。

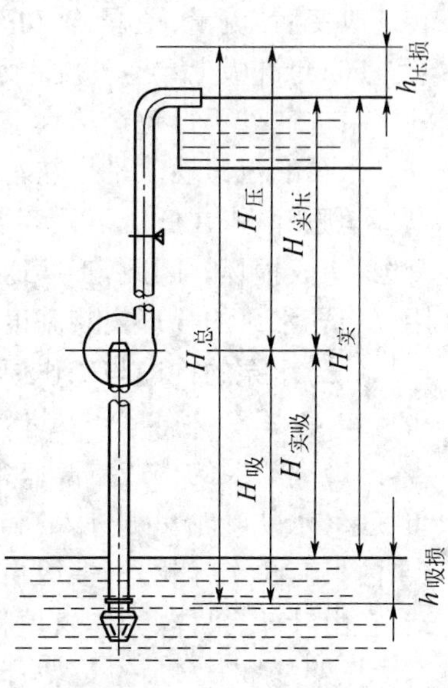

图 3-52　离心泵的扬程

上式也可改写为：

$$H_{总}=H_{实吸}+H_{吸损}+H_{实压}+H_{压损}=H_{实}+H_{损}$$

显然，$H_{实}$ 为水泵的实际扬程，它是水泵进水池水面和出水池水面之间的垂直距离，故又称地形高度；$H_{损}$ 为水泵的损失扬程，它是水泵机组在扬水过程中水流通过水管、弯头、阀门等零部件时，产生摩擦、涡流、泄漏等现象而损失掉的一些能量，也就是为克服输水过程中的各种阻力而损失掉的一部分扬程。

(3)功率　水泵机组在单位时间内所做的功称功率，通常用符号 P 来表示，单位为 kW。

水泵铭牌上标注的功率通常有两种，一种称配套功率($P_{配}$)，另一种称轴功率($P_{轴}$)。配套功率是与该水泵配套的动力机应有的功率；轴功率是水泵工作时需要动力机传到水泵轴上的功率。配套功率比轴功率大，这是因为动力机向水泵传输动力时，在传动中要损失掉一些功率，同时还需要有超载储备功率。

(4)效率　水泵的效率是水泵的有效功率和轴功率的比值，通常用字母 η 来表示。其计算公式为：

$$\eta=\frac{P_{效}}{P_{轴}}\times 100\%$$

式中的有效功率 $P_{效}$ 指水从水泵得到的功率，所以又称水泵的输出功率，是水泵机组所做的有用功，可以通过水泵的流量和扬程的大小计算出来。

水泵铭牌上的效率是指该水泵在额定转速运行时，可能达到的最高效率值。效率越高的水泵，损失的功率越小，对动力的利用越充分，因此经济性较好。通常农用泵的效率 η 为 60%～85%。

(5)转速　水泵的转速指水泵轴每分钟的转数，通常用符号 n 来表示，单位为 r/min。

水泵铭牌上的转速是该泵的额定转速。使用水泵时要尽量保持在额定转速运行，因为转速改变后，流量、扬程、轴功率均会相应变化，引起水泵效率的降低，甚至造成水泵损坏。

(6)允许吸上真空高度　水泵的允许吸上真空高度是为避免水泵发生汽蚀现象而规定的水泵进口处不得超过的真空度值，通常用符号 $H_{允}$ 来表示，单位为 m。

水泵的汽蚀现象是指在水泵进口处的真空度太大时，叶轮进口处的压力将降得很低，按物理学原理，水在低压下很容易汽化，使水泵内产生震动和噪声，从而引起化学腐蚀和机械剥蚀，造成损坏。因此，工厂通过试验后规定了不致发生汽蚀现象的允许吸上真空高度值，用以指导水泵的合理安装高度。

(三)水泵的构造与工作原理

1. 离心泵

(1)离心泵的构造　离心泵是应用最广的一种水泵，离心泵按叶轮的进水方式不同分为单吸泵(水从叶轮一侧进入)和双吸泵(水从叶轮两侧进入)；按叶轮的数量不同分为单级泵(泵内只有 1 个叶轮)和多级泵(泵内有两个以上叶轮)。图 3-53 为单级单吸式离心泵的构造，它由叶轮、泵体(壳体)、填料、密封装置、轴承、托架等组成。

托架是整个水泵的支架，下部用地角螺钉固定于基座上，上部用两个轴承支承泵轴并由油室里的润滑油对轴承进行润滑。由于叶轮在泵轴一侧，故此型泵又称单级单吸悬臂式水泵。

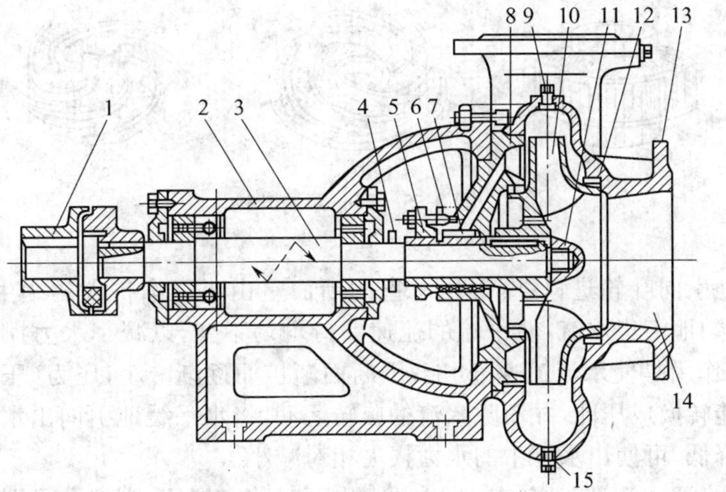

图 3-53　单级单吸式离心泵的构造

1—联轴器；2—托架；3—泵轴；4—挡水圈；5—填料压盖；6—填料；7—水封环；8—泵盖；9—放气螺栓；10—叶轮；11—叶轮固定螺母；12—减漏环；13—泵体；14—进水口；15—放水螺栓

(2)工作原理　离心泵使用时一般安装在水面以上一定高度的地方，用进水管和水源相通，如图 3-54 所示。离心泵在抽水前要先将泵体和进水管中灌满水，水泵开动后，叶轮带着水高速旋转，水在离心力的作用下，从叶轮槽甩向四周，再受泵壳的限制而导向出水管。同时，叶轮内的水被甩出后，其中心部位，即泵的进口处形成了真空低压区，它与水源水面之间形成了压力差，于是水源中的水在大气压力作用下，冲开滤网内的底阀，沿着进水管进入叶轮，补充被叶轮甩出的水。这样，叶轮不断旋转，离心泵就不断地把水从低处抽送到高处。

(3)主要工作部件

①叶轮。水泵的叶轮多用铸铁制造，它是水泵的最主要部件，因为动力机的能量就是通过它传递给水，使水的能量增加的，因此，它的设计制造水平，对泵的效率有极大的影响。叶轮分封闭式、半封闭式和敞开式 3 种，如图 3-55所示。

图 3-55a 是封闭式叶轮，即在叶片的两侧有前盖板和后盖板，盖板间夹有 6 个扭曲的叶片，叶片和盖板内壁构成弯曲的流道称为叶槽。叶轮前盖板中间有一个进水口，水泵把水从进水口吸入，流过叶槽，再从叶轮外缘四周甩出，水流流经叶轮的方向是轴向进水，径向出水。

图 3-55b 为半封闭式叶轮，只有后盖板，常用在长轴井泵中。

图 3-55c 为敞开式叶轮其前后均无盖板，常用来抽吸带有杂物的水，以防阻塞叶轮。这种泵效率一般偏低。

图 3-54　离心泵的工作原理

1—压水管；2—叶轮；3—泵壳；4—吸水管；5—底阀

②泵壳(泵体)。泵体由进水接管、蜗形压水室(蜗壳)和出水接管整体浇铸而成。进水接管为渐缩锥形管，作用

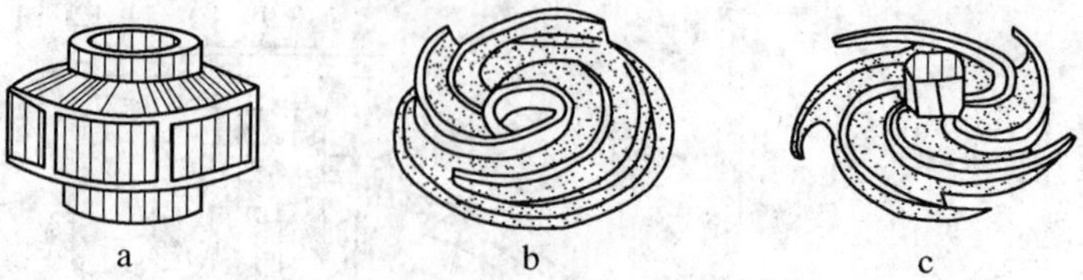

图 3-55 离心泵的叶轮

a—封闭式；b—半封闭式；c—敞开式

是把水流均匀地引向叶轮进口；蜗形压水室的断面呈由小逐渐扩大的蜗牛壳状，故又称蜗壳，其作用是均匀地汇集水流，使水流的流速保持均匀不变，以减小水力损失。出水接管是渐扩的锥形管，作用是使水流流速（动能）因断面渐扩而逐渐减小，压力（压能）逐渐增大，从而使大部分动能转换成压能，并消除水流的旋转运动，将水平缓地引向出水管。由于流速在水泵出口已被降低，可使出水管中的水力损失相对减小。

在进、出水接管法兰盘上，各有一小螺孔，出厂时装有螺栓，小螺孔分别用来安装真空表和压力表之用。蜗形压水室（蜗壳）顶部设有一放气孔，以便启动前往泵内灌水时排出泵内空气。底部设有放水孔口，平时用螺栓堵住，在冬季停用时打开螺栓，可放空泵壳内存水，以防冻裂，如图 3-53 所示。离心泵的出水接管连同泵壳，可向左右各调转 90°安装以适应出水口不同朝向的要求。

③密封环（口环）。叶轮是旋转部件，而泵壳是固定部件，二者之间需留有一定间隙。叶轮进水口处是低压区，而叶轮盖板处是高压区，为防止高压水经此间隙流向叶轮进口，增大容积损失，降低水泵效率，间隙不能过大。但间隙过小则叶轮与泵壳会产生摩擦，造成损坏。为防止大量漏水，同时为防止磨坏叶轮或泵壳，泵在靠近叶轮进口处的泵壳上，安装一圆形铸铁环，磨损后只需更换此环，不必更换叶轮或泵壳，故此环又称减漏环，因其常装在叶轮进口附近，故又称口环。

④填料函。叶片泵在泵轴穿出泵壳处，均设有填料密封装置，以防止泵内高压水流向泵外或空气进入泵内。填料函由填料、填料压盖、水封环等组成，如图 3-56 所示。填料多用油浸石棉绳制成，将其压成矩形断面，外表涂以石墨粉，它能够耐高温、耐磨损和稍有弹性。将适当数量的填料装入填料函并用填料压盖适度压紧，即可达到防漏（水漏出或气漏入）的要求。填料压挤的松紧程度，可用压盖上的螺栓来调节。

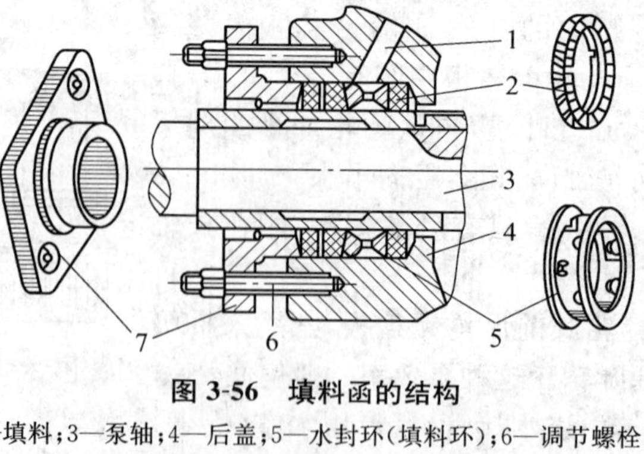

图 3-56 填料函的结构

1—引水孔；2—填料；3—泵轴；4—后盖；5—水封环（填料环）；6—调节螺栓；7—填料压盖

水封环夹在填料中间，是一个外周带凸缘的铸铁圆环，环上有小孔，泵内高压水通过水封管压入水封环，再从环上的小孔和周边渗入填料中，起到水封、润滑和冷却泵轴(轴套)的作用。水封环的安装位置，必须正对着填料室上的引水孔。

⑤泵轴和轴承。轴是能量传递部件，轴用轴承支承，叶轮固定在一端，另一端装有联轴器或带轮与动力机相联，在动力机的驱动下，轴带动叶轮旋转，把动力机的机械能传给叶轮，再由叶轮传递给水，从而使水的能量增加。

泵轴要有足够的刚度和强度，一般采用优质碳素钢制造。加工面不得有麻面损伤等缺陷，并要求顺直，以免在运行时引起叶轮左右晃动，造成叶轮、密封环或其他部件的发热、磨损。轴承的作用首先在于减小轴转动时的摩擦力，使泵保持较高的机械效率，同时还要支承转动部分的重量(指重力)和承受泵在运行中产生的轴向推力。农用水泵上所采用的轴承，有滚动轴承、滑动轴承和橡胶轴承 3 种。一般离心泵和混流泵上多采用滚动轴承，轴流泵的中部和下部采用橡胶轴承。

2. 轴流泵的构造与工作原理

(1)轴流泵的构造　轴流泵按泵轴在工作时的位置，可分为立式、卧式(水平轴式)和斜式 3 类，以立式应用较多。立式轴流泵主要由泵壳、泵轴、叶轮、导叶体等部件组成，如图3-57所示。

(2)轴流泵的工作原理　轴流泵的抽水原理与离心泵不同，它主要是利用叶轮旋转时所产生的轴向推力来抽水的，与电风扇的原理相仿，如图 3-58 所示。轴流泵工作时，叶轮在水中高速旋转，不断地把叶片背后的水往前推送，使叶轮上方的水压增加，转动越快压力也越大，水就由低处被抽送到高处。

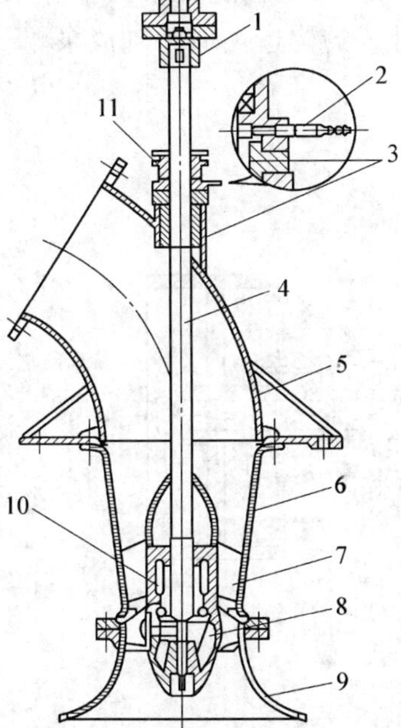

图 3-57　轴流泵的构造

1—联轴器；2—短管；3、10—橡胶轴承；4—泵轴；5—出水弯管；6—导叶体；7—导叶；8—叶轮；9—进水喇叭；11—填料

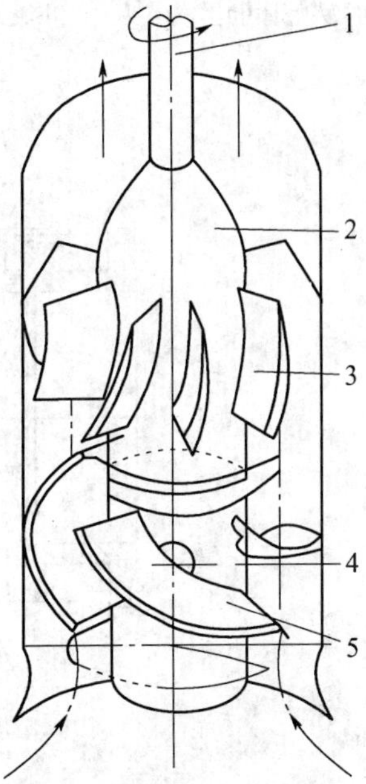

图 3-58　轴流泵的抽水原理

1—泵轴；2—导水器壳体；3—导叶体；4—叶轮轮壳；5—叶片

(3)主要工作部件

①叶轮。轴流泵的叶轮都是敞开式的，一般由 3～6 个扭曲叶片构成，它的叶轮轮毂粗大，如图 3-59 所示。

②进水喇叭。装于水泵下部，便于引导水流，减少泵入水处的水力损失。

③导叶体。导叶体呈锥形，安装在叶轮的上面，由 3～5 个叶片组成，其主要作用是把从叶轮中流出的旋转水流转变为向上的轴向运动，并逐渐减小流速，把动能转变为压力能，将水压到高处。

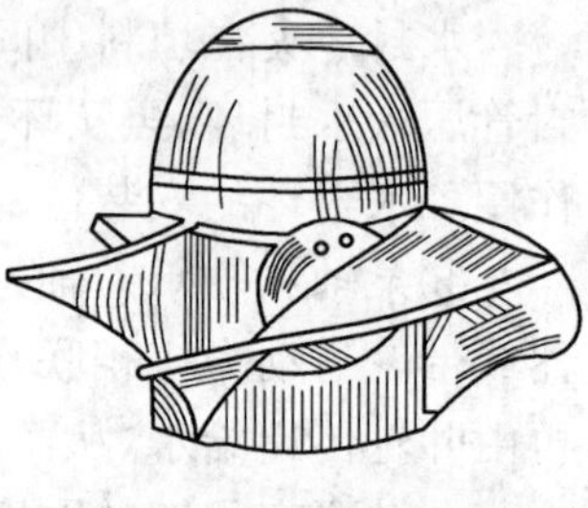

图 3-59　轴流泵叶轮外形

④轴承。轴流泵有两种轴承。一种用橡胶制成；共有两个，一只装在导叶体中部，另一只装在出水弯头处。这种轴承结构简单、质量轻，制造容易，耐磨性好，并具有良好的弹性，能较好地吸收和消除振动，中小型轴流泵多采用这种轴承。轴承在运转过程中，依靠所抽的压力水来润滑，无需另加其他润滑剂。泵轴上端的轴承，因多高出水面，所以在填料函处装有一短管，供启动时灌水润滑，待水泵出水后，即靠压力水润滑，可停止灌水。另一种推力轴承主要用来承受水流作用在叶轮上的轴向推力和水泵传动部件的质量，保持转动部件的轴向位置，并将轴向推力传到固定泵体的基础上去。

3. 混流泵的构造与工作原理

混流泵有蜗壳式和导叶式两种，其结构如图 3-60 和图 3-61 所示。蜗壳式的构造类似于单吸离心泵，叶轮形状介于离心泵和轴流泵之间，如图 3-62 所示。离心泵的水流槽道与轴线垂直，水从轴向流入，并从垂直于轴倾斜的方向流出，蜗壳式混流泵的叶片水流槽与轴线倾斜，水从轴向进入，从与轴线倾斜的方向流出；导叶式的构造类似于轴流泵。

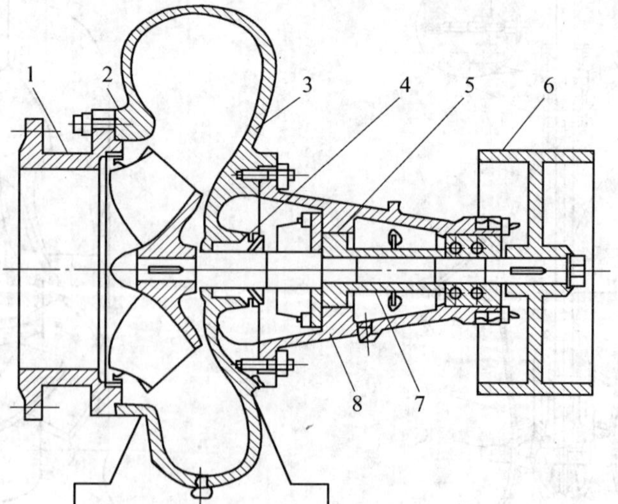

图 3-60　蜗壳式混流泵

1—泵盖；2—叶轮；3—泵体；4—填料；5—轴承；6—带轮；7—泵轴；8—轴承体

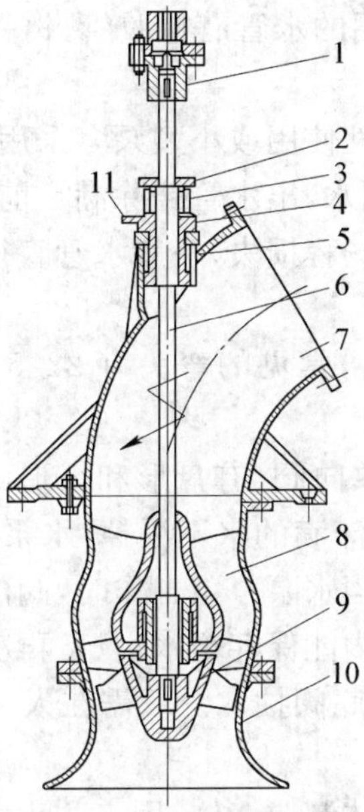

图 3-61　导叶式混流泵

1—刚性联轴器；2—填料压盖；3—填料；4—填料箱；
5—橡放轴承；6—泵轴；7—出水弯管；8—导叶体；
9—叶轮；10—进水喇叭；11—短管

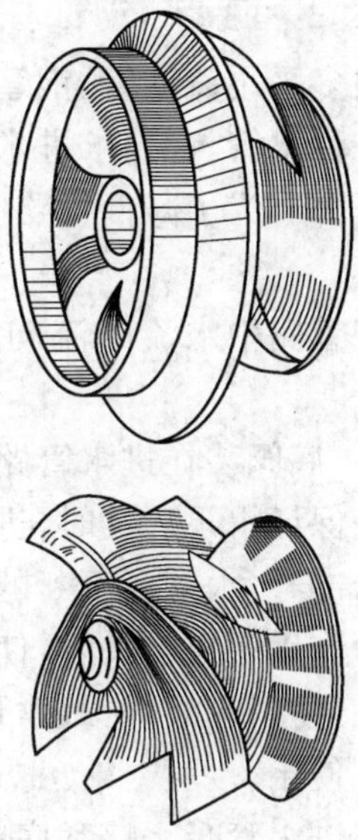

图 3-62　蜗壳式混流泵叶轮外形

(四)水泵的管路及附件

水泵配上动力后，还必须配有管路及其附件才能正常工作。管路系统包括进水管路(吸水管路)和出水管路(压水管路)。管路附件随不同机型而异。以离心泵为例，应包括滤网、底阀、真空表、压力表、闸阀、逆止阀或拍门及充水设备等。如临时使用的小型水泵可根据实际需要只配水管和底阀。图 3-63 为水泵配用的管路及其附件。

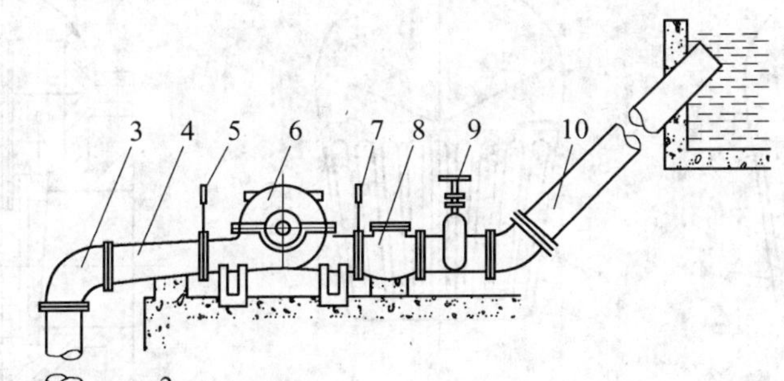

图 3-63　水泵配用的管路及其附件

1—底阀；2—吸水管；3—弯头；4—变径管；5—真空表；6—水泵；7—压力表；8—逆止阀；9—闸阀；10—压水管

(1)水管　根据所用材料的不同,管路系统所用的水管有橡胶管、铸铁管、钢管、混凝土管和塑料管等。

大型泵站多采用铸铁管、钢管、混凝土管,临时性使用或小型泵多采用橡胶管或塑料管。无论采用哪一种水管,都要求进水管路不漏气、不漏水,出水管路除满足前述要求外,还要求能承受一定压力。为了减慢管路中水的流速,减少扬程损失,一般水管直径要求比水泵口径略为放大。

为了改变管路中水流的流向,还需要配有弯头,常见的弯头有22.5°、45°、60°和90°等几种。

(2)底阀　底阀装在进水管路的下端,是一种单向阀,有盘形和蝶形两种,如图3-64所示。其功用是保证水泵启动时,进水管路和水泵内滞满的水不漏掉,水泵工作后,阀门因水流压力差被水冲开,水被泵不断的吸入出水管路。当水泵停止工作时,阀门在自重和进水管路中水的重力作用下自动关闭,使泵内和进水管路内能保存余水,以备再次启动。一般底阀的水力损失大,易引起故障,故常取消底阀,改为无底阀抽水。只需在人工灌水的小型离心泵和混流泵上使用。

滤网装在进水管吸水口和底阀的周围,常与阀体制成一体,用来防止水中杂物被泵吸入而造成事故。

(3)闸阀、逆止阀和拍门　闸阀装在离水泵出水口不远的出水管路上,其主要作用是在启动或停机时关闭出水管路,以降低启动功率和防止出水管路的水倒流,冲击水泵及其附件,保证停车安全。闸阀结构如图3-65所示。

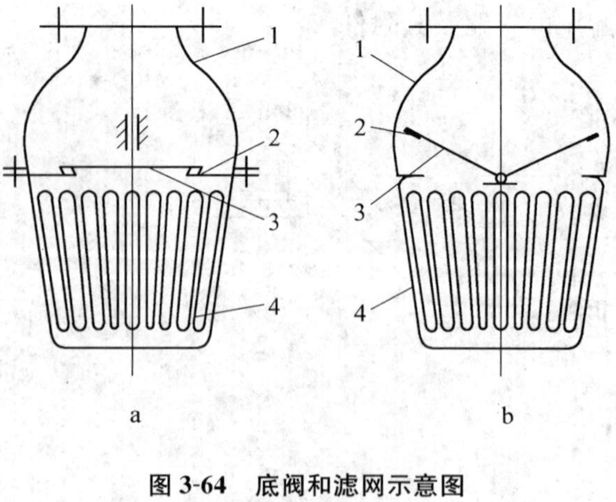

图3-64　底阀和滤网示意图

a—盘形阀;b—碟形阀;

1—阀体;2—橡皮垫;3—单向阀门;4—滤网

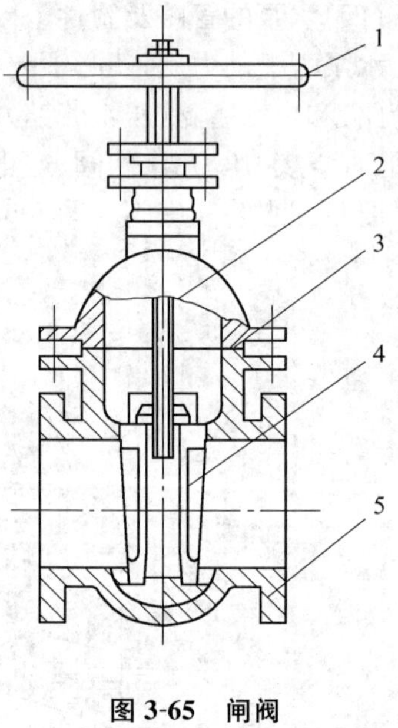

图3-65　闸阀

1—手轮;2—丝杆;3—阀盖;4—阀瓣;5—阀体

逆止阀和拍门都是单向阀,装在出水管路的出水口处,阻止水回流。当水泵发生意外或忽然停车时,逆止阀或拍门自动关闭,防止回水冲击损坏水泵及其附件。在扬程较高时,一般都要求安装逆止阀，如扬程不高，管道不长的小灌溉面积排灌站，采用拍门来替代闸阀和逆止阀。逆止阀和拍门的结构如图3-66所示。

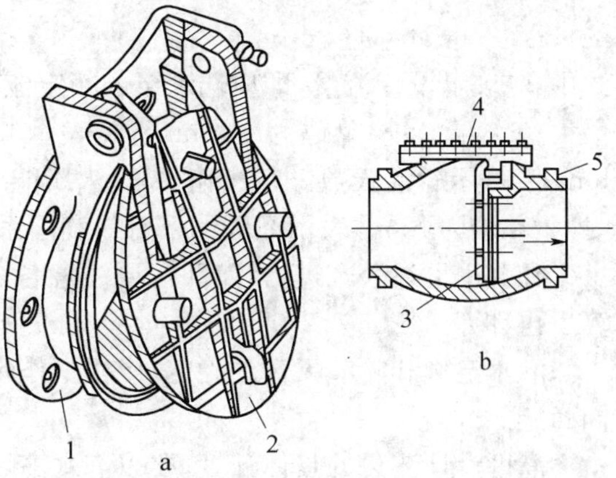

图 3-66　逆止阀与拍门

a—拍门；b—逆止阀；

1—拍门体；2—拍门；3—阀门；4—阀盖；5—阀体

(五)水泵的选型与配套

灌溉系统的工作首先遇到的问题是要选择、购买合适的水泵。对水泵的使用，并不是随便买来一台安装上就可以的，每台水泵均有其特定的经济运行区，即在铭牌上规定的额定转速、扬程、流量等性能参数附近工作，因此先要根据主、客观条件及节约的原则选用合适的水泵，然后配上合适的动力及其他设备，经过妥善安装，才能使水泵正常工作，产生经济效益。所谓水泵的选型与配套，就是根据排灌任务的实际需要，选择适合于该处使用、能保证效率较高的水泵型号和相匹配的动力。

1. 水泵的性能曲线

水泵在额定转速下工作时，若改变流量，则水泵的扬程、轴功率、效率都会按一定的规律变化，若把这种变化规律用曲线的形式表示出来，就称为水泵的性能曲线。通常水泵有3条性能曲线，分别是：流量(Q)-扬程(H)曲线、流量(Q)-功率(P)曲线和流量(Q)-效率(η)曲线，如图3-67所示。

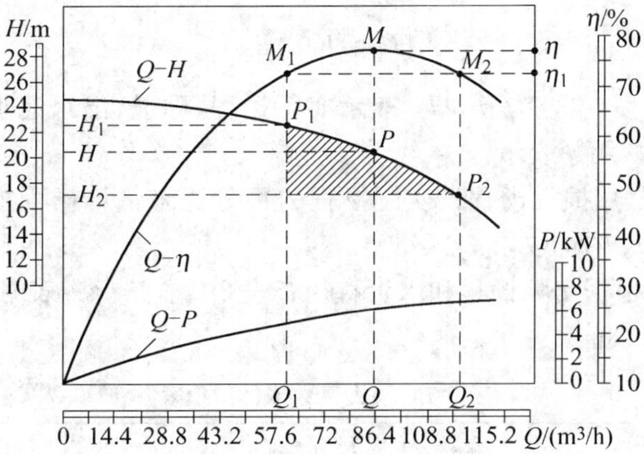

图 3-67　水泵的性能曲线

通过性能曲线，可以较直观地了解各性能参数的相互变化关系。只要知道水泵的任一参数，就可以从性能曲线上查到相应的其他性能的参数值，从而正确选择和使用水泵。

2. 设计流量与设计扬程

设计流量与设计扬程是由农田灌溉区规划确定的，是配套水泵和管路系统的基本依据。

(1)设计流量　设计流量通常按灌溉区内最大流量来计算，可按下式计算：

$$Q=mA/Tt\eta_{渠}$$

式中：Q 表示设计流量，即应选水泵的额定流量，单位为 m^3/h；m 表示灌水定额，即每公顷的最大一次灌水量，单位为 m^3/hm^2；A 表示灌区面积，即所选水泵负担的灌溉面积，单位为 hm^2；T 表示轮灌天数，即农田灌一次水所能维持的天数，单位为 d；t 表示水泵每天计划工作时间，单位为 h；$\eta_{渠}$ 表示灌区渠系有效利用系数，用%表示。

在利用上述公式进行计算时，要注意各个指标所用的单位是否一致，如不一致，需先换算后再计算。

灌水定额和轮灌天数的确定，应根据作物种类和各地具体情况不同，与农业技术人员共同商定。

灌区设计流量的具体计算，要以需水高峰期为准，并应按各种作物的种植面积和灌水定额进行分别计算，然后再求总的设计流量。

灌区的渠系有效利用系数（$\eta_{渠}$）的大小，主要考虑各种渠道在输水过程中的渗漏损失水量，它与渠道的长度、土质、老渠还是新渠等因素有关，通常水稻地区取 70%～90%，旱作地区取 60%～80%，新开渠道、渠道长、土质沙性则应取小值。

(2)设计扬程　灌溉用水泵可按下式确定设计扬程：

$$H=H_{实}+H_{损}$$

式中：H 表示设计扬程，即应选水泵的总扬程，单位为 m；$H_{实}$ 表示实际扬程，即进、出水池水面的垂直高差，单位为 m；$H_{损}$ 表示损失扬程，单位为 m 。

实际扬程的数值由直接测量进水池水面至出水池水面的垂直高度获得。

损失扬程的数值与管路的长度、直径、材料及附装在管路上的阀门、弯头等零部件的数量等因素有关。通常用估算法来确定损失扬程，近似计算公式为：

$$H_{损}=K\times H_{实}$$

式中：$H_{损}$ 表示损失扬程，单位为 m；$H_{实}$ 表示实际扬程，即进、出水池水面的垂直高差，单位为 m；K 表示损失系数，用%表示。

上述公式的实质是用损失扬程占实际扬程的百分比来估计扬程损失。显然，它的准确程度取决于损失系数 K 的选取。

损失系数 K 可以根据实际扬程和水管直径查表 3-7 获得。查表时，实际扬程低、管径小时应取大值，反之则取小值。

表 3-7　损失系数 K(%)值表

实际扬程/m	管径/mm			备　注
	200 以下	250～300	300 以上	
10 以下	30～50	20～40	10～25	管径在 350 mm 以上不包括底阀损失
10～30	20～40	15～30	5～15	
30 以上	10～30	10～20	3～10	

在未选出合适的水泵之前，水泵的管径只能根据上述设计流量粗估。流量和管径范围如表 3-8 所示。

表 3-8　流量和管径范围表

管径/mm	100	150	200	250	300	350
流量/(m^3/h)	65～125	65～125	110～200	200～340	320～600	800～1 600

(3)水泵的选型　通常按水泵的规格性能表选择水泵的型号。将不同型号的同类水泵按口径大小顺序排列(从小到大),并把额定流量、扬程、轴功率等性能参数值,在表中一一标注出来,这种表称为水泵的规格性能表。

利用规格性能表选泵时,是把前面计算出来的设计流量和设计扬程,与规格性能表中各种型号水泵的额定流量和额定扬程相对照,相符合者即为被选中的型号。查表时,如果找不到完全符合设计流量和设计扬程的水泵,则可选用最接近的泵。如果发现几种型号的泵都基本符合要求,则应从经济角度挑选效率高和售价低的水泵。

3. 动力的配套

(1)动力机功率的确定　所选定的水泵需要多大功率的动力机去配套,通常在选择水泵型号时,可同时在水泵规格性能表中查到,按表中规定直接选配动力机就可以了。但是,有时水泵机组的工作条件有变化,动力机的类型及传动方式也有变化,以及其他因素的变化等,造成规格性能表中规定的配套功率可能与实际需要的配套功率相距甚远。若大功率拖小泵不但设备投资大,而且使用中长期多耗油、电,将造成很大的浪费;如果动力机功率改小了就很可能长期超负荷甚至拖不动,影响机器使用寿命,甚至发生烧坏电动机等重大事故。所以,动力机功率大小必须与所选定的水泵相配套。

通常动力机配套功率的计算,按下式进行:

$$P_{配}=KP_{轴}/\eta_{传}$$

式中:$P_{配}$ 表示动力机的配套功率,单位为 kW;$P_{轴}$ 表示水泵的轴功率,单位为 kW;K 表示功率储备系数;$\eta_{传}$ 表示传动效率,用%表示。

功率储备系数 K 的功用,是考虑水泵在运行中可能发生意外的超负荷现象,避免动力机熄火或烧坏。在一般情况下,配用大功率动力机采用的储备系数小一些,配用小功率动力机采用的储备系数大一些。储备系数的值,可在有关手册中选取。

传动效率 $\eta_{传}$ 的大小与传动方式有关。采用联轴器直接传动时 $\eta_{传}$ 为 0.95～0.985,采用平带传动时 $\eta_{传}$ 为 0.85～0.95。

(2)配套转速的确定　采用V带传动时每台选定的水泵,都有它自己的额定转速。水泵只有在这个转速下工作,才能最好地发挥其性能,因此所选动力机的转速以及传动方式必须满足水泵对转速的要求。所谓配套转速,是指动力机按它的额定转速运转时,被拖动的水泵也必须在它的额定转速下运转。因此,需要根据动力机类型、性能以及传动方式来处理好水泵和动力机转速的配套关系。

一般原则是若采用电动机作为配套动力,应尽量选择额定转速与水泵额定转速相一致的电动机,并采用传动效率比率高的联轴器进行直接传动。

若选用柴油机作为配套动力,或选用电动机的额定转速与水泵的额定转速不一致时,就需要采用带传动装置进行间接传动。

采用带传动时，动力机的额定转速与水泵的额定转速可以不一致。但它们之间必须满足动力机和水泵的转速之比（速比）与动力机和水泵带轮直径之比成反比的关系。

（六）喷灌机械

1. 喷灌的优缺点

喷灌是通过水泵，将具有一定压力的水，通过管道系统输送给喷头，由喷头将水均匀地喷洒到田间，如降雨一样的一种先进的灌溉技术。与地面灌溉比较，喷灌具有增产、省水、省劳力、少占耕地、防止水土流失和土壤盐碱化等许多优点。喷灌便于严格控制土壤水分，使墒情始终保持在对作物生长最有利的状态；可以防止水土流失，保持土壤的团粒结构；喷灌还可以增加近地表层的空气湿度，在炎夏可以降低气温，改善田间小气候，有利于作物的生长；喷灌冲去了叶片表面的灰尘，又有利于作物的呼吸和光合作用。所有这些有利因素，都将促使作物产量增加。

由于喷灌输水系统，大部分采用管道，防止了输水过程中的深层渗漏和蒸发损失，合理的喷灌强度，又防止了地表径流的损失。因此，水的有效利用系数大大提高，与地面灌溉比较，可以省水30%～50%，在透水性强、保水能力差的沙质土上，甚至省水高达70%以上。

喷灌适用于任何地形、地质条件，特别是在丘陵山区，不需平整土地，可以省去大量的平整土地用工和修建沟、渠、田埂的用工。

采用喷灌比地面灌溉可以减少沟渠数量，以扩大作物的种植面积，提高土地的利用率。一般可减少沟渠占地7%～13%，节省的土地可由于喷灌便于控制土壤的湿度、防止深层渗漏，因此可防止地下水位上升和土壤盐碱化。

近年来喷灌还广泛用于施肥、喷药、防霜冻、污水灌溉等多种用途，效果十分显著。

由于喷灌有这些优点，对于我国北方干旱缺水地区、丘陵山区、高扬程地区和土壤透水性强，不宜进行地面灌溉的地区，扩大灌溉面积，降低基本建设投资，具有重要意义。

喷灌具有许多优点，但也有一些不足之处。

首先，喷灌受风力影响大。一般风力在3级以上，部分水滴会被吹走，灌溉均匀度将大大降低，故风力超过3级以上不宜进行喷灌；其次，空气相对湿度较低时，水滴在空中漂移、蒸发损失较大；第三，对土壤的表层湿润理想，而对深层湿润不足；第四是喷灌系统的投资和运行费用比地面灌溉要高。

2. 喷灌系统

（1）喷灌系统的组成　采用喷灌方法进行灌溉，必须建立一个喷灌系统。喷灌系统一般包括水源、水泵、动力机、管道、喷头及田间工程系统等部分。

①水源。只要水量和水质能满足灌溉用水的要求，无论河流、湖泊、水库、山塘、井泉等，都可作为喷灌系统的水源。除喷灌用水源的位置高于灌区并有足够的落差时（如大、中型水库的坝下或山丘地区盘山渠道以下的田地），可利用自然水头进行自压喷灌外，均需采用机械增压，进行机压喷灌。

②水泵。除了有自压条件的喷灌系统外，水泵是使水流增压的必要设备。因为喷灌时，喷头所喷洒的水滴必须要具有一定压力才能形成。最常用的加压泵有离心泵、自吸离心泵、长轴井泵、深井潜水电泵等。

③动力机。用来带动水泵。常用的有柴油机、拖拉机、电动机等。动力机功率的大小，

根据水泵的配套要求来决定。

④田间工程。包括渠道系统和渠系建筑物。其规模间距，视所采用的喷灌系统的形式而定。

⑤管路系统。一般包括干管、支管，在支管上，根据要求设置一定数量的竖管，在每个竖管上装置喷头。管道系统的作用，是把由水泵加压(或自压)后的水输送给喷头。为构成一个完整的管路系统，还必须配有弯头、三通、闸阀等一系列管件。管道系统要能顺利地通过系统各部的设计流量，而不造成过大的水头损失，还要能承受足够的压力。

⑥喷头。喷灌系统的重要组成部分，正是通过它，才能把有压水喷洒出去，将小的水滴均匀地洒布在田间。关于喷头的形式与构造后面将专门介绍。

(2)喷灌系统的分类　喷灌系统的分类方法很多，按系统获得压力的方式，可分为机压式和自压式喷灌系统；按系统的设备组成分类，又可分为管道式和机组式喷灌系统等。目前我国常根据系统中主要组成部分是固定的还是移动的，将喷灌系统分为移动式、固定式和半固定式 3 种。

①移动式喷灌系统。这种系统是将水泵、动力机、直管、喷头装配成一个能整体移动的喷灌机。其动力机可利用农村已有的柴油机、电动机和拖拉机等设备，进行一机多用，减少投资。为便于喷灌机移动，降低劳动强度，常将机组装在一个小车上，如图 3-68 所示，或悬挂在拖拉机上，如图 3-69 所示。移动式喷灌机组，具有配套方便，使用简单，机动性强，单位灌溉面积的投资少等优点，但这种直连式喷灌机组要求渠道较密。

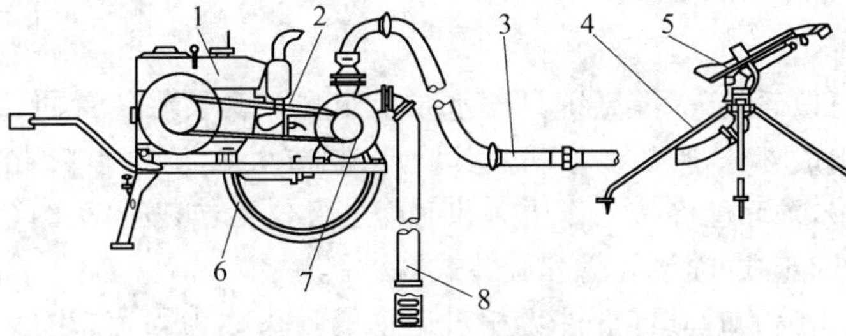

图 3-68　带管道的移动式喷灌机组

1—柴油机；2—传动带；3—输水管；4—支架；5—喷头；6—车架；7—水泵；8—吸水管

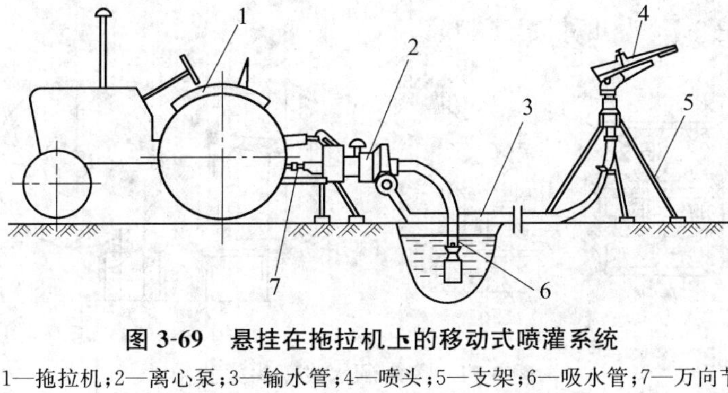

图 3-69　悬挂在拖拉机上的移动式喷灌系统

1—拖拉机；2—离心泵；3—输水管；4—喷头；5—支架；6—吸水管；7—万向节

②固定式喷灌系统。固定式喷灌系统的干、支管道，常年埋设在地面冻土层以下，由水源、动力机和水泵构成固定泵站；或利用有足够落差的自然水头，与干、支管道，组成一套全部固定的系统，如图 3-70 所示。喷头装在与支管连接的竖管上部，作业时根据实际情况，喷头可作圆形旋转，也可作扇形旋转。一般需要配备几组喷头，循环使用，分组轮灌。

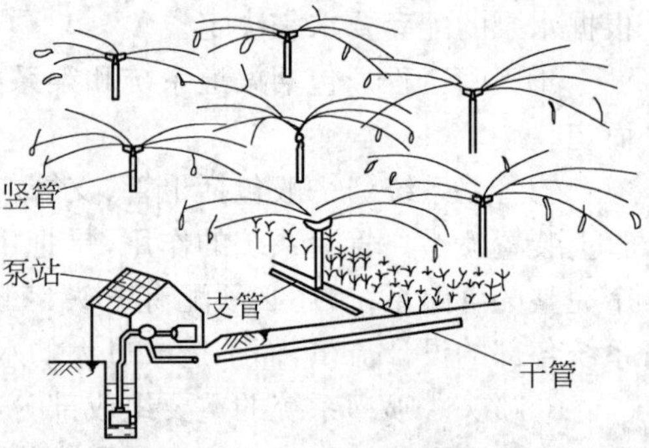

图 3-70　固定式喷灌系统

固定式喷灌系统，需要管材最多，且一套设备只能在一块田上固定使用。因此，单位灌溉面积的投资较移动式、半固定式喷灌系统都要高，但固定式喷灌系统，使用操作方便，生产效率高，占地少，特别适用于灌水频繁的蔬菜或经济作物灌溉。

③半固定式喷灌系统。这种系统的干管、泵和动力机是固定的，只移动支管和喷头。在干管上，按支管的设计间距，装有若干给水栓，支管接在给水栓上，由干管供水给支管，一根支管可装 2～10 个喷头，同时喷洒，支管在一个位置喷完后，移到下一个给水栓，继续喷洒作业。

半固定式喷灌系统与固定式喷灌系统相比，管材用量大大减少，故单位灌溉面积投资比固定式低，但比移动式系统要高，介于二者之间。由于半固定式喷灌系统的水泵机组和干管不需移动，所以操作、管理工作量和劳动强度比移动式要低，生产率要高。这种系统型式很多，移动方法各异。

3. 喷头

从前面的介绍可以看出，喷灌系统只比水泵机组多一套喷洒装置而已。喷头是喷灌机和喷灌系统的主要组成部分，喷头的形式及其设计、制造水平，直接影响喷灌的质量。

喷头的种类很多，前面已经按工作压力和射程进行分类，如按喷头的结构形式和水流形态，又可将喷头分为固定式、喷洒孔管和旋转式 3 种。

(1)固定式喷头　喷洒时其零部件无相对运动的喷头称为固定式喷头。这类喷头喷洒时，水流是在全圆周或部分圆周（扇形）同时向外散开，射程较近，近喷头处喷灌强度比平均喷灌强度大得多，一般雾化程度较高。它具有结构简单、工作可靠的优点。这类喷头是近射程喷头的主要形式。根据结构特点和喷洒方式，固定式喷头可分成折射式、缝隙式和漫射（离心）式 3 种。图 3-71 为几种固定式喷头。

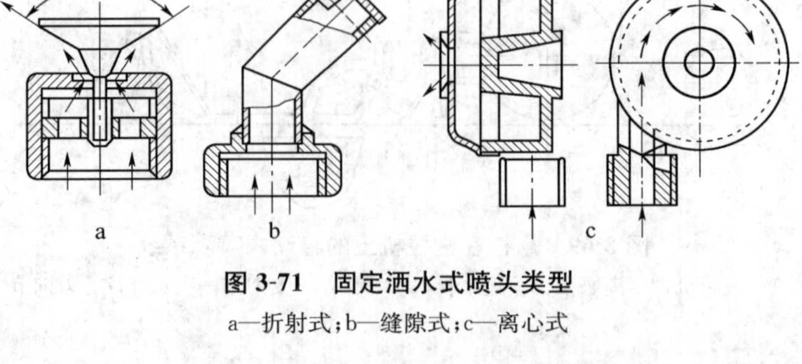

图 3-71　固定洒水式喷头类型

a—折射式；b—缝隙式；c—离心式

(2)喷洒孔管　喷洒孔管是一种结构简单的喷洒器,它由一根或几根直径较小的管子组成。在管子圆周上部分布一列或多列喷水孔,孔径仅 1～2 mm。根据喷水孔分布形式,又可分为单列和多列喷洒孔管两种,如图 3-72 所示。

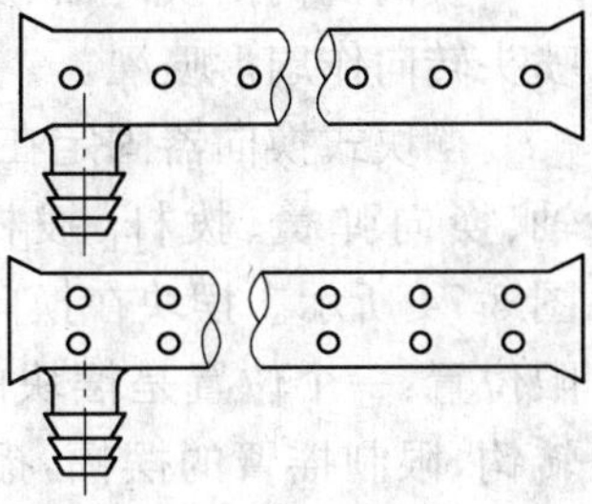

图 3-72　喷洒孔管

喷洒孔管结构简单,工作压力低,但喷灌强度高,由于喷射水流细小,受风影响小,小孔易堵塞,支管内压力受地形起伏的影响较大,一般用于平坦的土地。

(3)旋转式喷头　这是目前使用较为普遍的一种喷头。它由喷嘴、喷体、旋转机构、扇形机构、弯头、空心轴及轴套等组成。来自水泵的压力水通过喷管和喷嘴形成千股集中的水舌射出。在水舌内部涡流、空气阻力及粉碎机构(粉碎螺钉或叶轮)的作用下,水舌被粉碎成细小的水滴,同时转动机械推动喷头缓慢旋转,使水滴均匀地喷洒在喷头的四周,形成一个半径等于喷头射程的圆形或扇形喷洒面积。旋转式喷头水流集中,所以射程较远(可达 30 m 以上),是中射程和远射程喷头的基本形式。

转动机构是旋转式喷头的重要部件,通常按其特点分摇臂式、叶轮式和反作用式 3 种。

①摇臂式喷头。这种喷头是目前使用较普遍且比较成熟的一种。它主要由喷嘴、喷管、稳流器、转动机构、扇形机构、摇臂、空心轴和轴套等机构组成,如图 3-73 所示。

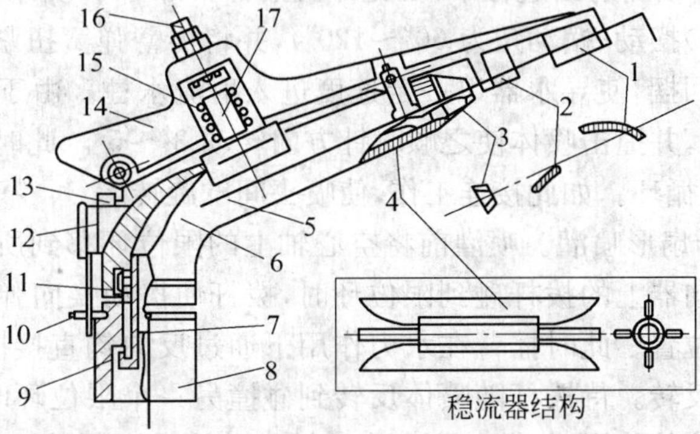

图 3-73　摇臂式喷头结构

1—导流板;2—偏流板;3—喷嘴;4—稳流器;5—喷管;6—弯头;7—空心轴;8—轴套;9—减磨密封圈;10—限位环;11—防沙弹簧;12—扇形机构;13—反转钩;14—摇臂;15—弹簧;16—摇臂调节螺钉;17—摇臂轴

喷体由空心轴、轴套、弯头、喷管、喷嘴、稳流器等组成。轴套与喷管连接,固定不动;空心轴可在轴套内转动,它和弯头喷管、喷嘴连成一体,构成水的流道。喷管内装有稳流器,用于消除水流经过弯头后所产生的漩涡和横向水流。喷嘴处做成锥形流道,使水流的压力能最大限度地转化为动能。喷管通常也是锥形,以便流道平滑地向喷嘴处过渡。喷头通常配有不同内径的喷嘴可供选择。

转动机构由摇臂、摇臂轴、摇臂弹簧和弹簧座等组成,用于粉碎射流和驱动喷头旋转。摇臂由摇臂体、摇臂轴套和导水器组成。导水器俗称摇臂头,包括导水板和偏流板两部分。

密封装置用来封闭空心轴与轴套之间的间隙,防止漏水。

换向机构由换向器、反转钩和限位环组成,用于喷头转向作扇形喷灌。

摆块式换向器固定在喷体弯头上,由摆块、摆块轴、换向弹簧、拨杆、拨杆轴和换向器座组成,如图 3-74 所示。摆块在换向弹簧控制下,只有两个极限位置:一个位置是摆块的突起能挡住摇臂上的反转钩,限制摇臂的摆幅,摇臂在水力作用下,通过反转钩直接撞击摆块,使喷头反向旋转;另一个位置是摆块收缩,突起挡不住反转钩,摇臂可自由摆动,使喷头顺时针方向旋转。

限位环安装在空心轴上,用于限制喷体的活动范围,并通过拨杆上端的换向弹簧迫使摆块转向。

摇臂式喷头的工作原理如下。

a. 喷洒:压力水经喷管内的稳流器整流后,沿锥形流道提高流速,将压能逐渐转化成动能,然后从喷嘴高速射出。射流水柱与空气碰撞并受摇臂的拍击而粉碎成细小的雨点。

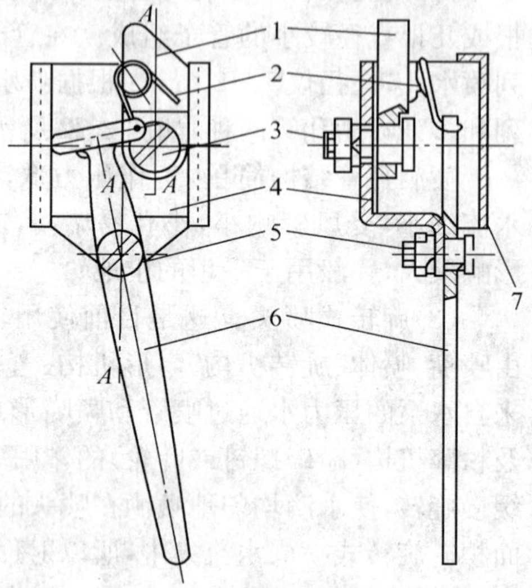

图 3-74　摆块式换向器

1—摆块;2—换向弹簧;3—摆块轴;4—换向器座;5—拨杆轴;6—拨杆;7—盖板

b. 转动:压力水由喷嘴射出过程中,首先冲击摇臂头部导水板,使摇臂获得射流的作用力而向外(反时针方向)摆动(摆动角为 60°～120°),并将摇臂弹簧扭紧。接着摇臂在弹簧力的作用下顺时针方向回摆,使导水器以一定速度进入射流水柱。由于射流对偏流板的冲击作用,使摇臂加速回摆,并撞击喷体使之顺时针方向转动 3°～5°。此时导水板又受到射流冲击再次外摆,进入下一循环。如此接连工作,使喷头间歇旋转。

c. 转向:转向用于扇形喷灌。喷灌前将空心轴上的限位环移到所需工作位置。当喷体按上述原理转动至换向器上的拨杆碰到限位环时,拨杆便拨动换向弹簧迫使摆块转动到突起能与反向钩相碰的位置。此时摇臂在水力作用下通过反向钩直接撞击摆块突起,而获得反作用力使喷头快速反转。待拨杆随喷体反转到碰撞另一个限位环时,则迫使摆块转到突起碰不到摇臂上反向钩的位置,摇臂又可自由地转动并使喷头顺时针方向旋转。

②叶轮式喷头。又称蜗轮蜗杆式喷头。它是靠水舌冲击叶轮转动。一般通过两级蜗轮蜗杆传动来带动喷头旋转。这种型式的喷头工作可靠,转速均匀,不受振动、风力及安装的水平情况等影响,一般用在远射程喷灌机上。但其结构复杂,加工精度要求严,成本也高。

③反作用式喷头。它是利用从喷嘴喷出水流的反作用力,使喷头旋转进行喷灌,结构简单、制造容易。但因转速不易控制,工作可靠性差,故它已逐渐被前两种喷头所取代。

五、相关实践资讯

(一)水泵的安装与技术检查

1. 水泵机组的安装

(1)水泵机组安装位置的确定　水泵机组的安装高度位置受水泵工作原理的影响,轴流泵叶轮一般淹没在水面之下;离心泵和混流泵通常装在离水面一定高度的地方。

通常水泵装在高一些的地方,工作场地较好,但容易产生汽蚀现象或造成启动困难;而装在低一些的地方，工作场地差，并容易被洪水淹没，但能可靠地避免汽蚀现象，同时也便于启动。因此，在地基许可的前提下，以尽量靠近水源安装，以减少吸水管的高度，但要充分注意地基塌陷和洪水淹没机组的危险。

在受条件限制，水泵必须装在较高位置时，应根据水泵的允许吸上真空高度 $H_{允}$、水泵吸水管路的损失扬程 $H_{吸损}$，核算水泵的最大安装高度位置，其粗略的计算公式为：

$$H_{吸实} < H_{允} - H_{吸损}$$

式中：$H_{吸实}$ 表示水泵轴心线到进水池水面的垂直距离，单位为 m，进水池水面应以正常年份的枯水位为准。有时为保险起见，实际安装时还要减去一个安全值，确保不致产生汽蚀现象。安全值的大小，通常为 0.2～0.5 m。$H_{吸损}$ 表示吸水管路的总损失扬程，单位为 m，通常粗略估计其值为 1.2～2.5 m，有底阀时采用较大的值，无底阀时采用较小的值。

(2)水泵机组的安装基础　水泵机组应安装在由钢筋混凝土浇筑成的基础上，以减少机组振动，提高传动效率和机器的使用寿命。安装基础有固定基础和临时基础两种。固定基础常采用混凝土浇筑成的块体基础(离心泵和混流泵采用)或排架式基础(轴流泵采用)。

临时基础多采用移动式(木排架式或型钢排架式)基础。临时基础在地面安置时，应先将地面夯实，按底脚尺寸在地面挖沟，把底脚木嵌入沟内；并在四周夯实、打桩(木桩或铁质钉)，使其定位。

(3)水泵和动力机的连接　动力机的安装以已经安装好的水泵为依据，因方式不同而异。

①联轴器。直接传动动力机与水泵之间安装连接的要求，视传动水泵以电动机作为动力机，且水泵和电动机的转速和转向一致时，可采用联轴器直接传动。联轴器的构造如图 3-75a 所示，它由驱动盘、从动盘和弹性圆柱销组成。采用弹性圆柱销连接，联轴器具有较强的缓冲和吸震能力。

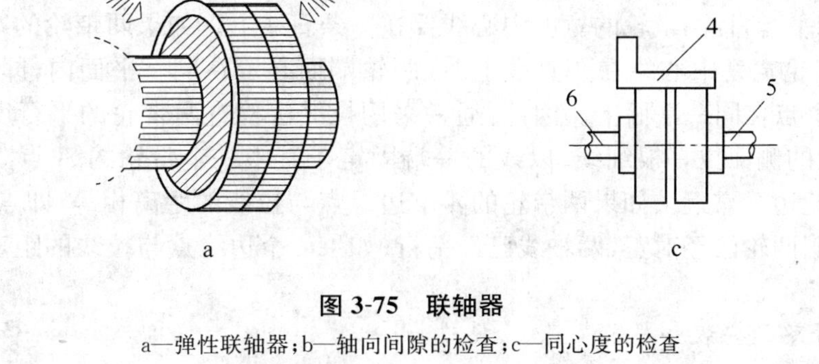

图 3-75　联轴器

a—弹性联轴器；b—轴向间隙的检查；c—同心度的检查

1—弹性圈柱销；2—联结盘；3—塞尺；

4—直角尺；5—电机轴；6—水泵轴

在水泵和电动机之间安装联轴器时，要求水泵轴和电机轴必须同心（在一条直线上），在联轴器两个盘之间保持一定的间隙。否则，开车后会发生震动，不但浪费功率，而且机、泵轴承均易造成损坏。

联轴器两个盘之间的轴向间隙，原则上应大于水泵轴和电动机轴窜动量之和，通常300 mm口径以下水泵留2.4 mm即可；大型泵可适当加大。轴向间隙的校正，可用直尺初校，然后用塞尺在联轴器四周分上下、左右4点测量，如图3-75b所示。四周间隙偏差值允许不超过0.3 mm。

联轴器两根轴之间的同心度，偏差值不得超过0.1 mm。检查方法是用直角尺放在联轴器上，对称检查上下、左右4点，如图3-75c所示。若直角尺与两个联轴器盘表面之间贴合得很紧，没有缝隙，说明联轴器两轴同心；若一个联轴器盘与尺面接触很紧，另一个联轴器盘与尺面有空隙，而检查对面对应点时情况正好相反，说明联轴器两根轴不同心。超过允许偏差值时，需对电动机进行调整，方法是在电动机底脚下增加或减少铁垫片。

②带传动。在水泵和动力机转速不一致，或转向不同，或轴线不在一条直线上时，采用带传动，如图3-76所示。

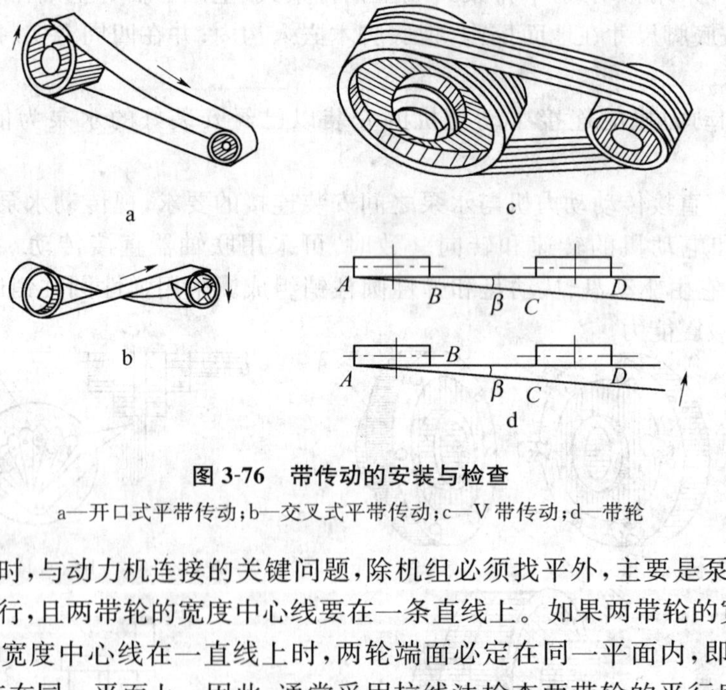

图3-76　带传动的安装与检查

a—开口式平带传动；b—交叉式平带传动；c—V带传动；d—带轮

采用带传动时，与动力机连接的关键问题，除机组必须找平外，主要是泵轴与动力机轴的轴线要互相平行，且两带轮的宽度中心线要在一条直线上。如果两带轮的宽度相同，当两轴平行且两带轮宽度中心线在一直线上时，两轮端面必定在同一平面内，即图3-76d中的A、B、C、D 4个点在同一平面上。因此，通常采用拉线法检查两带轮的平行度和位置，检查时在靠近带轮的侧面拉一根细线，以线的一端固定于其中一个带轮的A点上，然后把线拉紧，逐渐向两轮边缘靠近。如果两带轮的4个边缘点与拉线的距离相等，即点A、B、C、D与拉线接触，说明两轮已经对正，两轴线已经平行；如果4个边缘点与拉线的距离不等，就应进行校正。

2. 水泵管路的安装

(1)进水管路的安装

①滤网和底阀的安装。滤网埋入水中的深度和与池底、池壁的距离应足够，一般应不小

于图 3-77 所示的数值。若底阀受地形限制必须倾斜安装时，其安装状态应如图 3-78b 所示。要求带底阀的进水管与水平面的夹角不得小于 45°，要求底阀阀门的轴垂直于倾斜坡面，否则阀片将不能关闭或关闭不良。若带底阀的进水管为胶质软管，应用保险绳系紧，防止滤网和底阀沉入污泥中。

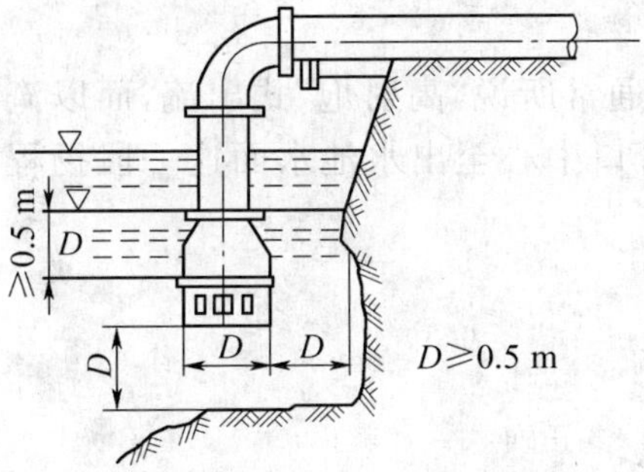

图 3-77　滤网与底阀在水中的位置

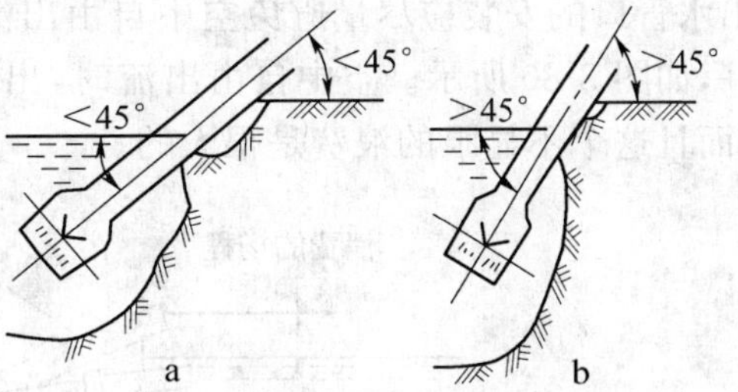

图 3-78　蝶形阀的安装

a—不正确；b—正确

②进水管的安装。进水管的任何地方均不得有漏气现象，否则将影响出水量，严重时将不能出水。在连接法兰盘时，法兰盘之间要夹装厚度为 3～5 mm 的胶垫，拧紧螺栓时应上下、左右交替进行，每个螺栓应分几次上紧，四周各螺栓要逐渐上紧，进水管安装时，整个进水管路必须平缓地上升至口的上边缘，如图 3-79 所示。如水平管段有向上翘起的弯管或水管有下降坡度，会影响吸水。

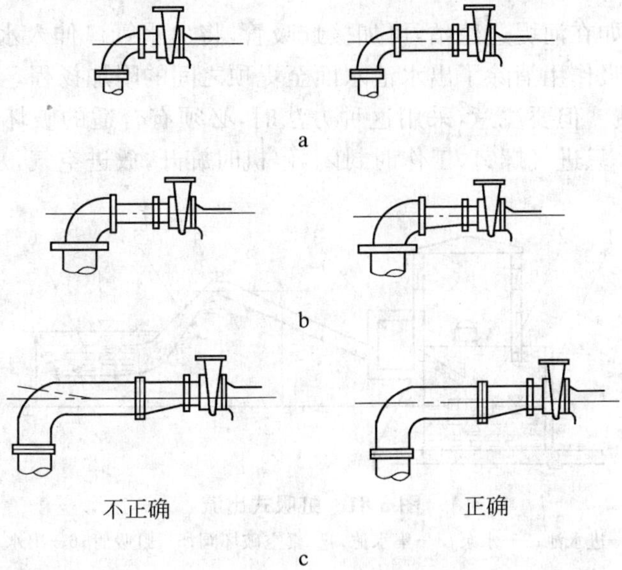

图 3-79　进水管路的安装

a—弯头的安装；b—偏心变径管的安装；c—平直管的安装

③进水管与水泵的连接。进水管路应有自己的支承，不允许把进水管坠在水泵上。进水管的弯头不应直接和水泵的进水口连接，而应在它们之间加装一段长度为管径 3 倍的直管段，以使水流转弯后的紊流得到平顺后再进入水泵。若此段直管为偏心渐变管时，其水平

面应在上面，以免管内积聚空气团。

（2）出水管路的安装　在安装出水管时，管路的铺设方向和坡度要选择得当，不能铺设得弯弯曲曲或高高低低。铺设出水管路的地段，地面应坚实。出水管道的重力不允许压在水泵体上，应在管路的每个转弯处敷设镇墩，以支持出水管的重力，若出水管较长，还应在直管段设置支墩以固定管子。

出水管口的安装应尽量避免空中自由出流即通常所说“高射炮”式出流，而以淹没式出流为好，如图 3-80 所示。空中自由出流时，出水管口中心至出水池水面这一段扬程完全是浪费，而且这个不显眼的浪费是很大的。

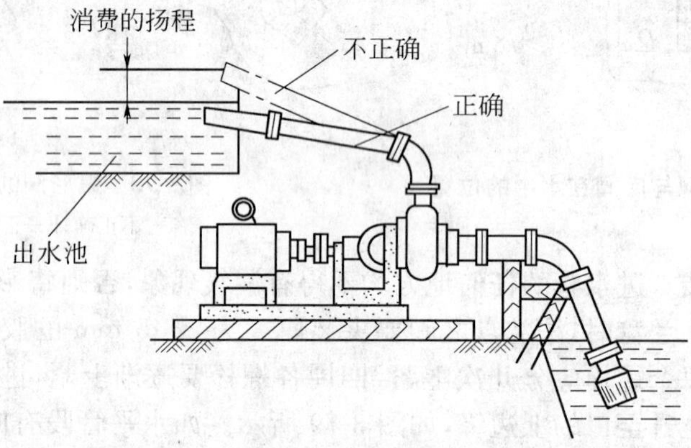

图 3-80　出水管的安装

在某些情况下，如在河堤边建站，可加接虹吸管，将出水管口伸入水中，如图 3-81 所示。采用此法时，由于虹吸作用消除了出水池水面至堤顶之间的附加扬程，实际扬程降为 H_2，从而减少了扬程的浪费。但要注意，采用这种方法时，必须有合适的破坏虹吸作用的措施，可在虹吸管拱背处装一只进气螺钉，工作时封闭，停机时旋开，放进空气，从而防止水倒流造成危害。

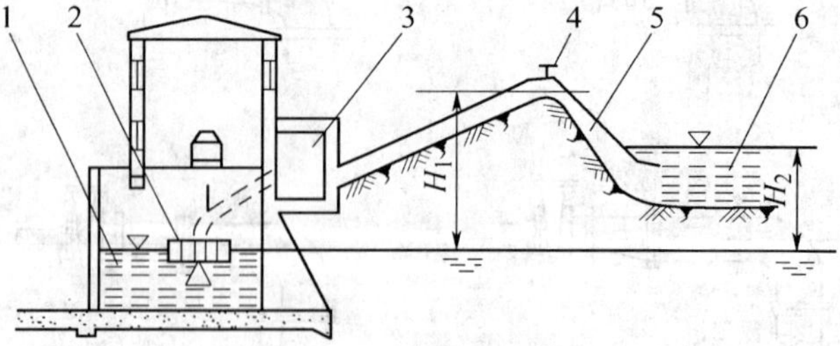

图 3-81　虹吸式出流

1—进水池；2—水泵；3—集水池；4—真空破坏阀；5—虹吸管；6—出水池

3. 水泵的常见故障及其排除方法

水泵常见故障大体上可分为水力和机械故障两种情况，如抽不出水或出水量不足等属水力故障；泵轴断裂，轴承烧坏等属机械故障。现仅以离心泵、混流泵、轴流泵为例分析水力故障原因及排除方法，供使用时参考。水泵的常见故障及其排除方法如表 3-9 所示。

表3-9　水泵的常见故障及其排除方法

故障现象	故障原因	排除方法
水泵不出水	①充水不足或空气未排尽 ②总扬程超过规定 ③进水管路进气 ④水泵转向不对 ⑤水泵转速太低 ⑥吸程太高 ⑦叶轮严重损坏 ⑧填料出严重漏气 ⑨叶轮螺母及键脱出 ⑩进水口被堵塞,底阀不灵活或锈住	①继续充水或抽气 ②改变安装位置降低总扬程 ③堵塞漏气部位 ④改变旋转方向 ⑤提高水泵转速 ⑥降低水泵安装位置 ⑦更换叶轮 ⑧更换填料 ⑨修复紧固 ⑩消除堵塞,修复底阀
水泵出水量不足	①进水管淹没水深不够,泵内吸入了空气 ②进水管路接头处漏气,漏水 ③进水管路或叶轮有水草杂物 ④输水高度过高 ⑤功率不足或转速不够 ⑥减漏环、叶轮磨损 ⑦填料漏气 ⑧吸水扬程过高	①增加进水管长度 ②重新安装接头、堵塞漏气、漏水 ③清除水草杂物 ④降低输水高度 ⑤更换动力机械或提高水泵转速 ⑥修理或更换 ⑦旋紧压盖或更换填料 ⑧调整吸水扬程
水泵在运行中突然停止出水	①进水管路堵塞 ②叶轮被吸入杂物打坏 ③进水管口吸入大量空气	①清除堵塞 ②更换叶轮 ③加深淹没深度
功率消耗过大	①转速太高 ②泵轴弯曲、轴承磨损 ③填料压得过紧 ④流量与扬程超过使用范围 ⑤直连传动,轴心不准或带传动过紧 ⑥进水口底阀太重,使进水功耗增大	①降低转速 ②修理或更换 ③重新调整 ④调整流量扬程使其符合使用范围 ⑤校正轴心位置,调整传动带紧度 ⑥更换底阀
水泵有杂声和振动	①基础螺母松动 ②叶轮损坏或局部堵塞 ③泵轴弯曲、轴承磨损过大 ④直连传动两轴心没有对正 ⑤吸程过高 ⑥泵内掉进杂物	①旋紧螺母 ②更换叶轮或清除杂物 ③校正或更换 ④重新调整 ⑤降低安装位置 ⑥清除杂物
轴承过热	①润滑油不足或油质太差 ②轴承装配不当或泵轴弯曲 ③传动带太紧 ④轴承损坏	①加油或更换符合标准的油 ②重新装配或校正泵轴 ③适当放松传动带紧度 ④更换轴承

(二)喷灌机械的使用

使用喷灌机时,除参照一般动力机和离心泵的使用保养要求外,还要根据灌溉面积大小、地形、作物品种、不同生长期的需水量等因素，合理选择喷灌机组和喷头，正确安装调整，定期检查保养，保证作业质量，达到省水、增产、改土、节省劳力、增加收入、降低成本的目的。

1. 管路系统的布置

布置管路系统时，要综合考虑水源位置、现有水利系统、地形、地势、主要风向、风速、作物布局和耕作方向等因素，在技术和经济上进行比较，得出最优方案或满意方案。

管道布置的一般原则是：

①干管应尽量布置在灌区中央。其方向在坡地应沿主坡方向，在经常有风地区应沿主风方向。埋入土层深度应在 60 cm 以下(冻土层深的地方，埋入深度还应相应增加)。

②支管的布置应与干管垂直，尽量与耕作方向一致；在坡地上应沿等高线布置。支管间距，应考虑所选喷头的射程和配置方案。

③竖管按喷头的组合形式布置，一般高出地面 1.2～1.5 m，特殊情况(如喷灌的作物过高、风力过大等)可以适当加长或缩短。

④泵站布置在整个喷灌系统的中心，最好是接近水源，以减少输水的水头损失。

2. 喷头配置

喷头的配置直接影响到喷洒质量。配置时每一个喷头的喷洒面积与邻近喷头的喷洒面积应有一定的重叠量，以防漏喷。

一般采用全圆喷洒。它允许喷头有较大间距，且喷灌强度低。但由于地边角的喷洒需要，风力的影响，水土保持的要求，以及移动机组的行走道路等因素，有时也要求扇形喷洒。

由于喷灌系统多数是定点喷灌，因此存在各喷头之间如何组合的问题。喷头组合的原则在于保证喷洒不留空白，并有较高的均匀度。常用的组合形式有 4 种(图 3-82)。这 4 种组合的支管间距 b 和沿支管喷头的间距 L 见表 3-10。从表上可以看出全圆喷洒的正方形和正三角形布置有效控制面积最大，但是在风力影响下，往往不能保证灌水的均匀性，因此，有风时也有采用矩形和等腰三角形的。其间距选择视风力大小和对喷灌的均匀性要求而定。

表 3-10　4 种组合形式的喷头配置

喷洒方式	组合形式	支管间距 b	喷头间隙 L	有效控制面积
全圆	正方形	$1.42R$	$1.42R$	$2R^2$
	正三角形	$1.5R$	$1.73R$	$2.6R^2$
扇形	矩形	$1.73R$	R	$1.73R^2$
	三角形	$1.856R$	R	$1.856R^2$

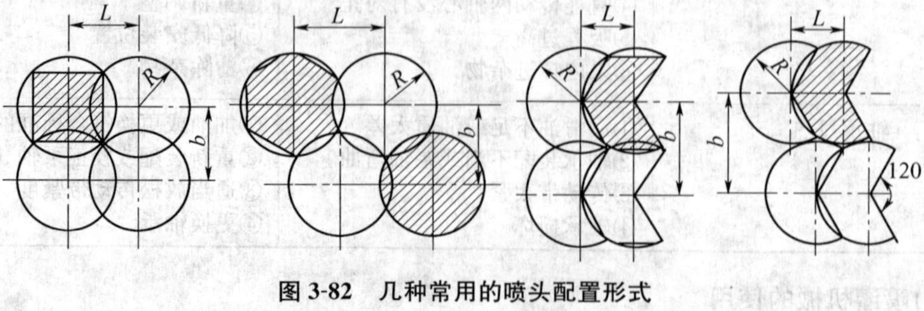

图 3-82　几种常用的喷头配置形式

3. 喷灌机的调节与维护

(1)调节　喷灌作业应按作物的生长规律掌握好合理的喷灌时期和喷灌强度，同时还要密切注意风向、气温、水质等自然条件的变化，以提高喷灌效果。

以摇臂式喷枪为例有以下几项调节。

①喷孔大小调节。喷孔口径的大小，由更换备用喷嘴来调节。喷孔口径改变后，喷枪的喷水量、射程、水滴直径均相应变化。因此，喷孔口径的大小，应根据喷枪的工作压力和当地对射程、水滴直径的具体要求而定。

②喷枪旋转速度调节。喷枪旋转速度的快慢，通过摇臂弹簧的扭紧程度和导流板的上、下位置来调节。摇臂弹簧扭力大、导流板吃水深度大(向下调)，摇臂对喷管肋敲击力增大，旋转速度相应地加快。

喷枪喷灌时的旋转速度应适中，旋转速度越快，对射程的影响越大。但是，旋转速度过慢，容易造成局部积水和产生径流，喷枪旋转速度的调节原则是在不产生径流的前提下，以旋转慢一些为好。

③扇面角大小及方位调节。此调节是改变轴套上套装的两个限位销的位置，两个限位销之间的夹角和方向，决定了喷枪旋转喷灌时的两个极限位置，即决定了扇面喷灌的范围和方向。因此这个调节应依据地块的需要进行。

(2)喷灌系统的维护

①在运行期间，要随时检查喷灌系统的各个部分，注意及时维护和保养，每次喷灌完毕后，要将机、泵、喷头擦洗干净，转动部件应及时加油除锈，冬季每次用完要把泵内和管内存水放尽，以防冻裂。

②喷灌季节结束或长期不用时，要对喷灌系统进行全面检查，喷头应拆卸分解，检查空心轴、轴套、垫圈等转动部件是否有异常磨损，损坏部件应及时修理或更换，清洗干净后在空心轴、轴套、摇臂弹簧、摇臂轴以及扇形机构等处应涂油然后装好；对蜗轮蜗杆式(叶轮式)喷头则应清洗检查后在蜗杆、齿轮以及空心轴、轴套等处涂油，然后装好；管道内存水要放空，防锈层脱落应修补，移动软管应冲洗干净后充分晾干，塑料管要防止暴晒，全部设备整理完毕后，应放在通风、干燥的仓房中妥为保存。

(3)喷头安装使用与维护

①使用前的检查。

a. 检查各连接件是否紧固可靠，有无松动现象，如有则需紧固，以免影响工作的可靠性。

b. 检查流道内有无异物堵塞。流道内有异物会使喷水量减小，不但影响射程和喷头转动速度，严重时喷头不转。

c. 检查各转动部分是否转动灵活、轻松。

d. 检查喷头各可调整部位(如PY系列喷头的摇臂弹簧、反转钩等)松紧程度是否合适，限位装置是否在规定使用位置等。

e. 检查喷头支架和立管是否放置平稳，支架应用插扦插牢，立管应垂直，否则工作时喷头会产生忽快忽慢现象。喷头与立管连接处不得漏水。

f. 检查完毕，无可疑现象，可在各转动部位加注适量的润滑油。喷头需在换向器内适当涂抹一些黄油，以免摆块等零件沾水冻结。

g. 喷头开始工作后，机手不应立即离开现场，应注意观察一会儿，有无异常现象。在冬季喷洒时，PY 系列看其工作是否正常合适。

②使用后的保养。在喷灌季节，每班喷洒后要清洗泥沙，擦尽水迹，转动部分加注少量润滑油。对 PY 系列摇臂式喷头，在连续工作一段时间后（许多厂家定为 100 h），应仔细拆检和清洗喷头所有零件，观察受损情况，更换或添加转动部分的润滑油脂。

③长期存放。喷头长期不用时，应先拆检保养，擦尽水涂油装配，进出口用纸或其他物品包好，以免杂物落入；存放时应放于无腐蚀性介质的通风干燥处，不应将喷头随便堆放。

④移动和运输。移动和运输过程中应避免粘上泥沙和碰撞，以免碰伤零件和连接部位产生松动。

4. 喷头常见故障及其排除方法

喷头的形式甚多，故障不尽相同，篇幅所限，不可能一一列举，以下仅就广泛使用的摇臂式喷头的常见故障及其排除方法重点加以介绍。

摇臂式喷头的常见故障及其排除方法见表 3-11。

表 3-11　摇臂式喷头的常见故障及其排除方法

故障现象	故障原因	排除方法
水舌性状异常	①喷头加工精度不够，有毛刺或损伤 ②喷嘴内部损坏严重 ③整流器扭曲变形 ④流道内有异物阻塞	①喷头打磨光滑或更换喷嘴 ②更换喷嘴 ③修理或更换 ④拆开喷头清除异物
水舌性状尚可，但射程不够	①喷头转速太快 ②工作压力不够	①调小喷头转速 ②按设计要求调高压力
喷头转动部分漏水	①垫圈磨损、止水胶圈损坏或安装不当 ②垫圈中进入泥沙，密封端面不密合 ③喷头加工精度不够	①换新件或重新安装 ②清洗空心轴 ③修理或更换新件
摇臂式喷头不转动或转动慢	①空心轴与轴套之间间隙太小 ②安装时轴套拧得太紧 ③空心轴与轴套间被进入的泥沙堵塞	①车大或打磨加大间隙 ②适当拧松轴套 ③拆开清洗干净，重新安装
摇臂张角太小（或甩不开）	①摇臂与摇臂轴配合过紧，阻力太大 ②摇臂弹簧压得太紧 ③摇臂安装过高，导水器不能切入水舌 ④水压力不足	①适当加大间隙 ②应适当调松 ③调低摇臂的位置 ④应调高水的工作压力
叶轮式喷头叶轮空转但喷头不转	①换向齿轮没有搭上 ②叶轮轴与小涡轮之间的连接螺钉松脱或销钉脱落 ③大涡轮与轴套之间定位螺钉松动	①扳动换向拨杆使齿轮搭上 ②拧紧 ③拧紧
叶轮式水舌正常但叶轮不正常转动	①蜗轮、齿轮或空心轴与轴套间锈死 ②蜗轮、蜗杆或齿轮缺油，阻力过大 ③定位螺钉拧得太紧，致使大蜗轮产生偏心 ④叶轮被异物卡死	①清洗干净后加油重新装好 ②加注润滑油使转动正常 ③将定位螺钉适当松开 ④清除异物

至于喷灌系统中水泵的运行、维护和故障排除与离心泵相同，可参阅前面的有关内容，

这里不再重复。

六、拓展知识——滴灌技术

(一)滴灌的优缺点

滴水灌溉技术简称滴灌。它是利用低压管道系统(通常使用塑料管),通过滴水装置把灌溉水或化肥溶液,一滴一滴地、均匀而又缓慢地滴入作物根部土层中,使作物主要根系活动区的土壤经常保持在适宜于作物生长的最优含水状态的一种先进灌溉技术。滴灌比喷灌省水(35%～75%),不打湿作物的茎叶,地面湿润范围也较小,使作物株间土壤保持干燥状态,这样既减少了病虫害和菌类的滋生,也抑制了部分杂草的生长。滴灌不仅适宜于农作物灌溉,而且对于丘陵山区干旱缺水地区的果园或人工造林,更显示了极大的优越性。对果树使用滴灌,与地面灌溉相比较,能使水果增产20%～40%,果实含糖量高,而且还使果树避免大小年。人工造林,历来不能保证灌溉,滴灌为人工造林灌溉开辟了新的途径,它不仅使苗木成活率高,而且能促进苗木生长快,长势好。

滴灌的主要缺点是滴头容易堵塞,因此对滴灌用水的水质要求较高。在选择滴灌水源时,应对水质进行化验分析,了解水源的泥沙及氯、镁、钾、钙离子的含量,pH 值大小及浮游生物的多少等,便于针对水质情况,采取相应的过滤措施,防止滴灌系统的堵塞。其次是滴灌使用塑料管材较多,投资较高。

(二)滴灌系统的组成

滴灌系统主要由水源、首部控制枢纽、输水管道和滴头4部分组成。

1. 水源

河流、渠道、塘库或井泉均可作为滴灌的水源。

2. 首部控制枢纽

首部控制枢纽包括动力机和水泵、化肥罐、过滤器及控制与量测仪表等。其作用是抽水加压,并在水流中加入可溶性化肥,经过滤后,按时按量把水和化肥溶液输到管道中去。

3. 输水管道

输水管道包括干管、支管、毛管及一些必要的调节设备,如压力表、阀门及流量调节器等。其作用是将压力水或化肥溶液均匀地输送到滴头。

4. 滴头

滴头是滴灌系统中的重要设备,它直接影响灌溉的质量。其作用是使水流经过微小的孔道,造成能量损失,使水流压力下降成滴地灌入土壤中。

(三)滴灌系统的分类

1. 固定式滴灌系统

固定式滴灌系统的各级管道、滴头和首部控制枢纽在整个灌溉期内是固定不动的,由于毛管和滴头用量很大,设备投资较大,如图3-83所示。

2. 移动式滴灌系统

移动式滴灌系统可分为机械移动式和人工移动式。移动式滴灌系统的干、支管固定不动,毛管在灌溉地段按一定的规律移动。也有控制首部各级管道在灌溉季节全部移动的移动式滴灌系统。机械移动,一种是支架平移式,即把一条毛管固定在活动支架上,通过移动支架来移动毛管。另一种是绕中心旋转移动式,类似于喷灌机,绕中心旋转来移动支管(长

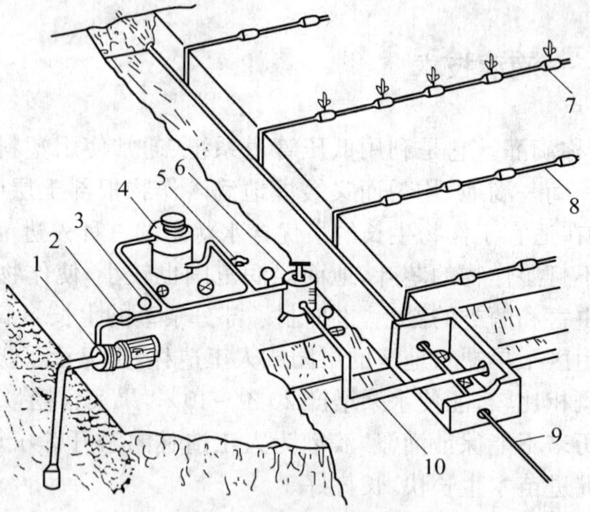

图 3-83　滴灌系统示意图

1—水泵；2—流量表；3—压力表；4—化肥罐；5—闸阀；6—过滤器；7—滴头；8—毛管；9—支管；10—干管

200 m)和毛管。人工移动虽然比机械移动费工，劳动强度大些，但投资低，不受地形的限制，适合在山区使用。而果树、蔬菜、花生、棉花的经济价值高，成本收回快，运行操作利于自动化。

(四)滴灌设备

滴灌系统中，除水源外的一切组成部分，都是滴灌设备。在这些设备中，有些是水利工程常用设备，如水泵、动力机、流量计、压力表和各种闸阀等，这里不再介绍。下面仅介绍一些专用的主要设备。

1. 滴头

滴头是滴灌系统的执行机构，又称其为滴灌系统的心脏。滴头一般由塑料制成。它的质量好坏直接影响到滴灌系统的正常工作和灌溉效果。

滴头的工作压力低，出水量小，其大小取决于工作压力和出水孔断面尺寸，出水孔口断面尺寸为 0.3～1 mm，出水量为 0.5～12 L/h。一般要求滴头出水量均匀稳定，而且结构简单、便于制造、装卸和清洗，价格低廉，坚固耐用。滴头还应具有减压和保压两个功能。一方面，滴头必须把毛管里压力较高的水流通过自己的消能减压系统，使压力降低，保证缓慢均匀少量地出水；另一方面，滴头必须尽可能减少自身对毛管产生的局部压力损失，保证毛管内具有一定的水压力，使水流输送到较远的地方。

滴头的消能机构主要有长流道消能、孔口消能和长流道孔口组合消能 3 种方式。

(1)滴头的安装方式　滴头在毛管上的安装方式主要分管间式、旁插式和端接式 3 种。3 种安装方式的局部水头损失不同，对使用效果也有一定的影响。

①管间式安装是将毛管剪断，滴头安在毛管上，如图 3-84a 所示。这种安装方式接头严密，无漏

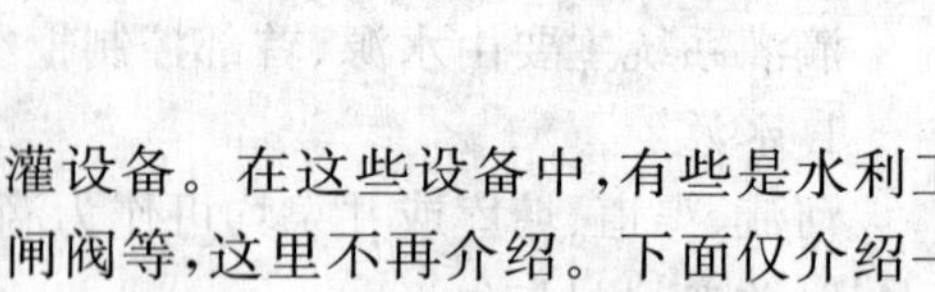

图 3-84　滴头的安装

a—管间式；b—旁插式

1—滴头；2—毛管；3—水滴

水现象，有助于提高滴水均匀度。但剪断毛管，使毛管整体性能降低，滴头的局部水头损失也较大。

②旁插式安装是在毛管上打孔，将滴头进水口插入毛管，如图3-84b所示。这种安装方式不剪断毛管，毛管整体性好，局部水头损失小。但插口处结合不够严密，易漏水，对灌溉均匀度有一定影响。

③端接式是把滴头安装在毛管的端头，每个滴头配一个毛管三通，把三通安装在毛管上，由三通造成一个端点并安装滴头。这种安装方式的优点因滴头而异，一般介于两者之间。

(2)滴头的结构　滴头的种类很多，下面就使用最普遍的几种国产滴头作简单介绍。

①长流道式滴头。这种滴头是使压力水流通过滴头中长长的细纹孔槽消耗掉能量变成水滴。图3-85a一般又称管式滴头，是我国目前生产使用较多的一种滴头。

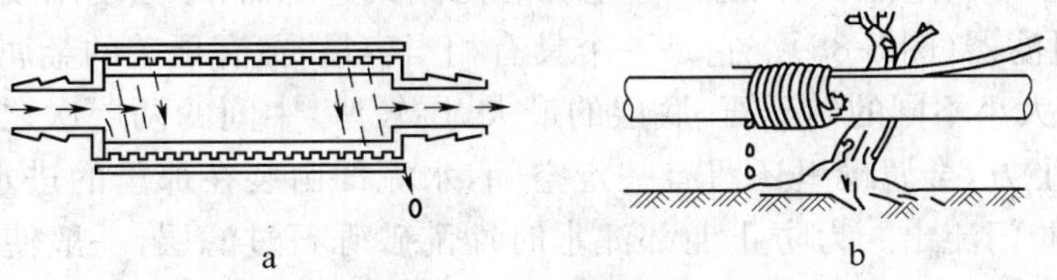

图3-85　长流道式满头

a—管式；b—微管式

最简单的一种长流道式两头是由孔径为0.5～0.6 mm软聚氯乙烯管（一般称发丝）、一端插入毛管内壁，另一端缠绕在毛管上构成(图3-85b)。发丝绕的圈数取决于需要的工作压力，在一定的水流压力下改变圈数就可改变滴头的流量。这种滴头结构简单、成本低，但易被堵塞，工作不可靠。

②孔口短流式滴头。大致有两种类型，一是水流通过细小的管孔经减压或旋流消耗其能量之后，由出口流出滴入土壤，如图3-86所示。另一种也是利用滴头芯上或圆盘上的螺纹形成水流能量的消耗，只是流程较短，图3-87所示的一般称为螺帽式滴头，是我国目前应用较多的一种滴头。

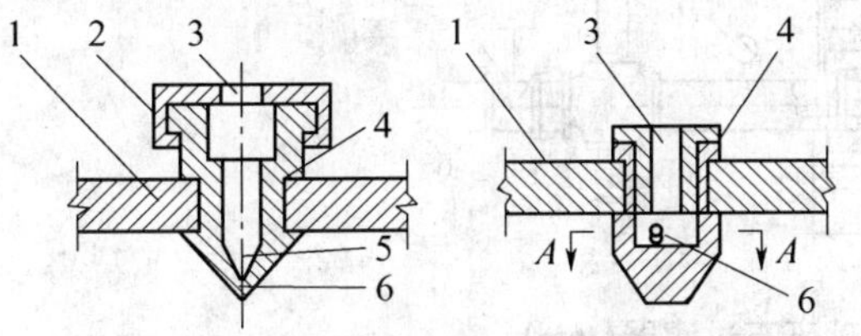

图3-86　孔口短流式滴头

1—毛管壁；2—两头罩；3—出水口；4—滴头体；

5—减压室；6—进水孔

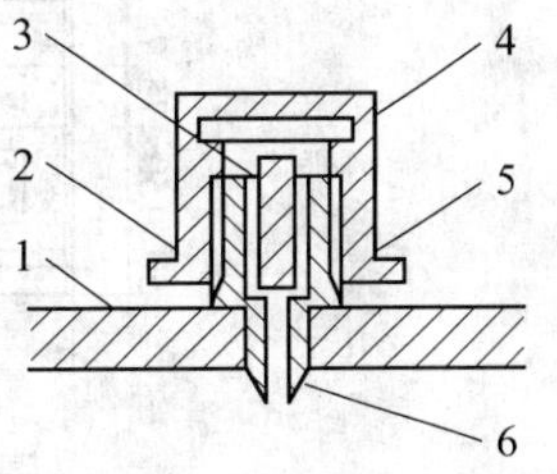

图3-87　螺帽式滴头

1—毛管壁；2—滴头体；3—滴头芯；

4—滴水帽；5—出水口；6—进水口

2.管道及管件

滴灌系统的输水管道一般包括从水源输水的干管、从干管配水的支管和灌溉的毛管，共3级管道。多采用高压聚乙烯或聚氯乙烯制成。目前常用的干管和支管的管径有20、25、

32、40、60、90 mm 6 种，毛管有 10、13、15 mm 3 种。各级输水管道布置时要求尽量互相垂直，而且尽量对称；使整个系统管道短，控制面积大，水流损失小，投资省。毛管和支管之间用旁通管连接，毛管与毛管分叉用毛管三通连接。管件除旁通管和毛管三通管外，还有管接头、弯头和堵头等。这些管件都是塑料制品。

为了防止管道老化和损坏，同时不影响其他农艺操作，一般将干管和支管埋在冻土层以下 20 cm 深。根据使用经验，啮齿动物会咬坏聚乙烯管，故以采用聚氯乙烯管为好。为了防止管道内滋生藻类引起滴头堵塞，最好输水管道由加炭黑的塑料制成。应尽可能少采用或不采用金属、水泥或石棉泥管，以免锈蚀或发生化学反应而引起沉淀物堵塞滴头。

3. 过滤器

它是滴灌系统中的关键设备之一，是用来清除水流中的污物和杂质，防止滴头堵塞而影响灌溉质量。

最常用的有砂砾石过滤器、离心式过滤器和滤网式过滤器，单独使用或联合使用。

(1)砂砾石过滤器(图 3-88)　它是一个具有相当容量，覆有顶盖的金属罐。罐内依次放 4 层洗净的、粒径大小不同的砂砾石，底层的最大，层较厚，中间的两层次之，上层的最细，但层最厚。砂砾石上方，金属罐里还留有一定空间，水流即由装在那里的进水管流入，经砂砾层过滤后由罐底阀门流出。为防止上部注水时冲乱砂砾石过滤层，一般使进水管进入罐后分叉成十字形，水分散由许多孔口注入。这种过滤器应定期倒流冲洗，即关闭进水阀和出水阀，使水经冲洗管由下向上流，冲走污物，由顶部的排污管排出。

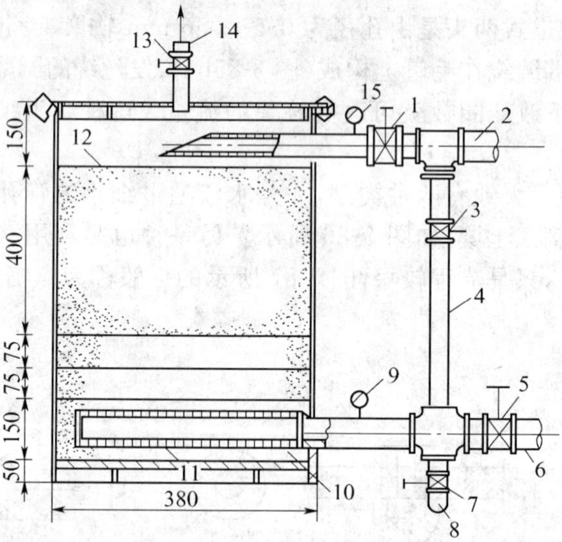

图 3-88　单罐反冲洗砂砾石过滤器(mm)

1—进水阀；2—进水管；3—冲洗阀；4—冲洗管；5—输水阀；6—输水管；7—排水阀；8—排水管；9、15—压力表；10—集水管；11—筛网；12—过滤砂；13—排污阀；14—排污管

(2)滤网式过滤器(图 3-89)　它的主要元件是内外两层滤网，由耐腐蚀的金属丝或尼龙丝网制成。滤网的孔目应该根据水源中泥沙的颗粒粗细决定。为了防止滴头堵塞，一般需要滤网能够清除水中 75 μm 以上的泥沙颗粒，滤网的孔目应在 200 目/cm^2 左右。滤网装在

金属外壳里面。水流从进水口进入金属壳内，通过滤网过滤后从滤网中间的管接头流出。被滤出的污物存留在滤网外面，可从排污口排出。

使用滤网过滤器时，要求在滤网孔目被堵塞50%时，其有效滤孔有效总面积仍大于输水管断面的3倍以上。过滤器一般置于滴灌系统的主输水管道中，在山丘地带由蓄水池供水时，可将其潜放在水池里。滤网或过滤器能很好地清除水源中的极细沙粒，但易于被大量的藻类或其他有机物堵塞，需要经常清洗。

(3)离心式过滤器(图3-90)　水流一进入过滤器壳体即产生旋转运动，在离心力作用下，将水中比较大的泥沙颗粒从水中抛出，以达到过滤目的。沉降下来的泥沙可通过阀门由排污口清出。这种过滤器不可能将水流中的全部杂质除掉，应与其他过滤器配合使用。当水中具有大量的泥沙和其他污物时，一般应设立沉沙池，将水澄清后再利用其他过滤器过滤。

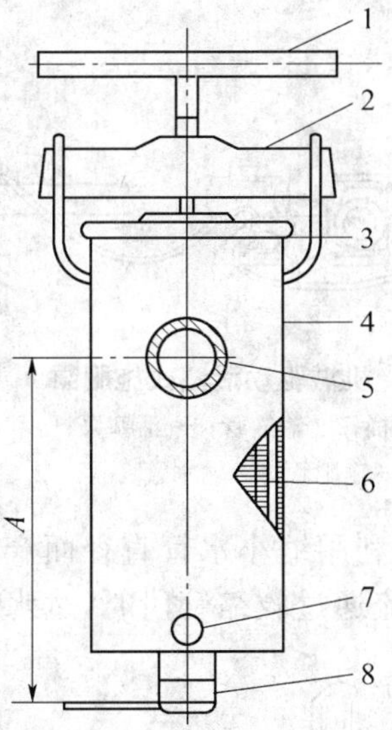

图3-89　滤网式过滤器

1—手柄；2—横旦；3—顶盖；4—壳体；5—进水口；6—不锈钢滤网；7—冲洗阀门；8—出水管

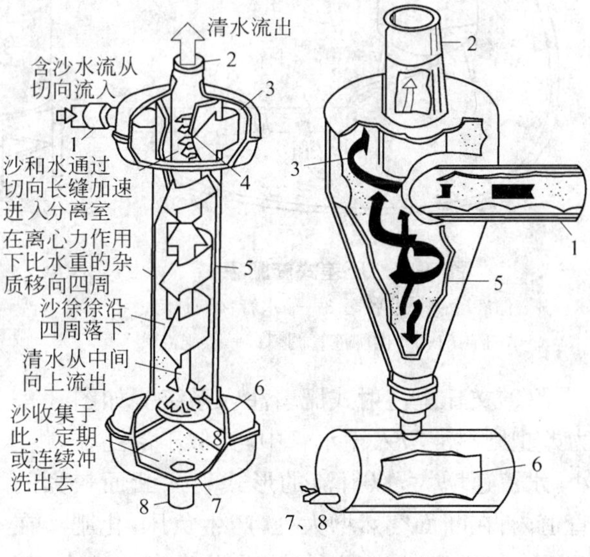

图3-90　离心式过滤器

1—进水管；2—出水管；3—旋流室；4—切向加速孔；5—分离室；6—储污室；7—排污口；8—排污管

4. 肥料注入系统

滴灌系统可以在灌水的同时施用化学肥料，这就需要利用肥料注入系统以一定的方式把化肥液注入到滴灌管道中。肥料注入系统主要由化肥液储存器和专门的注入设备两部分组成。不同的注入设备，其注入方式也不同。

(1)压差式肥料注入系统　压差式肥料注入系统由储液罐、进水管、输水管和调压阀等部分组成，如图3-91所示。

压差式施肥罐施肥操作过程是，待灌溉系统正常工作后，首先把可溶性肥料或肥料溶液注入储液罐内，之后，封闭罐盖；打开阀门使供肥管接通，再打开阀门，并接通进水管，此时，储液罐与输水管道的压力保持平衡。然后，关小施肥调压阀门，使阀门前、后的输水管道内压力产生压差，使罐中肥料在压力作用下，通过输肥管进入阀门后输水管道中又造成储液罐内压力降低。如此循环往复，直至罐内肥料施完为止，再添加新的肥料。这种方式的优点是：加工制作简单，造价较低，不需外加动力设备。缺点是肥料溶液浓度变化大，无法控制。罐体溶液容积有限，需加化肥次数频繁。

(2)泵注式肥料注入系统　这种系统是把化肥溶于一个开式化肥池中，施肥时用泵把化肥液加压后再送入灌溉输水管中，如图 3-92 所示。采用这种注入方式，不需要制作密封承压的化肥罐，因此可降低成本。肥料泵用单独的动力机驱动。

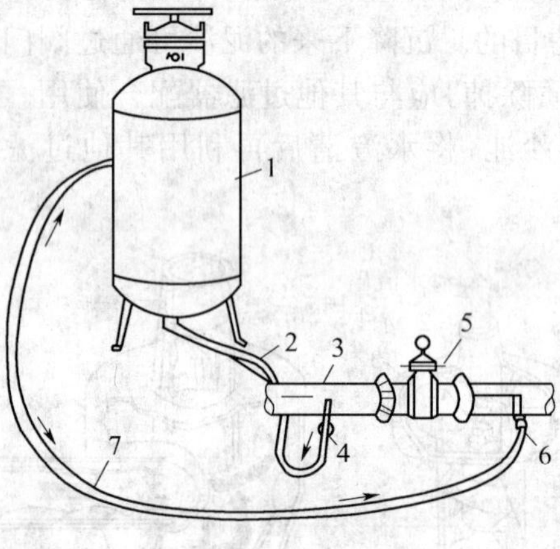

图 3-91　压差式施肥罐

1—储液罐；2—进水管；3—输水管；4—阀门；5—调压阀门；6—供肥液管阀门；7—供肥液管

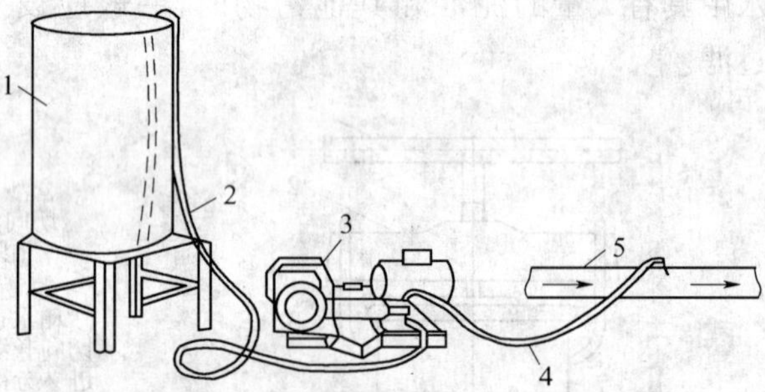

图 3-92　机械驱动活塞式施肥泵

1—化肥桶；2—输液管；3—活塞泵；4—输肥管；5—输水管

(3)文丘里注射式肥料注入系统　如图 3-93 所示，它是利用缩小水管直径而产生的压力差把肥料液吸入输水管中，类似于混药器，供水管内的水流通过收缩管段时，过水断面减小，水流速增大，以射流的形式射入断面较大的管道内；在断面突然增大处，产生负压，化肥液在液面大气压力的作用下，被吸入输水管道内，随水流送向滴头。射流式注入系统的主要缺点是消耗供水管中的一部分能量，使系统水头损失增大；另外，吸肥管较细，容易被堵塞。

图 3-93　文丘里注入器

1—敞开式化肥灌；2—输液管；3—文丘里注入器

(五)滴灌技术的应用

1.滴灌系统的运用形式

目前应用的大多是固定式滴灌系统，在实际运用中，这种系统又因地形地势情况不同可分为两种，一种是利用水泵加压，直接供水；另一种是修建蓄水池，提蓄结合，自压滴灌。

①在平原地区，地势比较平坦，干管坡降较小，而水源又可满足滴灌需要流量的地方，则采用水泵加压，直接供水的滴灌系统型式。

②山区丘陵，由于地形复杂，多采用天池蓄

水，提水与蓄水相结合的自压滴灌形式。即滴灌系统范围内，选择地势较高的地方，修建天池，利用自然水头或提水设备蓄水，然后借助地形落差，实行自压滴灌。目前有些山区，丘陵果园应用滴灌面积日益增多，采用天池蓄水，自压滴灌已成为主要形式。它的运行费用低，操作方便，经济效益好。

无论是天池自压滴灌，还是水泵加压滴灌，都必须保证灌溉水过滤干净，使滴头能够正常工作。如过滤器堵塞，则使水头损失加大而影响滴头流量；因此，过滤器必须定期进行清洗。在天池自压滴灌中，天池本身每周也要清洗一次。在爬山管较长，铁管锈蚀情况下，每次开始抽水时，应把开始抽入天池的水，通过天池的泄水管放掉。在首部枢纽中，无论哪种形式，在总阀后必须安装进气阀。在每次停止滴灌而关闭总阀时，应同时打开进气阀。因为在坡降的管路中，干管或支管容易形成较大的负压，这种负压易使塑料管道突然变形而纵向破裂损坏。

2. 滴头的使用

①进入滴头的水必须经可靠过滤，水压应稳定。同一毛细管上的滴头的滴水量应一致。

②滴头使用中易堵塞，应采用下述方法进行清理维护。

a. 酸液冲洗法：在水中加入0.5%～2%的盐酸（浓度36%），用1 m水头压入滴灌系统，滞留10 min，可以清除管中的碳酸钙，使局部堵塞的滴头恢复正常。但对堵死的滴头无效。

b. 压力疏通法：用709 kPa（7个大气压）的空气和水冲洗滴灌系统，对疏通有机物堵塞效果甚好。但易损坏管道，对碳酸钙类堵塞的滴头无效。

c. 拆卸清洗滴头：对可拆卸的滴头，拆卸清洗能清除任何堵塞物。

复习思考题

一、填空题

1. 中耕机械的工作部件分为______和______两大类。

2. 中耕机的除草铲分为______、______和______。

3. 锄铲的磨刃方式分为______、______和______3种。

4. 中耕机的仿形机构有______、______和______。

5. 松土铲分为______、______和______3种。

6. 农田灌溉通常有______、______、______和______等方法。

7. 水泵根据工作原理不同分为______、______和______。

8. 喷灌用喷头按工作压力分为______、______和______。

9. 化学施药方法有______、______、______、______和______。

10. 喷雾机的喷头按工作原理可分为______、______、______和______。

11. 影响喷雾质量因素有______、______、______、______和______。

12. 影响喷粉质量的因素有______、______、______和______。

二、判断题（正确的打√，错误的打×）

（　　）1. 中耕机除草铲的入土角是铲刃与机器前进方向在水平面内的夹角。

（　　）2. 锄铲的刃口应保持锋利，刃口厚度不得超过0.5 mm，工作中刃口磨钝后应及时磨锐。一般为避免铲面成折面不易脱土，应采用下磨刃。

(　　)3. 平作第一遍中耕时，一般只要求除草应选用单翼和双翼除草铲，第二遍及以后的中耕，须除草和松土兼顾，可选用双翼通用铲，后期中耕以松土为主，可选用松土铲，需要追肥和培土时，可选用追肥铲和培土器。

(　　)4. 为药液提供克服管道阻力和喷头雾化所需要的压力是喷头。

(　　)5. 喷头的配置根据农作物的种植方式和生长情况决定。

三、简答题

1. 简述悬挂式垄作期铧犁Ⅲ型的结构与调整。

2. 离心泵的工作原理是什么?

3. 安装进、出水管应注意些什么?

4. 喷施化学药剂的方法有哪几种?

四、论述题

1. 植保机械安全使用注意事项有哪些?

2. 简述东方红-18 型弥雾喷粉机的弥雾过程和喷粉过程。

3. 试述摇臂式喷头进行扇形喷洒时的工作过程。

学习情境4　谷物联合收割机的使用与维护

一、学习目标

终极目标:能使用常见谷物联合收割机,并能正确维护与排除故障。

促成目标:

①应会各种谷物联合收割机的结构及工作原理。

②会正确使用各种谷物联合收割机。

③能正确安装谷物联合收割机并进行技术状态检查。

④对谷物联合收割机工作中出现的故障能及时排除。

二、工作任务

能正确使用与维护常见的谷物联合收割机。

学习情境4-1　收割台的使用与维护

一、学习目标

根据收获的农业生产技术要求,掌握谷物联合收割机的结构及工作原理,能进行切割器的总体安装、拨禾轮的使用调整,最后进行收割的质量检查并做记录。

二、能力目标

有关能力目标如表4-1所示。

表4-1　收割台的使用与维护中的能力目标

专业能力	方法能力	社会能力
①能按服务规定接待修理客户 ②能接收谷物收割台简单修理项目 ③能对谷物收割台故障进行排除 ④能对谷物收割台零部件常见的损坏状况进行感官检验和尺寸测量,做出可否继续使用、送修和报废的结论 ⑤能用钳工工具和设备修配简单零件 ⑥能用气焊、电焊等设备进行简单的焊接作业 ⑦能进行谷物收割台的拆卸与清洗 ⑧能进行承修项目简易的质量检验	①团队工作能力 ②沟通能力 ③小组成员的协作能力 ④责任意识	①对信息的收集能力 ②使用信息资源制订工作计划 ③能独立使用媒介完成学习任务 ④工作结果的评价与反思

三、工作任务

能正确使用与维护谷物收割机。

四、理论知识

(一)概述

收获是农业生产中关键性的作业环节,使用机械迅速、及时、高质量地进行收获作业,对保证丰产丰收具有十分重要的意义。

1. 谷物收获的方法

谷物收获的方法，因各地情况不同而异，常用的有以下几种：

(1)分段收获法　用人工或不同的机器，分别完成谷物的收割、捆运、脱粒和清选等作业。这种方法虽然生产率低，劳动强度和收获损失较大，但所用机具比较简单，设备投资小，目前我国农村仍普遍采用。

(2)联合收获法　用联合收割机在田间一次完成收割、脱粒和清选等作业。生产率高、作业及时，劳动强度和收获损失小。但所用机器复杂，造价高，一次性投资大，且每年使用时间短，因而收获成本较高，对使用技术和作业条件要求也较高。由于作物成熟度不够一致，收后部分籽粒不够饱满、籽粒含水量较大，加大了晒场负荷。

(3)两段收获法　将谷物收获过程分两段进行，先用割晒机或收割机将谷物割倒，成条铺放在一定高度的割茬上，经晾晒后，再用带捡拾器的联合收割机进行捡拾，脱粒和清选。分段收获的特点是能充分利用作物的后熟作用，可提前收割，延长了收割期，籽粒饱满，千粒重增加，产量有所提高。且由于籽粒含水量小，减轻了晒场负荷。机器作业效率高，故障少。但增加了机器进地次数，对土壤的压实程度较大。在多雨潮湿地区，谷物铺放在田间，易发芽霉烂，不宜采用此法。

采用两段收获时必须注意：割茬高度适宜，一般为15～20 cm；条铺的形状适当。为有利捡拾，禾秆的穗部应相互搭接，方向与机器平行或成45°以内倾角，勿使穗部着地；割晒时间适宜；一般在谷物蜡熟中期进行。

2. 谷物收获的农业技术要求

①适时完成收获作业。适时收获对减少收获损失有很大意义。

②保证收获质量。作业中减少谷粒的损失、破碎和损伤，有较高的清洁率，割茬尽量改低。

③有较好的适应性。

④禾条铺放整齐。为便于打捆，禾条应横向铺放；割晒时，禾条应成顺向铺放，以利于捡拾。

3. 谷物收获机械的类型

(1)收割机　收割机的类型很多。按与动力机联接方式可分为牵引式和悬挂式两种，其中前悬挂式应用较多；按谷物铺放形式不同，可分为收割机、晒割机和割捆机，收割机用于两段收割；按收割台形式不同，可分为卧式割台收割机和立式割台收割机。

①卧式割台收割机。卧式割台收割机，具有割幅较宽，工作可靠等优点，但其纵向尺寸较大，机动灵活性较差。其结构如图4-1所示，主要由台架、分禾器、拨禾轮、切割器、带式输送器、悬挂架、传动和起落机构等组成。工作时，分禾器插入谷物，将待割和不割作物分开，待割作物在拨禾轮作用下，拨向切割器割断，割下作物被拨倒在带式输送器上，送往割台一端，铺放在田间。

②立式割台收割机。立式割台收割机，具有结构紧凑、重量轻、纵向尺寸小、机动性好等优点，但割幅较窄，适用于小块地作业，其结构如图4-2所示，主要由机架、切割器、拨禾星轮、立式输送器、分禾器等组成。工作时，分禾器将作物分开，作物由切割器割断后，仍呈直

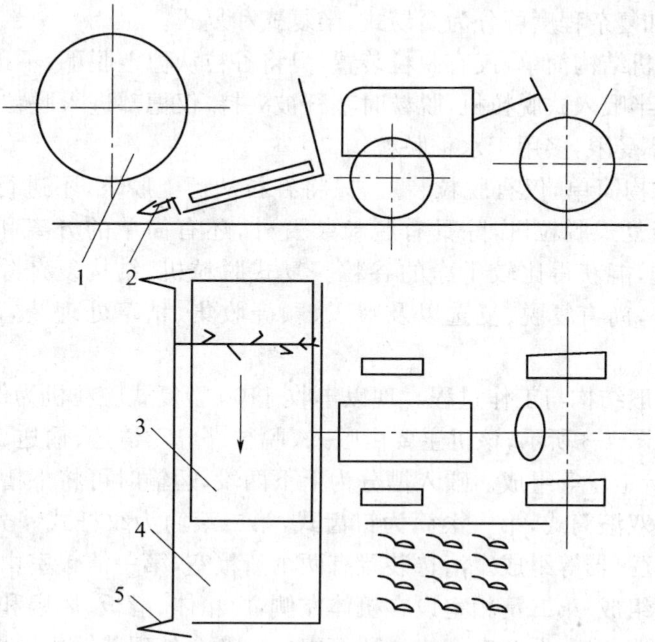

图 4-1　卧式割台收割机

1—拨禾轮；2—切割器；3—输送带；4—放铺口；5—分禾器

立状态，由输送带横向输送，在拨禾星轮配合作用下，将割下作物排出机外，横向铺放于田间。

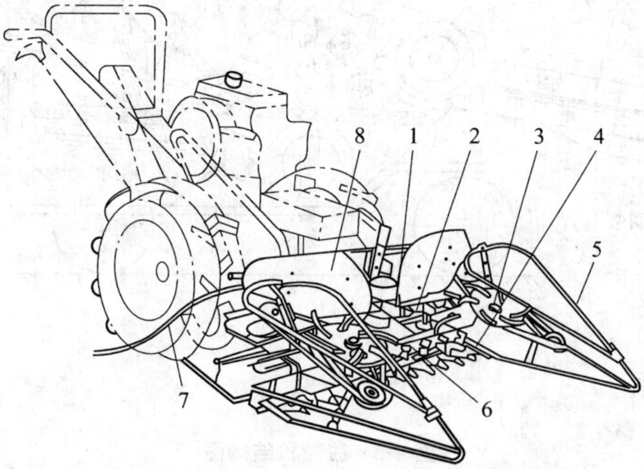

图 4-2　立式割台收割机

1—换向阀门；2—上输送带；3—拨禾星轮；4—切割器；5—分禾器；6—下输送带；7—铺禾杆；8—后挡板

(2)脱粒机　脱粒机的功用，主要是对割下谷物进行脱粒，并对脱出物进行分离和清选，以得到干净的谷粒。

①脱粒机的种类及特点。脱粒机的种类很多，按适应作物情况可分为通用脱粒机和专用脱粒机；按作物喂入方式可分为全喂入和半喂入式，全喂入式又分为切流式、轴流式和叶

轮式 3 种；按结构和复杂程度可分为简易式、半复式和复式。

全喂入式脱粒机结构简单，仅有脱粒装置，只将谷粒从穗上脱下，不进行分离和清选，需用人工进行清理。半喂入式脱粒机，脱粒时茎秆被夹持，仅穗部进入脱粒装置，功率消耗小，茎秆完整，但生产率受限，多用于水稻脱粒。

简易脱粒机结构简单，仅有脱粒装置，只将谷粒从穗上脱下，不进行分离和清选，需用人工进行清理。半复式脱粒机，除具有脱粒装置外，还有简单的分离和清选装置，可进行初步的分离和清选，能获得比较干净的谷粒。复式脱粒机，结构复杂除具有完善的脱粒、分离和清选装置外，尚有复脱、复选以及喂入、颖壳收集、秸草处理装置，可直接获得干净的谷粒。

②脱粒机的一般结构与工作过程。现以丰收-1100 型复式脱粒机为例，说明脱粒机的构造和工作过程。如图 4-3 所示，该机主要由喂入、脱粒、分离、清选、输送、杂余处理等工作装置及传动、机架和行走轮等组成。喂入槽分为上下两段，运输时可将下槽卸下与上槽折叠起来。脱粒装置采用双滚筒式，第一滚筒为钉齿式，第二滚筒为纹杆式。分离装置由逐稿轮、挡帘、双轴四键式逐稿器等组成。清选装置有两个清粮室，第一清粮室由阶梯板、上鱼鳞筛、下冲孔筛及风扇等组成；第二清粮室设在机体左侧，由箱体、滑板、风扇和接粮口等组成。输送装置由谷粒推进器、升运器和杂余推进器等组成。杂余处理装置由复脱器、抛掷器和除芒器等组成。

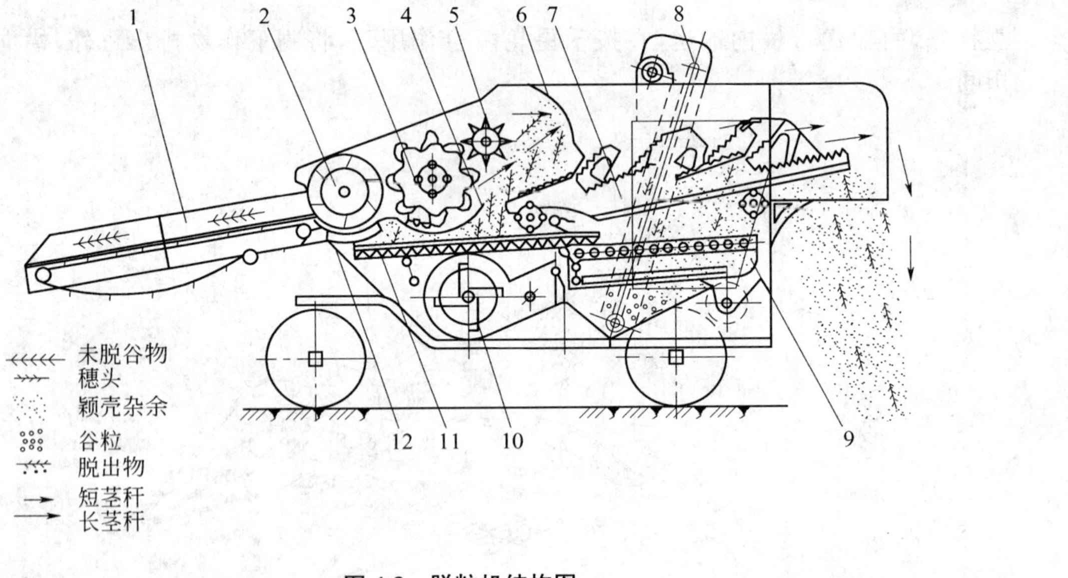

图 4-3　脱粒机结构图

1—输送装置；2—钉齿滚筒；3—纹杆滚筒；4—凹板；5—逐稿轮；6—挡草帘；7—逐稿器；8—升运器；9—清选筛；10—风扇；11—阶梯板；12—第一凹板

复式脱粒机工作过程如图 4-4 所示。工作时，谷物由人工放到自动喂入装置的喂入槽上，由喂入链回转送入脱粒装置，经两个脱粒装置脱粒后，长茎秆从滚筒和凹板间排出，经逐稿轮和逐稿器分离出夹杂在其中的谷粒后，被逐出机外。滚筒脱下的谷粒及杂余混合物，从凹板漏下，和分离装置分离出来的谷粒一起落到阶梯板上，经阶梯板往复抖动送至第一清粮室，在风扇和两层筛子综合作用下被清选。谷粒从筛孔漏下，由谷粒推运器和升运器送至除芒器，除芒后进入第二清粮室（不除芒时可直接进入第二清粮室）用风扇产生的气流进行清选和分级，轻杂物被吹出箱外，谷粒经出粮口装袋；断穗等较大杂物在筛面上运动，其中断穗从尾筛漏下落入杂余推进器，推送至复脱器再次脱粒，然后被抛掷器抛送回阶梯板，重新参与清选。而较大的杂物被送出机外。

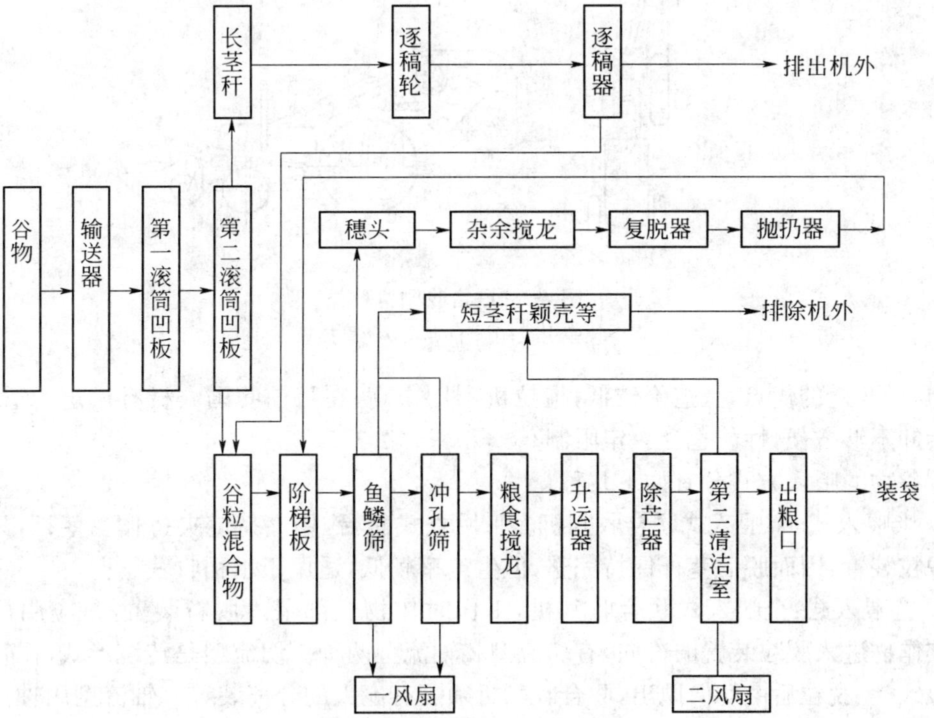

图 4-4　脱粒机工作过程框图

（3）谷物联合收割机　谷物联合收割机实质上是收割机和脱粒机的有机组合，二者之间用输送装置相连，能一次完成谷物的收割，脱粒，分离和清选，直接获得较清洁的谷粒。具有生产率高，损失小，机械化程度高等优点。

①联合收割机的种类和特点。

按动力配套形式分有如下几种。

a. 牵引式：牵引式联合收割机，工作时由拖拉机动力输出轴驱动工作，如图 4-5a 所示。也有些机型为联合收割机本身备有发动机，带动工作部件工作，拖拉机仅做牵引动力，结构较简单、造价较低，但机组较长，机动性差，不能自行开道。

b. 自走式：自走式联合收割机自备动力和行走部分，能独力行走工作，如图 4-5b 所示。收割台配置在机器前方，具有结构紧凑，机动性高，操纵方便，能自行开道等优点。但结构复杂，造价高，动力和底盘利用率低，是应用较广的一种机型。

c. 悬挂式：悬挂式联合收割机将割台和脱粒等工作装置悬挂在拖拉机上，由拖拉机驱动工作，如图 4-5c 所示。悬挂式联合收割机有全悬挂和半悬挂两种形式。具有自走式机动性

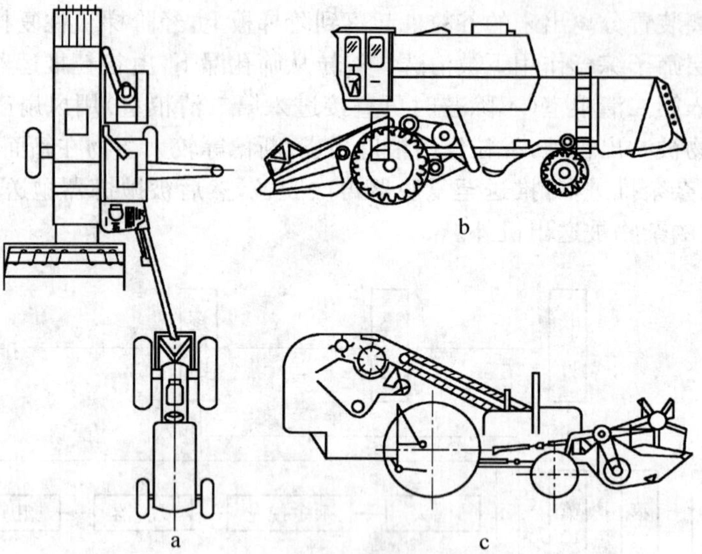

图 4-5　联合收割机种类

a—牵引式；b—自走式；c—悬挂式

高，能自行开道的优点，且造价较低，拖拉机利用率高，在目前我国农村有一定的适应性，但悬挂拆卸不够方便，性能也受一定限制。

按谷物的喂入方式分有如下几种。

a. 半喂入式：半喂入式联合收割机多采用立式割台，用夹持链夹持作物茎秆，只将穗部喂入脱粒装置，因而脱后茎秆保持完整，但生产率较低，适用于水稻收获。

b. 全喂入式：全喂入式联合收割机，工作时作物全部喂入脱粒装置，是应用最广的机型。按作物进入脱粒装置的流向，有切流型和轴流型两种。切流型是传统形式，作物由滚筒切向喂入，经脱粒后由切向抛出，联合收割机须配有庞大的分离装置。轴流型用轴流滚筒代替传统的纹杆滚筒和键式逐稿器。工作时，作物在滚筒的一端切向排出。作物在脱粒的同时，也完成分离过程。

按作物在整个机器的流程分有如下几种。

a. “T”形：“T”形联合收割机，割台配置在脱粒部分的前方，割幅比脱粒部分宽，割下作物先从割台两侧向中央输送，再纵向进入脱粒部分。

b. “Γ”形：“Γ”形联合收割机，割台配置在脱粒部分右侧，作物先横向输送，然后转向纵向进入脱粒部分。

c. “匚”形：“匚”形联合收割机，多用于全悬式联合收割机，割台配置在拖拉机正前方，脱粒机在后方，侧面用中间输送配置连接，整机配置呈“匚”形。

d. 直流型联合收割机：割台配置在前方，割幅与脱粒部分等宽。割下作物沿纵向直接进入脱粒装置，喂入作物层厚薄均匀，有利于提高脱粒和分离质量，但生产率较低。

②联合收割机的构造和工作。联合收割机的机型很多，其结构也不尽相同，但其基本构造大同小异。现以自走式联合收割机为例，说明其构造和工作。

自走式联合收割机主要由割台、脱粒（主机）部分、发动机、液压系统、电气系统、行走系统、传统系统和操纵系统 8 大部分所组成，如图 4-6 所示。

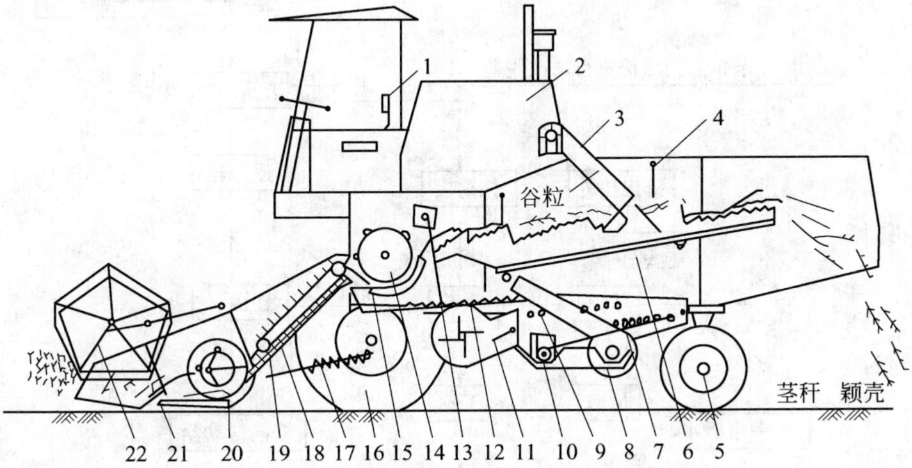

图 4-6　自走式联合收割机的结构示意图

1—驾驶室倾斜输送器；2—发动机；3—卸粮管；4—挡帘；5—转向轮；6—逐稿器；7—下筛；8—杂余推运器；9—上筛；10—粮食推运器；11—风扇；12—阶梯状输送器；13—逐稿轮；14—滚筒；15—凹板；16—驱动轮；17—割台升降油缸；18—倾斜输送器；19—输送链耙；20—割台螺旋推运器和伸缩扒齿；21—切割器；22—拨禾轮

a. 收割台：为适应系列机型和农业技术要求，割台割幅有 3.66 m、4.27 m、4.88 m、5.49 m 4 种及大豆挠型割台。

割台由台面、拨禾轮、切割器、割台推运器等组成。

b. 脱粒部分：脱粒部分由脱粒机构、分离机构、清选机构、输送机构等构成。

c. 发动机：本机采用法国纱朗公司生产 6359TZ02 增压水冷直喷柴油机，功率为 110 kW(150 hp)。

d. 液压系统：本机液压系统由操纵和转向两个独立系统所组成，分别对割台的升降和减震、拨禾轮的升降、行走的无级变速、卸粮筒的回转、滚筒的无级变速及转向进行操纵和控制。

e. 电气系统：电气系统分电源和用电两大部分。电源为一只 12 V 6-Q-126 型蓄电池和一个九管硅整流发电机。用电部分包括启动马达、报警监视系统、拨禾轮调速电机、燃油电泵、喷油泵电磁切断阀、电风扇、雨刷、照明等。

f. 行走系统：由驱动、转向、制动等部分组成。驱动部分使用双级增扭液压无级变速，常压单片离合器，四挡变速箱，一级直齿传动边减。制动器分脚制动和手制动，为盘式双边制动，由单独液力系统操纵。转向系统为液力转向。

g. 传动系统：动力由发动机左侧传出，经皮带或链条传动，传给割台，脱粒部分工作部件和行走部分。

h. 操纵系统：操纵主要设置在驾驶室内。

联合收割机工作过程如图 4-7 所示。

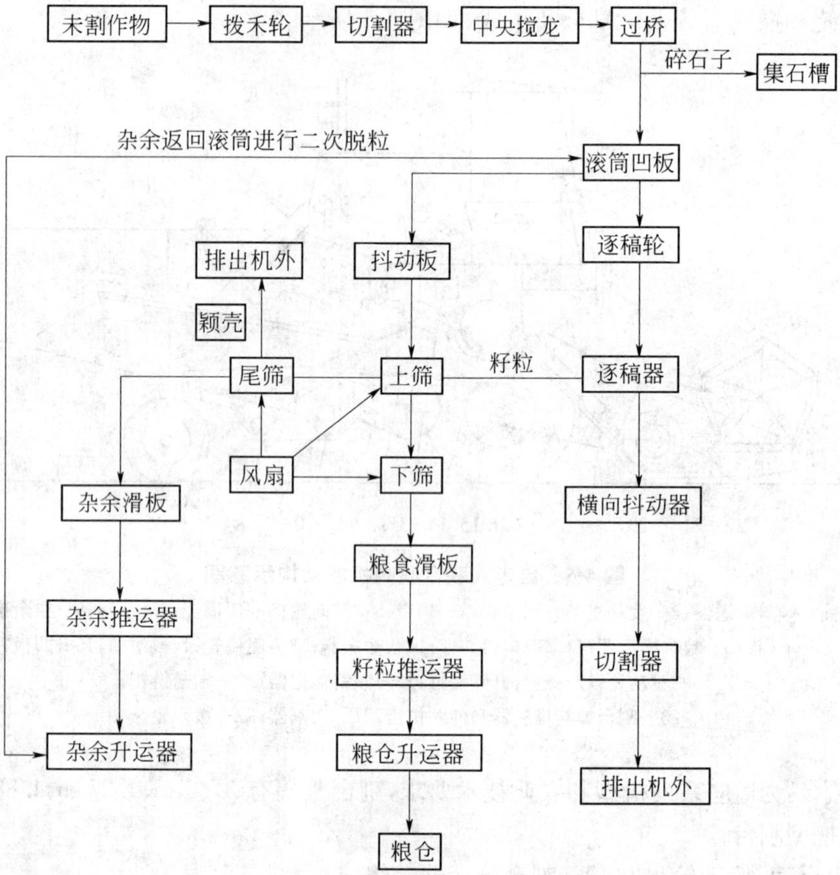

图 4-7　联合收割机谷物流程图

(二)收割台

收割台的作用是在尽可能低的情况下完成正确的收割和输送。

1. 收割台类型

收割台分为卧式和立式两大类型。卧式割台按输送部件的不同可分为平台式和螺旋式两类。平台式多用于收割机、割晒机和半喂入式联合收割机,螺旋式用于全喂入联合收割机,立式割台可分为带前输送,带后输送、机后铺放及挟指式几种型式。挟指式仅用于半喂入式联合收割机。

2. 收割台结构

卧式割台由割台体、分禾器、切割器、拔禾轮及输送装置等组成。切割器安装在割台体前部护刃器梁上。分禾器安装在左右侧壁前端。拨禾轮安装在侧壁上部左右臂上。割台体下部装有滑掌或滑板。收割机割台,其后部与拖拉机悬挂架相连接。联合收割机割台,其后部与倾斜喂入室连接,并由两个油缸支撑,用以控制割台的高低位置。

立式割台由机架,主传动箱,切割器,上下输送带,拨禾星轮和分禾器等组成。带后输送的还设有换向阀门,可实现左右放铺。机后铺放的结构有所不同,它由若干三角带拨齿分行扶合器和扶禾星轮组成扶禾装置代替了拨禾星轮,并设有侧置夹持带,实现机后铺放,如图 4-8 所示,由扶指式割台和扶禾器组合而成,如图 4-9 所示。

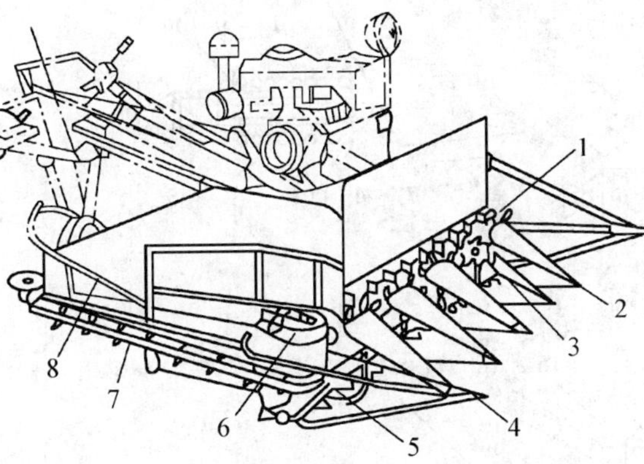

图 4-8　机后条放收割机

1—上输送带；2—扶禾器；3—扶禾星轮；4—分禾器；
5—切割器；6—转向机构；7—转向输送带；8—导向杆

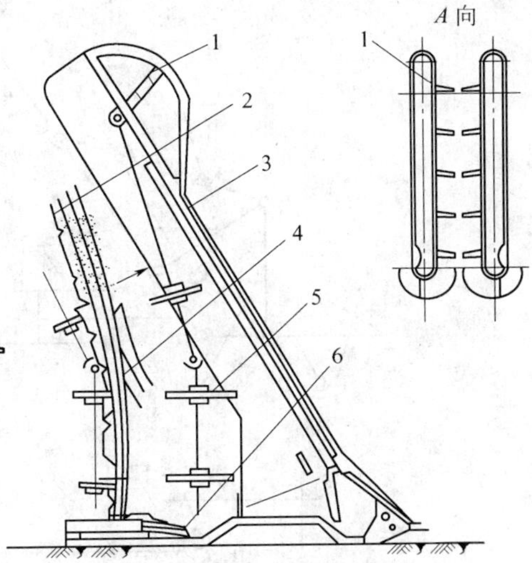

图 4-9　扶指式割台

1—拨禾输送装置；2—谷物；3—扶禾器；
4—输送链；5—拨禾指；6—割台梁架

3. 割台的升降仿形装置和挂结结构

割台的升降装置，用来随时调节割茬高度及运输状态和工作状态的转换。仿形装置，可使割台随地形起伏而升降以保持一定高度的割茬。升降装置多采用单作用油缸液压升降装置。仿形装置大都采用机械式，利用平衡弹簧将割台大部分重量转移到机架上，使割台下面的滑板轻贴地面，并利用弹簧弹力，使割台适应地形起伏。割台升降仿形装置常用 3 种不同的平衡弹簧配置方式。

①割台体由左右两组平衡弹簧吊挂在倾斜喂入室上（图 4-10a）。提升时，液压缸进油，顶起倾斜喂入室，平衡臂顶住托架，带动铰接吊杆升起割台。下降时，液压缸排油，割台下降，滑板支地，平衡臂和托架分开，平衡弹簧全部受力，滑板对地面压力较小。此型由于割台下部球铰接在倾斜喂入室支架上，所以割台可纵、横向仿形。

②平衡弹簧套在液压缸外壳上（图 4-10b）。下降时，液压缸排油，割台落地，平衡弹簧受力而压缩。如遇障碍时，割台即抬起，起上下浮动作用。移动调节板位置可调节滑板接地压力，此型割台只可作纵向仿形。

③平衡弹簧配置在液压缸外与柱塞销联接（图 4-10c）。弹簧用螺杆调节予应力。前后槽钢连接成一体，可在与中间槽钢成一体的滑套内滑动。中间槽钢与柱塞销联接。割台受力起仿形作用。此型割台只可作纵向仿形。

挂结结构随着全喂入联合收割机生产率不断提高，割幅逐渐变宽。为便于运输，一般割台与倾斜喂入室的挂结应快捷，灵便。目前大都采用上托下固定的联接方式，即在倾斜喂入室的上部设有托轴、凸台式凹槽，用以托住割台。下部则将插销轴与割台固定。

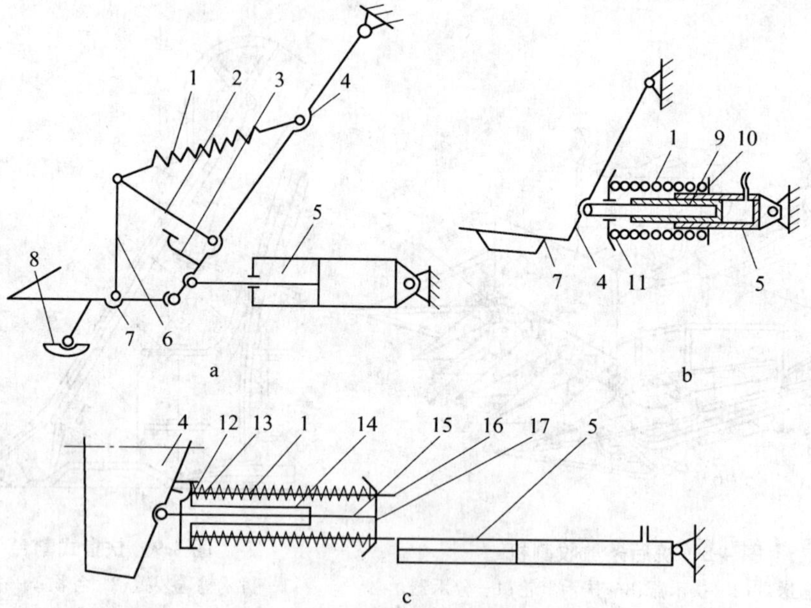

图 4-10　割台升降仿形装置

a—割台体由左右两组平衡弹簧吊挂在倾斜喂入室上；b—平衡弹簧套在液压缸外壳上；c—平衡弹簧配置在液压缸外与柱塞销连接

1—平衡弹簧；2—托架；3—平衡臂；4—中间输送装置；5—升降液压缸；6—铰节吊杆；7—割台；8—滑板；9—柱塞杆；10—调节板；11—弹簧室；12—前槽钢；13—中间槽钢；14—滑套；15—联接轴；16—调节螺杆；17—后槽钢

(三)拨禾装置

1. 拨禾轮

(1)拨禾轮的作用与类型　拨禾轮的功用是把谷物拨向切割器；扶持茎秆，配合切割器进行切割；及时将割下谷物铺放到输送装置，并清理割刀以利切割器继续工作。

拨禾轮的类型，常用拨禾轮有普通拨禾轮和偏心拨禾轮两种型式。

(2)拨禾轮的结构

①普通拨禾轮。普通拨禾轮的结构如图 4-11 所示，主要由管轴、辐盘、辐条、拨板、拉筋及撑杆等组成。管轴用轴承安装在割台支臂上，动力由管轴左端链轮或皮带轮传入。撑杆用来保持辐条的正确位置。拉筋用来防止管轴因自重或工作时受力产生弯曲变形。拨板固定在辐条外端。

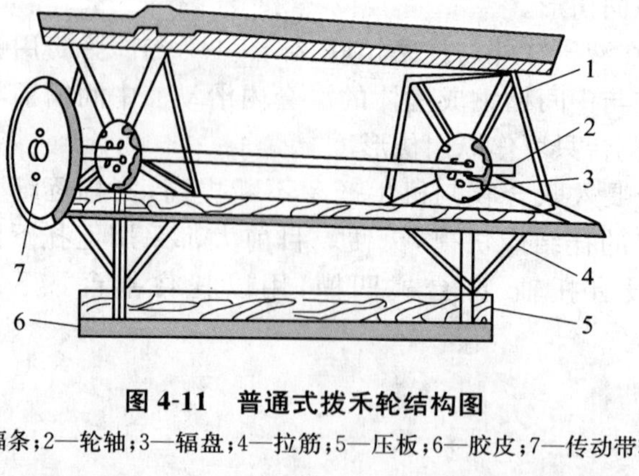

图 4-11　普通式拨禾轮结构图

1—辐条；2—轮轴；3—辐盘；4—拉筋；5—压板；6—胶皮；7—传动带轮

②偏心拨禾轮。偏心拨禾轮由普通拨禾轮发展而来，其性能优于普通拨禾轮，尤其是对倒伏作物适应性较强，在谷物联合收割机上广泛应用。

偏心拨禾轮的结构如图 4-12 所示，与普通拨禾轮比较，多一偏心辐盘，偏心辐盘以偏心环支撑在滚轮上，其回转中心与拨禾轮中心有一偏距。固定有弹齿的弹齿轴穿过主辐条，通过轴端曲柄与偏心辐条铰接。

偏心拨禾轮由于其结构上的特点，即主辐条、偏心辐条、曲柄及两辐盘中心距组成一组平行四杆机构，当拨禾轮工作时，曲柄方向因始终保持与两中心连线平行而不变，固定在弹齿轴上弹齿方向不变，即弹齿相对地面的倾角保持不变，图 4-13 所示。

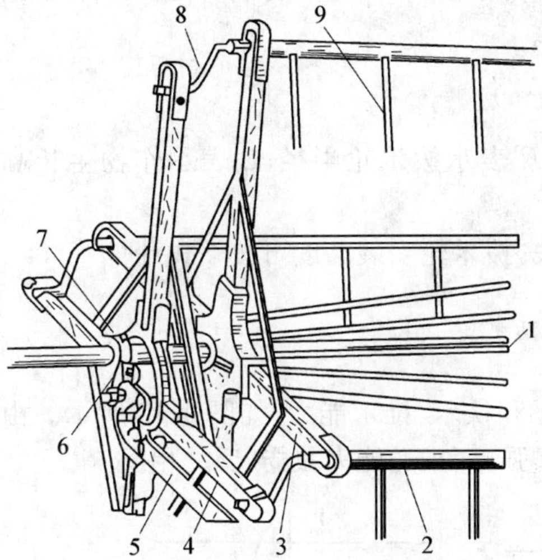

图 4-12　偏心式拨禾轮结构图

1—拨禾轮轴；2—弹齿轴；3—主动辐盘辐条；4—偏心辐盘辐条；5—弹齿角度调节杆；6—偏心环；7—偏心导杆；8—曲柄；9—辐板

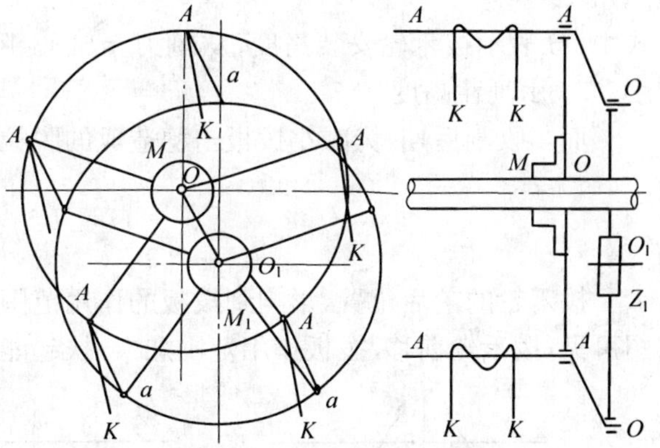

图 4-13　偏心式拨禾轮工作原理图

为适用各种情况下工作，弹齿倾角可以调整，此时只需通过调节机构，改变偏心辐盘中心位置即可，因偏心辐盘中心位置改变，改变了二中心连线方向，使曲柄方向变化，弹齿方向随之改变。

(3)拨禾轮的工作过程

①拨禾轮拨板运动。拨禾轮工作时，拨板一面绕拨禾轮轴作回转运动，一面随机器前进作直线运动，因此相对拨板静止的作物所作的运动，是这两个运动的合成，其运动轨迹为一余摆线，如图 4-14 所示。

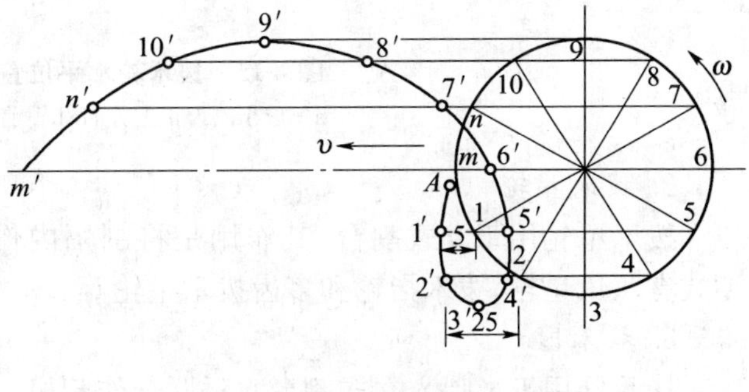

图 4-14　拨禾轮压板运动图(mm)

拨板速度方向为过拨板某瞬间位置作余摆线的切线方向，其大小为拨禾轮圆周速度与机器前进速度的合成速度。

由于拨板运动是拨禾轮圆周运动和机器前进运动的合成，因此，其运动轨迹余摆线的形状就与这两个速度有关，即决定于拨禾轮圆周速度/机器前进速度＝λ值的大小。当$\lambda>1$时，形成有结扣的余摆线。而从拨板的拨禾作用看，拨板作用到作物上时，应有向后的水平分速度。从图4-14上可看出，向后的水平分速度，只有余摆线结扣最大横弦以下部分才有，因此$\lambda>1$即拨禾轮圆周速度大于机器前进速度是拨禾轮能正常工作的必要条件。

②拨禾轮的位置。拨禾轮的位置，对拨板的工作影响很大。其高低位置影响到拨板入禾和出禾的位置，影响到拨板对作物的作用程度大小和推禾情况。一般情况下为使拨板把割下作物很好地推倒到割台上，拨板应作用在割下作物重心稍上方（从穗头算起重心约在割下作物1/3处），所以拨禾轮安装高度可从下式算出。

$$H=R+2/3(L-h)$$

式中：H表示拨禾轮安装高度，从割刀至轴心距离；R表示拨禾轮半径；L表示作物生长高度；h表示割茬高度。

而当收割后期，为减小拨板击穗造成的脱粒损失，拨禾轮安装高度可按下式计算：

$$H=L+\frac{R}{\lambda}-h$$

拨禾轮的前后位置，影响到拨板的作用范围大小和扶禾、推禾能力，如图4-15所示。由图可见，拨禾轮前移，拨板作用范围加大，扶起能力增强，而推送能力减弱，反之相反。

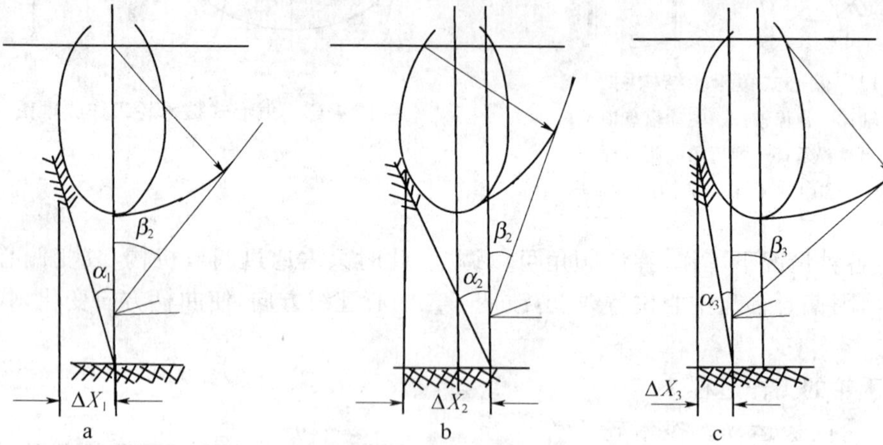

图4-15　拨禾轮水平位置对工作的影响

a—位于割刀正上方时；b—前移时；c—后移时

2. 拨禾星轮

拨禾星轮用于立式割台，其作用是将割幅内作物拨集并配合输送装置输送割下作物。型式有八角星轮、拨禾指轮和多齿拨禾星轮等。

3. 扶禾器

扶禾器用于半喂入立式割台水稻联合作割机。它由若干对回转的拨指扶禾链和分禾器组成，如图 4-16 所示。

工作时，首先拨指从根部插入作物，由下至上将倒伏作物扶起，在拨禾星轮配合下，使茎秆在直立状态下切割，然后进行交接输送。

（四）切割器

切割器是收割机上重要部件之一，作用是将谷物分成小束，并对其进行切割。其工作性能应满足：切割顺利、割茬整齐、无漏割、不堵刀、功耗小、适应性广等要求。切割器有回转式和往复式两种型式，其中往复式切割器应用较广。

1. 往复式切割器

往复式切割器，是利用动刀相对于护刃器上的定刀片作往复的剪切运动，将禾秆切断。适用于大小割幅的收割机和联合收割机。

现常用往复式切割器为标准型切割器，其割刀行程等于相邻两动力片中心线之间距离，并等于相邻两护刃器之间的距离，即 $S=t=t_0=76.2$ mm。

标准型往复式切割器，分Ⅰ、Ⅱ、Ⅲ3 种型式，其中Ⅱ型（带摩擦片）应用较多。

2. 往复式切割器的构造

往复式切割器的构造如图 4-17 所示，由割刀、护刃器、压刃器、摩擦片及驱动机构等组成。

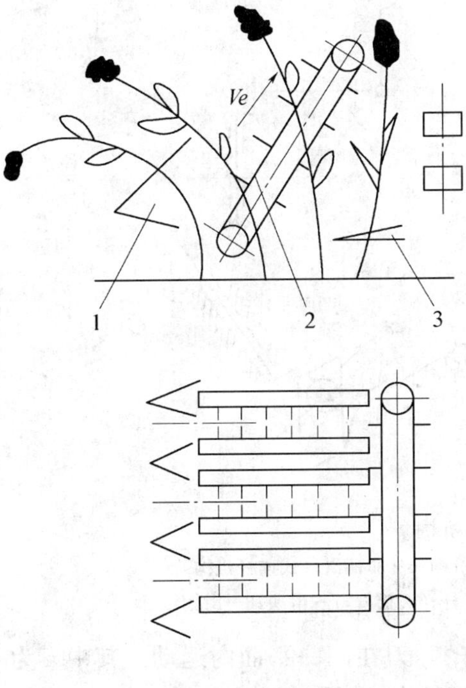

图 4-16　扶禾器

1—分禾器；2—扶禾器；3—切割器

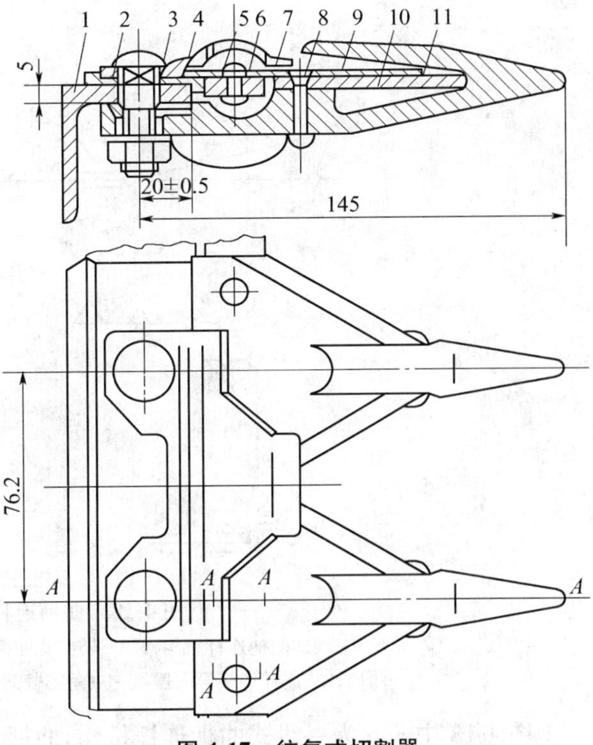

图 4-17　往复式切割器

1—护刃器梁；2—螺栓；3—螺母；4—摩擦片；5、8—铆钉；6—刀杆；7—压刃器；9—动刀片；10—定刀片；11—护刃器

(1)割刀　割刀由动刀片、刀杆、刀杆头等铆合而成。刀头与驱动机构相连，以带动割刀作往复运动。动刀片呈六边形，两斜边为刀刃，刀刃多为齿状，工作中不易磨钝。刀杆为断面形状为矩形的扁钢，刀杆应平直。动刀片铆在刀杆上，铆接要牢固紧密，并在同一平面上。

(2)护刃器　护刃器为双联，其上铆有定刀片(JL-1075 无定刀片)。护刃器用螺栓固定在护刃器梁上，工作时，将作物分成小束，切割时构成支撑点。

(3)压刃器　压刃器用螺栓固定在护刃器梁上(间隔 30～50 cm)，其前端将割刀压向定刀片，以保证动刀片与定刀片有正常的切割间隙。

(4)摩擦片　摩擦片用螺栓固定在护刃器梁上，对割刀有垂直和水平方向的支承定位作用，避免刀杆对护刃器的磨损。摩擦片磨损后，可上下，前后调整。

3. 割刀的驱动机构

往复式切割器的割刀驱动机构用来把传动轴的回转运动变成割刀的直线往复运动驱动机构，型式有多种，按结构原理可分为曲柄连杆机构、摆环机构和行星齿轮机构。

(1)曲柄连杆机构　曲柄连杆驱动机构的常见形式，如图 4-18 所示。

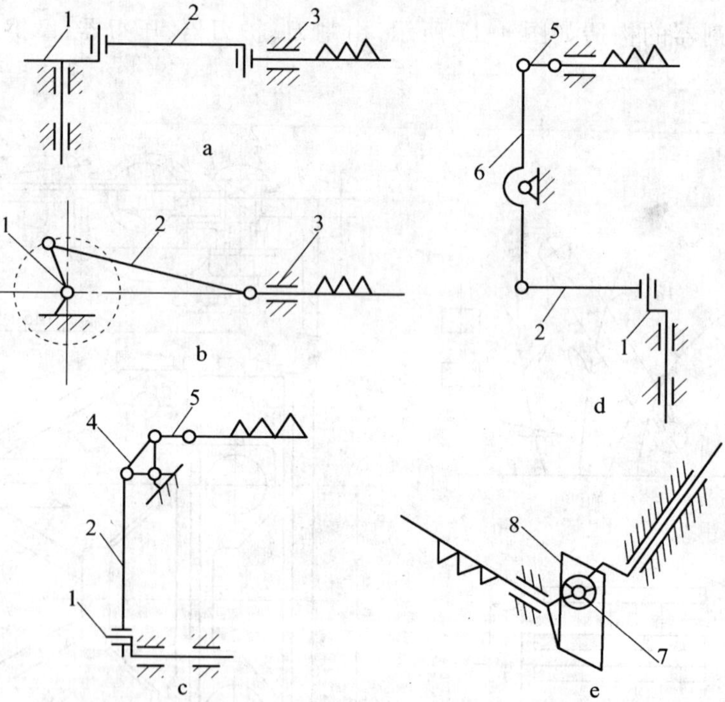

图 4-18　曲柄连杆驱动机构

a、b—一线式曲柄连杆机构；c、d—转向式曲柄连杆机构；e—曲柄滑块式连杆机构

1—曲柄；2—连杆；3—导向器；4—三角摇臂；5—小连杆；6—摇杆；7—滑块；8—滑槽

图 4-18 中 a、b 为一线式曲柄连杆机构，曲柄、连杆、割刀在同一平面内运动。其中 a 为卧轴式，b 为立轴式。特点是结构简单，但横向占据空间较大，多用于侧置割台。

图 4-18 中 c、d 为转向式曲柄连杆机构，其中 c 为三角摇臂式，d 为摇杆式，特点是横向所占空间小，适用于前置式割台。

图 4-18 中 e 为曲柄滑块式连杆机构，是曲柄连杆式的一种变形，结构较紧凑，但滑块、滑槽易磨损。

(2)摆环机构　摆环机构的结构与工作过程如图 4-19 所示。它由主轴、主销、摆环、摆叉、摆轴、摆杆和小连杆等组成。主销与主轴中心线有一 α 倾角。轴承装在主销上，其外为摆环，摆环外缘上有两个凸销，与摆轴的摆叉相铰连，摆轴一端固定摆杆，摆杆通过小连杆与割刀连接。

工作时，主轴转动，摆环在主销上绕 O 点作左右摆动，摆动范围为 $\pm\alpha$ 角。通过摆叉使摆轴在一定范围内来回摆动，带动摆杆左右摆动，再通过小连杆，带动割刀作往复运动。摆环机构，结构紧凑、工作可靠，在联合收割机上应用广泛。

(3)行星齿轮机构　行星齿轮驱动机构是近年来新采用的割刀驱动机构，它主要由直立的转臂轴、套在转臂上的行星齿轮、固定在行星齿轮上的曲柄及固定齿圈等组成，如图 4-20 所示。

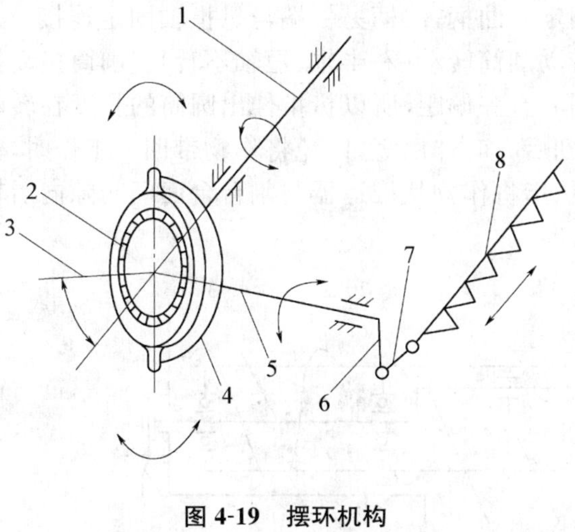

图 4-19　摆环机构

1—主轴；2—摆环；3—主销；4—摆叉；5—摆轴；6—摆杆；7—小连杆；8—割刀

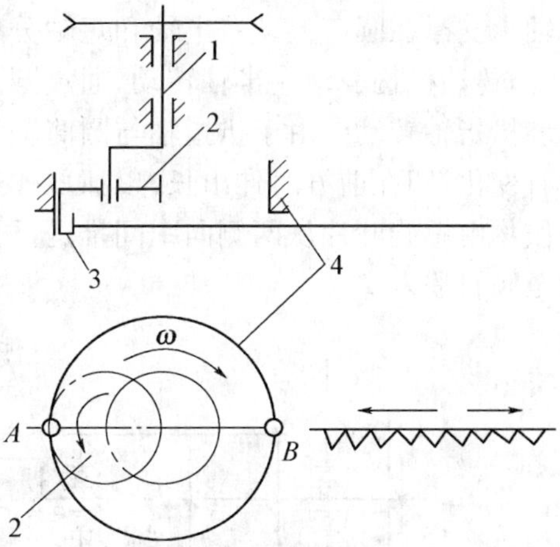

图 4-20　行星齿轮驱动机构

1—曲柄轴；2—行星齿轮；3—销轴；4—固定齿圈

行星齿轮机构的结构参数间有如下关系：内齿圈的齿数＝2×行星齿轮齿数；转臂长度＝曲柄长度＝1/2 行星齿轮直径，故当转臂轴转动时，行星齿轮除随转臂轴作公转外（轮心绕轴心转），还在内齿圈作用下作自转（轮绕轮心转），且自转转速为公转转速的两倍，从而曲柄端点（与刀头连接处）始终位于割刀运动直线上，割刀作纯水平方向的往复运动，无有害的垂直方向分力作用，震动和磨损比较小。

(五)割台输送装置

1. 立式割台输送装置

立式割台输送装置，多采用上、下两条带有拨齿的输送带（链）。工作时，被割作物在拨齿带动下，呈直立状态向一侧输送，至端部时穗头向外倾倒，铺放于地。若在机侧设纵向夹持输送带，可实现机后放铺。

2. 卧式割台输送装置

卧式割台输送装置，有输送带式和螺旋输送式。

(1)带式输送装置　带式输送装置,有单带式和双带式。单带式的输送带比切割器横宽短,使割台左端形成一排禾口,作物放成纵向条铺。双带式的前带长度与切割器割幅相等且窄,后带比前带长且宽。工作时,割下作物被输送到一端后,根部先落地,穗部被后带继续输送,并且与机器前进速度配合,割下作物按扇形轨迹转向铺放于地。

输送带由主动辊、从动辊及其上装有木条的帆布带组成,从动辊位置可调,用以调整输送带松紧度。

(2)螺旋式输送装置　螺旋式输送装置多用于前置式割台联合收割机上,称为割台推运器或搅龙,其结构如图4-21所示,主要由圆筒、螺旋叶片、伸缩扒指、推运器轴及调节机构等组成。螺旋叶片分左右两段,焊在圆筒上,旋向相反。伸缩扒指位于推送器中间段,内端铰接在圆筒内扒指轴上,外端从圆筒上套筒穿出。推运器轴分左半轴、右半轴、短轴和扒指轴。左半轴用轴承支撑在割台左侧臂上,外有链轮由传动机构驱动,内固定有圆盘与圆筒连接。右半轴外端用轴承支撑在割台右侧臂上,外端有调节手柄,内端用轴承支撑在圆盘上。短轴用轴承支撑在圆盘上。右半轴和短轴分别固定一曲柄,曲柄另一端与扒指轴固定连接。工作时,传动机构驱动左半轴转动,通过圆盘带动圆筒转动(右半轴、短轴不转)。圆筒拨动扒指绕扒指轴转动。由于扒指轴与圆筒轴不同心有一偏距,所以扒指伸出圆筒的长度在转动中有变化,即在前方时伸出长,以抓取作物,到后方时伸出短,以免将作物带回。工作时,割下作物由螺旋叶片从两侧向中间推送,再由扒指将作物从推运器与割台台面间间隙向后输送至倾斜喂入室。

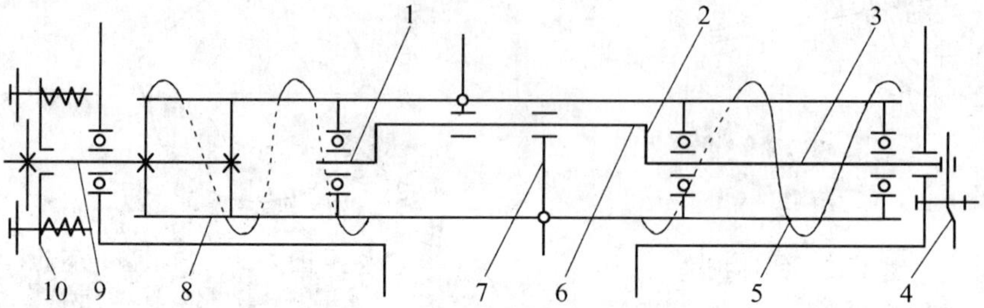

图4-21　螺旋推运器示意图

1—短轴;2—曲柄;3—右半轴;4—调节手柄;5—螺旋叶片;6—扒指轴(曲轴);7—扒指;8—圆筒;9—左半轴;10—传动链轮

五、相关实践资讯

1. 割台的调整

(1)割茬高度的调整　一般用液压升降装置,利用液压缸柱塞伸缩,改变割台高低位置,进行割茬高度调整。当用仿形装置控制割茬时,可通过改变滑板与割台底的相对位置来实现割茬高度调整,如叶尼塞联合收割机割台,滑板有4个位置,分别控制割茬高度为50 mm、100 mm、130 mm和180 mm。

(2)割台对地面压力调整　割台对地面压力调整,一般用改变平衡弹力调整,使滑板对地面压力适宜,一般用一只手台分禾器即可抬动。

2. 拨禾轮的调整

(1)拨禾轮转速调整　拨禾轮的转速，如前所述应和机器前进速度相适应，即保证 $\lambda>1$。一般情况下 $\lambda=1.3\sim1.5$。当作物密时，可小些，收稀矮作物时，可大些。但拨禾轮圆周速度最大不超过 3 m/s，以免造成冲击落粒损失增大。

拨禾轮转速调整，根据调整方法不同，分有级式和无级式，而无级式又分为机械式和油压式。有级式用更换传动链轮来实现调整。无级式通过调节皮带轮实现调整，机械式是用调整螺栓移动皮带轮动盘，改变直径大小。油压式用液压油缸移动皮带轮动盘实现转速的调整。

JL-1075 联合收割机拨禾轮转速调整，采用调速电机控制无级变速轮，调速电机和调节螺栓作用在拨叉上使动盘轴向移动，当皮带轮开度增大时，工作直径变小，拨禾轮转速增高，反之降低。另外皮带轮外端有一可换链轮，齿数分别为 21 齿和 13 齿，则拨禾轮转速可分别在 21～55 r/min 和 12～34 r/min 间调整。

(2)拨禾轮位置调整　拨禾轮高低位置调整一般通过液压油缸来实现。两个单作用式油缸，分别铰接在割台左右侧壁上，柱塞端部与拨禾轮固定支臂相连。操纵阀处于提升位置时，柱塞伸出，支臂绕支点上摆，拨禾轮升高。操纵阀处于下降位置时，在拨禾轮重量作用下柱塞压回，拨禾轮下降。调整时注意，当拨禾轮落到最低位置时，拨禾轮弹齿与切割器之间应有不小于 30 mm 的间隙。

拨禾轮前后位置调整是利用改变拨禾轮轴承座在拨禾轮支臂上的前后位置实现的。其位置可用水平设置的液压缸来改变，也可用轴承座在支臂上的不同固定孔位来改变。如 JL-1075 联合收割机，拨禾轮左右支臂上各有 9 排孔，拨禾轮轴头滑动轴承座用销子固定在不同孔内，拨禾轮前后位置得以改变。一般拨禾轮座处在割刀下上方，当收低矮作物时，拨禾轮在降低位置的同时要向后移动。此时应注意，拨禾轮弹齿与割台推运器伸缩扒齿间应有 50 mm 间隙。收高大作物时，提高拨禾轮的同时要向前移动拨禾轮。调整时要保持拨禾轮与割台平行。

(3)弹齿倾角调整　拨禾轮弹齿倾角调整是利用改变偏心辐盘的圆心位置来实现的。偏心盘支撑在固定在调节板上的滚轮上(2 个或 3 个)，调节板上有圆弧形孔和固定螺栓。调整时，松开固定螺栓通过调节板推动偏心辐盘，改变弹齿倾角，调整后重新固定。一般弹齿倾角可在前倾 15°至后倾 15°之间调整。一般弹齿应处于垂直位置，收倒伏作物时，应使弹齿向后倾斜。

(4)安全离合器调整　有的联合收割机拨禾轮上设有安全离合器，当拨禾轮负荷过大时，安全离合器自动分离，切断动力，以防零部件损坏。工作时，应保证安全离合器有合适的传递扭矩，一般为 8～10 kg·m。可用改变弹簧弹力来调整。

3. 往复式切割器的安装技术要求

①各护刃器应在一个平面上，误差小于 0.5 mm(用拉线法检查)。刀杆总成应平直误差小于 0.5 mm。

②刀杆前后间隙 $W\leqslant0.8$ mm，刀片与护刃器舌间间隙 $X=0.4\sim1.2$ mm。可用摩擦片 M 上下，前后位置调整。

③切割间隙 $Y\leqslant0.8$ mm，可用压刃器调整。

④割刀处于往复行程极限位置时，动刀片中心线与护刃器尖中心线重合，误差<5 mm。若不符，可断开割刀与球铰的连接，转动球铰，改变连杆长度调整。E-514 联合收割机，割刀行程为 86.2～90.2 mm，所以割刀在极限位置时，动刀片偏离护刃器中心线 5～7 mm。

各项技术指标及位置关系如图 4-22 所示。

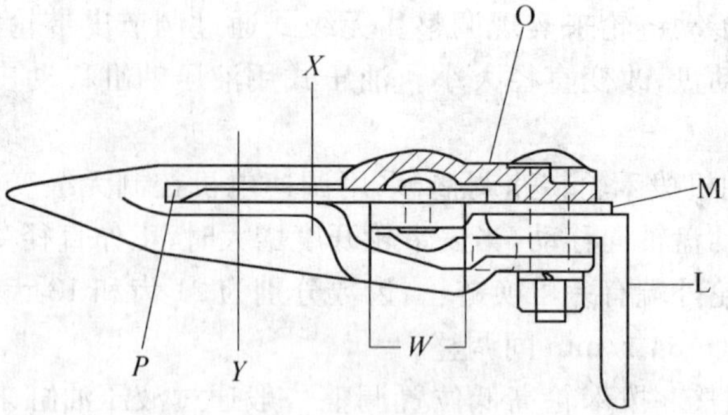

图 4-22　割刀与护刃器装配

L—护刃器梁；M—摩擦片；O—压刃器

4. 螺旋推运器的调整

为保证能很好地输送作物，不使作物在割台上堆积和堵塞，推运器有如下调整。

(1)螺旋叶片与割台台面间间隙　此间隙一般为 10～20 mm。喂入量大时，应大些，反之则减小。此间隙可用固定在割台侧壁上的轴承支撑板调整。调整时，松开固定螺栓，拧动调节螺栓，使支撑板上下移动，改变推运器与台面的相对位置，调好后，再用固定螺栓固定。调整时，左右两边同时调整，以保持推运器与台面平行。

(2)伸缩扒指的调整　扒指与割台台面间间隙，可根据工作情况不同调整，一般为 10 mm。喂入量大时，间隙应大，喂入量小时，间隙应小，但不得小于 5 mm。此调整可用右侧调节手柄调整。调整时，松开固定螺栓，扳动手柄，带动右半轴及曲柄转动，改变扒指轴位置，即改变扒指与台面间间隙。调整后，紧固固定螺栓。

(3)传递扭矩大小调整　螺旋推运器左端设有安全离合器，用以控制传递扭矩大小，以防超载损坏零部件。传递扭矩的大小，可用离合器弹簧力调整。弹簧压缩，传递扭矩增大，反之减小。合适的扭矩，应保证推运器能正常工作，且负荷过大或遇异物时，能自动切断动力。

学习情境 4-2　脱谷部分的使用与调整

一、学习目标

根据收获的农业生产技术要求，掌握谷物联合收割机(脱谷部分)的结构及工作原理，能进行脱粒装置、清选装置的部件安装、使用调整，最后进行脱粒的质量检查并做记录。

二、能力目标

有关能力目标如表 4-2 所示。

表 4-2　脱谷部分的使用与调整中的能力目标

专业能力	方法能力	社会能力
①能按服务规定接待修理客户 ②能接收谷物收割机(脱谷部分)简单修理项目 ③能对谷物收割机(脱谷部分)故障进行排除 ④能对谷物收割机(脱谷部分)零部件常见的损坏状况进行感官检验和尺寸测量,做出可否继续使用、送修和报废的结论 ⑤能用钳工工具和设备修配简单零件 ⑥能用气焊、电焊等设备进行简单的焊接作业 ⑦能进行谷物收割机(脱谷部分)的拆卸与清洗 ⑧能进行承修项目简易的质量检验	①团队工作能力 ②沟通能力 ③小组成员的协作能力 ④责任意识	①对信息的收集能力 ②使用信息资源制订工作计划 ③能独立使用媒介完成学习任务 ④工作结果的评价与反思

三、工作任务

能正确使用与维护谷物收割机(脱谷部分)。

四、相关理论知识

(一)中间输送装置

中间输送装置是连接割台和脱谷部分,完成将作物从割台向脱谷部分的输送。在联合收割机上,此装置称为倾斜喂入室或过桥。

中间输送装置多为链耙式,其结构如图 4-23 所示。它主要由主动轴、从动轴、输送链、齿耙、壳体及调节机构等组成。主动轴右端有皮带轮和牙嵌式离合器,从传动系统输入动力并把动力通过离合器传给主动轴和通过皮带轮传动割台。当输送器负荷过大时,离合器自动分离。主动轴上有 3 个链轮,带动输送链和从动轴转动。齿耙按一定间隔固定在输送链上,从下端抓取作物,从齿耙与壳体下底板间向上输送。从动轴为浮动式,工作时可绕其支臂固定轴上下摆动。

(二)脱粒装置

脱粒装置是脱粒机和联合收割机的核心部分,其功用主要是把谷粒从谷穗上脱下来,并尽可能多地将谷粒从脱出物中分离出来。脱粒装置的性能不仅在很大程度上决定了脱粒质量和生产率,而且对分离和清选也有很大影响。

1. 脱粒原理

脱粒装置的脱粒原理,一般是利用脱粒装置产生的一定机械力,破坏谷粒与谷穗的自然结合力,使谷粒脱粒,常见的有以下几种方式。

(1)冲击脱粒　靠脱粒元件与谷穗的相互冲击作用。其脱粒效果与冲击强度有关,而冲击强度可用冲击速度来衡量。

(2)搓擦脱粒　靠脱粒元件与作物之间的摩擦,使谷粒脱粒。其脱粒效果取决于摩擦力大小。

(3)碾压脱粒　靠脱粒元件对谷穗的挤压作用使谷物脱粒。

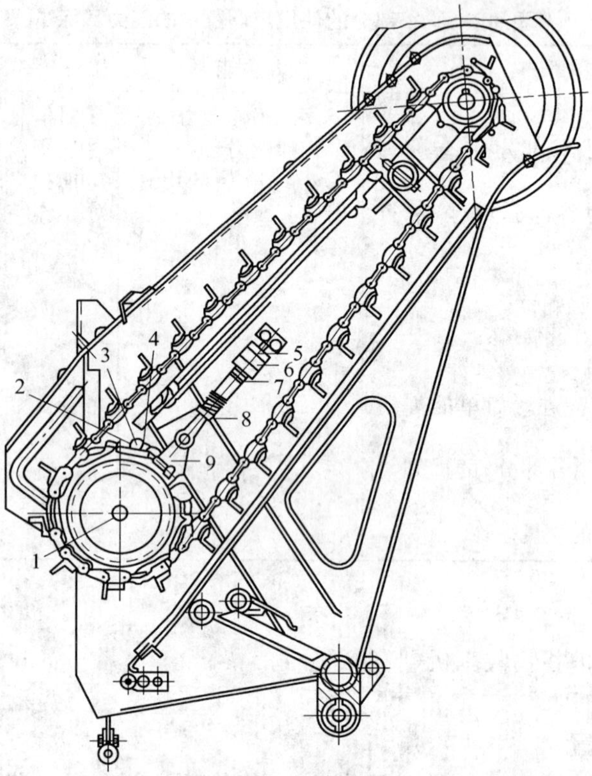

图 4-23　链耙式输送器

1—被动辊轴；2—螺杆；3—弹簧；4—支承吊杆；5—吊杆螺母；6—弹簧支承；
7—纵向吊杆弹簧；8—弹簧调整螺母；9—浮动臂

(4)梳刷脱粒　靠脱粒元件对谷穗施加拉力，使谷物脱粒。其脱粒性能与脱粒元件的速度有关。

现有的脱粒装置，其工作通常是上述几种脱粒方式的综合作用，以一种方式为主，其他为辅，以得到良好的脱粒效果。

2. 脱粒装置的类型

脱粒装置一般由高速旋转滚筒和固定的凹板组成。但其种类和型式不同。常用的有纹杆滚筒式、钉齿滚筒式、双滚筒式、轴流滚筒式、叶轮式、弓齿滚筒式等。

3. 脱离装置的结构与工作特点

(1)纹杆滚筒式脱离装置　纹杆滚筒式脱离装置，主要由纹杆滚筒和栅状凹板组成。工作时，作物由纹杆滚筒抓入，从滚筒与凹板之间通过，同时受到滚筒纹杆的多次打击，以及滚筒与凹板之间和谷物之间揉搓和碰撞作用，使谷粒脱下，脱出物由凹板的筛孔分离出去，落到抖动板上，茎秆和部分谷粒及其他脱出物从滚筒与凹板的出口被抛到分离机构，如图 4-24 所示。

纹杆滚筒式脱粒装置结构简单，适应性好，有良好的脱粒、分离性能，茎秆破碎小。但对喂入不均和潮湿作物适应性较差。

①纹杆滚筒。纹杆滚筒由轴、辐盘、纹杆等组成。轴用轴承支撑在脱谷机侧壁上，轴端

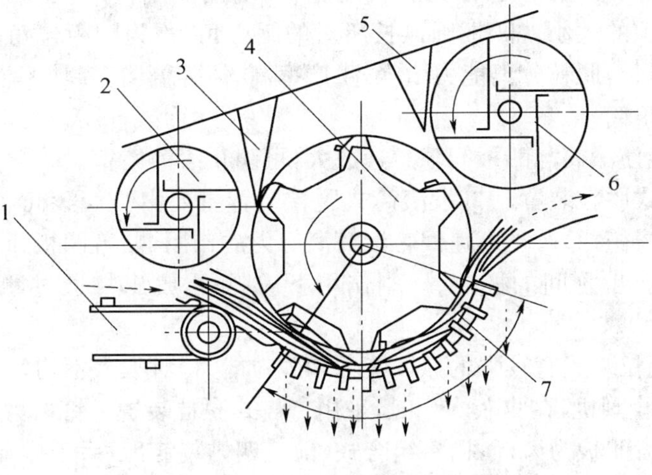

图 4-24　纹杆滚筒式脱离装置

1—喂入链；2—喂入轮；3、5—挡草板；4—滚筒；6—逐稿轮；7—凹板

有动力输入皮带轮。辐盘有多个，为钢板冲压而成的多角盘，两端幅盘有轮毂，用键与轴固定，中间辐盘则空套在滚筒轴上。纹杆用螺旋固定在多角辐盘的凸起部分上。

纹杆工作表面为曲面，上有斜凸纹，以增强抓取和搓擦作物能力。斜凸纹分左右，安装时，应交错安装，以便抵消脱粒时产生的轴向力，并防止作物移向滚筒一侧。纹杆有A型和D型，如图4-25所示。A型用于老式滚筒，辐盘为圆形，有纹杆座，纹杆用螺栓固定在杆座上；D型用于现用滚筒上，用螺旋栓直接固定在多角辐盘上。

②栅状凹板。凹板配合滚筒起脱粒作用，同时分离脱出物，使大部分谷粒很快分离出来，减少谷粒的破碎，同时也减轻了分离装置的负担。栅格状凹板由横格板、侧弧板、筛条等组成。一般为整体式，如图4-26所示。

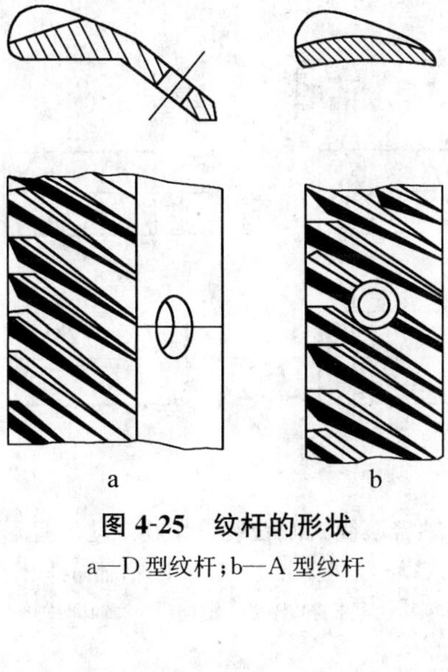

图 4-25　纹杆的形状

a—D型纹杆；b—A型纹杆

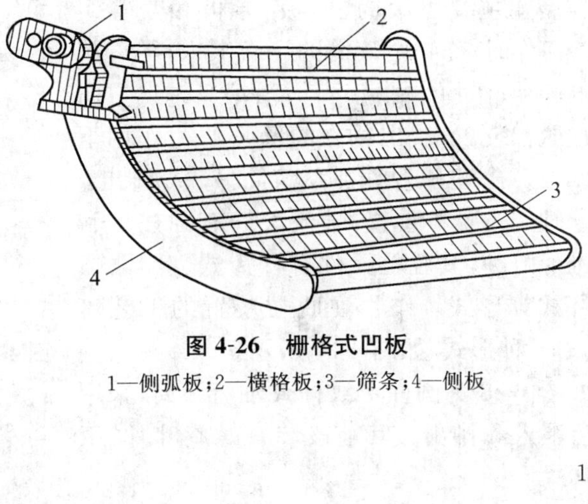

图 4-26　栅格式凹板

1—侧弧板；2—横格板；3—筛条；4—侧板

凹板与滚筒之间形成间隙，称为脱粒间隙。凹板前后端与调节机构相连，通过调节机构，可调节脱粒间隙的大小。凹板圆弧长所对的圆心角，称为凹板包角。包角大（滚筒直径一定时），凹板圆弧长，脱粒分离能力增强，生产率高，但碎稿增多，功率消耗增大。包角过大时，易使茎秆缠绕滚筒。

提起操纵杆能使滚筒与凹板间隙急速放大，可防止滚筒堵塞。

(2)钉齿滚筒式脱粒装置　钉齿滚筒式脱粒装置主要由钉齿滚筒和钉齿凹板组成。工作时，作物被钉齿滚筒抓入，受高速回转滚筒离心力的作用，贴着凹板弧面拖过钉齿凹板，在钉齿的冲击和齿测、齿顶间的搓擦、梳刷作用下被脱粒，脱出物通过凹板上的筛孔被分离出来。

钉齿滚筒式脱粒装置有较强的抓取能力和脱粒能力，对喂入不均匀适应性好。

JL-1075 联合收割机，在收获水稻时，采用钉齿式脱粒装置。钉齿为楔形，在滚筒上按四头螺旋线排列，钉齿凹板为齿杆，栅格组合式（前三四排装钉齿，后三排装筛格）

(3)弓齿滚筒式脱粒装置　弓齿滚筒式脱粒装置，主要用于半喂式脱粒装置，弓齿滚筒用薄铁板卷成封闭式圆筒，其上固定弓齿。滚筒前端为锥形，便于作物喂入，滚筒末端铰接击禾板，用以抖落茎秆中谷粒和排除断秆、断穗。弓齿用直径 4～5 mm 的钢丝制成，按螺旋线排列在滚筒上。

(4)双滚筒式脱粒装置　用单滚筒脱粒时，由于谷物成熟度不一致等原因，存在着脱净与碎粒的矛盾，往往成熟饱满的谷粒已破碎，而未成熟的谷粒尚不能完全脱下来，因此有的脱粒机或联合收割机的脱粒装置，采用双滚筒脱粒装置。第一滚筒转速较低，易脱谷粒先脱下并分离出来，难脱谷粒进入第二滚筒，保证脱粒干净又不破碎。

双滚筒脱粒装置，第一脱粒滚筒大多采用钉齿式滚筒，第二脱粒滚筒采用纹杆式滚筒。钉齿式滚筒抓取作物、脱粒能力强，纹杆式滚筒有利于提高分离率，减少茎秆破碎，如丰收-1100 脱粒机的脱粒装置。也有的两个滚筒均采用纹杆式脱粒装置，如叶尼塞联合收割机的脱粒装置。

双滚筒脱粒装置具有生产率高、脱净率高、破碎率低、对潮湿作物适应性好等优点，但碎秸草多，功率消耗较大。

(5)轴流滚筒式脱粒装置　轴流滚筒式脱粒装置主要由滚筒、凹板、导板和盖等组成。工作时，作物由滚筒的一端喂入，随着滚筒的转动，作物作螺旋运动，沿滚筒轴线方向流过脱粒装置，脱出物在滚筒离心力作用下由凹板筛孔落下，秸草则从滚筒另一端排出。

轴流式脱粒装置，轴流滚筒有圆柱形和圆锥形两种，其脱粒元件有杆齿式、叶片式、纹杆式等形式。作物在脱粒装置的工艺流程，有 4 种形式，如图 4-27 所示。

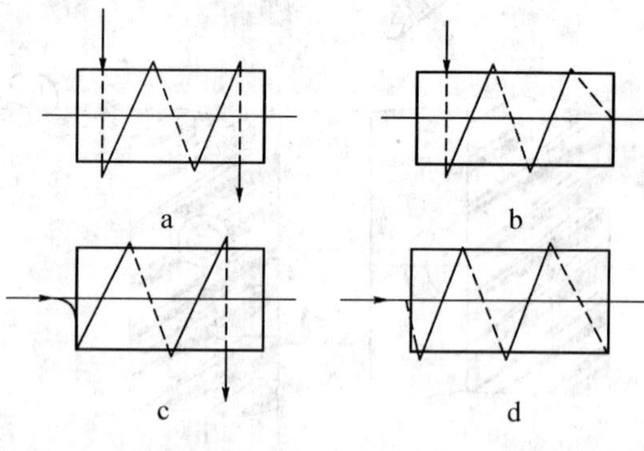

图 4-27　轴流滚筒式脱粒装置作物工艺流程形式

a—径向喂入，径向排出；b—径向喂入，轴向排出；c—轴向喂入，径向排出；d—轴向喂入，轴向排出

图 4-28 为圆柱形纹杆式轴流滚筒，采用轴流喂入和排出。其前段装有螺旋叶片，工

作时可产生较强的气流，并和锥壳内的导板配合，使谷物强迫喂入。采用纹杆式脱粒元件可降低茎秆的破碎程度。

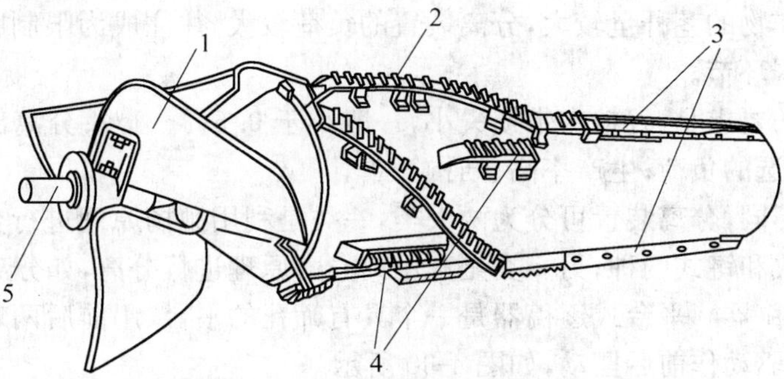

图4-28　纹杆式轴流滚筒

1—喂入叶片；2—螺旋纹杆；3—分离叶片；4—附加纹杆；5—滚筒轴

轴流滚筒式脱粒装置，因作物在脱粒装置内的时间长（为2～3 s，切流式仅为0.10～0.15 s），因此能充分进行脱粒和分离，脱净率高，破碎率低，对不同作物适应性好，省去专用的分离机构也可满足脱粒后分离的技术要求，但功率消耗较大，茎秆破碎严重，谷粒含杂较多，增加清选困难。

4. 滚筒的平衡

制造和修复滚筒时，由于结构设计不当、材质不均以及加工和装配误差等原因，造成滚筒的重心偏移，滚筒在高速旋转时，产生很大的离心力，使机器震动，加速轴承磨损，降低使用寿命，甚至造成事故，因此滚筒在制造和拆卸修理后，必须进行适当的平衡。

滚筒的平衡，有静平衡和动平衡，因动平衡需专门的设备，所以一般只进行静平衡。

滚筒的静平衡检查如图4-29所示。检查时，将滚筒两端放在支架的滚轮上，用手轻拨滚筒，反复多次，如滚筒转到任意位置均可停住，说明滚筒平衡。如每次总是回摆到某一位置停住，说明不平衡。平衡的方法是在停摆位置对面的纹杆上加配重，或在下面钻孔，减去部分质量，加重或减重都应尽可能在距离两端相等的中间部位，以免产生动不平衡问题，如此反复进行，重复检查直至平衡为止。

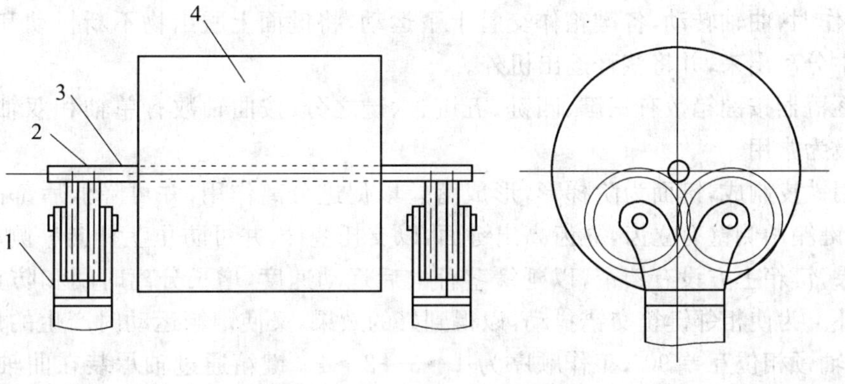

图4-29　滚筒的静平衡检查

1—支架；2—滚轮；3—滚筒轴；4—滚筒

(三)分离装置的种类和特点

分离装置位于脱粒装置的后方,其功用是将脱粒后茎秆中夹带的谷粒分离出来,把茎秆排出机外。由于作物的茎秆量较大,分离装置的负荷较大,往往成为限制脱粒机和联合收割机生产能力的薄弱环节。

对分离装置的要求是:谷粒夹带损失小,一般小于 0.5%～1%;分离出来的谷粒中含杂质少,以利减轻清选的负荷;生产率高、结构简单。

按工作原理不同,分离装置可分为两大类,一类是利用抛扬原理进行分离,称为逐稿器,逐稿器又分平台式和键式两种;另一类是利用离心力原理进行分离,如分离轮式和转筒式。

(1)平台式逐稿器　平台式逐稿器是一个具有筛孔的平台,用前后两对吊杆铰接在机架上,由曲柄连杆构驱动作前后摆动,如图 4-30 所示。

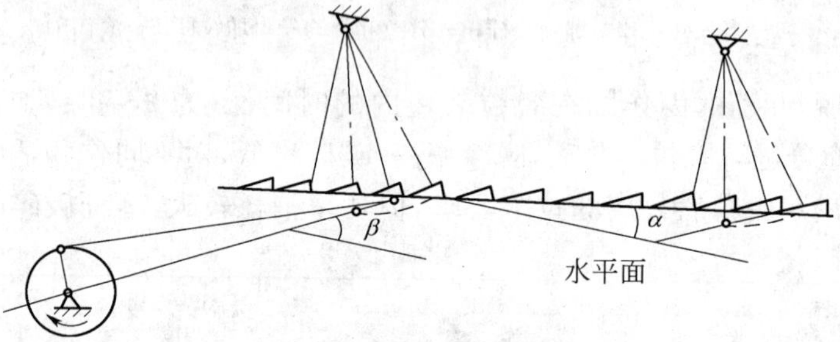

图 4-30　平台式逐稿器

α—台面倾角;β—摆动方向角

工作时,茎秆受台面的抖动和抛扔,由前向后逐步被逐出机外,同时使茎秆中夹带的谷粒断穗等穿过茎秆层抖落,并由台面孔漏下。为增强对茎秆的抖松能力,改善其分离性能,台面上有阶梯、齿板及抖松指杆。

平台式逐稿器结构简单,但抖动分离能力较低,多用于中、小型脱粒机上。

(2)键式逐稿器　键式逐稿器是目前联合收割机上应用最广的一种分离装置,其特点是对脱出物抖松能力较强。

键式逐稿器由几个相互平行的狭长形键箱组成,如图 4-31 所示。键箱通过轴承安装在曲轴上,工作时,曲轴转动,各键箱作交替上下运动,将键面上脱出物不断抖动和抛扔,使谷粒从茎秆中分离出来,并将茎秆逐出机外。

键式逐稿器按键箱数有三键、四键、五键、六键之分;按曲轴数有单轴和双轴之分,以双轴四键式最为常用。

键箱用铁皮制成,键面为阶梯形,形成落差以促进分离作用,并可降低后部高度。键面上有筛孔,键箱两侧壁有立齿,立齿高出键面,以支托茎秆,并可防止茎秆向一侧滑移。为增强分离效果,键箱上方设有档帘,以延缓茎秆向后运动速度,增长分离时间和防止茎秆被滚筒抛出机外。为使相邻键箱交错抖动,以得到好的效果,又使键箱运动时产生的惯性力得以平衡,曲轴轴颈相位互差 90°,工作顺序为 1→3→2→4。键箱通过轴承装在曲轴颈上,轴承有滑动轴承和滚动轴承两种形式。滑动轴承有木瓦和铁瓦之分,轴承间隙可用上下轴承盖间垫片调整。

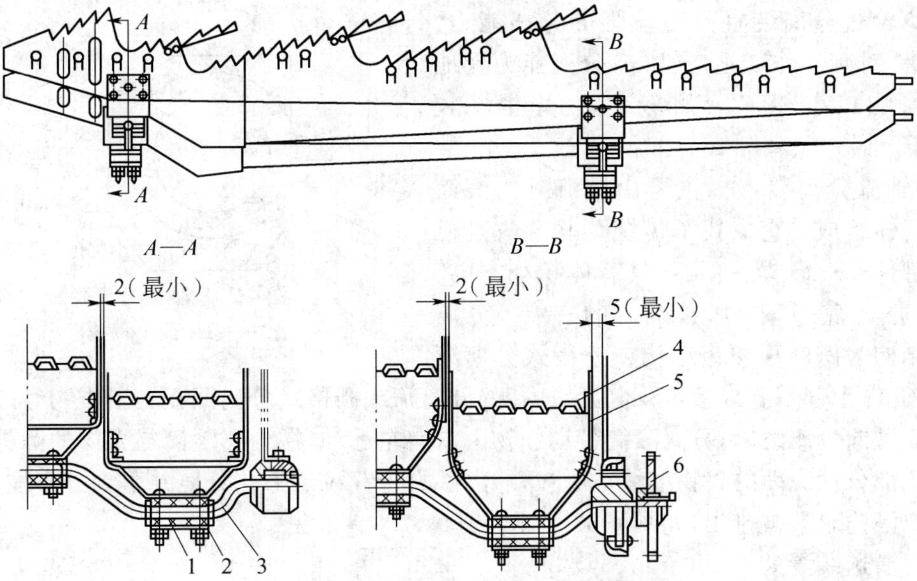

图 4-31　双轴四键式逐稿器

1—下半轴承;2—上半轴承;3—曲轴;4—键面筛孔;5—键箱壁;6—链轮

双轴四键式逐稿器的每个键箱、前后曲轴颈和机架形成平行四杆机构,因此键面上各点的运动规律相同,对脱出物的抖动、抛扔作用较好,分离能力强。

(3)分离轮式分离装置　分离轮式分离装置由分离轮和分离凹板组成,如图 4-32 所示。其结构及分离原理类似滚筒式脱粒装置。工作时,滚筒脱出物被分离轮轮齿抓入,进入分离轮与凹板组成的间隙中,在连续几组旋转的分离轮作用下,脱出物中的谷粒靠离心力穿过凹板筛孔分离出来,茎秆则被分离轮抛出。

图 4-32　分离轮式分离装置(mm)

1—滚筒;2、3— 分离轮 ;4—分离凹板分离轮式分离装置具有较强的分离能力，生产率高，对潮湿作物适应性好，分离能力受地面变化影响较小，但碎茎秆较多，功率消耗较大，仅用于脱粒机。

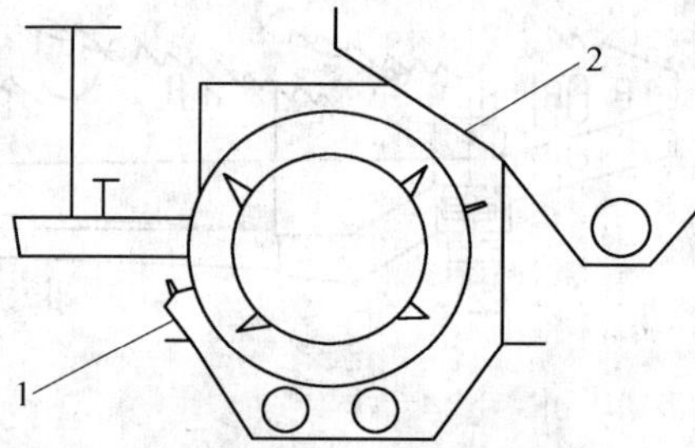

图 4-33　轴流分离装置

1—左封闭板；2—盖板

(4)轴流分离装置　主要由轴流分离滚筒与分离壳体组成。它取代了传统型联合收割机的分离部件——键式逐稿器，具有体积小、分离能力强，并具有一部分脱粒能力的特点。分离滚筒的结构为四叶板板齿结构或杆齿式分离滚筒，分离壳体上部带有导板，下部为带冲孔的分离筛或栅格式分离凹板。当作物经过第一滚筒脱粒后抛向分离滚筒，分离滚筒带动作物由右向左运动，在分离滚筒与壳体的筛板与导板的作用下部分没脱净的谷物继续被脱粒，靠离心力将籽粒从筛孔分离并落到分布搅龙上，茎秆在分离滚筒末端被排出，如图 4-33 所示。

(四)清选装置

清选装置用以承接从脱粒和分离装置落下的谷粒及碎茎秆、颖壳等混合物，并从中清选出谷粒。

对清选装置的要求是：谷粒清率高，一般不低于 90%。损失率低，一般不超过 0.5%。生产率高、结构简单、使用调整方便。

谷物的清选一般采用气流清选、筛选和综合清选等 3 种方式。

1. 气流清选

气流清选利用谷粒和混合物的空气动力特征的差异而进行清选。不同物体在气流相对运动时，受到气流作用力不同，利用这一差异，即可把它们分开。

(1)扬场机清选　图 4-34 所示为带式扬场机工作示意图。工作时，脱出物被扬谷输送带以高速向空中抛扔，其中迎风面积大、重量轻的混杂物，因惯性力小，受空气阻力大，落地距离较近；而迎风面积小、重量大的谷粒则因惯性力大，受空气阻力小，落地较远；从而把谷粒和混杂物分开。

(2)风扇清选　图 4-35 所示为风扇清选工作示意图。工作时，利用风扇产生的气流，吹向垂直下落的脱出物，重量较轻的混杂物，受气流作用大，被吹的较远；重量大的谷粒，受气流作用力较小，落的较近，从而把它们分开。

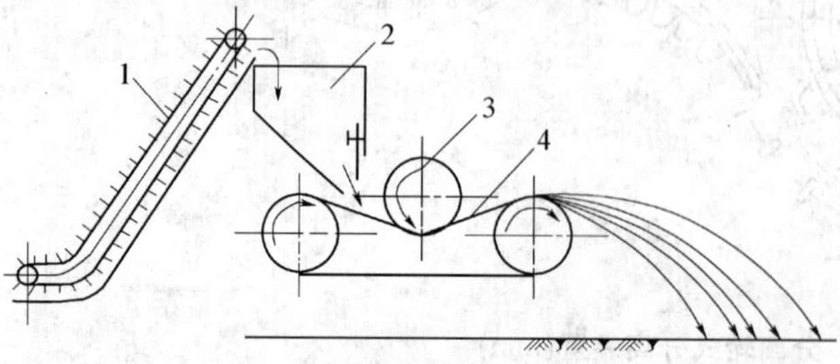

图 4-34　扬场机清选

1—输送带；2—料斗；3—压紧轮；4—扬谷带

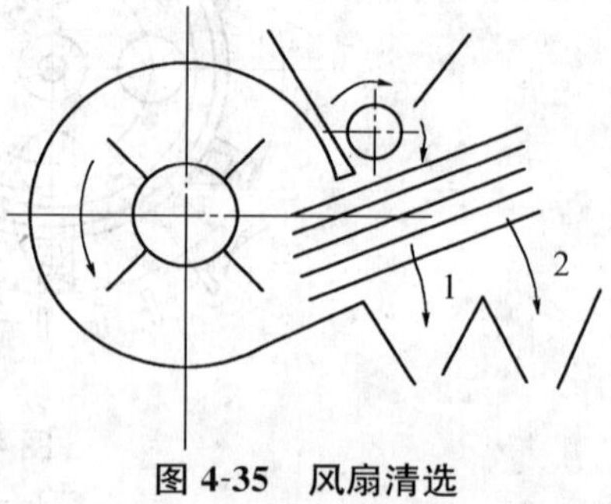

图 4-35　风扇清选

1—谷粒；2—轻杂物

(3)气吸清选　图 4-36 所示为气吸清选装置工作示意图。工作时，风机产生垂直向上的吸气流，脱出物由扬谷器抛入下分离器，谷粒由于重量较大而沿筒下落，重量较轻的混杂物，则被吸气流吸走，进入上分离器，由于容积突然增大，气流流速骤然降低，使较大的混杂物下落。自排杂筒排出，小而轻的混杂物随气流继续上升，经吸气管，风机排出。

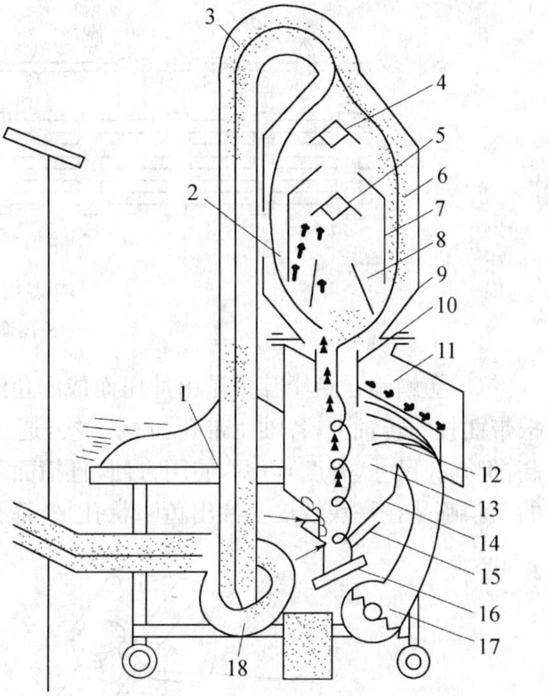

图 4-36　气吸清选工作示意图

1—料斗；2—监视窗；3—吸气管；4—上挡料器；6—上分离器；7—内筒；8—风料分离器；9—外筒；10—中央吸气管；11—排杂筒；12—分层板；13—下分离器；14—分离筒；15—扩散器；16—集粮盘；17—扬谷器；18—吸气风扇

2. 筛选

筛选是使谷粒混合物在筛面上运动，由于谷粒和混杂物的尺寸和形状不同，把谷粒混合物分成通过筛孔和通不过筛孔两部分，以达清选目的的方法。

筛选所用主要工作部件是筛子，目前应用较多的筛子有编织筛、冲孔筛和鱼鳞筛 3 种型式。

(1)编织筛　编织筛由铁丝编织而成，如图 4-37 所示。其结构简单，制造容易，对空气阻力小，有效面积大，生产率高，但筛孔形状不准确，且不可调节，一般用来清理脱出物中较大的混杂物。

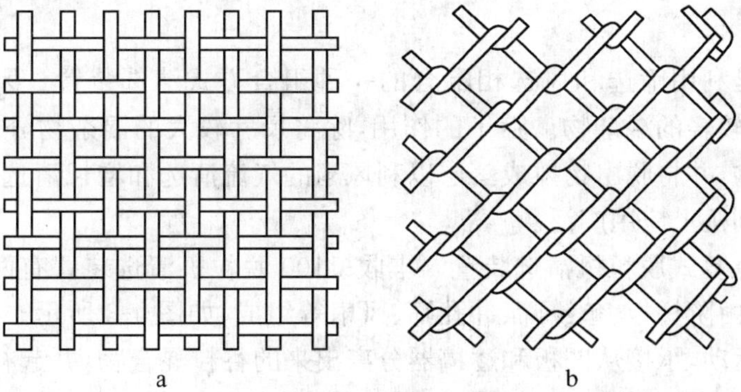

a　　b

图 4-37　编织筛

a—织筛；b—编筛

(2)冲孔筛　冲孔筛是在铁板上冲孔制成的，常用的有长孔筛和圆孔筛两种，如图 4-38 所示。长孔筛用于按厚度尺寸差异进行清选，圆孔筛用于按宽度尺寸差异进行清选。冲孔筛筛孔尺寸准确一致，坚固耐用不易变形，但有效面积小，生产率低，不适合在大负荷情况下工作，一般用作下筛和精选。

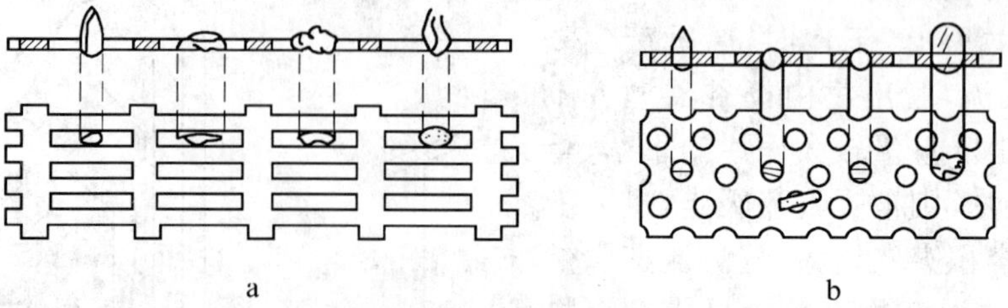

图 4-38　冲孔筛

a—长孔筛；b—圆孔筛

(3)鱼鳞筛　鱼鳞筛多是由冲压而成的鱼鳞筛片组合而成的，如图 4-39 所示。筛片焊在一根带曲拐的转轴上，各轴用带孔拉板连接，通过手柄可调节其开度。鱼鳞筛筛孔尺寸精度不高，但筛孔尺寸(开度)可调，使用方便，且筛面不易堵塞，生产率高，通用性好，应用较广。也有的鱼鳞筛是在一块铁皮上冲出鱼鳞状孔来，筛孔尺寸不能调，但制造容易，便于生产。

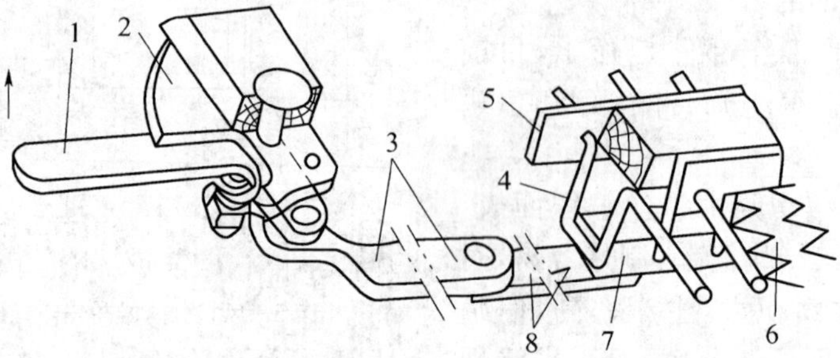

图 4-39　鱼鳞筛

1—手柄；2—齿板；3—拉杆；4—曲拐；5、7—板条；6—筛片；8—连接板

3. 综合清选

综合清选就是利用筛选和风选相配合的一种组合方式清选装置。风扇装在筛子前下方，清除脱出物中较轻的混杂物。筛子的作用，除将尺寸较大的混杂物分出去以外，主要是支承和抖松脱出物，并将脱出物摊成落层以利风扇的气流清选和增长清选时间，目前在复式脱粒机和联合收割机上应用广泛。

(1)丰收-1100 复式脱粒机清选装置　丰收-1100 脱粒机清选装置有两个。第一个清选装置为综合清选，由阶梯板、鱼鳞筛、冲孔筛、风扇等组成，如图 4-3 所示。工作时，阶梯板随筛子一起作往复运动，承接从凹板和逐稿器分离出来的谷粒混合物，并起初步分离和向后输送的作用。阶梯板末端有梳齿筛，把混合物中较长茎秆托起，便于谷粒下落，以提高清选效果。上层鱼鳞筛起粗选作用。下层冲孔筛起精选作用，在风扇气流配合作用下，将谷粒清选出来，落入谷粒推运器。轻杂物被吹出机外，而大杂物在上筛面上向后被送到尾筛，尾筛为大长孔筛，把断穗分离出来，落入杂余推运器，进入复推器进行复脱。第二清选装置为风选，由风扇、罩壳、滑板、后挡板等组成，如图 4-3 所示。工作时，由除芒器送来的谷粒，落到滑板上后，向前滑动落下，受到风扇气流的作用，把谷粒中的轻杂物吹走，谷粒落下从出粮口流出。后挡板用来防止谷粒吹出机外，以减少清选损失。

(2)JL-1075联合收割机清选装置　JL-1075联合收割机清选装置也为综合清选,结构和工作与一般综合清选装置结构和工作相似,由风扇、阶梯板、二层筛子及尾筛组成,二层清选筛均为鱼鳞筛。

(五)脱谷部分输送装置

脱谷部分的输送装置包括推运器,升运器和抛掷器等,完成谷粒和杂余的输送。

1. 螺旋式推运器

螺旋式推运器设在清选筛和尾筛的下方及联合收割机粮箱内,用以承接谷粒和杂余并水平输送。螺旋式推运器的结构较简单,由壳体,轴及螺旋叶片等组成。工作时,动力由轴外端传动轮传入,带动螺旋叶片转动,推运谷粒或杂余。

螺旋式推运器轴外端动力传入处,设有安全离合器,当推运器负荷过大或堵塞时,离合器便打滑发出响声,传动轮转动而轴不转。安全离合器传递扭矩的大小,由离合器弹簧的紧度决定,工作时,弹簧紧度应适宜,过大会使推运器堵塞时,离合器不自动切离而损坏,过小则离合器经常打滑,推运器不能正常工作,弹簧紧度可用拧动轴端螺母调整。

2. 刮板式升运器

刮板式升运器设在机侧,一端与推运器连接,将推运器推送来的谷粒或杂余,由低处向高处分别输送至粮箱或脱粒装置。工作时,链条回转,刮板将物料输送至顶端卸出。

刮板式升运器,主要由链条、刮板、链轮、外壳和中间隔板等组成。链条一般为套筒滚子链,围绕在主、从动链轮上。刮板用橡胶制成,按一定间隔固定在链条上。

升运器工作时,链条紧度应适宜,过紧磨损严重,过松易掉链和堵塞。为调整链条的紧度,从动轴的位置可调,图4-40所示为JL-1075联合收割机升运器调整示意图。调整时,松开固定螺母,拧动调整螺母,即可改变从动轴上下位置,调整链条松紧度。

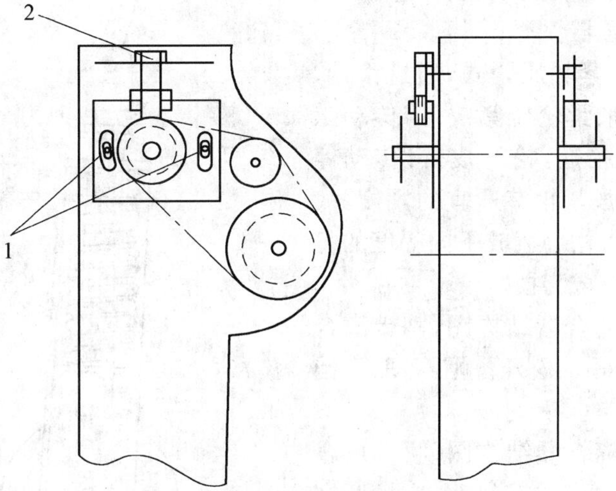

图4-40　升运器调节示意图

1—紧固螺母;2—调节螺母

3. 抛掷器

在杂余推运器轴端复脱器的外面,设有抛掷器,如丰收-1100复式脱粒机。

抛掷器主要由叶轮、外壳和管道等组成。工作时叶轮高速回转，将复脱后物料经管抛出，扔至清选装置上。

(六)其他装置

1. 除芒器

丰收-1100复式脱粒机设有除芒器。除芒器的作用是对谷粒进行揉搓，脱去颖壳和芒，使籽粒更加清洁。除芒器横置在脱粒机顶盖上部，一端连谷粒升运器，另一端通过第二清粮室。除芒器由推运部分和除芒部分组成，靠高速旋转刀杆的冲击除芒。需除芒时，谷粒通过除芒器到第二清粮室，不需除芒时，可将除芒前的弧形板打开，谷粒不经除芒而直接落到第二清粮室。

除芒器的除芒能力可进行调整，除芒器出口活门由谷粒压开，活门由杠杆和弹簧控制，杠杆上有4个孔，弹簧挂在杠杆外端孔时，弹簧拉力较大，活门开启困难，除芒能力就强，反之除芒能力就弱。

2. 传动部分

收割机、脱粒机和联合收割机的传动系统将动力机的动力传给各工作部位和行走装置，使各工作部件运动工作和联合收割机行走，转动主要是利用链条和皮带传动。为保证各部分的正常工作，系统中设有张紧装置，传动离合器，无级变速器、安全离合器等，传动系统一般都配置在机器的两侧。

传动离合器用来控制脱谷部分和割台部分动力的传递，以JL-1075联合收割机为例，发动机动力由左侧传出，经皮带传到逐稿轮皮带轮，其上有脱谷离合器。割台动力由逐稿轮左侧皮带轮经皮带传到倾斜喂入室主动轴，其上有割台离合器，动力由倾斜喂入室经皮带传给割台。卸粮动力由发动机皮带轮传到卸粮皮带轮，其上有卸粮离合器。

传动离合器为张紧轮压紧式，通过手柄，软轴和杆件使皮带张紧轮压紧皮带，传动工作，反之皮带张紧轮抬起，松开皮带，传动停止。工作中，应保证张紧轮有适宜的紧度，太紧皮带寿命有影响，太松会造成不同程度的打滑，降低传动效率和造成磨损。

图4-41为割台离合器结构图，割台离合器结合 $x=10\sim15$ mm。松开备帽N，取下销子M，转动螺杆L，可改变尺寸 x。

图4-42为脱谷离合器结构图，脱谷离合器结合后，$x=(25\pm2)$mm，若过小，应松开螺母7，向前转动螺母2，然后向前转动螺母6调整，若过大，则向后转动螺母6，然后在向后转动螺母2调整。调整后锁定螺母7，结合离合器后，$y=3\sim5$ mm。

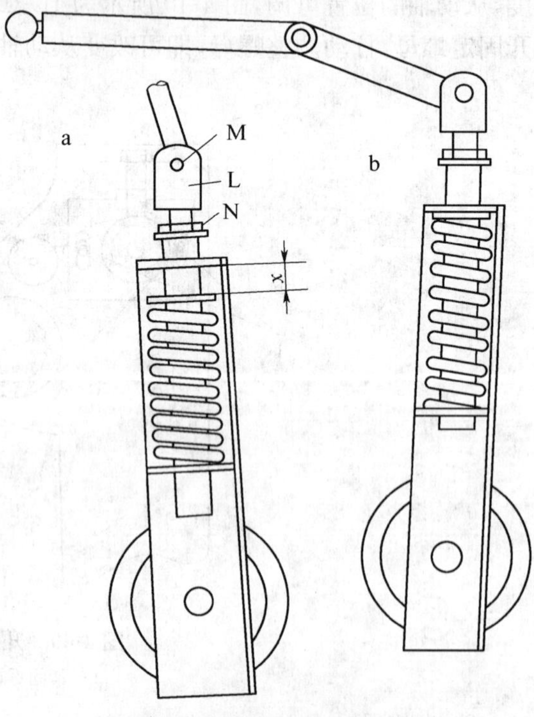

图4-41　割台离合器结构图

a—结合；b—分离；$x=10\sim15$ mm

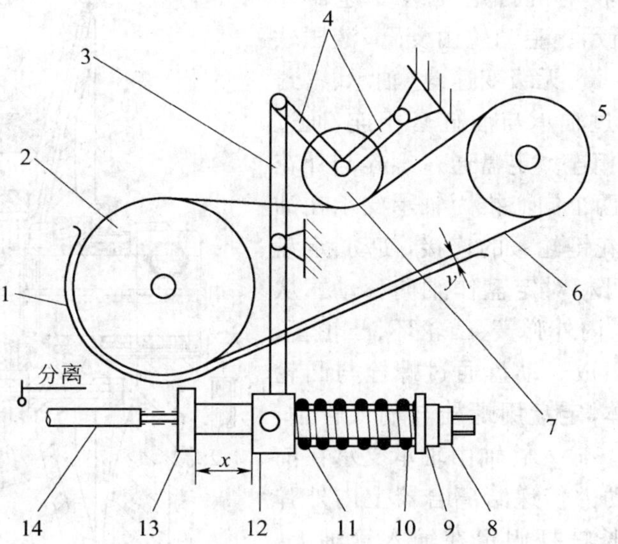

图 4-42　脱谷离合器装置示意图

1—张紧轮；2—托板；3—被动轮；4—杠杆；5—杆件；6—发动机动力输出轮；7—皮带；8—锁紧螺母；9—调节螺母；10—垫圈；11—弹簧；12—滑块；13—调节螺母；14—拉杆

图 4-43 为卸粮离合器结构图，离合器结合后，$x=39$ mm，使用中应注意钢丝绳的长度。

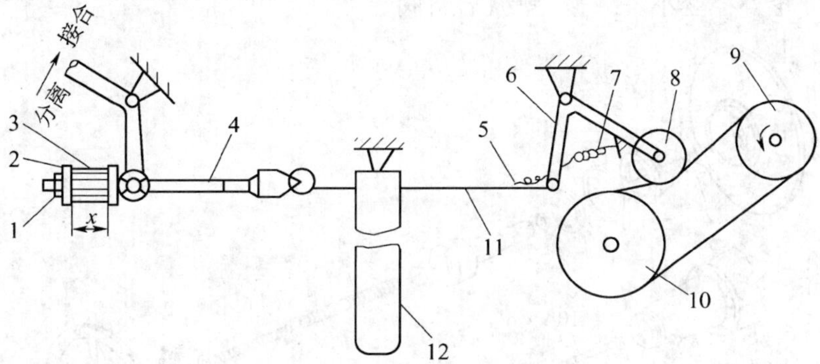

图 4-43　卸粮离合器示意图

1—调节螺母；2—垫圈；3—弹簧；4—调节拉杆；5—钢丝绳；6—托板；7—钢丝卡子；8—连动支架；9—回位弹簧；10—张紧轮；11—发动机动力轮；12—卸粮传动皮带轮

3. 无级变速器

无级变速器用来在一定范围内改变工作部件的转速，以满足工作的需要。如割台的拨禾轮转速调节、脱谷部分滚筒的调速和风扇转速的调节（见有关章节）。在自走式联合收割机行走转动中，动力经行走无级变速器传到行走离合器，以满足在某一挡位行走速度变化的需要。这是因为联合收割机工作时，不能用改变油门大小的方法，改变行驶速度，那样会使工作部件的工作性能变坏。

JL-1075 联合收割机行走无级变速器如图 4-44和图 4-45 所示。主动轮由支臂、液压软管、油缸轴、缸套、卡簧、无级变速盘、轴承、密封圈等组成。动盘通过轴承与油缸套相连，通过螺柱与内花键轮毂相连。定盘通过螺栓与外花键轮毂相连。通过两个向心推力轴承支承在油缸轴上。通过内外花键轮毂的连接，使动、定盘同步旋转，且动盘可相对定盘作轴向移动。从动轮由无级变速盘、内外弹簧、凸轮环、凸轮套、内轴、输入管轴等组成。动盘通过螺栓与凸轮环、内轴固定为一体，定盘用螺栓与输入管轴、凸轮套固定为一体。输入管轴由轴承支承在前桥输入壳体内，将动力传递给离合器上内外弹簧套在长螺杆上，长螺杆固定在输入管轴上。动、定盘靠凸轮斜面同步回转。

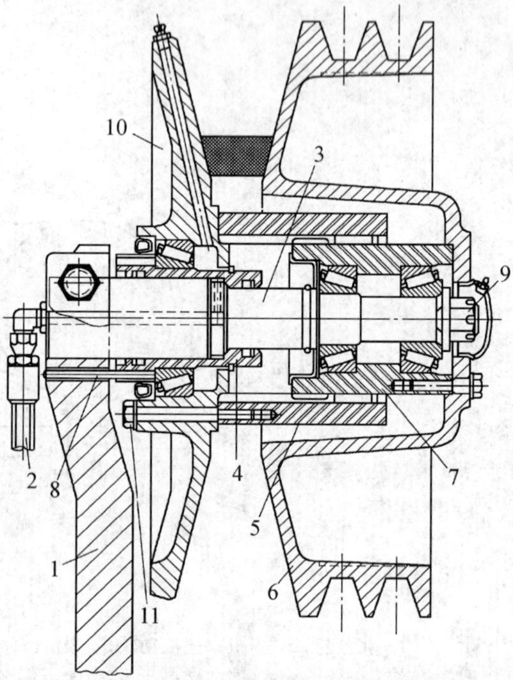

图 4-44　无级变速器主动轮

1—支臂；2—液压软管；3—油缸轴；4—油缸套；5—内花键轮毂；6—皮带轮（定盘）；7—外花键轮毂；8—止动销；9—调节螺母；10—动盘；11—螺栓

行走无级变速器的工作如下：增速；操纵七路阀手柄，压力油进入油缸套内，推动动盘向右移动，靠近定盘，皮带轮直径增大，皮带外移，拉力增加，克服从动盘弹簧弹力使动盘向右移动，离开定盘，皮带轮直径变小。减速，操纵七路阀手柄，油缸回油。从动盘动轮在弹簧弹力作用下，动盘向左移动，靠近定盘，皮带轮直径增大，皮带外移拉力增加，使主动轮动盘向左移动，离开定盘，皮带轮直径变小。

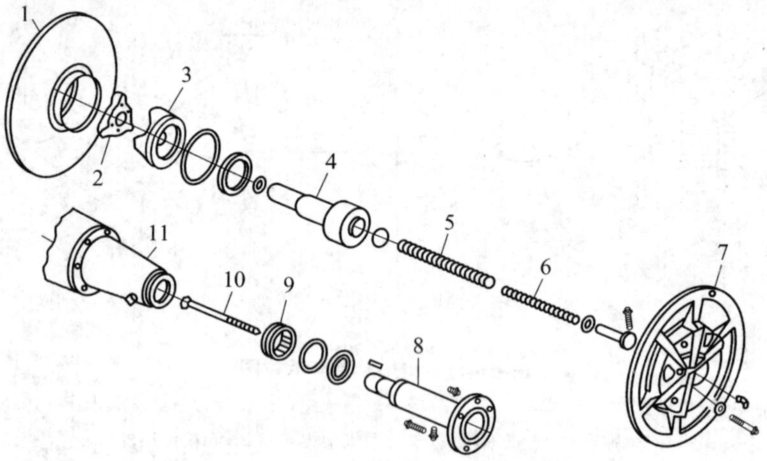

图 4-45　无级变速从动轮

1—定盘；2—凸轮环；3—凸轮套；4—内轴；5—外弹簧；6—内弹簧；7—动盘；8—输入管轴；9—轴承；10—长螺杆；11—输入壳体

JL-1075 联合收割机行走无级变速器同时设有增扭装置，当地面阻力大小发生变化时，增扭器即按所需要力的大小自动张紧或放松行走皮带，使皮带长时间处于小负荷状态下工作，皮带寿命成倍延长。增扭器工作原理如图4-46所示，当行走阻力增加时，定盘凸轮套用更大的压力压向动盘凸轮环，其分力 F_2 使动盘靠近定盘（动、定盘间产生一个微小的转角），使皮带张紧，传递更大的扭矩，反之皮带又恢复到原紧度下工作。

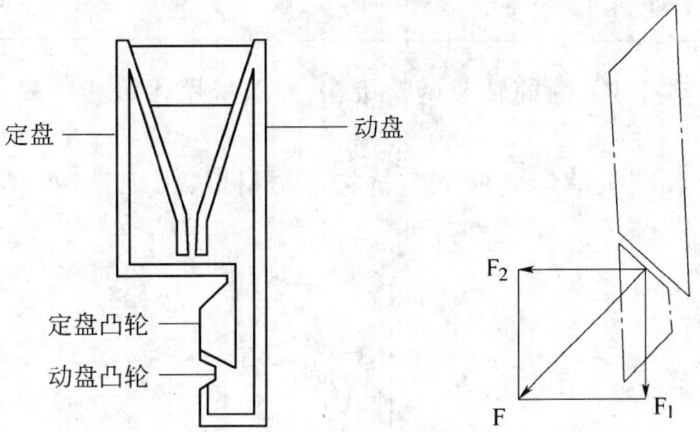

图4-46　增扭器

五、相关实践资讯

(一)链把式输送器的调整(JL-1075)

1. 链条松紧度

转动螺母B，改变从动轴支臂位置，如图4-47所示。合适的松紧度为用30 kg的力向上提起链条，高度可达30～40 mm。

2. 从动轴上下位置(齿耙与底板间隙)

转动螺母A，改变从动轴上下位置。合适的调整为：收细茎秆谷物时，从前数第三个齿耙与底板间隙为3～5 mm或刚好接触。收粗茎秆谷物时，从动轴轴线下方齿耙与底板间隙为15～25 mm。

以上调整，应左右一致。

3. 离合器调整

调整时，松开紧固螺母，拧动调整螺母，当离合器齿顶住后，退回7/4圈。

(二)脱粒装置的调整

1. 转速与脱粒间隙调整机构

滚筒的转速和脱粒间隙是影响纹杆滚筒式脱粒装置脱粒质量的重要因素。

滚筒转速的高低，决定了滚筒的圆周速度大小，滚筒圆周速度大，对作物的打击大，脱净率和分离率提高，谷粒的破碎和碎秸秆增多，功耗加大，反之则小。不同的作物，要求的脱粒能力大小不同，正常情况下，如表4-3所示。

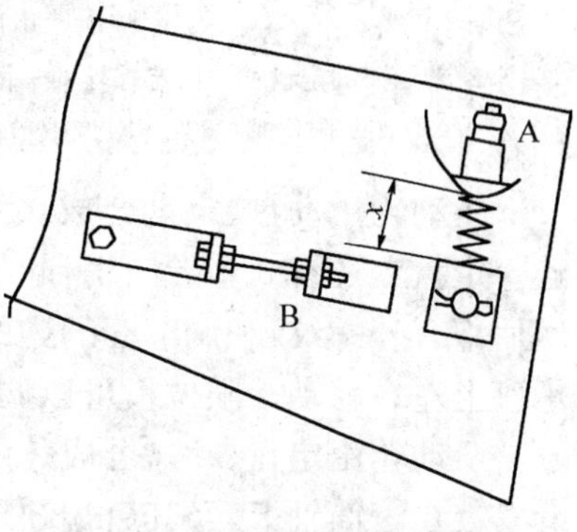

图4-47　链耙式输送器调整

x=140 mm(小籽粒)、110 mm(大籽粒)

表 4-3　脱粒速度与脱粒间隙

项目＼作物	小　麦	大　豆	水　稻	玉　米	高　粱	谷　子
脱粒速度/(m/s)	27～32	10～14	24～30	10～16	12～22	24～28
入口间隙/mm	16～22	20～30	20～30	34～45	20～30	15～20
出口间隙/mm	4～6	8～15	4～6	12～22	4～6	2～4

(1)滚筒转速调整机构　滚筒转速调整机构，一般采用无级变速皮带轮调整，现有机械式和液压式。

E-512、514 联合收割机滚筒转速调整机构，为机械式无级变速。结构如图 4-48 和图 4-49所示。

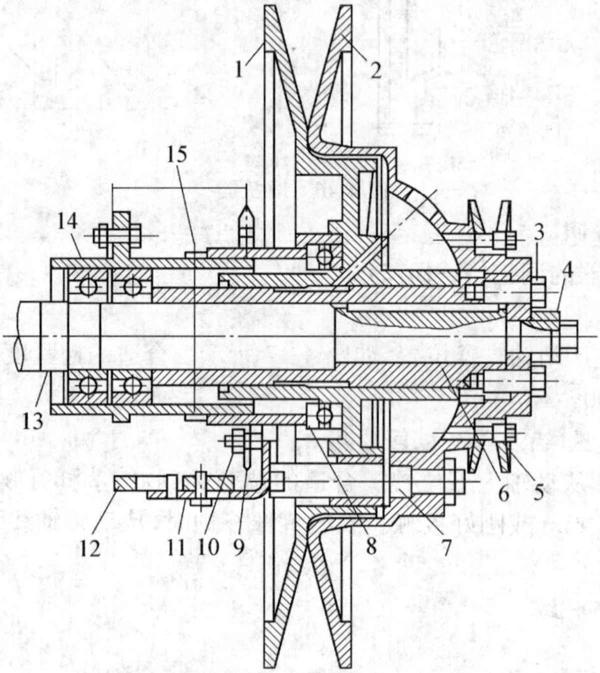

图 4-48　滚筒无级变速装置主动轮

1—滑动盘；2—固定盘；3—固定螺栓；4—固定螺母；5—升运器皮带轮；6—导套；7—导向销；8—推力轴承；9—调节链轮；10—限位螺栓；11—限位板；12—固定板；13—逐稿轮轴；14—轴承座及调节丝杆；15—调整螺母

主动轮由动盘、定盘合成。定盘用 6 个螺栓固定在轴套上，轴套有平键与逐稿轮轴相连。定盘上还有 3 个导向销，起传动和导向作用。动盘套在轴套上，可在轴套上滑动。轴套座后部有外螺纹，和调节套的内螺纹配合。调节套上有一链轮，转动链轮，调节套便可在轴承座上左右移动。限位板可以调节，用以控制滚筒轴最高转速。

从动轮由定盘、动盘合成。定盘用 8 个螺栓固定在大轴套上。大轴套通过轴承和小轴套安装在滚筒轴上，经其后端缺口和滚筒传动轮毂(或者减速器)的驱动爪啮合，将皮带轮的动力传给滚筒轴。动盘套在大轴套上，由压力弹簧压紧。

滚筒轴无级变速装置工作如下：增速时，顺时针转动调节手柄（在驾驶室），经链传动，使调节套右移，经推力轴承推动动盘向定盘合拢，主动轮直径增大。在皮带拉力作用下，从动轮动盘压缩压力弹簧外张，从动轮直径减小，传动比增大。减速时，逆时针转动调节手柄，调节套左移，皮带趋于放松。在弹簧的张力作用下，从动轮动盘向定盘合拢，直径增大同时由于皮带拉力作用，使主动轮动盘左移张开，直径变小，传动比减小。

调节手柄摇转 38 圈，滚筒转速可从 600 r/min 调至 1 300 r/min。

E-514 联合收割机，滚筒轴可安装减速器，可将滚筒转速降至 296 r/min。滚筒减速器的构造如图 4-50 所示。

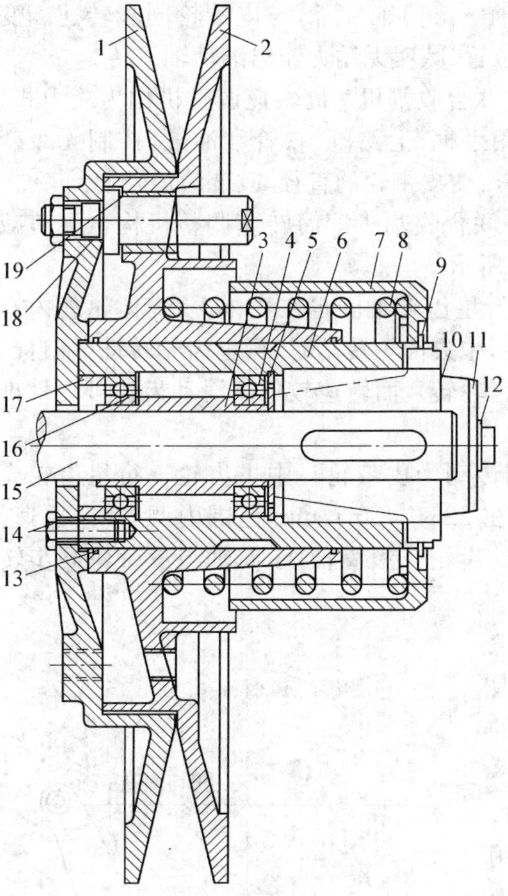

图 4-49　滚筒无级变速器被动轮

1—定盘；2—动盘；3—小轴套；4—轴承；5、9—大轴套；6—大轴套；7—弹簧压盖；8—弹簧；10—轮毂；11、16—垫圈；12—垫片；13—油封；14—螺栓；15—滚筒轴；17—挡圈；18—导向销；19—导向套

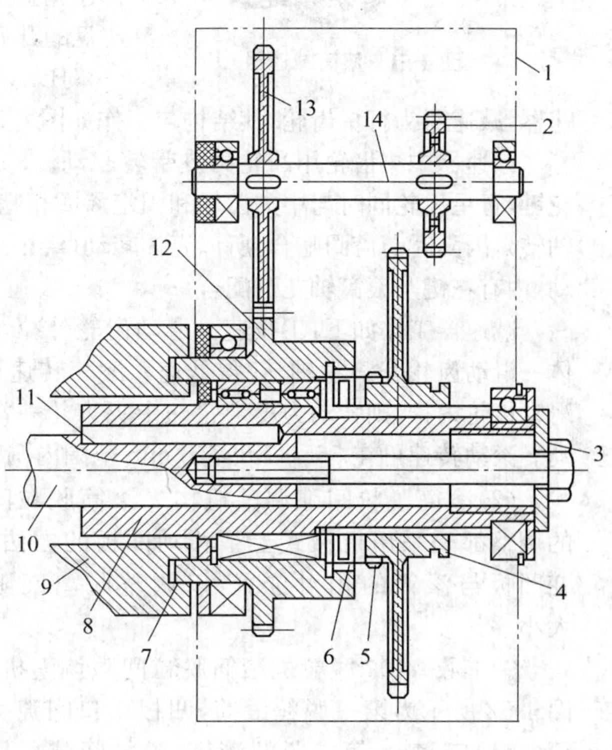

图 4-50　滚筒减速器构造示意图

1—壳体；2—减速齿；3—长螺栓；4—滑动齿轮；5—原速齿轮；6—内齿轮；7—主动齿轮驱动爪；8—第一轴；9—皮带轮导套；10—滚筒轴；11—键销；12—主动齿轮；13—常合齿轮；14—第二轴

减速器第一轴悬臂安装在滚筒轴上，内有键槽用平键与滚筒轴相连，减速器用螺栓固定。第一轴上有主动齿轮，滑动齿轮。主动齿轮用轴承套装在第一轴上，并通过轴承支承在减速器壳上，主动齿轮一端是内齿，另一端有驱动爪和滚筒皮带轮大轴套驱动槽相啮合，使

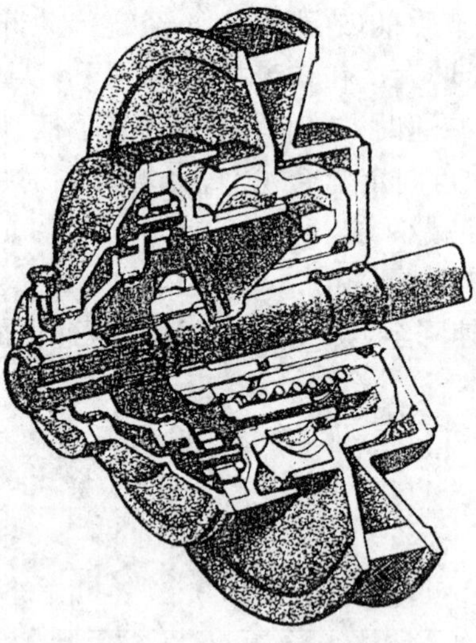

图 4-51　滚筒减速器

主动齿轮获得动力。滑动齿轮并联一原速齿轮，和第一轴由内花键滑动相连，滑动齿轮经变速叉可左右移动。第二轴上固定有常合齿轮和减速齿轮。

减速器的工作情况如下：减速，变速杆外拉，滑动齿轮右移与减速齿轮啮合，动力由皮带轮→主动齿轮→常合齿轮→减速齿轮→滑动齿轮→第一轴→滚筒轴，滚筒获低速。原速，变速杆内推，滑动齿轮左移，原速齿轮与内齿啮合。动力由皮带轮→主动齿轮→滑动齿轮→第一轴→滚筒轴，滚筒与皮带轮同步转速。变速杆放中间位置，减速无动力输出滚动轴不转。

JL-1075 联合收割机滚筒转速调整机构为液力式。转速调整是用手柄、七路阀、软管和油缸，控制无级变速盘的开启，改变皮带轮的直径，改变滚筒转速。

JL-1075 联合收割机滚筒转速调整机构也配有减速器，减速器为行星齿轮，其结构与工作如图 4-51 所示。

减速器中央齿轮用凸轮由皮带轮驱动。3 个行星齿轮轴固定在壳体上，壳体轮毂内有花键，行星齿轮同时与中央齿轮和固定齿圈相啮合，中央齿轮转动时，行星齿轮转动（绕自己轴转），因同时与齿圈啮合，所以壳体转动（绕中央齿轮转），而转速较低。滑动齿轮可内外推动，内有花键与滚筒轴花键配合。

减速器工作如下：①减速。滑动齿轮外拉，则传动为皮带轮→中央齿轮→行星齿轮壳体→滑动齿轮→滚动轴，获得低速。滚筒转速可在 225～450 r/min 范围内调整；②原速。滑动齿轮内推，则转动为皮带轮→中央齿轮→滑动齿轮→滚筒轴，滚筒轴与皮带轮同步转动。滚动转速可在 565～1 135 r/min 范围内调整。

(2)滚筒脱粒间隙调整机构　滚筒脱粒间隙的调整都是采用机械式上下移动凹板的方法，改变凹板与滚筒的相对位置，以调整脱离间隙的大小。

①丰收-1100 脱粒机滚筒脱粒间隙调整机构。图 4-52 所示为第一脱粒滚筒，凹板出口间隙可用调整螺钉调整。第二脱粒滚筒，脱粒间隙可用扳动手柄调整。扳动手柄可改变滚筒进出口间隙，若出口间隙不适，可再用调节螺母单独调整出口间隙。

②E-512、514 联合收割机滚筒脱粒间隙调整机构。E-512、514 滚筒脱粒间隙调整机构如图 4-53 所示，凹板由两对吊杆吊住，并由侧壁上导向孔定位。扳动驾驶台上操纵杆，杠杆绕支点回转，则两对吊杆带动凹板沿导向孔运动，改变脱粒间隙。

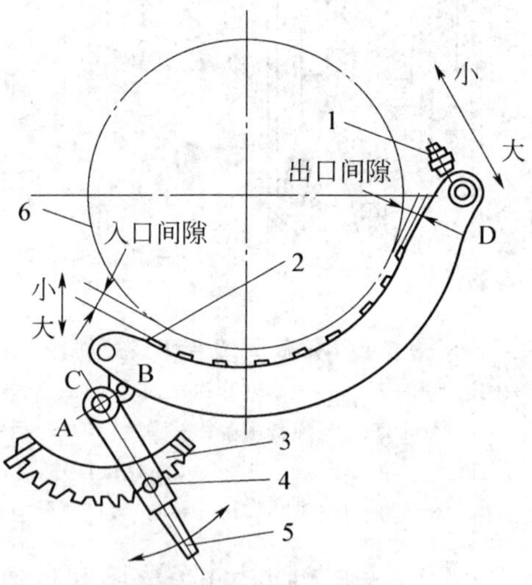

图 4-52　脱粒间隙调节

1—出口间隙调整螺母；2—凹板；3—定位齿板；4—定位螺钉；5—入口间隙调整手柄；6—滚筒

此调整机构有 3 处调整。

· 拧动吊杆与凹板轴连接处的调整螺母可分别单独调整进、出口间隙。

· 拧动调节手轮，可改变拉杆长度，使支撑臂转动，通过吊杆，改变滚筒进、出口间隙。

· 提起操纵杆，能使滚筒与凹板间隙急速放大，可防止滚筒堵塞。

③JL-1075 联合收割机滚筒脱粒间隙调整机构。JL-1075 联合收割机滚筒脱粒间隙调整机构如图 4-54 所示。调整时，扳动手柄，通过连杆使转臂转动，吊杆带动凹板上下运动，改变脱粒间隙。手柄每变化一格，脱粒间隙变化 3 mm。转动凹板吊杆上的调整螺母，可分别改变滚筒进、出口间隙。

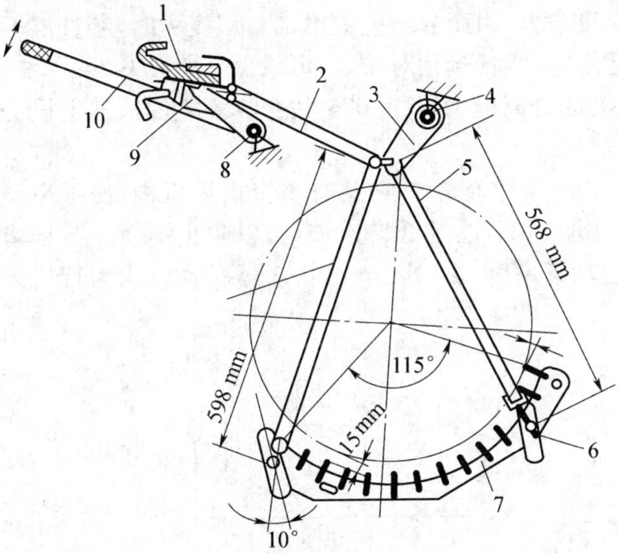

图 4-53　E-512、514 联合收割机滚筒脱粒间隙调整机构

1—调整螺母；2—拉杆；3—支承臂；4—支承轴；5—吊杆；6—螺母方套；7—操纵杆；8—调整螺母；9—凹板；10—支承轴

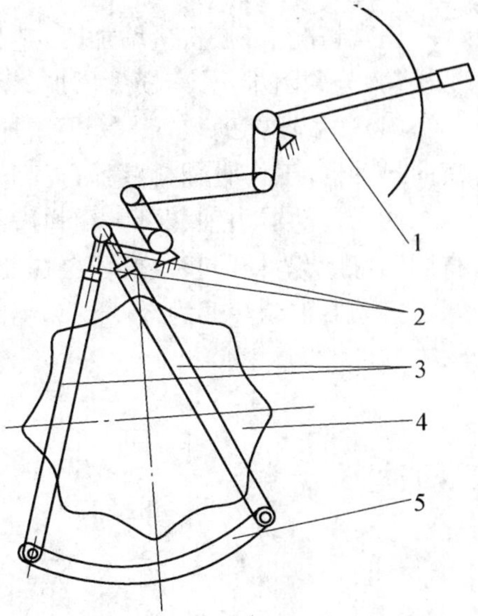

图 4-54　JL-1075 联合收割机滚筒脱粒间隙调整机构

1—调整手柄；2—环首螺栓；3—吊杆；4—滚筒；5—凹板

2. 影响逐稿器性能的因素分析

(1)逐稿器的尺寸参数

①逐稿器的长度。逐稿器工作时，谷粒首先通过茎秆层的空隙到达键面，再通过键面筛孔分离出来，茎秆每抛起一次，谷粒分离出一部分，抛起次数增多，分离效果提高，因此键面应有一定的长度。但键面长度达到一定值后，其分离率几乎不再增加，故键长不宜过长，一般为 3～5 cm。

②逐稿器的宽度。当喂入量一定时，逐稿器越宽，茎秆层越薄，越易抛扔松散，提高了分离率，但逐稿器宽度还受整体结构尺寸限制，一般逐稿器为滚筒长度的 1.1～1.3 倍。

每个键箱的宽度也不宜过大或过小，过大时交替抖动作用减弱，降低分离效果；过小时需增加键箱数目，使结构复杂，一般键箱宽为 200～300 mm。

(2)逐稿器的运动参数　为了获得好的分离效果，逐稿器的振幅和振动频率之间应保持恰当配合关系，也就是曲柄半径和曲轴转速之间应保持恰当的配合关系，据试验测定，分离效果好时，应满足下列关系：

$$r\omega=2\sim2.2 \text{ 或 } k=r\omega/g=2\sim2.2$$

式中：r 表示曲柄半径；ω 表示曲轴角速度；g 表示重力加速度；k 表示加速度比，称为逐稿器运动特征值。

一般键式逐稿器曲柄半径多为 50 mm，曲轴转速为 170～220 r/min。JL-1075 联合收割机分离装置的曲柄半径为 75 mm，而曲轴转速为 155 r/min。工作中，因机器结构参数已定(曲轴半径)，因此应注意曲轴的转速，要符合设计转速，否则将影响分离效果。

(3)其他影响因素　影响逐稿器分离性能的其他因素还有喂入量、作物湿度和草谷比等。

正常情况下，喂入量增加时，茎秆层厚度增大，因而分离损失增加。湿度大时，茎秆层不易松动，分离困难，分离损失增加。草谷比小时，茎秆量相对减少，可减少分离损失。

(4)逐稿器辅助装置　为了增加逐稿器的分离能力，JL-1075 联合收割机逐稿器上设有横向抖动器，工作时翻抖茎秆，提高分离效果。

横向抖动器由轴、摆环、和弹齿组成，如图 4-55 所示。它共有 4 个摆环机构，使弹齿左右摆动，挑动茎秆，同时，摆环也在驱动机构驱动下，以较低转速转动，以防止键面上茎秆堵塞。抖动器轴的转速为 360 r/min，摆环摆动频率为 720 次/min，抖动器驱动机构为行星齿轮机构。

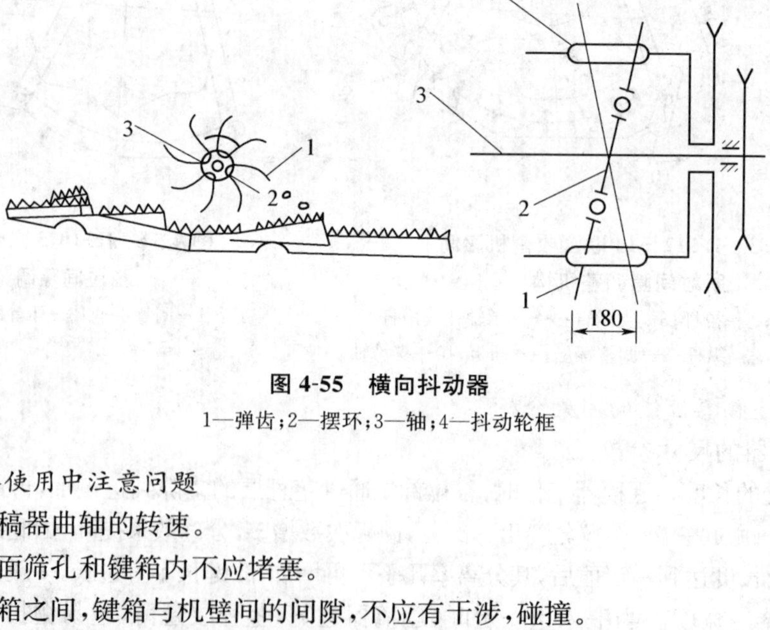

图 4-55　横向抖动器

1—弹齿；2—摆环；3—轴；4—抖动轮框

3. 逐稿器使用中注意问题

①保证逐稿器曲轴的转速。

②键箱键面筛孔和键箱内不应堵塞。

③保证键箱之间，键箱与机壁间的间隙，不应有干涉，碰撞。

④曲轴轴承间隙应合适，曲轴回转灵活。

⑤调好挡帘高度，工作中根据分离质量适当调整挡帘高度，原则是损失少，不堵塞。

(三)清选装置

1. 影响清选质量的因素分析

(1)作物的因素　喂入量、作物湿度和草谷比过大时，由于谷粒混合物层厚度较厚不易松散，谷粒通过筛孔困难，清选损失增加。因此，工作时要根据作物情况控制喂入量和进行相应的调整。

(2)结构及运动参数因素　喂入量一定时，筛子面积影响负荷的大小，筛子负荷越大，损失也越大。增加筛子的宽度，可使物料层变薄，增加筛子的长度，可增长清选时间，对提高清选质量有利。

筛子的运动对清选质量有很大影响，为使清选效果好，清选时，物料在筛面上与筛子应有一定的相对运动，而筛子的运动参数直接影响物料在筛面上的运动状态。根据试验，加速度比以 $k=\omega r/g=2.2\sim3$ 为宜，筛子的倾角以 $1^\circ\sim3^\circ$ 为宜，筛子的振动方向与水平面应有 $12^\circ\sim15^\circ$ 倾角，以加强对物料的抖动作用。

(3)调整因素　筛子的开度和倾角，风量的大小和风向，对清选质量好坏都有直接的影响。风速高，筛子开度小，清洁率高，但损失会增加，反之，杂余增多，清选率低，损失减少。但风速低于某一范围时，物料蓬松不足，谷粒损失反而会增加。气流的方向，应使筛子前端风速较高，向后逐渐减低，使筛子前部的物料被吹散，有利于将杂质吹走而又不把谷粒吹出机外。

2. 清选装置的调整机构

(1)丰收-1100脱粒机清选装置的调整

①第一清粮室。

a. 鱼鳞筛开度调整：鱼鳞筛开度应根据筛面负荷大小进行，当负荷大时，筛孔开度也要大(同时相应加大风量)，调整方法如图4-56所示，只要搬动板把即可。

b. 冲孔筛调整：冲孔筛的调整应根据清选作物的不同，选择不同筛孔的冲孔筛，如表4-4所示。

表4-4　冲孔筛筛孔选用　mm

作物	小麦	谷子	高粱	水稻	大豆
筛孔通径	8～10	6.5	6.5～8	8～10	13～16

c. 尾筛调整：尾筛的筛孔和倾角可调，调整时应适当，如过大将使谷粒清洁度和杂余搅龙负荷过大，过小会使从谷粒损失增加，调整方法如图4-57所示。

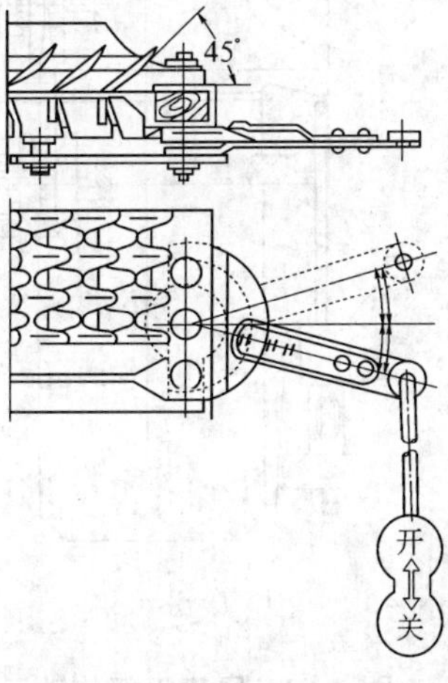

图4-56　鱼鳞筛开度调整

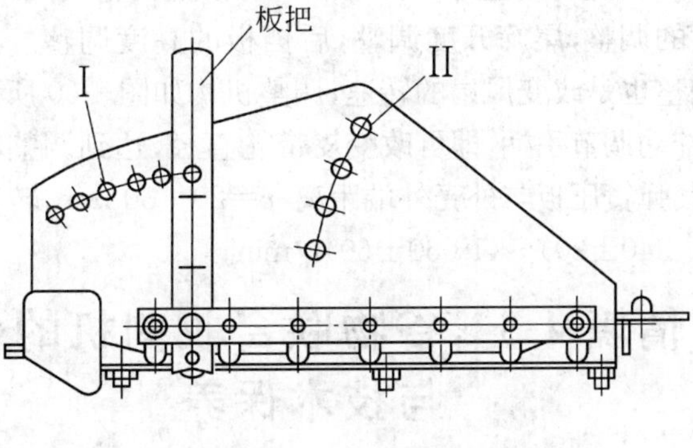

图4-57　尾筛的调节

Ⅰ—尾筛开赌调节孔；Ⅱ—尾筛倾斜度调节孔

d. 风扇的调整：风扇的出风口处设有配风板，用以调节吹风部位和两个筛子的气流分配，一般脱小麦时，风向应中偏前；脱大粒作物时应中偏后。

风扇的风速应按作物的种类、湿度以及筛面负荷不同加以调整。风速的调整采用了无级变速装置，通过调整螺母改变皮带轮直径改变风扇的转速，达到风速调整的目的，如图 4-58 所示。

②第二清粮室(图 4-59)。

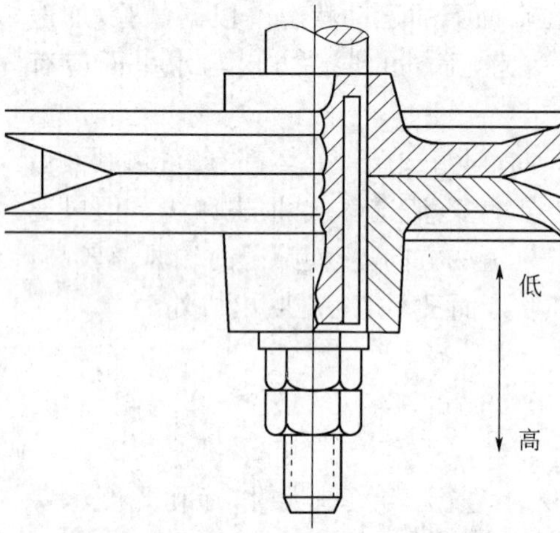

图 4-58　第一风扇速度调节

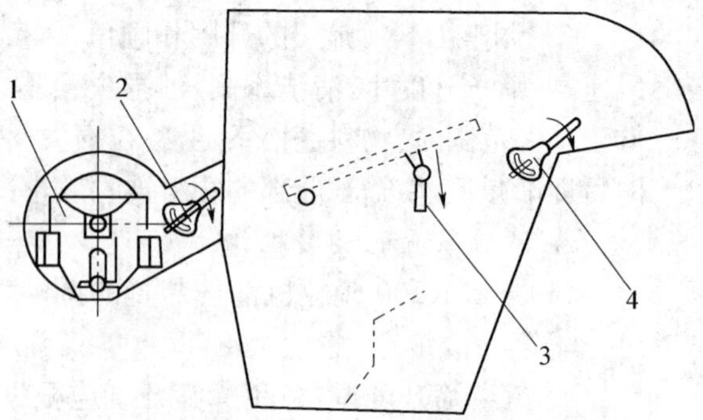

图 4-59　第二清粮室

1—进风口调节板；2—吹风部位调节；3—滑板角度调节；4—谷粒挡板

a. 风扇的调整：风扇的风量和吹风部位可调，分别由进风口调节板开度大小和风扇喉管弧形板调整。

b. 滑板倾角调整：滑板倾角应根据谷粒的几何形状调整，以控制谷粒的适当流速，获得理想的清粮效果。

c. 挡板的调整：挡板的高低位置可调，若出口有谷粒损失时，挡板应调高。

(2)JL-1075 联合收割机清选装置调整　JL-1075 联合收割机清选装置的调整与脱谷机第一清粮室调整类同，有鱼鳞筛开度的调整，尾筛开度调整，后挡板的高度调整。其中风量的调整也是改变风扇的转速，调整机构如图 4-60 所示。调整时，拧动调节手柄，即可改变皮带轮直径，达到调整转速的目的，其弹簧压板与外壳外端距离 x=20～30 mm，转速调整范围为(340±20)～(1 060±60)r/min。

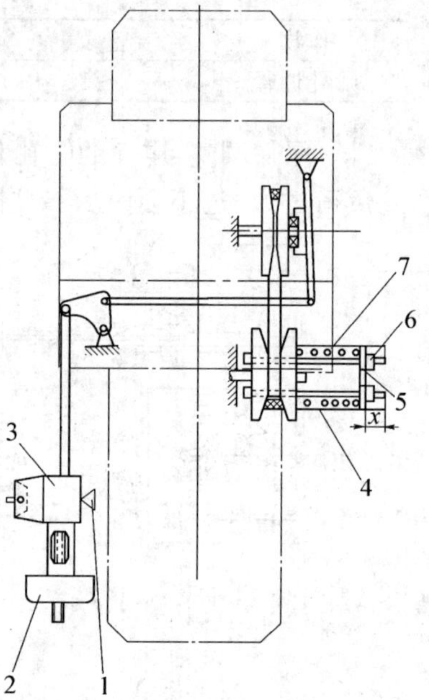

图 4-60　风扇无级传动示意图

1—指针；2—调节手柄；3—支架；4—壳体；5—压板；6—调节螺母；7—弹簧

学习情境 4-3　谷物联合收割机的使用与技术保养

一、学习目标

根据收获的农业生产技术要求，会正确驾驶谷物联合收割机进行收割作业，并能进行使用维护保养及时故障排除。

二、能力目标

有关能力目标如表4-5所示。

表4-5　谷物联合收割机的使用与技术保养中的能力目标

专业能力	方法能力	社会能力
①能按服务规定接待修理客户 ②能接收谷物收割机简单修理项目 ③能对谷物收割机故障进行排除 ④能对谷物收割机零部件常见的损坏状况进行感官检验和尺寸测量，做出可否继续使用、送修和报废的结论 ⑤能用钳工工具和设备修配简单零件 ⑥能用气焊、电焊等设备进行简单的焊接作业 ⑦能进行谷物收割机的拆卸与清洗 ⑧能进行承修项目简易的质量检验	①团队工作能力 ②沟通能力 ③小组成员的协作能力 ④责任意识	①对信息的收集能力 ②使用信息资源制订工作计划 ③能独立使用媒介完成学习任务 ④工作结果的评价与反思

三、工作任务

能正确使用与维护谷物收割机并能进行驾驶作业。

四、相关理论知识

(一)安全操作规程

为确保安全生产，联合收割机驾乘人员必须遵守机器的安全操作规程。

联合收割机是一部大型的、结构复杂的、现代化的生产工具。作业环境、作业条件千变万化。作业时，驾驶员只能看到收割台的工作情况，其他部位的工作状态，只能靠辅助人员的协助和机器运转的声音、气味判断，所以熟知和自觉遵守安全操作规程尤为重要。

安全操作规程的每款条例都是从教训中总结出来的，每款都付出过血的代价，谁不遵守，谁将会付出代价。

驾驶人员在对机器的使用中必须遵守以下规则。

第一，驾驶人员必须接受安全教育，学习安全防护知识。作业时必须穿紧身衣裤、戴工作帽。

第二，非联合收割机驾驶人员不得驾驶联合收割机。

第三，联合收割机必须配备性能良好的灭火器，发动机排气管应加安全防火罩(火星收集器)。

第四，道路行驶，要遵守交通规则，不准酒后驾驶收割机。

第五，任何人不准在行进中上下收割机，非机组人员不准上收割机，收割机不准运载货物。

第六，驾驶员在启动发动机前，必须认真检查变速杆、主离合器操纵杆、卸粮离合器操纵杆是否在空挡或分离位置。

第七，驾驶员在启动发动机前，必须发出信号，必须看清机器周围无人靠近时，才能启动机器。

第八，联合收割机作业时，绝对禁止用手触摸机器的工作部件(尤其是转动部件)。各种调整保养只能在机器停止运转时才能进行。

第九，联合收割机作业时出现故障(或堵塞)，必须停车熄火处理，变速杆放空挡位置和分离脱谷离合器。故障排除后，所有驾乘人员归位后，才能重新启动机器作业。

第十，收割台出现故障排除、在发动机熄火的情况下，还需要用方木块将割台垫起一定的高度，在确保安全的情况下，才能进行工作。

第十一，卸粮时禁止用铁制工具协助卸粮，更不允许人进入粮仓用手、脚协助卸粮，确需辅助卸粮时，可配备木制工具。

第十二，联合收割机工作或运输时，允许坡度不能超过15°。上、下坡时不许换挡，不许急刹车。在斜坡上停车时，要刹车，并用定位器卡住刹车踏板，有手刹车的要用手刹车固定，四个轮子应堰上随车专用木块或可靠石块。

第十三，经常检查刹车、转向和信号系统的可靠性。

第十四，作业时，不允许带着满仓的粮食转移地块，要坚持就地卸粮，随满随卸。

第十五，不要在高压线下停车，作业时不与高压线平行行驶，以免发生意外。

第十六，机组远距离转移时，必须将割台油缸安全卡卡在支承位置。

第十七，严禁在蓄电池和其他电线接头部位放置金属物品，以防短路。要注意清理检查蓄电池通气孔以防堵塞。

第十八，联合收割机作业结束停车时，必须将割台落地停放，所有操纵装置回到非工作状态才能熄火。离开驾驶台时，取下起动开关钥匙，并将总阀断开。

第十九，因故障需要牵引时，最好采用不短于3 m长度的刚性牵引杆，并挂在前桥的牵引钩上。不允许倒挂后桥挂结点。被牵引收割机不允许挂档，牵引速度不超过10 km/h，不能急转弯。不允许拉车或溜坡启动发动机。

第二十，支起联合收割机时，前桥支点应放在机架与前管梁联接处支承板平面上，后桥应支承在铰接点上方。并堰好轮胎。拆卸驱动轮时，应先拆与轮毂固定的4只M16螺母。卸下总成。如需再拆内外轮辋固定螺栓，必须先放完气后再拆，以免轮辋飞出伤人。

(二)谷物联合收割机作业前的技术准备

1. 驾驶员培训

谷物联合收割机是一部庞大的、结构复杂的、先进的生产工具，它的作业环境千变万化，加工对象也是各有特点，为适应这些变化顺利进行收割作业，这就需要驾驶人员对机器进行规范地操作和正确地使用调整。提高驾驶人员的专业素质，是用好机器，充分发挥先进生产工具的根本保证。

驾驶员在收割作业开始前，必须进行技术培训。培训内容应突出实用性，主要内容应为：联合收割机安全操作规程和道路行驶的交通法规；田间作业的正确使用调整；联合收割机作业期间的技术保养等。

农机监理应加强对联合收割机驾驶员的管理，可借鉴交通监理管理汽车驾驶员办法，每年收割季节开始之前对联合收割机驾驶员进行年审，不合格者，不准参加收割作业。形成制度，年积月累，相信联合收割机驾驶员的专业素质一定能得到提高。

2. 机器准备

(1)联合收割机的技术维护和修理　联合收割机在作业开始前，必须具备良好的技术状态。用过的联合收割机应根据上年度使用中存在的问题和使用年限，进行必要的技术维护和修理。发动机应送专业修理厂修理，要恢复到标定功率。悬挂式联合收割机的配套拖拉机根据情况进行调整或修理。功率明显不足者，应送专业厂修理并恢复至原有功率。一般情况下应进行一次高号保养。对联合收割机的割、脱、分、清部分应做好所有零部件的清理、检查、紧固、调整和润滑。对上年度作业中经常出问题的零部件，应当重点解决，把联合收割机恢复到最佳的技术状态。确保联合收割机使用可靠性在90%以上。具体要求如下。

第一，检查所有的紧固件（螺栓、螺母、顶丝等）的紧固情况，必要时应重新紧固，缺损的应补齐。

第二，检查所有零部件的完好性，如有损坏、变形应更换新品。

第三，在发动机额定转速情况下，检查、核定脱粒滚筒、逐稿器、杂余搅龙、颗粒搅龙、清选风扇等主要工作部件的转速，必须在标准范围内，绝不允许有任何差错。

第四，切割器安装和调整准确且要灵活、完好、可靠。

第五，为防联合收割机作业时跑粮、漏粮，应认真检查密封性的接合处。包括：收割台倾斜喂入室与脱谷滚筒凹板过渡板接合处；滚筒凹板间隙检视孔处；抖动板（阶梯板）两侧密封带与侧壁接合处；清粮筛框两侧密封带与侧壁接合处；籽粒、杂余搅龙壳与底活门贴合处；复脱器盖与壳贴合处；升运器上盖、底盖、门与壳贴合处；卸粮搅龙与粮箱接合处。

第六，检查各主要调整机构的工作灵敏性、准确性和可靠性。包括：割台升降；检查拨禾轮高、低、前、后的调整范围和转速；滚筒间隙；链条、皮带的张紧度；清粮筛倾角、摆幅、鱼鳞片开度调整；清选风扇的风量、风向调整；各安全离合器超负荷切断转动的可靠性。

第七，液压系统油管接头牢固严密、不漏油。

第八，电气系统导线完好，连接牢固。

第九，操纵系统应灵活、准确、可靠。

第十，按机器的润滑图表进行润滑。

(2)联合收割机的试运转　经过彻底检修的联合收割机，要认真规范地进行试运转。规范的试运转是减轻磨损和延长机器使用寿命的重要技术措施。新购进和修理后的联合收割机必须进行规范的试运转。

①发动机空车试运转。发动机启动后，最初5 min以600～800 r/min空转，然后逐渐增加至额定转速，运转15～25 min，发动机运转时要注意有无异常声音，检查仪表（机油压力表、水温表、油温表、电流表）读数，检查有无漏油、漏水情况。发现异常应及时排除。

②带机组运转（机组空运转）。

第一，变速箱应处于空挡位置。

第二，滚筒间隙调至最大，打开所有升运器下盖，用手转动中间传动轴皮带轮无卡阻现象。一切正常后启动发动机。在发动机运转正常的情况下，低速（600～800 r/min）接合脱谷离合器，整机运转，逐渐加大油门至额定转速，运转20 h。运转期间每隔半小时停机一次进行检查，检查各部件轴承的发热情况和各部件紧固情况，发现故障，应予以排除。

③联合收割机行走空载试运转。由Ⅰ挡开始，从低速到高速，由低挡到高挡逐步加快，其间穿插进行倒挡运转。要经常停车检查调整各传动部位。要定时升降收割台和拨禾轮，看其是否准确、及时。要检查行走离合器和制动器的工作情况是否正常。注意倾听行走部

分有无异常声音。检查变速箱、驱动轮桥和液压系统有无漏油和过热现象。行走空载试运转为 25 h。

④联合收割机负荷试运转。在收获前 2～3 d 进行试割。试割应选地平、杂草少、成熟度一致、直立不倒伏的地块进行。试割时，先从低挡半幅开始，逐渐增加割幅、挡位直至满幅和正常作业速度。试割开始后每 50～100 m 应停车检查作业质量，及时调整工作部件，保证作业质量符合农业技术要求。

试割过程中，应时刻注意观察、倾听、检查和调整各工作部件，发现问题应及时解决。

负荷试运转不低于 15 h。试运转结束后，应进行一次全面的技术保养和调整。更换发动机机油和液压系统机油，清洗油箱和滤清器，确保联合收割机以良好的技术状态投入正常收割作业。

3. 制订合理的作业计划

作业计划安排得合理与否，直接影响作业量的多少和经济效益的好坏。

(1)当地作业　了解、掌握当地农民种植的品种、成熟日期、制定作业顺序。防止东一块西一块地跳动式收割，以免降低作业效率，影响经济收入。

(2)跨区作业　注意收集信息、掌握各地区小麦种植的面积、品种、产量及成熟日期。加强与各地农业、农机部门的联系，提前签订作业协议。按照作物成熟期合理安排作业计划。充分提高联合收割机的利用率。

跨区作业的联合收割机，应提前领取跨区作业通行证。驾驶员应随身携带驾驶证、居民身份证、介绍信等有关证件，以备交通部门检查和住宿时使用。

跨区作业，最好结成团队进行，这便于做好油料、零配件、修理的后勤保障工作。

4. 作业地块准备

第一，提前勘查好行走路线。查看田间地头的通过性能，提前填平沟坎。特殊地况应做标记。

第二，清理田间石块、木块等杂物。

第三，不利机器收割的部位。可施行人工收割，最后就地脱粒。

第四，根据作物品种、产量、高度、密度等对收割机进行作业前的初调。

5. 卸粮工具准备

小地块收割一般以袋装粮为主。用户应根据自己作物的预计产量，准备足够的粮袋、运输车辆和扎袋口绳子。避免因粮袋不够停车等待，影响作业效率。粮袋大小以 50 kg 左右为好。既便于装卸，又不至频繁换袋。

粮仓卸粮时，应准备好接粮车辆。接粮车车厢应严实，以免漏撒粮食。车厢不严实的车辆应用帆布或塑料布封堵好。接粮车的数量视运距远近而定，不要因卸粮造成停机，耽误作业。条件允许的话，尽可能实行不停机卸粮，即联合收割机粮箱满粮后，边作业边卸粮。这样可大大提高工作效率，这时要求接粮车驾驶员有一定的驾驶水平，接粮车要与收割机同步运行，不能与收割机发生碰撞。卸粮时要避开地头转弯。

(三)田间作业操作规程

1. 作业区划与打割道

第一，根据作物成熟情况，编制收割顺序及时间安排。修好通往地块和晒谷场的道路涵。

第二，做好收割区的划分：①小区应呈长方形，长宽比应为(4～7)∶1，最小宜为3∶1；②小区长边应与耕地方向一致；③收割倒伏作物时，小区长边应与倒伏方向垂直或成45°角。

第三，大地块作业，收割前应先打割道(边道和V形道)和卸粮道，如图4-61所示。不打V形道时，地头转弯处应割较大半径的圆角。一般而言，边道宽为4～8 m，V形道宽为12～16 m，卸粮道宽为8～10 m，圆弧割道半径为60～70 m。打V形道时，一定要规范，否则徒劳无益。

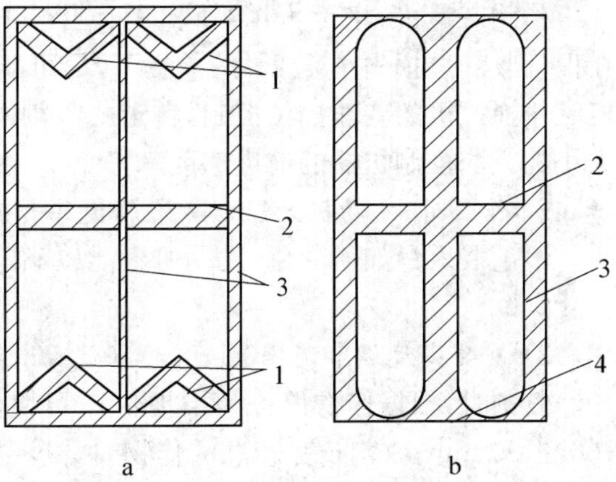

图4-61　联合收割时用的边道和运行道

a—自走式联合收割机割V形道；b—收割机弧形道

1—V形割道；2—卸粮干道；3—边割道；4—弧形割道

2. 操作方法及注意事项

第一，机组运行方法。一般采用离心或向心绕行作业，有时也采用梭形法进行收割(视地块具体情况而定，原则是有利提高劳动生产率，减少空行)。

第二，统一联络信号或手势。用信号和手势通知随机人员机器就要启动，回到各自的工作岗位；用信号通知粮满仓准备卸粮等。

第三，注意防火。作业时，发动机排气管应装配火星收集器，收割机应配置灭火器，禁止在作业期间吸烟。

第四，联合收割机作业时，只要条件允许，尽可能采用行走卸粮，如只能停车卸粮时，应合理选择卸粮点，尽量缩短卸粮时间和停车次数。

第五，联合收割机带草车时，卸草点应避开地头转弯地带，草堆要集中、成行，以便运出田间。

第六，联合收割机每天工作开始和结束的时间视天气情况而定，早上待露水消失后方能开始收割，晚上出现露水时停车。不允许带露水收割，更不允许夜间收割。实践证明：带露水收割，粮食的夹带损失最少也有10%。

第七，联合收割机驾驶员在作业中要做到七看、两听、一嗅。七看：一看前方有无障碍；二看割台工作是否正常；三看割茬高低，有否漏割(拾禾作业时有无漏拾)；四看粮箱进粮情况(是否进粮，进粮多少、清洁度和破碎情况等)，以便及早发现问题，避免粮食损失；五看收割机尾部是否正常排草；六看杂余是否返回复脱；七看仪表指示是否正常。两听：一听发动机有无异常响声；二听脱谷部分转动是否平稳。一嗅：有无因摩擦、高温和电气系统烧损而产生的异味。

(四)谷物联合收割机在作业过程中的正确调整

谷物联合收割机在作业过程中的合理使用和及时正确的调整，是实现高效、低耗、优质和安全生产的关键性措施，驾驶员必须认真做到以下几点。

1. 合理使用作业速度

作业速度的快慢决定喂入量的大小和作业质量的好坏。

作物产量高、密度大，谷草比大、潮湿和杂草多时，作业速度要慢，反之则可适当加快。在保证收割总损失小于2%的前提下，尽可能提高作业速度。作业速度的控制，悬挂式收割机利用拖拉机的变速挡位控制，自走式收割机可通过无级变速器控制，绝不允许用改变油门大小的方法控制机器的前进速度。

2. 作业时，发动机只能以额定转速工作

不论喂入量如何变化，发动机只能以额定转速工作，决不允许因喂入量的变化改变油门位置。

3. 割台高度调节范围为100～600 mm

收割时，根据作物长势和当地耕作习惯调整割茬高低。收倒伏或矮秆作物时，可调到100～130 mm；收割长势较高的作物时，割茬可控制在180 mm以上。

4. 拨禾轮的位置调整

视作物生长情况，拨禾轮可随时进行高低、前后、压板位置、弹齿角度及转速等的调整。

5. 滚筒与凹板间隙的调整

是作业过程中最重要的调整内容。间隙大小和间隙调整的时间，完全取决于作业条件的变化，一天之中，早、晚间隙小，中午间隙大；作物潮湿、口紧草多时，间隙要调小；作物干燥、“口松”草少时，间隙调大。在保证脱粒质量的前提下，尽可能调大间隙。绝不允许因负荷大小调整间隙，而是在保证脱粒质量的前提下，尽可能地提高喂入量。

6. 清粮筛的调整

作业中、在不跑粮的前提下，筛片开度尽可能大一些。调整正确的筛片开度。其粮食的清洁度高、粮食损失少；如果杂余搅龙中有大量籽粒、调整筛片开度和风量仍无效时，应调整筛子的倾斜度，将下筛后部调高；若粮食清洁度差，调整筛孔、风量不能解决时，应将下筛尾部向低调。

尾筛的正确调整能减少粮食和断穗的损失。尾筛筛孔开度及倾角太大，使杂余量增加，严重时，造成杂余搅龙堵塞；尾筛开度和倾角太小，会出现籽粒、断穗损失。作业中一定要注意观察、检查，合理调整。

7. 风扇风量风向的调整

根据作业的实际情况，配合清粮筛进行综合调整。其原则是：在筛面不跑粮的前提下，尽可能调大风量，以提高粮食的清洁率。

8. 倒伏谷物收割时应采取综合措施，尽量减少损失

收割倒伏谷物应从4个方面入手。一是采取正确的运行路线，机组运行方向应与倒伏方向垂直或成45°角为最好；二是在切割器上装配扶倒器，将倒伏的谷物挑起来，辅助割刀切割；三是对拨禾轮的位置、弹齿的角度进行综合调整；四是适当放慢前进速度。

(五)谷物联合收割机作业质量检查分析

评定谷物联合收割机作业质量好坏主要有3项指标，即总损失率、清洁率和破碎率。

1. 总损失率

总损失率包括割台损失、脱粒损失(脱不净损失、分离不净损失)、清选损失等。在测取总损失前，应先测定测区内的自然落粒值(不放在收割总损失范围内)。

测各种损失时的取样，都应在测试区内进行，各取3～5点(组)测值进行计算。

(1)割台损失　割台损失主要由以下因素造成:一是拨禾轮拨禾位置高、转速高、打击穗头落粒;拨禾轮位置太低,将谷物抛出割台;二是切割器因装配调整不当,造成不完全切割,出现撕拉秸秆现象而断穗、掉粒、漏割;三是输送搅龙叶片与割台底板间隙过大、过小,搅龙伸缩拨指调整不当,输送槽喂入口输送耙齿与搅龙伸缩指之间的间隙太大,喂入不畅,出现堆积,从而造成断穗、掉粒。四是分禾器分禾性能不好,有推、压现象,造成漏割,碰掉穗头等损失。五是割台后挡板太低、拨禾轮高度、转速调整不当将作物抛出割台造成损失等。实践证明,造成割台损失的原因,主要是使用调整不当,只要驾驶员平时注意观察、总结,按照各部件的使用调整规范进行操作.损失完全可以控制在最小范围内。

割台损失的测定方法详见联合收割机试验鉴定章节。

(2)脱粒损失　联合收割机作业中出现的损失主要表现为脱粒损失,包括脱粒不净损失、茎秆夹带损失(分离不净损失)和清选损失。

①脱粒不净损失。主要指在脱出物中的未脱和未脱净的穗头被排出机外造成的损失。造成脱粒不净损失的原因主要表现为三个方面。一是属调整不当造成。如滚筒转速太低,滚筒与凹板间隙过大。二是由机器零部件磨损超限、变形损坏造成。如纹杆齿棱角严重磨损,棱角已成圆角,且半径大过 1 mm($R>1$ mm)。三是滚筒纹杆条弯曲变形,凹板横板条棱角磨成圆角,凹板变形(这时脱不净损失和破碎损失同时存在)等。造成钉齿式滚筒脱不净损失的原因,主要表现为两个方面。一是调整问题,滚筒转速太低和凹板间隙太大;二是装配问题,装配时带钉齿的凹板偏向一侧。所谓的滚筒凹板间隙是指钉齿侧面间隙,一但装偏,就会出现钉齿一侧间隙大一侧间隙小,其结果是既有脱不净损失,也有破碎损失,两种损失会同时存在。

实践证明,造成脱粒不净损失的主要原因属上述第二种情况者偏多,很多驾驶员对此认识不清,总认为只要滚筒能转动,不与凹板碰撞就是好机器,就能从事收割作业。再就是驾驶员对零部件磨损是否超限无介定标准。

②茎秆夹带损失。指在排出机外的大茎秆中夹带的籽粒损失。造成这种损失的原因是多方面的,如被收作物湿度大、杂草多;逐稿器轴转速太低或太高(曲柄半径 R 为 50 mm 时,转速低于 180 r/min 或高于 220 r/min),辅助装置不全或损坏等(挡帘、横向抖草器等);作业过程中经常出现的瞬时超负荷,造成发动机转速下降等,都会造成茎秆夹带损失。

③清选损失。指由清选装置排出的杂余中裹带籽粒损失。造成清选损失的原因除作物本身湿度大、杂草多外,主要在于对风量、风向、筛子的摆幅、倾角、筛片开度的综合调整。再就是由机器瞬时超负荷引起的转速下降所造成。

脱粒损失的计算方法见谷物联合收割机试验鉴定章节。

2. 清洁率

国家对联合收割机作业质量性能要求,收小麦时,清洁率应不小于 98%,收水稻时,清洁率大于 93%。影响清洁率的因素见前面的清选损失章节,此处不再赘述。

清洁率的测定和计算方法,见收割机试验鉴定章节。

3. 破碎率

破碎率指已收入粮箱的籽粒中含破损籽粒的比率。破碎粒、裂纹粒、破壳(皮)粒等均为破碎籽粒。其计算方法见收割机试验鉴定章节。

滚筒凹板间隙太小(收小麦时,间隙小于 3 mm)、滚筒转速太高(线速度超过 31 m/s)、谷粒搅龙叶片壳体间隙小于 3 mm 等都会造成籽粒破碎。

五、相关实践资讯

(一)谷物联合收割机常见故障及排除方法

造成谷物联合收割机常见故障的原因,归纳起来,主要表现为 4 个方面:①机器零部件的正常磨损坏造成故障;②事故性故障;③维修、安装调整不正确造成的故障;④作业中使用、调整不当造成的故障。

作业中故障的表现形式有两种。一种是故障造成停机,不能继续作业,必须立即排除故障,才能进行作业;另一种"故障"不造成停机,机器仍然可以继续进行作业,故障表现为作业质量完全达不到农业技术要求,如脱粒不净、分离不彻底、清选不净等,大量籽粒排出机外,丰产了,不丰收。出现这种故障的主要原因,是作业中使用调整不当和维修不规范,安装调整不正确造成的。

除正常磨损损坏造成故障外,其他原因引起的故障,只要驾驶员在工作中严格执行联合收割机使用操作规程,认真做好技术维护保养和作业中随作业环境的变化随时调整工作部件的技术状态是完全可以避免的。

熟悉机器的构造、零部件的作用和工作原理是排除故障的基础。

故障分析和排除应采取先易后难、先外后内、先简后繁、先头后尾、先低压后高压的方法,避免盲目乱拆乱卸。

1. 收割台部分故障及排除方法

收割台部分故障及排除方法如表 4-6 所示。

表 4-6　收割台部分故障及排除方法

常见故障	故障原因	排除方法
割刀堵塞	①遇到石块、木棍、钢丝等障碍物 ②动、定刀片间隙过大,塞草 ③刀片或护刃器损坏 ④作物茎秆太低、杂草过多 ⑤动、定刀片位置不"对中"	①立即停车,清理故障物 ②正确调整刀片间隙 ③更换损坏刀片或护刃器 ④适当提高割茬 ⑤重新"对中"调整
切割器刀片及护刃器损坏	①硬物进入切割器 ②护刃器变形 ③定刀片高低不一致 ④定刀片铆钉松动	①清除硬物、更换损坏刀片 ②校正或更换护刃器 ③重新调整定刀片,使高低一致 ④重新铆接定刀片
割刀木连杆折断	①割刀阻力太大(如塞草、护刃器不平、刀片断裂、变形、压刃器无间隙) ②割刀驱动机构轴承间隙太大 ③木连杆固定螺钉松动 ④木材质地不好	①排除引起阻力太大的故障 ②更换磨损超限的轴承 ③检查、紧固螺钉 ④选用质地坚实硬木作木连杆
刀杆(刀头)折坏	①割刀阻力太大 ②割刀驱动机构安装调整不正确或松动	①排除引起阻力太大的故障 ②正确安装调整驱动装置

续表 4-6

常见故障	故障原因	排除方法
收割台前堆积作物	①割台搅龙与割台底间隙太大 ②茎秆短、拨禾轮太高或太偏前 ③拨禾轮转速太低、机器前进速度太快 ④作物短而稀	①按要求视作物长势，合理调整间隙 ②尽可能降低割茬，适当调整拨禾轮高、低、前、后位置 ③合理调整拨禾轮转速和收割机的前进速度 ④适当提高机器前进速度
作物在割台搅龙上架空喂入不畅	①机器前进速度偏高 ②拨指伸出位置不正确 ③拨禾轮离喂入搅龙太远	①降低机器前进速度 ②应使拨指在前下方时伸入最长 ③适当后移拨禾轮
拨禾轮打落籽粒太多	①拨禾轮转速太高 ②拨禾轮位置偏前打击次数多 ③拨禾轮高打击穗头	①降低拨禾轮转速 ②后移拨禾轮 ③降低拨禾轮高度
拨禾轮翻草	①拨禾轮位置太低 ②拨禾轮弹齿后倾角偏大 ③拨禾轮位置偏后	①调高拨禾轮工作位置 ②按要求调整拨禾轮弹齿角度 ③拨禾轮适当前移
拨禾轮轴缠草	①作物长势蓬乱 ②茎秆过高、过湿、草多 ③拨禾轮偏低	①停车排除缠草 ②适当提高拨禾轮位置
被割作物向前倾倒	①机器前进速度偏高 ②拨禾轮转速偏低 ③切割器上拥土堵塞 ④动刀片切割往复速度太低	①适当降低收割速度 ②适当调高拨禾轮转度 ③清理切割器拥土，适当提高割茬 ④调整驱动皮带张紧度
倾斜输送器链耙拉断	①链耙失修、过度磨损 ②链爬调整过紧 ③链爬张紧调整螺母未靠在支架上，而是靠在角钢上	①修理或更换新耙齿 ②按要求调整链耙张紧度 ③注意调整螺母一定要靠在支架上，保证链耙有回缩余量

2. 脱谷部分故障及排除方法

脱谷部分故障及排除方法如表 4-7 所示。

表 4-7　脱谷部分故障及排除方法

常见故障	故障原因	排除方法
滚筒堵塞	①喂入量偏大发动机超负 ②作物潮湿 ③滚筒凹板间隙偏小 ④发动机工作转速偏低严重变形	①停车熄火清除堵塞作物 ②控制喂入量，避免超负适时收割 ③合理调整滚筒间隙 ④发动机一定要保证额定转速工作
滚筒脱粒不净率偏高	①发动机转速不稳定，滚筒转速忽高忽低 ②凹板间隙偏大 ③超负荷作业 ④纹杆或凹板磨损超限或严重变形 ⑤作物收割期偏早	①保证发动机在额定转速下工作，将油门固定牢固，不准用脚油门 ②合理调整间隙 ③避免超负荷作业，根据实际情况控制作业速度，保证喂入量稳定、均匀

续表 4-7

常见故障	故障原因	排除方法
滚筒脱粒不净率偏高	⑥收水稻仍采用收麦的工作参数	④更换磨损超限和变形的纹杆、凹板 ⑤适期收割 ⑥收水稻一定采用收水稻的工作参数
谷粒破碎太多	①滚筒转速过高 ②滚筒间隙过小 ③作物"口松"、过熟 ④杂余搅龙籽粒偏多 ⑤复脱器装配调整不当	①合理调整滚筒转速 ②适当放大滚筒凹板间隙 ③适期收割 ④合理调整清选室风量、风向及筛片开度 ⑤依实际情况调整复脱器搓板数
既脱不净又破碎较多，甚至有漏脱穗	①纹杆、凹板，弯曲扭曲变形严重 ②板齿滚筒转速偏高，而板齿凹板齿面未参与工作 ③板齿滚筒转速偏低，而板齿凹板齿面参与工作 ④活动凹板间隙偏大，滚筒转速偏高 ⑤轴流滚筒转速偏高	①更换纹杆、凹板 ②滚筒保持额定转速工作，将凹板齿面调至工作状态 ③滚筒保持额定转速工作 ④规范调整滚筒转速和凹板间隙 ⑤降低轴流滚筒转速至标准值
滚筒转速不稳定或有异常声音	①喂入量不均匀，存在瞬时超负荷现象 ②滚筒室有异物 ③螺栓松动、脱落或纹杆损坏 ④滚筒不平衡 ⑤滚筒产生轴间窜动与侧臂产生摩擦 ⑥轴承损坏	①灵活控制作业速度、避免超负荷作业，保证喂入量均匀、稳定 ②停车、熄火排除滚筒室异物 ③停车、熄火重新紧固螺栓，更换损坏纹杆 ④重新平衡滚筒 ⑤调整并紧固牢靠 ⑥更换轴承
排出的茎秆中夹带籽粒偏多	①逐稿器(键式)曲轴转速偏低或偏高 ②键面筛孔堵塞 ③挡草帘损坏、缺损 ④横向抖草器损坏 ⑤作物潮湿、杂草多 ⑥超负荷作业	①保证曲轴转速在规定范围内，(R 为 50 mm 时，n 为 180～220 r/min) ②经常检查，清除堵塞物 ③修复补齐挡草帘 ④修复抖草器 ⑤适期收割 ⑥控制作业速度，保证喂入量均匀不超负荷作业
排出的杂余中籽粒含量偏高	①筛片开度偏小 ②风量偏大，籽粒被吹出机外 ③喂入量偏大 ④滚筒转速高，脱粒间隙小，茎秆太碎 ⑤风量、风向调整不当	①适当调大筛片开度 ②合理调整风量 ③减小喂入量 ④控制滚筒在额定转速下工作，适当调大脱粒间隙 ⑤合理调整风量风向
逐稿器木轴瓦有声响	①木轴瓦间隙过大 ②木轴瓦螺栓松动	①调整木轴瓦间隙 ②拧紧松动的螺栓
粮食中含杂偏高	①上筛前端开度大 ②风量偏小，风向调整不当	①适当减小筛片开度 ②适当调大风量和合理调整风向

续表 4-7

常见故障	故障原因	排除方法
杂余中粮粒太多	①风量偏小 ②下筛开度偏大 ③尾筛后部抬得过高	①加大风量 ②减小下筛开度 ③降低尾筛后端高度
粮食穗头太多	①上筛前端开度太大 ②风量太小 ③滚筒纹杆弯曲、凹板弯曲扭曲变形严重 ④钉齿滚筒钉齿凹板装配不符合要求，偏向一侧 ⑤复脱器搓板少，或磨损	①适当调整减小筛片开度 ②合理调大风量 ③更换损坏的纹杆或凹板 ④调整装配关系，保证每个钉齿两侧间隙大小一致 ⑤修复复脱器，增加搓板。更换磨损超限的搓板
升运器堵塞	①刮板链条过松 ②皮带打滑 ③作物潮湿	①停车熄火排除堵塞，调整链条紧度 ②张紧皮带紧度 ③适期收割
复脱器堵塞	①安全离合器弹簧预紧力小 ②皮带打滑 ③作物潮湿 ④滚筒脱出物太碎、杂余太多	①停机熄火，清除堵塞，安全弹簧预紧力调至标准 ②调整皮带紧度 ③适期收割 ④合理调整滚筒转速和脱粒间隙

3. 行走系统故障及排除方法

行走系统故障及排除方法如表 4-8 所示。

表 4-8　行走系统故障及排除方法

常见故障	故障原因	排除方法
行走离合器打滑	①分离杠杆不在同一平面内 ②分离轴承注油太多、摩擦片进油 ③摩擦片磨损超限，弹簧压力降低，或摩擦片铆钉松动 ④压盘变形	①调整分离杠杆螺母 ②注意不要注油太多，彻底清洗摩擦片 ③更换磨损的摩擦片 ④更换变形压盘
行走离合器分离不清	①分离杠杆与分离轴承之间间隙偏大，主被动盘分离不彻底 ②分离杠杆和分离轴承之间间隙不等，主被动盘不能彻底分离 ③分离轴承损坏	①调整其间隙至标准 ②检查调整其间隙，分离杠杆指端应在同一平面内，偏差不大于±0.5 mm，否则应更换膜片弹簧 ③更换分离轴承
挂挡困难或掉挡	①离合器分离不彻底 ②小制动器制动间隙偏大 ③工作齿轮啮合不到位 ④换挡轴锁定机构不能定位 ⑤推拉软轴拉长	①及时调整离合器分离轴承间隙 ②及时调整小制动器间隙 ③调整软轴长度 ④调整锁定机构弹簧预紧力 ⑤调整推拉软轴调整螺母

续表 4-8

常见故障	故障原因	排除方法
变速箱工作有响声	①齿轮严重磨损 ②轴承损坏 ③润滑油油面不足或油号不对	①更换新齿轮 ②更换新轴承 ③检查油面和油型
变速范围达不到	①变速油缸工作行程达不到要求 ②变速油缸工作时不能定位 ③动盘滑动副缺油卡死 ④行走皮带拉长打滑	①系统内泄，送修理厂检修 ②系统内泄，送修理厂检修 ③及时润滑 ④调整无级变速轮张紧架
最终传动齿轮室有异声	①边减半轴窜动 ②轴承没注油或进泥损坏 ③轴承座螺栓和紧定套未锁紧	①检查边减半轴固定轴承和轮轴固定螺钉 ②更换轴承，清洗边减齿轮 ③拧紧螺栓和紧定套
行走无级变速器皮带过早磨损和拉断	①产品质量差 ②叉架与机器侧臂不平行，叉架轴与叉架套装配间隙过大 ③中间盘盘毂与边盘盘毂间隙过大，工作中中间盘摆动 ④限位挡块调整不当，超过正常无级变速范围，三角带常落入中间盘与边盘的斜面内部，皮带局部受夹、打滑 ⑤三角皮带太松，产生剧烈抖动打滑 ⑥驱动轮(或履带)粘泥挤泥，污染三角带造成打滑 ⑦行走负荷重(阴雨泥泞)	①选用合格产品 ②装配时保证叉架与机器侧臂的平行和叉架轴与叉架套配合间隙正确 ③调整正确的装配间隙 ④正确调整挡块位置 ⑤注意随时调整三角带张紧度 ⑥经常清理驱动轮粘泥 ⑦行走负荷重时，应停车变速，尽量避免重负荷时使用无级变速

4. 液压系统常见故障及排除方法

液压系统常见故障及排除方法如表 4-9 所示。

表 4-9　液压系统常见故障及排除方法

常见故障	故障原因	排除方法
液压系统所有油缸接通分配器时，不能工作	①油箱油位过低 ②油泵未压油 ③安全阀的调整和密封不好 ④分配阀位置不对 ⑤滤清器被脏物堵塞	①加油至标准位置 ②检查修理油泵 ③调整或更换 ④检查调整 ⑤清洗滤清器
割台和拨禾轮升降迟缓或根本不能升降	①溢流阀工作压力偏低 ②油路中有空气 ③滤清器被脏物堵塞 ④齿轮泵内泄 ⑤齿轮泵传动带未张紧 ⑥油缸节流孔堵塞 ⑦油管漏油或输油不畅	①按要求调整溢流阀工作压力 ②排气 ③清洗滤清器 ④检查泵内卸压片密封圈和泵盖密封圈 ⑤按要求张紧传动带 ⑥卸开油缸接头，清除脏物 ⑦更换油管

续表 4-9

常见故障	故障原因	排除方法
收割台或拨禾轮升降不平稳	油路中有空气	在油缸接头处排气
割台升不到所需高度	油箱内油太少	加至规定油面
割台和拨禾轮在升起位置时自动下降	①油缸密封圈漏油 ②分配阀磨损漏油或轴向位置不对 ③单向阀密封不严	①更换密封圈 ②修复或更换滑阀及操纵机构 ③研磨单向阀锥面及更换密封胶圈
油箱内有大量泡沫	①油箱进入空气或水 ②油泵内漏吸入空气	①拧紧吸油管，修复油泵密封件，更换油封，有水时应更换新油 ②检查并加以密封
液压转向跑偏	①转向器拔销变形或损坏 ②转向弹簧片失效 ③联动轴开口变形	送专业修理厂
液压转向慢转轻，快转重	油泵供油不足，油箱不满	检查油泵工作是否正常，保证油面高度
方向盘转动时，油缸时动时不动	转向系统油路中有空气	排气并检查吸油管路是否漏气
转向沉重	①油箱不满 ②油液黏度太大 ③分流阀的安全阀工作压力过低或被卡住 ④阀体、阀套、阀芯之间有脏物卡住 ⑤阀体内钢球单向阀失效	①加油至要求油面 ②使用规定油液 ③调整、清洗分流阀的安全阀 ④清洗转向机 ⑤如钢球丢失，应重补装钢球，如有脏物卡住，应清洗钢球
安全阀压力偏低或偏高	①安全阀开启压力调整不合适 ②弹簧变形，压力偏小或过大	①在公称流量情况下，调安全阀压力 ②检查弹簧技术状态和安装尺寸，增加或减少调压垫片
稳定公称流量过大	①分流阀阀芯被杂质卡住 ②分流阀阀芯弹簧压缩过大 ③阀芯阻尼孔堵塞	①清洗阀芯，更换液压油 ②检查装配情况，调整弹簧压力 ③清洗阻尼孔道，更换清洁液压油
稳定公称流量偏低	①配套油泵容积效率下降，油泵在发动机低速时，供油不足，低于稳定公称流量 ②分流阀阀芯或安全阀阀芯被杂质卡住 ③阀芯弹簧或安全阀弹簧损坏或变形 ④分流阀阀芯或安全阀阀芯磨损，间隙过大，内漏增大 ⑤安全阀阀座密封圈损坏	①更换或修复油泵 ②清洗阀芯，并更换清洁液压油 ③更换新弹簧 ④更换新阀芯 ⑤更换新密封圈
转向失灵、方向盘不能自动回中	弹簧片折断	更换新品

续表 4-9

常见故障	故障原因	排除方法
方向盘压力振摆明显增加，甚至不能转动	拔销或联动器开口折断或变形	更换损坏件
方向盘回转或左右摆动	转子与联动器相互位置装错	将联动器上带冲点的齿与转子花键孔带冲点的齿相啮合
油泵工作时噪声过大	①油箱中油面过低 ②吸油路不畅通 ③吸油路密封不严吸入空气	①加油至要求油面高度 ②检查疏通不畅油路 ③检查并加以密封
卡套式接头漏油	被连接管未对正接头体，或螺母未按正确方法拧紧	被连接管对准接头体内正推端面。然后边拧紧螺母，边转动管子，当转子不能转动时，继续旋紧螺母 1～4/3 圈为宜。安装前卡套刃口端面与管口端面预留 6 mm 左右距离，拧接头时，不准扭转管子
无级变速器油缸进退迟缓	①溢流阀工作压力偏低 ②油路中有空气 ③滤清器堵塞 ④齿轮泵内漏 ⑤齿轮泵传动皮带松 ⑥油缸节流孔堵塞	①按要求调溢流阀工作压力至标准 ②排气 ③清洗滤清器 ④检查更换密封圈 ⑤张紧传动皮带 ⑥卸掉油缸接头，清除脏物
无级变速器换向阀居中，油缸自动退缩	①油缸密封圈失效 ②阀体与滑阀因磨损或拉伤间隙增大，油温高，油黏度低 ③滑阀位置没有对中 ④单向阀（锥阀）密封带磨损或沾脏物	①更换密封圈 ②送专业厂修理或更换滑阀，油面过低加油，选择适合液压油 ③使滑阀位置保持对中 ④更换单向阀或清除污物
无级变速器油缸进退速度不平稳	①油路中有空气 ②溢流阀工作不稳定 ③油缸节流孔堵塞	①排气 ②更换新弹簧 ③卸开接头、清除污物
熄火转向时，方向盘转动而油缸不动（不转动）	转子和定子的径向间隙或轴向间隙过大	更换转子

5. 电器系统故障及排除方法

电器系统故障及排除方法如表 4-10 所示。

表 4-10　电器系统故障及排除方法

常见故障	故障原因	排除方法
蓄电池经常供电不足	①发电机或调节器有故障，没有充电电流 ②充电线路或开关触点锈蚀，接头松动，充	①检修发电机、调节器 ②清除触点锈蚀、拧紧各接线头

续表 4-10

常见故障	故障原因	排除方法
蓄电池经常供电不足	电电阻增高 ③蓄电池极板变形短路 ④蓄电池内电解液太少或比重不对 ⑤发电机皮带太松	③更换干净电解液，更换变形极板 ④添加电解液至标准，检查比重 ⑤张紧皮带
蓄电池充电过量	调节器不能维持所需要的充电电压	调整或更换调节器
蓄电池充电不足（充不进电）	①极板硫化严重 ②电解液不纯 ③极板翘曲	①更换极板 ②更换纯洁电解液 ③更换新极板
起动机不转	①保险丝熔断 ②接头接触不良或断路 ③蓄电池没电或电压太低 ④电刷、换向器或电源开关触点接触不良 ⑤起动电机内部短路或线圈烧毁	①更换保险丝 ②检查清理接头、触点和线路 ③蓄电池充电或更换新蓄电池 ④调整电刷弹簧压力，清理各接触点 ⑤更换新起动机
起动机有吸铁声，但无力启动发动机	①蓄电池电压过低 ②电源开关的铁芯行程不对 ③环境温度太低 ④起动机内部故障	①充电、补充电解液，或更换新蓄电池 ②通过偏心螺钉调整 ③更换新起动机
发动机启动后，齿轮不能退出	①开关钥匙没回位 ②电源开关的触点熔在一起 ③电源开关行程没调好	①启动后，开关钥匙应立即回位 ②锉平或用砂纸打光触点 ③调整偏心螺钉
发电机不能发电或发电不足	①线路接触不良或接错 ②定子或转子线圈损坏 ③电刷接触不良 ④调节器损坏 ⑤皮带太松	①对照电路图和接线图检查并保证各接点接触良好 ②换新发电机 ③调整或换新炭刷 ④换新调节器 ⑤张紧皮带
仪表不指示	①线路接触不良 ②保险丝熔断 ③传感器损坏	①检查并拧紧螺钉 ②换新保险丝 ③换新传感器
灯泡不亮	①开关损坏，线路接触不好 ②保险丝熔断，灯泡坏	①换新开关，检查拧紧各接触点 ②换相同规格保险丝，换灯泡

6. 发动机常见故障及排除方法

发动机常见故障及排除方法如表 4-11 所示。

表 4-11　发动机常见故障及排除方法

常见故障	故障原因	排除方法
发动机启动困难或不能启动	①无燃油 ②油水分离器滤芯堵塞 ③燃油系统内有水、污物或空气 ④燃油滤芯堵塞	①加油，并给供油系统排气 ②清洗或更换新滤芯 ③定期放油箱沉淀，加清洁燃油，排气 ④更换滤芯、排气

续表 4-11

常见故障	故障原因	排除方法
发动机启动困难或不能启动	⑤燃油牌号不正确 ⑥启动回路阻抗过高 ⑦曲轴箱机油黏度值过高 ⑧喷油嘴有污物或失效 ⑨喷油泵失效 ⑩发动机内部问题	⑤使用适合于使用条件的燃油 ⑥清理、紧固蓄电池及启动继电器上的线路 ⑦换用黏度和质量合格的机油 ⑧修理或更换新油嘴 ⑨送修理厂修理、校正油泵 ⑩送修理厂修理
发动机工作时震动大(不平稳)	①机油不足 ②燃油系统进气 ③供油提前角不正确 ④喷油器阀体烧毁黏着 ⑤发动机内部问题	①添加对号机油至标准油面 ②排气 ③、④、⑤送专业厂(所)修理
发动机运转不稳定经常熄火	①冷却水温太低 ②油水分离器滤芯堵塞 ③燃油滤芯堵塞 ④燃油系统内有水、污物或空气 ⑤喷油嘴有污物或失效 ⑥供油提前角不正确 ⑦气门推杆弯曲或阀体粘着	①运转与热水温超过 60℃时工作 ②更换滤芯 ③更换滤芯并排气 ④排气、冲洗重新加油并排气 ⑤送专业厂(所)修理
发动机功率不足	①供油量偏低 ②进气阻力大 ③油水分离器滤芯堵塞 ④发动机过热	①检查油路是否通畅,是否有气,校正油泵 ②清洁空气滤清器 ③更换滤芯 ④参看“发动机过热故障”排除
发动机过热	①冷却水不足 ②散热器或旋转罩堵塞 ③旋转罩不转动 ④风扇传动带松动或断裂 ⑤冷却系统水垢太多 ⑥节温器失灵 ⑦真空除尘管堵塞 ⑧风扇转速低 ⑨风扇叶片装反	①加满水,并检查散热器及软管是否渗漏 ②清理散热器和旋转罩(防尘罩) ③传动带脱落或断裂 ④更换损坏传动带 ⑤彻底清洗、排垢 ⑥更换新品 ⑦清理除尘管 ⑧调整皮带紧度 ⑨重新正确装配
机油压力偏低	①机油液面低 ②机油牌号不正确 ③机油散热器堵塞 ④油底壳机油污物多,吸油滤网堵塞	①加至标准液面 ②更换正确牌号机油 ③清除堵塞或送专业人员修理 ④更换清洁机油,清洗滤网
发动机机油消耗过大	①进气阻力大 ②系统有渗漏 ③曲轴箱机油黏度低 ④机油散热器堵塞	①检查清理空气滤清器清理进气口 ②检查管路、密封件和排放塞等是否渗漏 ③换用标号正确的机油

续表 4-11

常见故障	故障原因	排除方法
发动机机油消耗过大	⑤拉缸或活塞环对口 ⑥发动机压缩系统磨损超限	④清理堵塞 ⑤、⑥送专业人员修理
发动机主燃油耗量过高	①空气滤清器堵塞或有污物 ②燃油标号不对 ③喷油器上有污物或缺陷 ④发动机正时不正确 ⑤油泵供油量偏大 ⑥供油系统渗漏严重	①清除堵塞、清理过滤元件 ②换用标号正确燃油 ③送专业人员修理 ④送专业人员修理,重新调整正时 ⑤送专业人员修理,重调标准供油量 ⑥检查清理排气不畅
发动机冒黑烟或灰烟	①空气滤清器堵塞 ②燃油标号不正确 ③喷油器有缺陷 ④油路内有空气 ⑤油泵供油量偏大 ⑥供油系统渗漏	①清除堵塞 ②更换符合要求标号燃油 ③换新件或送专业人员修理 ④排气 ⑤检查清理排气不畅 ⑥请专业人员修理
发动机冒白烟	①发动机机体温度太低 ②燃油牌号不正确 ③节温器有缺陷 ④发动机正时不正确	①预热发动机至正确工作温度 ②使用十六烷值得燃油 ③拆卸检查或更换新品 ④送专业人员修理、正时
发动机冒蓝烟	①发动机活塞环对口 ②发动机压缩系统磨损超限 ③新发动未磨合 ④曲轴箱油面过高	①重新安装活塞环 ②送专业人员修理、更换磨损超限零件 ③按规范磨合发动机 ④放沉淀,使油面降至标准

(二)谷物联合收割机的维护和技术保养

正确的有计划的技术保养和修理,是实现联合收割机优质、高效、低耗、安全生产的重要技术保证,是延长机器使用寿命的重要技术措施。

1.谷物联合收割机的技术保养

谷物联合收割机的技术保养,包括作业期间每日的技术保养(称班保养)和作业季节结束后的全面的技术保养和维修。

(1)新疆-2 型谷物联合收割机的班保养　同类型收割机可参考执行。

班保养是每天作业结束后进行的技术保养。主要内容如下:

第一,发动机的班保养应根据柴油机的使用说明书进行。应特别注意发动机空气滤清器的堵塞情况和水箱散热器堵塞情况,并给予彻底清理。空滤器和散热器是联合收割机作业过程中极易污染堵塞的工作部件,除在班保养时必须彻底清理外,在作业过程中,也应注意检查。视具体情况,一旦积尘较多,发生堵塞应及时清理。

第二,彻底检查和清理联合收割机各部件的缠草,以及颖糠、麦芒、碎茎秆等堵塞物。尤其应注意清理拨禾轮、切割器、喂入搅龙缠堵物,凹板前后脱谷室三角区、上下筛间两侧堵塞物,发动机座附近沉降物等。特别注意清理变速箱输入皮带积泥,以免破坏其平衡。

第三，检查和杜绝漏粮现象。进行必要的封、挡、堵、接。确保颗粒归仓。

第四，检查各紧固件状况，包括对各传动轴轴承座（特别是驱动轮桥左右半轴轴承座）、紧定锥套螺母和固定螺栓、偏心套、发动机动力输出皮带轮、过桥第一输出皮带轮、摆环箱输入皮带轮、第一分配搅龙双链轮端面的固定螺栓、筛箱驱动臂和摇杆轴承座固定螺栓、转向横拉杆球铰开口销、无级变速皮带轮栓轴开口销、行走轮固定螺栓和发动机机座固定螺栓状况的检查。

第五，检查护刃器和动刀片有无磨损、损坏和松动情况以及割刀间隙情况。

第六，检查倾斜输送器链条的张紧程度。

第七，检查"V"形传动带的张紧度，过松过紧都会缩短其使用寿命。

第八，传动链条张紧度应适当，当用力拉动松边中部时，链条应有 20～30 mm 挠度。

第九，检查液压系统油箱油面高度，以及各接头有无漏油现象和各工作元件间的工作情况。

第十，检查制动系统的可靠性，变速箱两侧半轴是否窜动（行走时有无周期性碰撞声）。

(2)悬挂式谷物联合收割机的班保养

①拖拉机班保养。与悬挂式谷物联合收割机匹配的拖拉机，除按拖拉机使用说明书要求的班保养和号保养内容进行保养外，应特别注意发动机水箱散热器的除尘保养和防尘改装，保证发动机工作时的正常散热冷却。水箱散热器的除尘应随堵随除。由于作业时环境空气灰尘极大，空气滤清器也应每班清洗。注意进气管道的密封、严防漏气造成发动机缸筒、活塞的早期磨损。

②收割机班保养。保养开始前，彻底清除收割机各部件的积泥、尘土和缠草。

班保养除按要求对收割机各部件进行正常润滑外，应特别注意负荷大、振动大、转速高及易磨损的零部件的技术状态和固定情况。

第一，检查易松动的紧固件和连接件。如割台搅龙调节装置的固定螺栓；各传动轴端的止动螺栓；割刀传动机构各连接部的螺栓；输送带耙齿固定螺栓；输送带调整机构；拨禾轮调整装置；护刃器总成固定螺栓及动、定刀片的铆钉，割台主轴左、右轴承座紧固螺栓；割刀输送齿条固定螺栓等。

第二，检查润滑各易磨损运动副的技术状态。如切割器的动刀片和定刀片的磨损、润滑，割台搅龙的伸缩拨指导套磨损，拨禾轮偏心机构的滚轮润滑。

第三，检查紧固滚筒纹杆（钉齿）的紧固情况和纹杆（钉齿）的磨损情况，是否有变形损坏。

第四，检查输送带是否有跑偏现象，必要时调整。

第五，检查各传动皮带，链条的张紧情况和磨损程度。

第六，对各润滑点按规定加注润滑油。

第七，检查紧固前后支架与拖拉机的连接固定螺栓，后支架与脱粒机的连接紧固螺栓及悬挂机构的拉杆锁紧螺母。

第八,检查钢丝绳的松紧度,调整后紧固卡头紧固螺栓。

第九,检查各焊接件是否有脱焊、裂缝现象,并及时修复、校正变形损坏的零件。

第十,保养结束,启动发动机,中速运转听有无异常响声;升降割台检查液压系统是否有故障;检查各部件运转是否正常,有无摩擦、碰撞响声等。发现问题,及时排除。

(3)JL-1605型谷物联合收割机的技术保养

①班保养内容。第一,清理水箱及其旋转罩;第二,指示灯亮时,清理空气滤清器;第三,检查冷却水位,不足时添加;第四,检查积水器,必要时清理;第五,检查燃油滤清器,排放沉淀油;第六,检查液压油油位,不足时添加;第七,检查油底壳机油,不足时添加;第八,检查冷凝器;第九,添加主燃油;第十,按润滑表内容,润滑各点。

②首次工作25 h后的保养内容。第一,紧固转向臂连接螺栓紧固情况;第二,检查并紧固纹杆螺栓;第三,检查并调整制动器。

③首次工作100 h后的保养内容。第一,更换液压油滤清器,更换液压油;第二,更换油底壳机油;第三,更换齿轮箱润滑油(边减速器及变速箱)。

④每工作100 h的保养内容。第一,检查电瓶电解液比重,加蒸馏水;第二,更换发动机油底壳机油;第三,检查齿轮箱油位,不足时添加;第四,检查制动器储油罐油位;第五,按润滑表要求润滑各点。

⑤每工作200 h的保养内容。第一,更换主燃油滤清器滤芯(元件);第二,更换机油滤清器滤芯(元件);第三,检查电瓶电解液比重,加蒸馏水;第四,检查并调整离合器间隙;第五,检查并调整制动器;第六,检查并调整手制动器。

⑥每工作500 h的保养内容。第一,更换齿轮箱润滑油(变速箱和边减速器);第二,更换液压油和液压油滤清器;第三,按润滑图表润滑各点。

⑦收割作业季节结束后的保养内容。第一,卸下所有传动皮带,放到室内保管;卸下所有传动链条,清洗、涂油保管。第二,卸下割刀放在平整处,在护刃器和割刀上涂油保管。第三,彻底清理水箱及旋转罩。第四,彻底清理所有搅龙及升运器。第五,彻底清理粮箱及卸粮搅龙。第六,彻底清理阶梯板和筛子。第七,润滑所有润滑点。第八,润滑所有可调螺栓螺纹、安全离合器的棘齿并放松弹簧。第九,润滑液压油缸推杆表面,并将其收缩至缸筒内。第十,润滑所有无油嘴的支承点和铰接点。第十一,将收割机支垫起来,轮胎放气,冬季应卸下放于室内保管。第十二,给机器上掉漆的部位补刷油漆。

⑧收割季节结束后发动机的保养。

a. 更换机油滤清器元件:首先清理滤清器周围的油污、灰尘和杂物。逆时针方向拧下滤清器元件,不再使用。更换新的滤清器元件,一定要保证完全清洁。装配时注意先将元件拧至与座之间的密封胶圈刚刚被挤紧,然后再将元件拧进1/2～3/4转即可,不要拧得过紧。安装结束后启动发动机,检查有无渗漏,必要时,可再拧紧一些。

b. 电磁输油泵的清理:清洁输油泵表面,将上部的吸油管折曲,阻止输油。然后用手拧下下端盖及垫片。清洗各零件,更换新的圆筒形滤芯(圆筒形滤芯不能清洗,如堵塞,就应更换滤芯)。清理完后按原样装复输油泵。

c. 积水器的清理(为专用选择件):关闭发动机,拧松积水器下端的排气塞。用手把住下端的底盘，拧掉上端的固定螺栓，分解各零件进行清洗，注意只能用柴油清洗。需要时更换密封胶圈。清理后按原样装复积水器。

d. 更换柴油滤清器元件：清洁滤清器表面，尤其是底座。用手向里压下指状弹簧片，摘掉弹簧片挂钩，拿下滤清器元件。将新元件单孔的一端对准底座上的弹簧稳钉装上，然后挂上弹簧片，挂紧挂钩，装配时应注意，弹簧稳钉孔中绝对不能掉入灰尘杂物。

e. 燃油系统排气：更换滤清器后，燃油箱油全部用完后，拆卸油管、喷油嘴或输油泵后，发动机长时间怠速运转后均要给燃油系统排气。

油箱装满油后，将启动开关拧至预热位置（2 位置），开动电磁泵。松开积水器顶端排气螺塞，直至放出气泡后，立即拧紧螺塞；松开燃油滤清器底座上的排气螺塞，直至放出气泡后，立即拧紧螺塞；如果还不能启动，则再松开喷油嘴油管（至少松 3 个，并同时拧松）在大油门位置，启动马达，直至油管处放出气泡后，再拧紧油管。

f. 水箱清理：清扫旋转罩，卸下中间轮至旋转罩的传动皮带。拧下两个手柄，向上折起旋转罩，并用撑杆支住。用刷子清理水箱外部，或用压缩空气从水箱背面，向外喷刷，也可用压力不大的水流喷刷，清洗后原样装复。冬季作业，启动发动机前要检查旋转罩是否能够自由转动，防止冰霜冻结。

g. 干式空气滤清器的清理：只有当红色指示灯亮时，才清理空气滤清器元件。首先彻底清扫壳体，并用布擦干净滤清器壳体和涡流增压器。然后取出主、副滤芯用压缩空气从里向外吹刷滤芯。如滤芯很脏，则用水洗刷（可在水中加少量无碱性洗剂，不能用油或强碱性洗剂清洗），洗后晾干。在田间，可暂用轻轻怕打滤芯的办法清理（临时性处理）。洗净的滤芯，用灯伸进滤芯筒内，观察有无不均匀的伤痕，确定修理或更换。按原样装复时，要特别注意各密封垫圈的技术状态，要绝对保证它们完好、干净、装配位置正确。

（三）谷物联合收割机的润滑

润滑是给机器的各运动副定期或不定期地加注润滑油，达到减少摩擦阻力、减少摩擦功率消耗、保护零部件、延长机器使用寿命的目的。

1. 谷物联合收割机的润滑特点

谷物联合收割机是一部大型、复杂的机器。各部件工作负荷大小不同，转速高低不同，工作环境不同，因此，在对机器的润滑上有以下特点：

（1）润滑部位多、润滑油种类多、工作量大　自走式联合收割机润滑部位有 100 多处，悬挂式联合收割机一般也有 40 多处。

（2）润滑周期不同　联合收割机需要润滑的部位主要有各种轴承、轴套、滑动块等。由于运动速度不同、承受负荷不同、工作环境不同，对润滑的周期要求也不同。如切割器的运动部位、传动链条等部位要求 4 h 润滑一次；拨禾轮偏心滑轮、风扇轴承、脱粒滚筒轴承等部位要求每班次润滑一次；动力传动齿轮箱、各传动张紧轮轴承要求一个作业季节润滑一次。

（3）所用润滑油种类多　由于联合收割机各工作部件运动副相对摩擦性质不同，传递负荷大小不同，所使用的润滑油种类也就不相同。如传动齿轮箱，传递动力大，要求用齿轮油；各种搅龙轴承要求用黄油；而拨禾偏心轮、链条、割刀压刃器等部位要求用机油。

2. 润滑油的选用

（1）齿轮油　联合收割机动力传动齿轮转速较低，负荷较大，一般选用农业机械常用的

HI-30号齿轮油。

(2)机械油　联合收割机一般选用的机械油为N32、N46、N60等号;农业机械常用的机械油一般有N15、N32、N46、N60 4个牌号。

(3)润滑脂(黄油)　润滑油脂有软硬之分,硬度太大,内摩擦损失大,硬度太小则承受压力能力差,容易产生渗漏和甩油现象。联合收割机用油一般选用ZG-3、ZD-2H号。发动机拖拉机的润滑油按其使用说明书进行。

3. 谷物联合收割机润滑的具体要求和注意事项

第一,必须严格按照联合收割机使用说明书要求的周期、油脂和部位进行润滑。

第二,润滑油应放在干净的容器内,并能防止尘土入内。油枪等加油器械要保持洁净。

第三,注油前必须擦净油嘴、加油口盖及其周围零部件。

第四,经常检查轴承的密封情况和工作温度。如发现密封性能差、工作温度升高,应及时采取措施:一是及时润滑,缩短相应的润滑周期;二是根据需要随时修复、更换密封件。

第五,所有装在外部的传动链条,每班均应润滑,润滑时必须停车进行,应先清除链条上的油泥而后用毛刷刷油润滑。

第六,各拉杆活节、杠杆机构活节应滴机油润滑。

第七,所有木轴承应在装配前用120～130℃的机油浸煮2 h以上。然后涂上适量的黄油后安装。

第八,行走离合器分离轴承必须拆卸后进行润滑,一般每年一次。

第九,变速箱试运转结束后清洗换油,以后每周检查一次,每年更换一次油。

第十,液压油箱每周检查一次油面,每个作业季节完后应清洗一次滤网,每年更换一次液压油。

第十一,联合收割机检修时,应将滚动轴承拆卸下来清洗干净,并注入润滑脂。

第十二,凡用黄油的润滑部位,每次润滑应加满,不允许走过场、象征性地进行敷衍了事。

第十三,"轴承位置及润滑表"规定的润滑周期,如与作业量实际不符,可按实际情况调整润滑周期。

(四)易损零部件的维护保养

1. V形皮带的使用保养

联合收割机上常用的V形带有普通V形带、联组V形带、齿型V形带等。普通V形带按其断面尺寸的不同又分为A、B、C、D、E等各种型号,应用最多的是C形V形带。V形带中还有一种活节带,收割机上现已很少应用。

使用中正确的调整是提高V形带传动效果和延长使用寿命的至关重要的保证措施。

第一,装卸V形带时应首先将张紧轮固定螺栓松开,不得硬将传动带撬下或逼上。必要时,可以转动皮带轮将胶带逐步盘下或盘上,但因胶带制造公差问题,不要太勉强,以免破坏胶带内部结构和拉坏轴。必要时,可先卸下一个皮带轮,套上或卸下V形带后再把皮带轮安装好。一般联组V形带应先卸下皮带轮后装卸V形带。

第二,安装皮带轮时,同一回路中带轮轮槽对称中心面(对于无级变速皮带轮、动盘应处于对称中心面位置)位置度偏差不大于中心距的0.3%(中心距小于1 m时允许偏差为

2～3 mm，中心距大于 1 m 时允许偏差为 3～4 mm）。

第三，要经常检查调整传动皮带的张紧程度，新 V 形带使用的头两天易拉长，更要注意及时检查调整。皮带过紧影响皮带使用寿命，对轴和轴承都有影响；皮带太松，则易产生打滑现象，使皮带严重磨损甚至烧坏，更关键的是由于皮带太松打滑，不能按要求传递功率。另外，太松打滑使其工作部件转速下降，严重影响作业质量，粮食损失增加，甚至造成堵塞，使作业不能正常进行。因此，驾驶人员必须高度重视对传动皮带松紧度的调整。

第四，两根以上 V 形皮带组合使用时，装配前应先检查每根皮带的标准长度是否一致。同组皮带周长之差不允许超过 8 mm。作业中需要更换时，应同时更换一组，不允许单根换新，也不允许新旧搭配使用。

第五，注意 V 形带的清洁，不允许沾黄油、机油等油污，发现沾污应及时清洗。用汽油擦洗时，一定要注意防火。也可用肥皂水、碱水或清洗剂清洗，清洗后晾干再用。

第六，传动皮带作业时的正常温度不超过 60℃。检查方法是，停止工作后，立即用手触摸传动皮带，应能在其上停留 1 min，而无烫手的感觉。否则，应查明原因，及时排除。

第七，V 形带两侧面是工作面，正常装配时，带底面与带轮槽底有一定的间隙，如带底面与槽底接触，说明 V 形带或皮带轮已磨损超限，应当更换新件。

第八，皮带轮转动时，不允许有过大的摆动。否则，应查明原因，及时排除故障。

第九，皮带轮缘有缺口（铸件）或变形张口（冲压件）时，应及时修复或更换新品。

第十，每季作业结束后，对联合收割机进行保养时，应将张紧轮松开，使所有传动皮带处于松弛状态，或将传动皮带卸下挂在通风干燥处保管。

2. 链条的使用保养

联合收割机上常用的传动链条主要是套筒滚子链、齿形链和钩形链等。链传动突出优点是传递动力能力强，传动比恒定和能在高温和较恶劣的条件下工作。

链传动的主要故障表现是链条、链轮的疲劳破坏、磨损和链条铰链胶合等。为防止故障的产生和延长其使用寿命，在使用和维护中应注意以下内容。

第一，在同一传动回路中的链轮应安装在同一平面上，其轮齿对称中心面位置度偏差不大于中心距的 0.2%。

第二，链条的张紧度应适中，过紧易增加磨损，过松易产生冲击和跳动而缩短其使用寿命。一般情况下，以靠链条松边的中部垂直方向上有 20～30 mm/m 的活动余量为宜。链条使用磨损后伸长，靠张紧调整装置已不能达到张紧要求时，可拆去两个链节继续使用。若链条在工作中经常出现耙齿或跳齿现象，说明节距已增长到不能继续使用的程度，应更换新链条。更换新链条时，应注意检查链轮的磨损程度，若链轮也磨损严重，应同时更换新链轮。若链轮轮毂左右对称，为延长使用寿命，可经常换面使用。

第三，安装链条时，应将链条绕缠到链轮上，以便联接链节。联接链节应从链条内侧向外穿，以便从外侧装联接板和锁紧固件。拆卸时，可用锤子轻轻轮换敲打同一连接板上的两个连接销，抽出销子，卸下链条。若链销头铆毛已变粗，应先挫平后再拆卸。

第四，链条应按时润滑，以提高使用寿命。润滑油必须加到销轴与套筒的配合面上，作业中的润滑一定要在停车的状态下进行，以免发生危险。最好的办法应当是定期拆下链条，用煤油清洗干净，晾干后放到机油中或加有润滑脂的机油中加热浸煮 20～30 min，冷却后取出滴干多余的油并将表面擦净待用。如不热煮，可在机油中浸泡一夜效果也很好。对链条的清洁润滑是延长其使用寿命的有效方法。

第五，新旧链条不要在同一链条中混用，以免因新旧节距误差而产生冲击，损伤链条。

第六，收割季节结束后，机器存放时，应卸下链条，清洗涂油装回原处，最好用纸包好垫放在干燥处。链轮表面清理后，涂抹油脂防止锈蚀。

3. 外球面轴承的使用保养

联合收割机是没有坚固基础底座的结构复杂的机器，整台架框为铁皮和角铁的组合，而主要工作部件传动轴基本上都是贯通壳体两侧面的通轴，这对加工制造安装时同心度的控制难度极大，解决同心度问题，只能采用调心轴承进行修正。所以，联合收割机上主要工作部件传动轴轴承基本上以调心轴承为主。对这些调心轴承的拆卸安装要求如下。

(1)冲压轴承座内的轴承

①拆卸。a. 轴承上带有偏心套时，先拧松偏心套上锁紧螺钉，然后用小铁棍插入或顶着偏心套上的沉孔，逆着轴的旋转方向打松偏心套；b. 拧掉固定冲压轴承座的螺栓，并将轴承和轴承座从轴上卸下。在拆卸轴一端的轴承座之前，应将轴另一端的轴承座螺栓松开，以免损坏轴承。

②安装。a. 往轴上安装新轴承前，必须先把轴承外套上的固定销拔掉(出厂时为装入状态)，并使轴的表面光滑干净(如有毛刺用砂布打磨光)，并涂油防锈兼润滑(允许轴承在轴上微转动)。b. 将轴承座和轴承配好(配合面应涂润滑脂)，套在轴上推至所需位置进行安装。向固定轴承座的螺栓拧紧螺母时，一端先不要拧得过紧，让轴承外圈在轴承座内能转动，等装好相对应的另一端轴承座后(同时装好轴)，再将两端轴承座的螺栓拧紧。在拧螺栓前，应先将轴转动几圈，让轴承自身校正调心位置。c. 拧紧轴承内圈上的内六角螺钉。d. 装偏心套时，应将偏心套套在轴承内圈的偏心台阶上，并用手顺轴的转动方向拧紧，然后再将小铁棍插入或顶住偏心套上的深孔，用锤打击小铁棍，使偏心套安装牢固，但注意不要无限打，宜适可为止，最后将偏心套上的六角螺钉锁紧。

(2)立式铸铁轴承座和圆形铸铁轴承座内的轴承

①拆卸。a. 先松开轴承上的内六角螺钉，如果是带偏心套的轴承，则在松开内六角螺钉后，逆着轴的旋转方向打松偏心套；b. 拧下固定轴承的螺栓，将轴承连同轴承座一起卸下；c. 用圆棍插入轴承内孔，将轴承拨到和轴承座上的缺槽的方向一致，然后取出轴承。

②安装。a. 安装新轴承前，必须拔掉外套上的固定销，并要求轴的表面光滑干净，轴承与轴、轴承与座之间的安装面均应涂润滑脂。b. 将轴承插入轴承座内，然后一起套在轴上装至所需要的位置。c. 轴承座在机器上固紧之后，再将轴承上的紧定螺钉拧紧在轴上。如果是带偏心套的轴承，则应先将偏心套沿轴旋转方向打紧，然后再拧紧内六角螺钉。

4. 轮胎的使用保养

自走式联合收割机所装配的充气轮胎，基本上都是低压胎。轮胎的正确使用和保养对提高其使用性能和延长其使用寿命十分重要。

第一，正确选择轮胎规格，更换新轮胎时，一定要与原配型号相同。

第二，换装新轮胎时，应尽可能同轴同换。安装或更换轮胎时，注意驱动轮不要装反，正确的装配应当是：从后向前看，应当是“人”朝上。如果看压在地上的印痕，“人”站在前进方向，向后看应为倒“人”字。

第三，每天作业开始前，要按规定检查轮胎的气压，轮胎气压与规定不符时应补充至标准，否则禁止投入作业（允许左侧驱动轮比右侧高 0.02 MPa）以克服工作中左侧偏重，测试轮胎气压应在冷状态下进行，用专用气压表测定。自身校正调心位置。

第四，轮胎不准沾染油污和油漆，收割机每天作业结束后，应注意清理轮胎内侧面粘积泥土（以免撞挤变速箱输入带轮和半轴固定轴承密封圈），检查轮胎有无夹杂物，如铁钉、玻璃、石块等。一旦发现应及时清除。

第五，夏季作业因外胎受高温影响，气压易升高，此时禁止降低发热轮胎气压。

第六，当左右轮胎磨损不均匀时，可将左、右轮对调使用。

第七，安装轮胎时，应在干净平坦地面进行。安装前应注意检查清理外胎内面和内胎外面的污物，最好撒上一些滑石粉，然后将稍充气的内胎装入轮胎内，注意避免折叠。将气门嘴放入压条孔内后，再把压条放在外胎与内胎之间，装入轮辋内。为使胎边配合严密，可先将轮胎气压超注 20%，然后再降到规定的气压值。

第八，机器长期停放时，必须将轮胎架离地面并将轮胎遮盖好，避免阳光照射和适当放气降低轮胎气压。

第九，严禁在充气状态下拆卸轮胎、驱动轮毂与轮辋的连接螺栓，以免飞出伤人。

（五）谷物联合收割机的用后维护和入库保管

联合收割机作业季节结束后，机组成员应认真做好机器在收割作业中的技术总结，对所有工作部件逐一做出技术鉴定，对所出现的故障认真分析，在此基础上制订全面的技术保养和修理计划。通过保养、维修恢复机器技术状态，以备下一个收割季节使用。

彻底清理联合收割机各部的杂草、尘土、油污，使整台机器干净无尘。

悬挂式联合收割机应从拖拉机上拆卸下来，各大部件归类集中停放，以备进行彻底的技术维护和修理。

全面检查各工作部件的技术状态。对拆卸后的各部件进行认真鉴定，该修的修，改换的换，对技术状态良好的零部件进行彻底的清洗保养，使各部件完全恢复到良好的技术状态。

检查部位如下：

第一，检查分禾器。分禾器是薄钢板件，除非碰撞变形，一般不损坏。它是随坏随修的器件。

第二，检查拨禾轮。重点检查偏心滑轮机构的磨损、变形，拨禾轮中心管轴两端木轴承的磨损情况和弹齿管轴是否变形，弹齿有无缺损等，必要时修复或更换新品。

第三，检查切割器。切割器是收割机上易磨损件，尤其应对护刃器梁，刀杆，刀头，动、定刀片，护刃器，压刃器，摩擦片等零件逐个检查。若动力片齿纹缺损在 5 mm 以上，齿高小于 0.4 mm 并伴有裂纹者应报废更换新品，松动的应铆紧；定刀片刃口厚度大于 0.3 mm，宽度小于护刃器者应更换新品，松动的应重新铆紧；压刃器、摩擦片磨损超限者更换新品；护刃器不应有裂纹弯曲，两护刃器尖中心距为 76.2 mm，其偏差不大于±3 mm；所有固定刀片应在同一水平面内，偏差不超过 0.5 mm。必要时应进行彻底调整。对于无校正价值的护刃器，应更换新品。护刃器梁是整个切割装置的基础件，一般由角钢制成，不允许有任何弯曲、扭曲、裂纹等缺陷，否则应换新品。在购置新护刃器梁时，一定要严格检查其是否有弯曲、扭曲和裂纹。刀头、刀杆也是易损件，应重点检查，一旦出现裂纹，应更换新品。刀杆的弯曲度全长不大于0.5 mm。切割器修复后，应认真进行总装调整，直至标准待用。

第四，检查割台搅龙。由滚筒体、叶片焊合而成，叶片如有变形，开焊应进行焊合修复。

伸缩扒指工作面磨损超过4.5 mm应换新品，扒指导套是易损件，当其与拨指间隙超过3 mm时，应更换新导套。

第五，注意检查倾斜输送室链条、耙齿有无磨损损坏、变形、断裂，有其一者应修复或更换新品。被动轴（下轴）的调整机构应完好无损、调整准确可靠。否则应修复或换新。

第六，认真全面检查脱粒滚筒的技术状态。滚筒轴有无弯曲变形、两端轴承台阶处有否裂纹等缺陷。有条件的修理厂应进行探伤检查；滚筒幅板有无裂纹、变形；滚筒纹杆有弯曲、扭曲，纹齿工作面棱角磨损半径 $r \geqslant 1$ mm时，应更换新品；滚筒钉齿不应有弯曲扭曲变形，刀形钉齿顶端部棱角磨损半径 $r \geqslant 4$ mm时，应换新件。

第七，栅格式脱粒凹板不应有任何变形，横格板上表面要有一定的棱角，以确保脱粒质量，若棱角磨损半径 $r \geqslant 1.5$ mm时，有条件的地方应进行镗磨修理，恢复棱角，镗磨加工量应保证横格板上表面至穿在横格板孔中弹丝距离不小于3 mm，否则，应更换新凹板。

横格板上表面至穿在其中弹丝的距离设计标准应为3～5 mm，小于3 mm或大于5 mm将严重影响脱粒质量。凡保证不了这一质量标准者，不应装机使用。驾驶员购买新品时，一定要注意这一质量标准。

凹板筛钢丝工作面，磨损不应超过2 mm，否则应更换。

第八，所有搅龙叶片高度磨损量不应超过2.5 mm，否则应更换；安全离合器弹簧压力不够时应调整或更换；钢球脱落的应补齐。

第九，检查机器机架和所有罩壳是否变形、开焊、断裂，根据实际情况进行相应修复。

第十，检查清洗所有轴承、偏心套及轴承座是否完好，磨损是否超限，必要时修复或换新。

第十一，检查、清理所有传动带、传动链条，观察其技术状态是否完好，该修的修，该换的换。对完好者按要求妥善保管。

磨损掉漆部位应除锈后重新刷漆。对所有的黄油加注点加注黄油。切割器、偏心轴伸缩扒齿、链条、钢丝绳等零部件在清洗后涂油防锈。需要拆下存放的零部件，按要求归类存放，以防丢失。严禁在收割机及部件上堆放任何物品。

联合收割机应入库停放，机库应能遮雪挡雨、干燥、通风。露天存放时，应进行必要的遮盖，发动机排气管应加罩，以防雨雪进入。

六、拓展知识

（一）玉米收获的特点

玉米是我国主要粮食作物之一，也是工业上的重要原料。由于其种植范围很广，各地作物品种和气候条件不同，收获时的玉米茎秆和籽粒水分差别较大。如新疆南部气候干燥，玉米茎秆和籽粒含水量较小，果穗上的苞叶干软、膨松，果穗易于摘落和剥皮，一般可将果穗直接脱粒。但在东北黑龙江等地，由于低温多雨，茎秆和籽粒含水量较大（30%或以上），果穗上的苞叶青湿，一般要求先摘掉果穗并剥皮晾晒，直到水分下降到一定程度时方可脱粒。在脱粒时如水分过大，将造成籽粒大量破碎，难以保管，如不能及时烘干，会霉烂变质。

(二)玉米联合收获的方法

玉米联合收获法有几种不同的收获工艺。

(1)用玉米联合收获机,一次完成摘穗、剥皮(或脱粒,此时籽粒湿度应为25%～29%)、茎秆放铺或切碎抛撒等项作业。然后将不带苞叶的果穗运到场上,经晾晒(或不经晾晒)后进行脱粒。

(2)用谷物联合收获机换装玉米割台,一次完成摘穗、脱粒、分离和清选等项作业。在地里的茎秆用其他机械切碎还田。有的玉米割台装有切割器,先将玉米割倒,并整株喂入联合收获机的脱粒装置进行脱粒、分离和清选。

(3)用割晒机(或人工)将玉米割倒,并放成人字形条铺,经几天晾晒后,用装有拾禾器的谷物联合收获机拾禾脱粒。

(三)玉米收获机械的构造和工作过程

玉米收获机械类型很多,按摘穗器结构不同有3种。

1.纵卧辊式玉米联合收获机

它一般为两行或三行牵引式,站秆摘穗。国产4YW-2型为纵卧辊式玉米联合收获机,由分禾器、拨禾链、摘穗辊、果穗第一升运器、除茎器、剥皮装置、果穗第二升运器、苞叶螺旋、籽粒回收螺旋和茎秆切碎刀等组成,如图4-62所示。

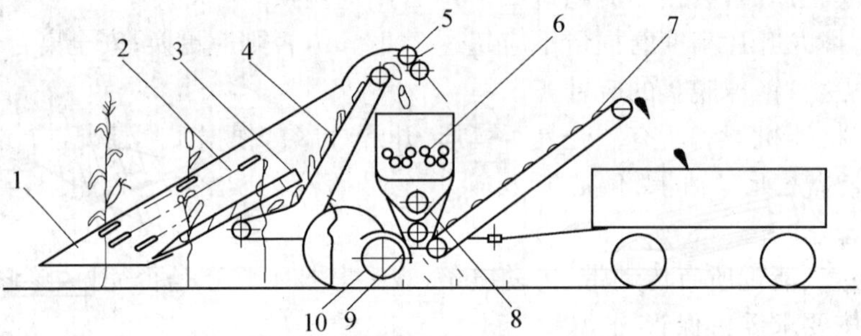

图4-62　纵卧辊式玉米联合收获机

1—分禾器;2—拨禾链;3—摘穗辊;4—第一升运器;5—除茎器;6—剥皮机构;7—第二升运器;8—苞叶输送螺旋;9—籽粒回收螺旋;10—切碎刀

其工作过程为:分禾器从根部将禾秆扶正并引向带有拨齿的拨禾链,链分三层单排配置(机器外侧一排较长,机器内侧两排较短),将茎秆扶持并引向摘穗辊。摘穗辊为纵向倾斜配置,每行有一对,相对向里侧回转。随着机器的前进和摘辊的相对转动向下快速拉引秸秆。当秸秆上的果穗接触摘辊时,果穗无法通过两摘辊间隙而受到冲击,将果穗摘下。摘下的果穗在喂入链的带动下掉入第一升运器,再由第一升运器输送到剥苞叶装置上。果穗经升运器被运到上方,并滑落到剥皮装置中(图4-63)。若果穗中含有被拉断的茎秆,则由上方的除茎辊排出。剥皮装置由倾斜配置的若干对剥皮辊和叶轮式压送器组成。每对剥皮辊呈高差槽形(或V形)配置。每对剥辊相对向内侧回转。剥皮辊回转时将果穗的苞叶撕开和咬住,从两辊间的缝隙中拉下。苞叶经下方的输送螺旋推向一侧排出机外。苞叶中夹杂的少许已脱落的籽粒,在苞叶输送中从螺旋底壳(筛状)的孔漏下,经下方的籽粒回收螺旋落入第二升运器。已剥去苞叶的果穗沿剥皮辊向下滑入第二升运器与回收籽粒一道被输送到后方的拖车。

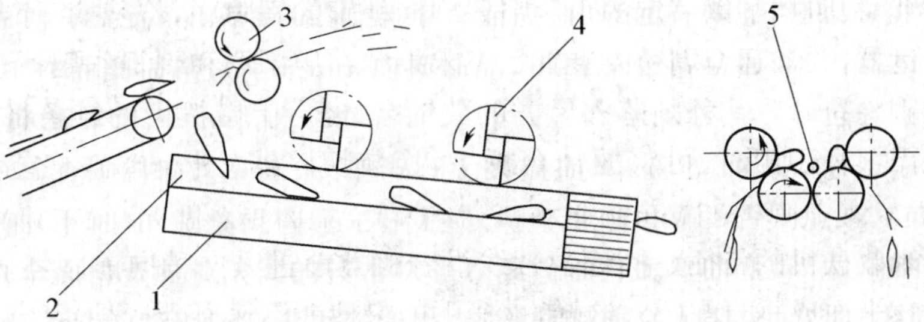

图 4-63 剥皮装置

1—下剥皮辊；2—上剥皮辊；3—除茎器；4—压送器；5—隔离扦

经过摘穗辊碾压后的茎秆，其上部多已被撕碎或折断，基部有 1 m 长仍站立在田间。在机器的后方设有横置卧式甩刀式切碎刀，将残存的茎秆切碎并抛撒于地面。翻地后腐烂变为有机肥。

卧辊式玉米收获机由于没有夹持输送机构，秸秆被强制喂入摘穗辊内。因此，整机结构简单，使用可靠性高，堵塞情况较立辊式玉米收获机明显减少。卧辊式玉米收获机摘穗辊与水平夹角一般小于 30°，摘落的果穗在摘穗辊上面移动距离长，果穗和摘穗辊接触时间也长，摘穗辊将对果穗反复冲击和挤压，造成果穗籽粒损伤和落粒，加大了整机的损失率。另外，卧辊式玉米收获机粉碎装置为开放式结构，粉碎效果不如立辊式机型。

2. 立辊式玉米联合收获机

它一般为 2 行或 3 行牵引式（如国产 4YL-2 型为 2 行；丰收-3 型为 3 行），割秆后摘穗，并将茎秆放铺（或切碎）。

4YL-2 型玉米联合收获机由分禾器、拨禾链、圆盘式切割器、喂入链、摘穗器、放铺台、果穗第一升运器、剥皮装置、果穗第二升运器、苞叶输送螺旋、籽粒回收螺旋和挡禾板等组成，如图 4-64 所示。

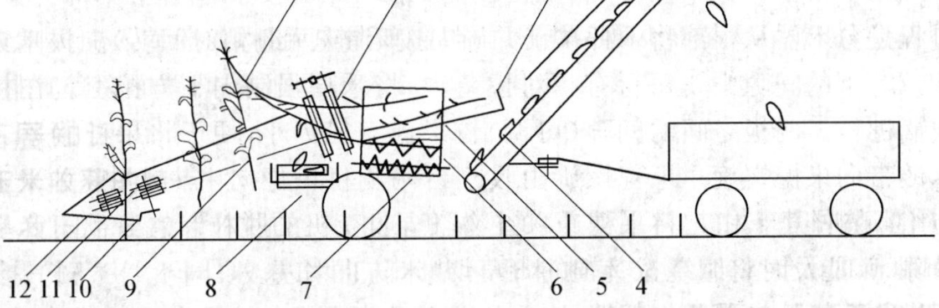

图 4-64 立辊式玉米联合收获机

1—挡禾板；2—摘穗器；3—放铺台；4—第二升运器；5—剥皮机构；6—苞叶输送螺旋；7—籽粒回收螺旋；8—第一升运器；9—喂入链；10—圆盘切割器；11—拨禾链；12—分禾器

其工作过程：禾秆经分禾器从根部扶正并引向拨禾链。拨禾链将禾秆推向圆盘式切割器。当茎秆被割断后，在切割器和拨禾链的配合作用下送向喂入链。喂入链将茎秆夹紧并向后输送，在挡禾板阻挡下以一定的角度喂入到摘穗辊的间隙中，将穗摘下。摘下的果穗落入果穗第一升运器，并被运至剥苞叶装置。玉米果穗在压制器和剥辊作用下，在边滑动边滚动的过程中被剥除苞叶。茎秆则落入后方的放铺台，经台上带拨齿的链条将茎秆间断地堆放到地面。若需茎秆还田时，可将放铺台拆下，换装切碎器（图 4-65），将茎秆切碎并抛撒还田。

立辊式玉米收获机的特征是摘穗辊轴线沿着机器前进方向稍向前倾斜，且与茎秆夹持输送喂入链所在平面成垂直配置。这样，被摘下的果穗能迅速离开摘穗辊工作表面，有利于减少穗损伤和落粒损失。摘穗辊后面空间开阔，有利于茎秆的回收与处理，茎秆处理可实现粉碎还田、切碎回收和整株放铺。立辊式玉米收获机还具有作业速度高，割茬整齐、秸秆粉碎效果好，利于秸秆腐烂等优点。其缺点是夹持输送部件可靠性差、链条磨损快，易断链。

3. 玉米割台

玉米割台是与谷物联合收获机配套用于直接收获玉米籽粒的专用装置。用玉米割台收获玉米，效率较高、工艺较简单，是一种先进的收获方法。

玉米割台的收获行数，根据谷物联合收获机的生产能力而定，一般有 4 行、6 行和 8 行等几种。其构造大体相同，由分禾器、拨禾链、拉茎辊、摘穗板、清除刀、果穗螺旋和链耙式升运器等组成，如图 4-66 所示。

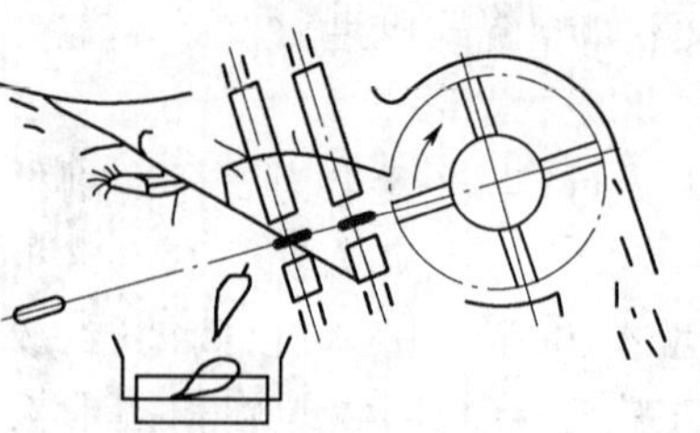

图 4-65　茎秆切碎器

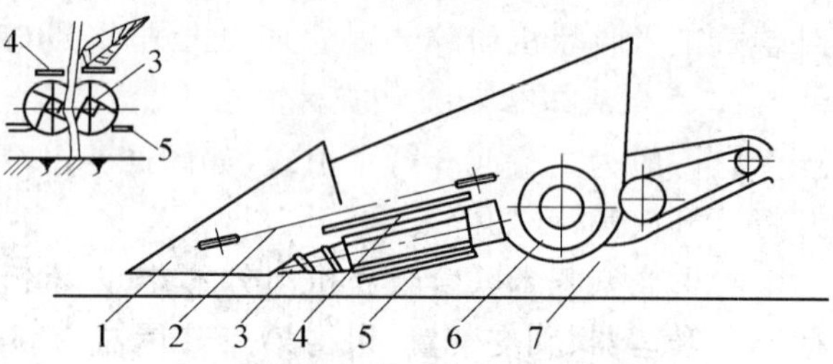

图 4-66　玉米割台

1—分禾器；2—拨禾链；3—拉茎辊；4—摘稿板；5—清除刀；6—果穗螺旋；7—链耙升运器

工作过程是分禾器从根部将禾秆扶正并导向拨禾链（两组相对回转）。拨禾链将禾秆引向摘穗板和拉茎辊的间隙中。每行有一对拉茎辊，将禾秆强制向下方拉引。在拉茎辊的上方设有两块摘穗板。两板之间的间隙（可调）较果穗直径为小，便于将果穗摘落。已摘下的果穗被拨禾链带向果穗螺旋。果穗螺旋由收割台两侧将果穗向中央集中，并经中部的伸缩扒指机构传给倾斜链耙。链耙将果穗送入谷物联合收获机的脱粒装置脱出玉米粒。拉茎辊下方设有清除刀，能及时将缠绕拉茎辊的青草切断，防止堵塞。

（四）玉米收获机的主要工作部件

1. 摘穗装置

现有机器上所用的摘穗器皆为辊式。按结构，可分为纵卧式摘穗辊、立式摘穗辊、横卧式摘穗辊和纵向摘穗板 4 种。下面介绍其中 3 种。

(1)纵卧式摘穗辊　它多用在站秆摘穗的机型上,由一对纵向斜置的摘稿辊组成,如图 4-67所示。两辊的轴线平行并具有高度差。由于其前端高度相同,因而两辊长度不等。一般靠近机器外侧的摘穗辊较长、靠近机器内侧的摘穗辊较短。摘穗辊的结构前、中、后三段有所不同。前段为带螺纹的锥体,主要起引导茎秆和有利于茎秆进入摘穗辊间隙的作用;中段为带有螺纹凸棱的圆柱体,起摘穗作用,其表面有凸棱。摘穗辊的后段为强拉段,表面上具有较高大的凸棱和沟槽。其主要作用是将茎秆的末梢部分和在摘穗中已拉断的茎秆强制从缝隙拉出或咬断、以防堵塞。两对应摘穗辊的螺纹方向相反,并相互交错配置。

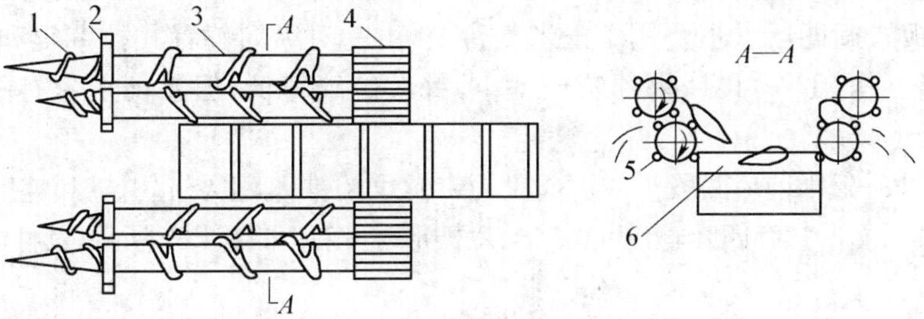

图 4-67　纵卧辊

1—外侧摘穗辊前段;2—可调前轴承;3—摘稿辊中段;4—摘穗辊后段;5—内侧摘穗辊;6—中央第一升运器

工作中,茎秆在两辊和两辊凸棱之间沿轴向移动时被向下拉伸。由于茎秆的抗拉力大于果穗与穗柄的连接力及穗柄与茎秆的连接力,因此果穗在两摘穗辊碾拉下被摘落。果穗一般在它与穗柄的连接处揪断,并剥掉大部分苞叶。

纵卧式摘穗辊的主要特点是:在摘穗时茎秆的压缩程度较小,因而功率耗用较小,对茎秆不同状态的适应性较强,工作较可靠;但摘落的果穗带有苞叶较多。

(2)立式摘穗辊　多用在割秆摘穗的机型上,由一对(或两对)倾斜配置的摘穗辊和挡禾板所组成,如图 4-68 所示。每个摘穗辊分上下两段,两段之间装有喂入链的链轮。上段为摘穗辊的主要部分。为了增加摘穗辊对茎秆的抓取和对果穗的摘落能力,该段的断面为花瓣形(3～4 花瓣)。下段为辅助部分,主要起拉引茎秆的作用。该段的断面或与上段相同或采用 4～6 个棱形。

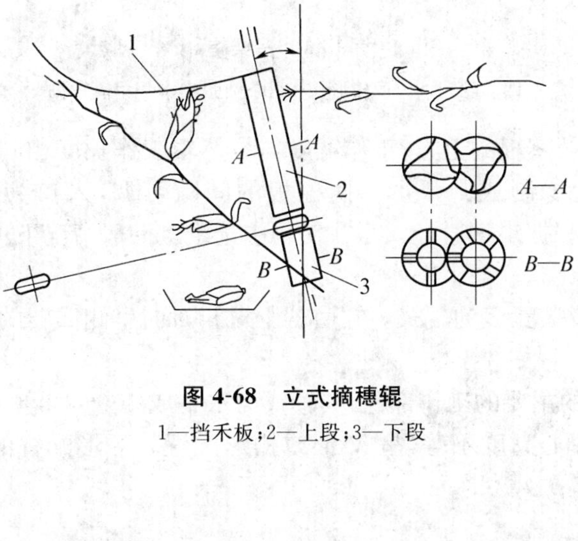

图 4-68　立式摘穗辊

1—挡禾板;2—上段;3—下段

工作时，茎秆在喂入链的夹持下由根部喂入摘穗辊下段的间隙中。在下段摘穗辊的碾拉下，茎秆迅速后移并上升，在挡禾板的阻挡下，向垂直于摘穗辊轴线方向旋转，并被抛向后方。果穗在两摘穗辊的碾拉下被摘掉而落入下方。

为了使摘穗辊对茎秆有较强的抓取能力，其间隙较卧辊小，为 2.8 mm。间隙大小可借助移动下轴承或上下轴承的位置进行调节。

立式摘穗辊的主要特点是：摘穗中对茎秆的压缩程度较大，果穗的苞叶被剥掉较多，在一般条件下，工作性能较好；但在茎秆粗大、秆径大小不一致、含水量较多的情况下，茎秆易被拉断而造成摘穗辊堵塞。

(3)纵向板式摘穗器　主要用于玉米割台上，由一对纵向斜置式拉茎辊和两个摘穗板组成。其工作特点是：工作可靠，果穗咬伤率小，籽粒破碎率低；但果穗上带有的苞叶较多，被拉断的短茎秆也较多。

①拉茎辊。一般由前后两段组成。前段为带螺纹的锥体，主要起引导和辅助喂入作用。后段为拉茎段，其断面形状有四叶轮形、四棱形、六棱形等几种，如图 4-69 所示，其性能大致相同。

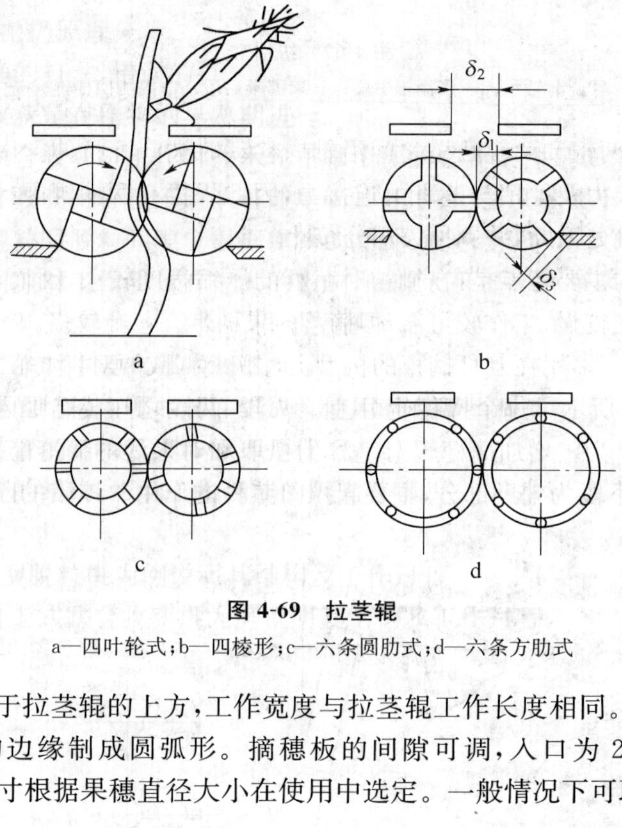

图 4-69　拉茎辊

a—四叶轮式；b—四棱形；c—六条圆肋式；d—六条方肋式

②摘穗板。位于拉茎辊的上方，工作宽度与拉茎辊工作长度相同。为了减少对果穗的挤伤，常将摘穗板的边缘制成圆弧形。摘穗板的间隙可调，入口为 22～35 mm，出口为 28～40 mm，具体尺寸根据果穗直径大小在使用中选定。一般情况下可取中值。

2. 剥皮装置

现有机器上的剥皮装置多为辊式。它由若干对相对向里侧回转的剥皮辊和压送器等组成，如图 4-70 所示。

剥皮辊是该机构的主要的工作部件，其轴线与水平成 10°～12°倾角，以利于果穗沿轴向下滑。每对剥皮辊的轴心高度不等，呈 V 形或槽形配置。V 形配置的结构较简单，但果穗

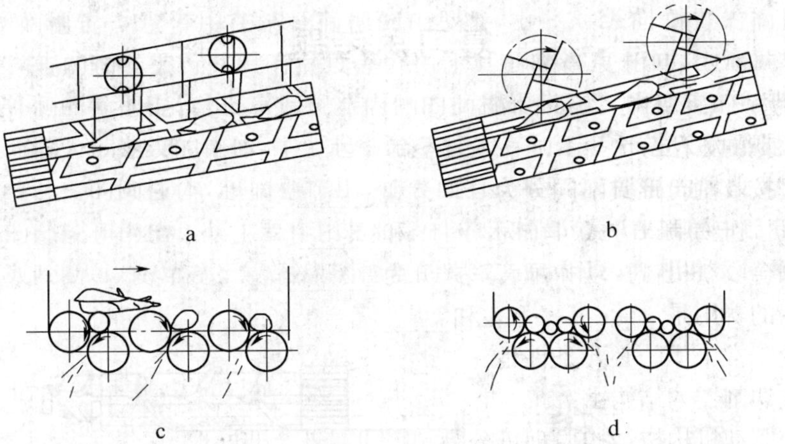

图 4-70　剥皮装置

a—带键式压送器的剥皮装置；b—带叶轮式压送器的剥皮装置；c—V 形配置；d—槽形配置

容易向一侧流动(因上层剥皮辊的回转方向相同)，一般多用在辊数不多的小型机器上。槽形配置的果穗横向分布较均匀，性能较好，目前采用较多。在剥皮辊的下端设有深槽形的强制段，可将滑到剥辊末端的散落苞叶和杂草等从间隙中拉出以防堵塞。

在剥皮辊的上方，设有压送器，它的作用是增强果穗与剥皮辊之间的摩擦力，提高剥净率，同时起到向下推送果穗的目的，以防止果穗停滞起堆。常见的压送器如图 4-71 所示。

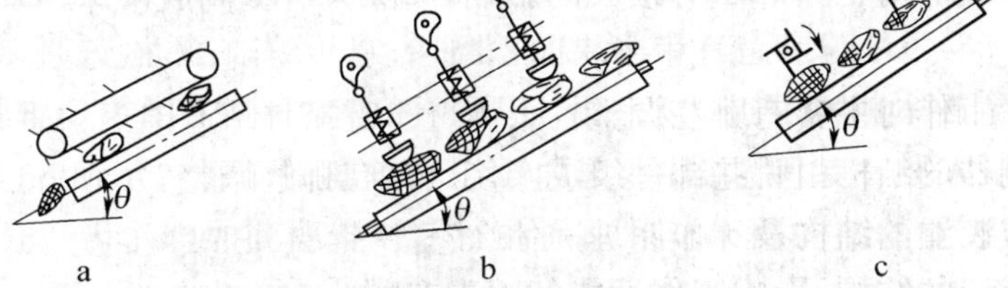

图 4-71　压送器

a—链式压送器；b—凸轮式压送器；c—叶轮式压送器

剥皮装置工作时，压送器缓慢地回转(或移动)，使果穗沿剥皮辊表面徐徐下滑。由于每对剥辊对果穗的切向抓取力不同(上辊较小，下辊较大)，果穗便回转。果穗在旋转和滑行中不断受到剥皮辊的抓取，将苞皮或苞叶撕开，并从剥辊的间隙中拉出。

为了增加剥皮辊对苞叶的抓取能力，上置的剥皮辊一般为胶制，表面具有凸棱，其抓取能力较强；下置的剥皮辊为铸铁制，表面具有螺旋形槽纹，并带有可拆卸的凸钉，既有利于果穗下滑又具有较强的抓取能力。

当果穗青湿难以剥掉苞叶时，可加装凸钉以增强剥取作用；当果穗干燥，籽粒容易脱落和破碎时，则由下方向上逐次减少凸钉，以减少落粒和破碎损失。

复习思考题

一、填空题

1. 谷物收获的方法分为______、______和______。

2. 收割机按收割台形式不同分为______和______。

3. 脱粒机按作物喂入方式可分为______和______。

4. 谷物联合收获机械按动力配套形式分为______、______和______。

5. 拨禾轮的功用是______、______和______。

6. 拨禾轮正常工作的必要条件是______。

7. 往复式切割器的结构由______、______、______、______和______组成。

8. 割刀的驱动机构按结构原理可分为______、______和______。

9. 脱粒原理常见的有______、______、______和______。

10. 谷物的清选一般常用______、______和______3 种方式。

11. 影响清选质量的因素有______、______和______。

12. 分离装置按抛扔原理分为______和______。

二、判断题(正确的打√,错误的打×)

(　　)1. 谷物收获是在作物的早熟期进行。

(　　)2. 谷物联合收获机工作时拨禾轮正常工作的必要条件是$\lambda<1$。

(　　)3. 谷物在收获时籽粒不清洁可能是筛片开度过大,风量太小,脱粒过度造成。

(　　)4. 谷物脱粒时脱粒间隙应根据作物的品种、成熟度、干湿度等情况而定。

(　　)5. 脱粒间隙对工作质量有很大的影响,间隙大可提高脱净率。

三、简答题

1. 偏心拨禾轮工作时主要有哪些调整?

2. 往复式切割器的结构由哪些部件组成?使用时有哪些调整?

3. 纹杆式脱粒装置的结构及工作原理是什么?

4. 综合清选装置的结构、影响工作性能的因素有哪些?

五、论述题

1. 以丰收-1100 型脱粒机为例说明其结构及工作过程。

2. 以 JL-1075 自走式联合收获机为例说明其结构及工作过程。

附　录

附录1　国家职业标准——农机修理工

1　职业概况

1.1　职业名称

农机修理工。

1.2　职业定义

使用工具、量具和机械加工、焊接设备以及修理专用设备等，对用于农业生产、农产品产后处理、农用运输以及其他农事活动的机械和设备（以下称农业机械）进行维护和修理，使其保持、恢复技术状态和工作能力的人员。

1.3　职业等级

本职业共设5个等级，分别为初级（国家职业资格五级）、中级（国家职业资格四级）、高级（国家职业资格三级）、技师（国家职业资格二级）、高级技师（国家职业资格一级）。

1.4　职业环境条件

室内外、常温、噪声、有毒有害（部分）。

1.5　职业能力特征

具有观察、判断和推理能力，手指、手臂灵活，动作协调。

1.6　基本文化程度

初中毕业。

1.7　培训要求

1.7.1　培训期限

全日制职业学校教育培训期限，根据其培养目标和教学计划确定。晋级培训期限：初级不少于360标准学时；中级不少于300标准学时；高级不少于200标准学时；技师不少于120标准学时；高级技师不少于120标准学时。

1.7.2　培训教师

具有农业机械修理专业知识、实际操作技能和教学经验，有相应的职业资格或专业技术职务资格。

初级人员的培训教师，应具有本职业高级以上职业资格或本专业初级以上专业技术职务资格；

中级、高级人员的培训教师，应具有本职业技师以上职业资格或本专业中级以上专业技术职务资格；

技师的培训教师，应具有本职业高级技师职业资格或本专业高级专业技术职务资格；

高级技师的培训教师，应具有本职业高级技师职业资格2年以上或本专业高级专业技术职务资格。

1.7.3　培训场地与设备

满足培训需要的教室和实践场所及必要的实验设备。

1.8　鉴定要求

1.8.1　适用对象

从事或准备从事本职业的人员。

1.8.2　申报条件

——初级(具备下列条件之一者)

经本职业初级正规培训达规定标准学时数，并取得毕(结)业证书。

在本职业连续工作2年以上。

——中级(具备下列条件之一者)

取得本职业初级职业资格证书后，连续从事本职业工作1年以上，经本职业中级正规培训达规定标准学时数，并取得毕(结)业证书。

取得本职业初级职业资格证书后，连续从事本职业工作3年以上。

连续从事本职业工作4年以上，经本职业中级正规培训达规定标准学时数，并取得毕(结)业证书。

连续从事本职业工作6年以上。

取得经主管部门审核认定的、以中级技能为培养目标的中等以上职业学校本专业毕业证书。

——高级(具备下列条件之一者)

取得本职业中级职业资格证书后，连续从事本职业工作2年以上，经本职业高级正规培训达规定标准学时数，并取得毕(结)业证书。

取得本职业中级职业资格证书后，连续从事本职业工作4年以上。

连续从事本职业工作9年以上，经本职业高级正规培训达规定标准学时数，并取得毕(结)业证书。

取得高级技工学校或经主管部门审核认定的、以高级技能为培养目标的高等职业学校本专业毕业证书。

取得本专业或相关专业大专以上毕业证书，经本职业高级正规培训达规定标准学时数，并取得毕(结)业证书。

取得本专业或相关专业大专以上毕业证书后，连续从事本职业工作2年以上。

——技师(具备下列条件之一者)

取得本职业高级职业资格证书后，连续从事本职业工作4年以上，经本职业技师正规培训达规定标准学时数，并取得毕(结)业证书。

取得本职业高级职业资格证书后，连续从事本职业工作6年以上。

高级技工学校或高等职业学校本专业毕业生、本专业或相关专业大专以上毕业生，取得本职业高级职业资格证书后，连续从事本职业工作2年以上。

取得中级专业技术职务资格，并有本职业生产实践经历累计2年以上。

——高级技师(具备下列条件之一者)

取得本职业技师职业资格证书后,连续从事本职业工作 2 年以上,经本职业高级正规技师培训达规定标准学时数,并取得毕(结)业证书。

取得本职业技师职业资格证书后,连续从事本职业工作 4 年以上。

取得副高专业技术职务资格,并有本职业生产实践经历累计 2 年以上。

1.8.3 鉴定方式

本职业鉴定分为理论知识考试和技能操作考核两项。理论知识考试采用闭卷笔试方式,技能操作考核采用现场实际操作方式。两项考试(考核)评分均采用百分制,各项皆以达 60 分为合格。技师、高级技师鉴定还须进行综合评审。

1.8.4 考评人员与考生配比

理论知识考试考评员与考生配比为 1∶20,但每个考场不少于 2 名考评员;技能操作考核视考核内容配备考评员,但每个考点至少配备 3 名考评员。

1.8.5 鉴定时间

理论知识考试为 120 分钟;技能操作考核根据考题需要确定。

1.8.6 鉴定场所与设备

理论知识考试在标准教室;技能操作考核在具备必要实验设备的实践场所。

2 基本要求

2.1 职业道德

2.1.1 职业道德基本知识

2.1.2 职业守则

遵纪守法,爱岗敬业

诚实守信,公平竞争

文明待客,优质服务

遵守规程,保证质量

安全生产,注重环保

2.2 基础知识

2.2.1 机械基础知识

机械工程常用法定计量单位及换算关系

识图知识

公差与配合的基础知识及标注方法

农业机械常用金属和非金属材料的种类、牌号、基本性能及用途

常用油料牌号、性能及用途

轴承、油封、螺栓等标准件的种类、规格与用途

2.2.2 机械加工与焊接基本知识

钳工基本操作(钻、锯、锉、錾、攻螺纹、套螺纹、划线)知识

车工操作基本知识

电焊、气焊、钎焊操作基本知识

常用工、卡、量具的使用知识

2.2.3　电工基本知识

直流电路基本知识

交流电路基本知识

安全用电知识

2.2.4　农业机械基本知识

农业机械的种类及用途

常见农业机械的基本构造及功用

2.2.5　安全文明生产及环境保护知识

农机修理作业文明生产要求

安全操作与劳动保护知识

环境保护知识

2.2.6　农业机械维修相关法律、法规知识

产品质量法

农业机械产品修理、更换、退货责任规定

农机修理规章

3　工作要求

本标准对初级、中级、高级、技师、高级技师的技能要求依次递进，高级别包括低级别的要求。

3.1　初级

职业功能	工作内容	技能要求	相关知识
接修与诊断	接修	①能按服务规定接待修理客户 ②能接收拖拉机高号保养等简单修理项目 ③能正确填写送修单	①修理服务规定 ②接修单填写方法
	故障诊断	能判断农业机械简单故障，提出排除方法	农业机械简单故障的感官诊断与排除方法
零件鉴定与修复	零件鉴定	能对农业机械零部件常见的损坏状况进行感官检验和尺寸测量，作出可否继续使用、送修和报废的结论	农业机械零部件常见损坏状况的鉴定常识
	零件修复　机械加工	①能用钳工工具和设备，进行钻、锯、锉、錾、攻螺纹、套螺纹等钳工维修作业 ②能用普通车床车削修配简单零件	钳工工具安全使用知识
零件鉴定与修复	焊　修	能使用电焊、气焊、气割、钎焊设备，进行简单的焊修作业	电、气焊安全作业须知
	粘　补	能用胶黏剂粘补农业机械不重要部位的缺陷	①胶接和胶补工艺知识 ②常用胶黏剂的品种、性能和使用范围

续表

职业功能	工作内容	技能要求	相关知识
修理	发动机修理	①能进行发动机的拆卸、清洗和简单零部件的安装 ②能进行活塞环的检查与装配、气门间隙调整、气门密封性修理及相当复杂程度的修理作业	金属清洗剂的用途、配制和使用方法 发动机常用拆装工具的使用方法 活塞环装配、气门与气门座研修技术要求
	燃油系修理	①能进行柴油机燃油系的拆卸、清洗和喷油泵以外的安装 ②能进行喷油器的试验和调整	柴油机燃油系拆装的技术要求 喷油器的调试方法
	底盘修理	①能进行拖拉机、农用汽车底盘的拆卸、清洗和简单零部件的安装和调整 ②能进行离合器片、制动带的修理，轮胎内胎的修补、壳体类螺纹孔的修复及相当复杂程度的修理作业	底盘常用拆装工具的使用方法 离合器、制动带的铆修技术要求
	电气设备修理	能进行简单农业机械电器和线路的拆装	农业机械电器和线路的基本知识
	作业机械修理	能进行耕地、整地、播种、收割、排灌、植保、农副产品加工等作业机械的拆装与清洗	作业机械装配技术要求
检验与交付	维修质量检验	能进行承修项目简易的质量检验	修理质量标准及检验方法
	交付	能说明承修项目的故障及修理、换件等情况	修理项目交付要求
维护设备	维修设备维护	能进行台钻、砂轮机等简单维修设备的维护	简单维修工具、设备的构造和维护知识

3.2 中级

职业功能	工作内容	技能要求	相关知识
接修与诊断	接修	能接收拖拉机总成部件和作业机械的修理项目	修理项目的确定方法
	故障诊断	①能选择常用的检测仪器，判断发动机及底盘重要部位的一般故障，提出排除方法 ②能进行农业机械电气设备故障诊断，提出排除方法	①发动机及底盘重要部位常用检测仪器的使用知识 ②发动机及底盘常见故障检查与排除知识 ③农业机械电气设备故障诊断知识 ④机器故障诊断分析方法
零件鉴定与修复	零件鉴定	能对农业机械零部件的损坏状况进行形位误差测量，作出继续使用、送修或报废的结论	形位误差测量的基本知识 农业机械零部件的技术性能要求及使用极限指标

续表

职业功能	工作内容		技能要求	相关知识
零件鉴定与修复	零件修复	机械加工	①能使普通车床车削修配一般零件 ②能对发动机及底盘重要零部件进行绞、刮、研磨等钳工维修作业	①车削工艺基本知识 ②绞、刮、研磨工艺知识
		焊修	能使用电焊、气焊、钎焊设备，进行水箱等一般零部件的焊修作业	电、气焊工艺知识
		热处理	能进行修复件的退火、回火及正火等基本热处理作业	①金属热处理基本知识 ②金属材料的识别
		粘　补	能选用胶粘剂修复农业机械较重要部位的缺陷	胶粘剂的化学性能和选用知识
修理	发动机修理		①能进行发动机主要系统的安装和调整 ②能进行气门镶套、连杆矫正、连杆铜套绞削、轴瓦镗削与研配等修理作业	①发动机的构造、基本工作原理以及部件修理和调整方法 ②发动机专用修理工具的使用方法 ③装配图的识读方法
	燃油系修理		能进行喷油泵的换件修理和安装	喷油泵的构造和基本工作原理
	底盘修理		能进行拖拉机、农用汽车底盘的安装、修理和调整	①拖拉机、农用汽车底盘的构造、基本工作原理和调整方法 ②齿轮、蜗轮蜗杆、链轮、带轮等传动元件的基本工作原理与结构参数 ③底盘专用修理工具的使用方法
	电气设备修理		能进行拖拉机、农用汽车及复杂作业机械电气设备的一般性修理	农业机械电气设备构造和基本工作原理
	液压系修理		能进行拖拉机、农用汽车及复杂作业机械液压系统部件、总成的拆装和换件修理	液压系统的基本构造和功用
	作业机械修理		能进行耕地、整地、播种、收割、排灌、植保、农副产品加工等作业机械的修理和调试	相应作业机械的基本工作原理、主要技术参数和调试方法
检验与交付	维修质量检验		能进行承修项目的质量检验	相关修理质量标准及检验方法
	交付		①能说明承修项目故障原因及修理、换件情况 ②能提供承修项目使用注意事项	相关农业机械修理交付技术条件
维护设备	维修设备维护		①能进行磨气门机等一般维修设备的维护与调整 ②能进行常用量具的维护 ③能进行电、气焊设备的维护	①磨气门机等一般维修设备及量具的维护知识 ②电、气焊设备的维护知识

3.3 高级

职业功能	工作内容		技能要求	相关知识
接修与诊断	接修		能接收拖拉机大修项目	拖拉机大修接修要求
	故障诊断		能使用检测仪器对拖拉机、农用汽车及复杂作业机械的异常征象（如功率不足、烧机油、拉瓦、断轴、提升无力等）进行综合诊断，提出排除方法	①功率油耗仪、废气分析仪、烟度计、液压及电气试验仪等主要检测仪器的使用知识 ②机器故障诊断原理
零件鉴定与修复	零件鉴定		①能对农业机械壳体类零部件进行形位误差测量，作出鉴定结论 ②能编制零件修理工艺	①零件修理工艺编制方法 ②简单零件图测绘知识
	零件修复	机械加工	能进行农业机械重要零部件的镗削、磨削修理加工作业	镗、磨修理工艺知识
		焊修	能进行灰口铸铁、板材等难度较大的工件和部位的焊修作业	①铸铁冷焊修理工艺知识 ②气体保护焊修理工艺知识
		热处理	能根据农业机械较重要的修复件的材质和工作要求，选择热处理工艺并进行热处理作业	金属热处理工艺规范
修理	发动机修理		能进行发动机的大修、磨合和调试	①发动机大修和调试方法 ②发动机修后磨合规范 ③发动机试验台的使用知识
	燃油系修理		能进行柴油机喷油泵部件的修理和总成的调试	喷油泵的调试方法 喷油泵试验台的使用方法 喷油泵标准油量的检测方法
	底盘修理		能进行底盘的大修和调试	底盘的系统修理和调试方法
	电气设备修理		能进行拖拉机、农用汽车及复杂作业机械电气设备的修理与调试	①电气设备的主要技术参数及检测方法 ②电器试验台的使用知识
	液压系修理		能进行拖拉机、农用汽车及复杂作业机械液压系统的检查、修理和调试	①农业机械液压系统的工作原理、主要技术参数和修理、调试方法 ②液压试验台的使用知识
	作业机械修理		能进行联合收获机、精量播种机、机动插秧机、烘干机等复杂作业机械的修理和调试	相应作业机械的构造、工作原理、主要技术参数和修理、调试方法
检验	维修质量检验		①能进行拖拉机、农用汽车和复杂作业机械大修后的试运转 ②能对质检中发现的一般维修质量问题提出改进措施	拖拉机修后试运转规范
维护设备	维修设备维护		①能进行喷油泵，电气、液压设备及发动机试验台等专用试验设备的维护和校准 ②能进行曲轴磨床等复杂维修设备的维护	相关专用维修和试验设备的维护知识

续表

职业功能	工作内容	技能要求	相关知识
培训与管理	指导与培训	①能指导初、中级农机修理工操作 ②能进行初级农机修理工技术培训	生产实习教学知识 初、中级工晋级培训要求
	管理	①能组织农业机械的维修工作 ②能进行农业机械维修工作的技术与质量管理	①维修生产管理基本知识 ②修理技术与质量管理基本知识

3.4　技师

职业功能	工作内容	技能要求	相关知识
诊断	故障诊断	①能对农业机械的复杂故障进行诊断,分析、判断故障原因和部位,提出排除方法 ②能改制较简单的检查工具,提出改进检查方法的建议	①检测仪器的工作原理 ②简单装配图的绘制方法
零件修复(根据申报人情况任选一项)	机械加工	能解决农业机械重要零件镗削、磨削加工的技术难点	零件修理加工工艺知识
	焊修	能操作先进的电、气焊设备,进行修复难度大的零部件的焊修作业	先进电、气焊设备的使用知识
	其他工艺修复	能用金属喷涂或喷焊、堆焊、电镀等修复工艺,进行零件尺寸的修复作业	金属喷涂、喷焊、堆焊、电镀等零件修复工艺知识
修理(根据申报人情况任选两项)	发动机修理	能针对提高发动机功率、降低油耗、延长使用寿命等方面问题,解决修理中的技术难题	①国内外修理发动机先进技术 ②发动机动力、经济性能的影响因素
	底盘修理	能解决诸如中央传动、基础件等零部件的修理难点	①中央传动齿轮的啮合原理和调整方法 ②国内外先进的底盘修理技术
	电气设备修理	能解决新型电气设备修理中的技术难题	新型电气设备的结构及工作原理
	燃油系修理	能进行新型喷油泵的调试 能实施喷油泵标准油量传递	①新型喷油泵调试技术要求 ②喷油泵标准油量传递知识
	液压系修理	能解决液压系车上试验的技术难题	液压系的试验原理
	作业机械修理	能解决联合收获机、精密播种机、机动插秧机、烘干机等复杂作业机械的维修难点	复杂作业机械的检测技术
检验	维修质量检验	①能解决维修质量检验的疑难问题 ②能制订自制件、非标准件的质量要求和检验方法 ③能对质检中发现的疑难维修质量问题提出改进措施 ④能进行检验器具的误差检查与校准	常用检验器具、设备的结构及工作原理

职业功能	工作内容	技能要求	相关知识
维护设备	维修设备维护	能进行专用维修设备的精度检查和调试 能进行农业机械技术状态检测仪器的校准	维修设备精度检查与调试知识 检测仪器校准知识
培训与管理	指导与培训	①能指导高级农机修理工操作 ②能编写培训讲义，对中、高级农机修理工进行技术培训	培训教学的基本方法 培训讲义的编写方法
	管理	①能组织拖拉机、农用汽车和复杂作业机械的大修工作 ②能制订农业机械维修管理制度	拖拉机大修工艺及其生产管理知识

4　比重表

4.1　理论知识

%

项　目				初级	中级	高级	技师	高级技师
基本要求		职业道德		5	5	5	5	5
		基础知识		25	20	15	10	10
相关知识	接修与诊断	接　修		2	2	2		
		故障诊断		4	7	10	15	15
	零件鉴定与修复	零件鉴定		4	7	10	15	15
		零件修复	机械加工	8	6	4		
			焊　修	8	7	5		
			热处理		4	5		
			粘　补	4	3			
			其他工艺修复					
	修理	发动机修理		8	6	5	24	24
		燃油系修理		4	6	6		
		底盘修理		8	6	4		
		电气设备修理		2	4	5		
		液压系修理			3	5		
		作业机械修理		10	6	4		
	检验与交付	维修质量检验		2	2	4	8	8
		交付		2	2			
	维护设备	维修设备维护		4	4	4	5	5
	培训与管理	指导与培训				4	8	8
		管理				3	10	10
总　计				100	100	100	100	100

4.2 技能操作

%

<table>
<tr><th colspan="4">项　目</th><th>初级</th><th>中级</th><th>高级</th><th>技师</th><th>高级技师</th></tr>
<tr><td rowspan="19">技能要求</td><td rowspan="2">接修与诊断</td><td colspan="2">接　修</td><td>3</td><td>3</td><td>2</td><td rowspan="2">18</td><td rowspan="2">18</td></tr>
<tr><td colspan="2">故障诊断</td><td>10</td><td>12</td><td>12</td></tr>
<tr><td rowspan="6">零件鉴定与修复</td><td colspan="2">零件鉴定</td><td>6</td><td>9</td><td>12</td><td rowspan="6">16</td><td rowspan="6">16</td></tr>
<tr><td rowspan="5">零件修复</td><td>机械加工</td><td>10</td><td>8</td><td>6</td></tr>
<tr><td>焊　接</td><td>10</td><td>8</td><td>6</td></tr>
<tr><td>热处理</td><td></td><td>4</td><td>5</td></tr>
<tr><td>粘　补</td><td>6</td><td>3</td><td>2</td></tr>
<tr><td>其他工艺修复</td><td></td><td></td><td></td></tr>
<tr><td rowspan="6">修理</td><td colspan="2">发动机修理</td><td>12</td><td>9</td><td>6</td><td rowspan="6">26</td><td rowspan="6">26</td></tr>
<tr><td colspan="2">燃油系修理</td><td>6</td><td>9</td><td>6</td></tr>
<tr><td colspan="2">底盘修理</td><td>10</td><td>8</td><td>6</td></tr>
<tr><td colspan="2">电气设备修理</td><td>4</td><td>5</td><td>5</td></tr>
<tr><td colspan="2">液压系修理</td><td></td><td>4</td><td>6</td></tr>
<tr><td colspan="2">作业机械修理</td><td>12</td><td>10</td><td>8</td></tr>
<tr><td rowspan="2">检验与交付</td><td colspan="2">维修质量检验</td><td>3</td><td>3</td><td>5</td><td rowspan="2">10</td><td rowspan="2">10</td></tr>
<tr><td colspan="2">交付</td><td>2</td><td>2</td><td></td></tr>
<tr><td>维护设备</td><td colspan="2">维修设备维护</td><td>6</td><td>6</td><td>6</td><td>8</td><td>8</td></tr>
<tr><td rowspan="2">培训与管理</td><td colspan="2">指导与培训</td><td></td><td></td><td>4</td><td>10</td><td>10</td></tr>
<tr><td colspan="2">管理</td><td></td><td></td><td>3</td><td>12</td><td>12</td></tr>
<tr><td colspan="4">总计</td><td>100</td><td>100</td><td>100</td><td>100</td><td>100</td></tr>
</table>

附录 2　工作任务的教学过程设计样例

任务名称	旋耕机的使用与维护	学　　时	6	学生人数	10
指导教师	肖兴宇	教学方法	项目教学法;引导文教学法;小组工作法		
任务地点	耕整地实训室	所需设备	旋耕机 2 台、工具、扳手、拖拉机 2 台等		
客户任务	选择一个由于旋耕机挂结不当引起的耕深不一致的案例,采用情境化的教学方式,引导学生按照六步法(资讯、决策、计划、实施、检查、评估),紧密结合农机维修企业实际过程排除故障,在此过程中学习相关理论知识和检测仪器的正确使用方法。				

工作任务步骤

阶　段	教　　师	学　　生	学　时
资　讯	①给学生展示故障车辆,并明确工作任务。 ②将农机维修资料、维修工单、人务工单分发给学生。 ③采用 PPT 课件讲解旋耕机基本工作原理和检修要点。 ④接受学生关于车辆信息的咨询。	①接受教师提出的工作任务,聆听教师关于旋耕机内容的讲解。 ②通过咨询客户(教师扮演)和使用车辆信息系统填写维修工单内容。 ③通过查阅维修资料、课程网站、教材以及视频资料填写任务工单内容。	80 min
计　划	①审核学生制订的工作计划。 ②对工作计划提出修改意见。 ③接受学生咨询并监控学生的讨论。	①以小组讨论的方式,制定故障排除和检测的工作计划。 ②将制订的工作计划与教师讨论并定稿。	30 min
决　策	①为学生提供所需检测设备,并提示设备安全注意事项。 ②为学生分配故障车辆。 ③接受学生咨询并监控学生的讨论。	①根据具体故障现象和工作任务要求,选择合适的工具。 ②分成 2 个工作小组,并选择组长。	40 min
实　施	①监控学生的操作并及时纠正错误。 ②回答学生提出的问题。 ③对学生的检测结果进行检查。	①用常见工具对旋耕机进行检查。 根据检测结果填写任务工单。 ②对旋耕机进行修复或更换。	80 min
检　查	①监控学生的操作并及时纠正错误。 ②回答学生提出的问题。	启动拖拉机,检查旋耕机 耕深不一致的故障是否排除。	20 min
评　估	①对各小组工作进行综合评估。 ②提出改进意见和注意事项。	①以小组讨论方式进行工作评估。 ②根据教师提出的改进意见修改工作计划。	20 min

附录3　学习任务工单样例

任务名称	旋耕机的使用与维护	姓名		班级	
		日期		序号	

1. 标出图中引线的名称，并叙述旋耕机的工作原理。

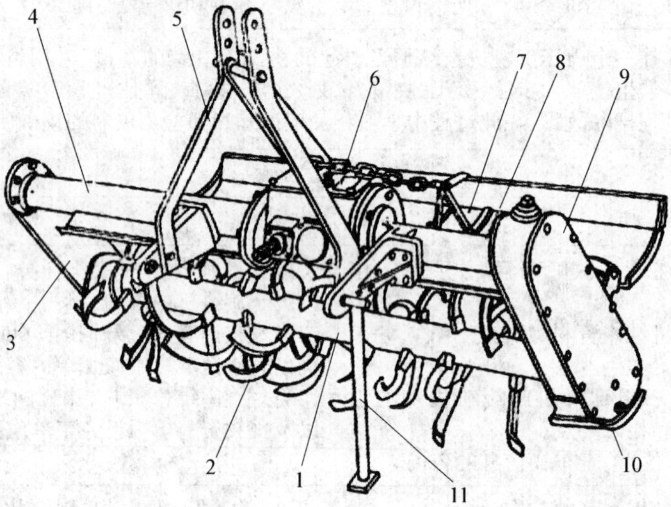

工作原理：

2. 旋耕刀片的安装应满足哪些要求？

3.旋耕刀片在刀轴上的配置有哪3种形式?

4.下图方轴与方轴套的夹叉安装哪个是正确的,为什么?

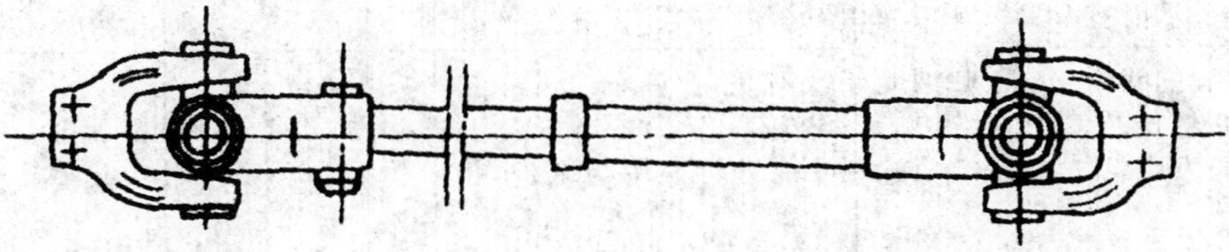

a

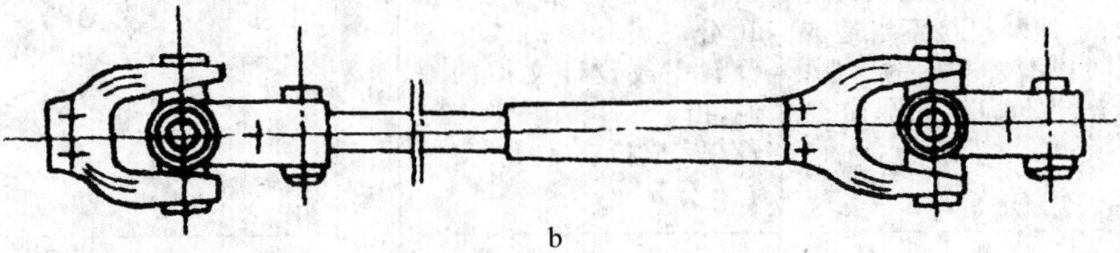

b

附录 4　学生成绩评价样例表

学习领域:作业机械使用与维护				学习情境 1:耕整地机械的使用与维护		
任务 1:悬挂犁的使用与维护						
学生姓名		班级		学号		学习场所
步骤(100)	考核要求	评分标准	分数	权数		
				自评	互评	教师评
				3	3	4
资讯(10)	任务书的阅读与分析能力;与客户沟通能力;正确理解及描述目标要求; 正确进行现状分析,与同组同学协商并确定人员分工、评价依据等; 根据工作任务分工,具有资料检索能力;市场调研能力;环保意识;了解悬挂犁的功能	清楚地描述目标要求,并能正确开展资料检索和调查,能获取有用的信息。 不能正确描述目标要求,扣 10 分; 不能正确进行资料检索,扣 5 分; 不能与人沟通,扣 2 分。				
决策(15)	资料的阅读、分析、归纳能力;悬挂犁使用与维护能力;表达能力	没有完成调研报告,扣 5 分; 不能进行使用与维护,扣 1 分; 表达能力不强扣,1～2 分。				
计划(20)	具有方案的计划与设计能力;悬挂犁挂接不当造成重耕或漏耕文件的编制;检查、评价标准的制订	没有确定设计方案,扣 10 分; 没有完成设计文件的编制,扣 5 分; 没有完成检查、评价标准,扣 5 分。				

续表

实施 (40)	生产组织能力；悬挂的使用维护能力；故障的排除能力；安全意识；质量控制；环保以及团队合作与交流沟通能力等	不能按时按质完成产品的制作，扣20分； 编程能力不强，扣5～10分； 不能对产品性能和质量承担责任，扣15分； 不能与团队成员合作，扣1分； 在制作过程中不遵守安全和环保要求，各扣5分。				
检查 (5)	检验标准与质量控制；安全生产与环保；质量检测能力	不能指出故障排除过程中不合理的因素，并提出改进意见，扣5分； 不能质量检测，扣2分				
评估 (10)	分析、评价能力；表达能力；评价报告撰写。	不能作出评价，扣10分； 不能客观分析故障产生的原因并把工作步骤、过程和结果都记录下来，并展示(PPT)报告，扣10分； 不能接受批评的工作评价，扣5分。				
合　　计						

简短的评语：

该同学在任务实施过程中____

____

____。

最终成绩：

考核小组签名：________

日　　　期：________

参考文献

[1] 王连成.农业机械.北京:中国农业出版社,2000.

[2] 董克俭,谷物联合收割机使用与维护.北京:金盾出版社,2007.

[3] 李自华.农业机械学(上册、下册).北京:中国农业出版社,2001.

[4] 尹安东,张维标.农用排灌机械使用与维护.合肥:安徽科学技术出版社,2004.

[5] 单明彻.农田耕作机械使用与维护.合肥:安徽科学技术出版社,2004.

[6] 赵研嫣.植物保护机械使用与维护.合肥:安徽科学技术出版社,2004.

图书在版编目(CIP)数据

作业机械使用与维护/肖兴宇主编. —北京:中国农业大学出版社,2009.3(2016.7 重印)
国家示范性高职院校建设项目成果教材
ISBN 978-7-81117-732-9

Ⅰ.作…　Ⅱ.肖…　Ⅲ.①农业机械-使用-高等学校:技术学校-教材②农业机械-机械维修-高等学校:技术学校-教材　Ⅳ.S220.7

中国版本图书馆 CIP 数据核字(2009)第 023171 号

书　　名　作业机械使用与维护
作　　者　肖兴宇　主编

策划编辑　姚慧敏　　**责任编辑**　董　田
封面设计　郑　川　　**责任校对**　王晓凤　陈　莹
出版发行　中国农业大学出版社
社　　址　北京市海淀区圆明园西路 2 号　　**邮政编码**　100094
电　　话　发行部 010-62818525,8625　　读者服务部　010-62732336
　　　　　编辑部 010-62732617,2618　　出　版　部　010-62733440
网　　址　http://www.cau.edu.cn/caup　　e-mail cbsszs@cau.edu.cn
经　　销　新华书店
印　　刷　北京时代华都印刷有限公司
版　　次　2009 年 3 月第 1 版　　2016 年 7 月第 2 次印刷
规　　格　787×1 092　16 开本　15.75 印张　　360 千字
定　　价　35.00 元

图书如有质量问题本社发行部负责调换